300 TIPS TO USE SCRATCH BETTER!

Scratch 实战技巧精粹

[日]PROJECT KySS 著
张栋，夏伟青 译

中国青年出版社

图书在版编目（CIP）数据

Scratch实战技巧精粹：300秘技大全／（日）PROJECT KySS著；张栋，夏伟青译. -- 北京：中国青年出版社，2022.1
ISBN 978-7-5153-6491-9

I.①S… II.①P… ②张… ③夏… III. ①程序设计 IV. ①TP311.1

中国版本图书馆CIP数据核字（2021）第151714号

主　编 张　鹏
策划编辑 张　鹏
执行编辑 张　沣
责任编辑 盛凌云
营销编辑 时宇飞
封面设计 乌　兰

Scratch实战技巧精粹：300秘技大全
[日]PROJECT KySS／著；张栋，夏伟青／译

出版发行：中国青年出版社
地　　址：北京市东四十二条21号
邮政编码：100708
电　　话：(010) 59231565
传　　真：(010) 59231381
企　　划：北京中青雄狮数码传媒科技有限公司
印　　刷：天津旭非印刷有限公司
开　　本：787 x 1092 1/16
印　　张：20
版　　次：2022年1月北京第1版
印　　次：2022年1月第1次印刷
书　　号：ISBN 978-7-5153-6491-9
定　　价：128.00元（附赠超值秘料，含案例文件，关注封底公众号获取）

本书如有印装质量等问题，请与本社联系
电话：(010) 59521188 / 59521189
读者来信：reader@cypmedia.com
投稿邮箱：author@cypmedia.com
如有其他问题请访问我们的网站：http://www.cypmedia.com

前　言

Scratch 3.0于2019年1月2日发布，与之前的Scratch 1.4和2.0版本相比，用户界面有了很大的改善。

最明显的变化是，积木块和以前的版本相比变得非常大了。

积木块变大的改进是很有必要的，因为从3.0版本开始，Scratch已经可以在iPad等平板电脑上运行了，在触摸操作时传统的Scratch积木块就太小了，为了解决这个问题，就把积木块变大了。

另外，Scratch 3.0版本追加了扩展功能，可以使用非常受欢迎的micro:bit开发板，还新增了文字朗读和翻译的功能。可以说，最新版本的Scratch 3.0已经不单单是儿童用的编程环境，成年人也可以充分利用它进行编程。

目前，Scratch 3.0已经进化成能够帮我们快速实现创意的魔法软件，相信这对很多从现在开始学习编程的小朋友、大朋友也会产生良好的影响。

如果这本书能成为各位创意的源泉，我将不胜荣幸。

PROJECT KySS

药师寺国安

本书的使用方法

在使用Scratch进行创作的过程中，如果有任何问题、不知道该做什么或不知道该怎么做的时候，请通过本书的目录索引，找到对应问题的秘技。

下图为本书的结构。关于本书中使用的标记、图标的含义，请参照以下内容。

秘技的构成

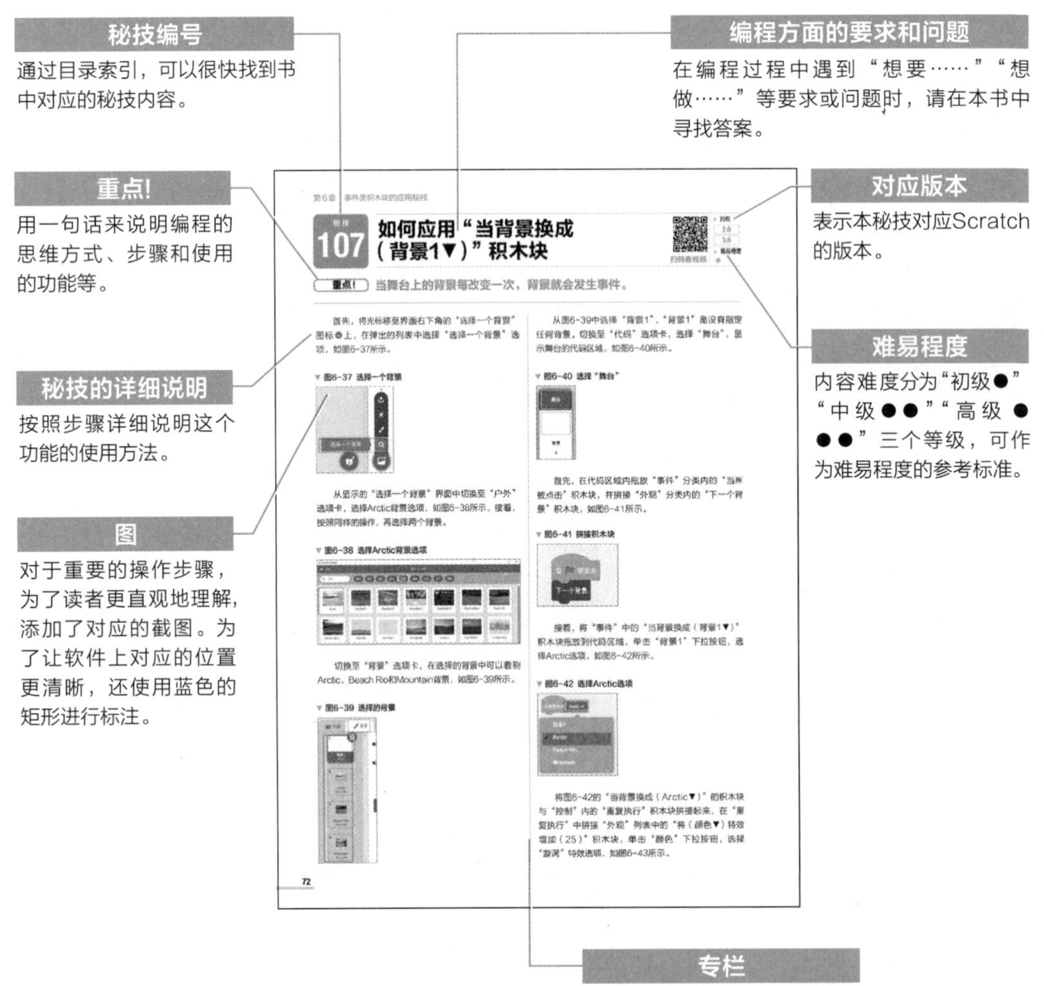

目录

即学即用！
Scratch实战技巧精粹：
300秘技大全

第5章 声音类积木块的应用秘技

第6章 事件类积木块的应用秘技

第7章 控制类积木块的应用秘技

第8章　侦测类积木块的应用秘技

第9章　运算类积木块的应用秘技

第10章 变量类积木块的应用秘技

第11章 扩展功能之音乐类积木块的应用秘技

第12章 扩展功能之画笔类积木块的应用秘技

第13章 扩展功能之视频侦测类积木块的应用秘技

第14章 扩展功能之文字朗读与翻译积木块的应用秘技

第15章 扩展功能之micro:bit的应用秘技

第16章 Scratch 3.0其他应用秘技-1

第17章 Scratch 3.0其他应用秘技-2

Scratch 3.0的入门秘技

Scratch 3.0是什么

扫码看视频

对应 2.0 3.0

难易程度

Scratch是美国麻省理工学院（MIT）媒体实验室开发的可以用视觉编程语言编程的应用程序。所谓视觉编程，就是像拼图一样，使用各种指令积木块进行拼接的编程环境。所谓程序设计，就是让计算机执行各种“命令”（例如让程序中的“猫”执行“运动”或发出声音的命令）的拼接形式。编程（英文为Programming），就是让计算机按照指定的顺序执行一系列命令的程序。

说到编程，很多人会想到各种专业、难懂的程序代码，但在Scratch 3.0中，我们可以直接通过鼠标操作完成各种程序命令。由于Scratch能直观地进行编程，所以在儿童的编程教育中经常使用。

Scratch的命令积木块全部为简体中文显示，一看就知道这些积木块的功能，即使指令拼接错误，也不会生成无法运行的程序，笔者认为这是最适合孩子学习编程的环境。

可能有人会觉得Scratch是面向孩子的简单编程软件。实际上，在真正使用的时候，我们会发现Scratch可以实现很多看起来非常复杂的程序。不仅仅是孩子，任何人都可以使用Scratch轻松地进行编程。

目前最常用的Scratch版本有3个，分别是Scratch 1.4、Scratch 2.0和最新版的Scratch 3.0。离线版（桌面版Scratch 3.0）也可以使用，通过网络连接时最新版Scratch 3.0的网页版不支持Internet Explorer浏览器，需要用户使用Microsoft Edge或Chrome等浏览器。

我们使用Scratch编程就像做各种实验一样，当完成一件作品后，可以通过运行查看结果，再对脚本进行修修补补，例如增加、修改或删除某些内容，而且我们可以立刻看到修改后的效果。通过不断实验，最终得到满意的作品。

我们开始设计一个Scratch作品时，首先要考虑的是在游戏中会出现哪些物品和角色、它们出现的场景是什么、作品的大概动画效果等。

之后，还要熟悉Scratch准备了什么角色，哪些是我们需要的，哪些是需要自己提供的。

最后，我们确定角色、场景后，就开始创作之旅吧!

以下是秘技114中应用“等待（1）秒”积木块的示例。左侧是此作品的拼接脚本，右侧是舞台，即角色执行脚本的地方。当单击上方小绿旗时，执行拼接的脚本，角色会运动起来，如图1-1所示。

▼图1-1 一个示例文件

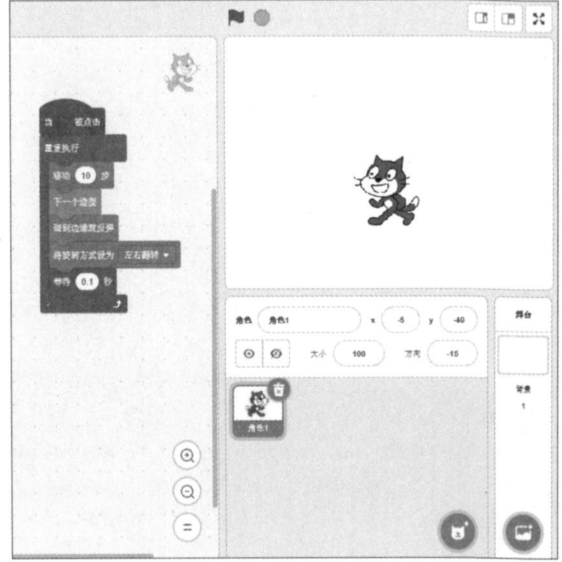

单击小绿旗后，角色在舞台上行走，当碰到边缘时就调头继续走。

如果要停止运行脚本，单击上方红色八角形图标即可。

秘技 002

Scratch 3.0能做什么

扫码看视频

对应 2.0 3.0
难易程度 ●

Scratch 3.0版本的功能和Scratch 2.0版本相比，最明显的变化是变大的积木块和新增的扩展功能。增强功能包括“音乐”“画笔”“视频侦测”“文字朗读”“翻译”“把任何东西变成按键”“搭建交互机器人”和“支持马达和传感器”。这些功能在Scratch 2.0版本中是预先显示在分类中，从Scratch 3.0开始，作为扩展功能被单独处理。

单击图1-2的“添加扩展”图标，会显示扩展功能的一览表，如图1-3所示。

▼图1-2 单击“添加扩展”功能图标

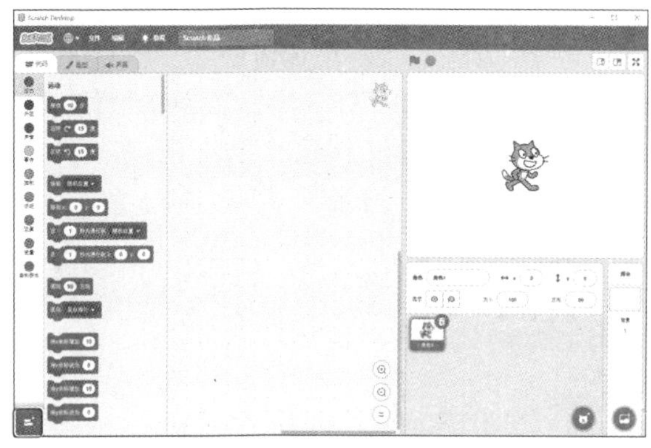

从图1-3中选择“文字朗读”功能选项，添加与“文字朗读”相关的积木块，使用这些积木块，拼接与“文字朗读”相关的脚本，如图1-4所示。

▼图1-3 显示了“扩展功能”列表

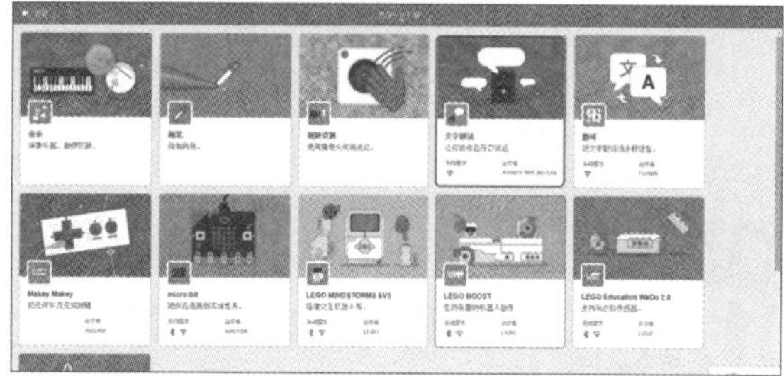

▼图1-4 添加了文字朗读的积木块

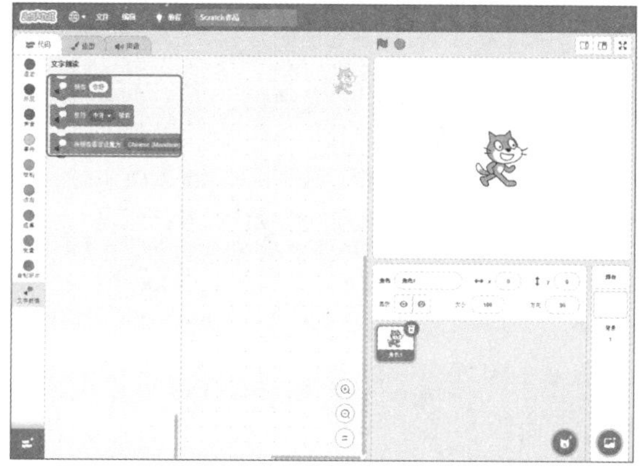

秘技 003

Scratch 2.0与3.0版本界面

扫码看视频

对应 2.0 3.0
难易程度 ●

秘技001中介绍过Scratch版本有3个，分别是Scratch 1.4、Scratch 2.0和最新版的Scratch 3.0。

本书中示例是基于Scratch 2.0和3.0两个版本的。

Scratch 2.0的界面清爽简约、操作简单，容易上手，能很好地帮助孩子实现游戏和动画的制作。Scratch 2.0版本的界面，如图1-5所示。

Scratch 2.0界面的左侧为舞台区，中间为指令区，右侧为脚本区。而Scratch 3.0界面全新改版，采用左边指令区、中间脚本区、右边舞台区的布局。改版之后界面更加直观简明，方便操作，且优化了声音引擎，支持中文输入，带给孩子们更加优质高效的学习体验。

Scratch 3.0版本的界面，如图1-6所示。

▼图1-5 Scratch 2.0界面

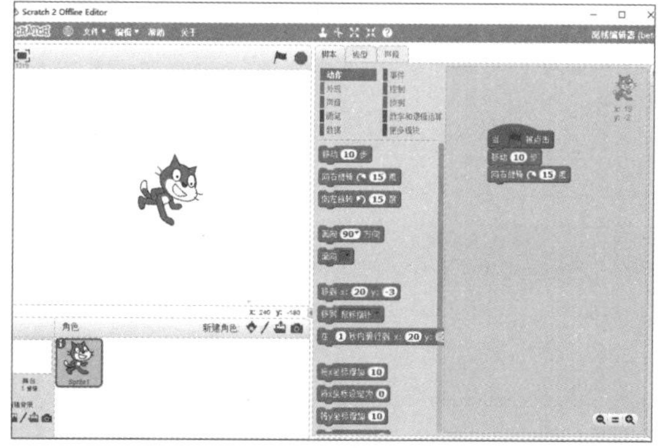

▶图1-6 Scratch 3.0界面

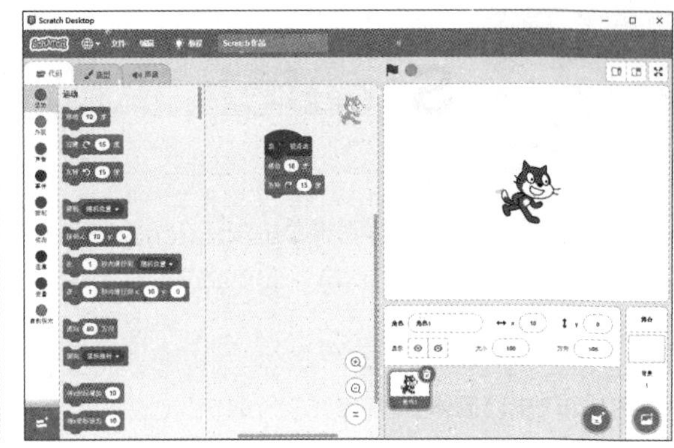

秘技 004 应用Scratch 3.0桌面版

扫码看视频

▶对应 2.0 3.0

▶难易程度

桌面版Scratch 3.0，作为离线编辑器使用，不需要连接到互联网。因为是离线编辑器的原因，所以没有像网页版的Scratch 3.0那样显示用户名、标题和“查看作品页面”选项。如果不用将作品分享给其他人，只是想学习程序的应用操作，使用离线版的Scratch 3.0（桌面版Scratch 3.0）更方便，如图1-7所示。

▼图1-7 桌面版的Scratch 3.0界面

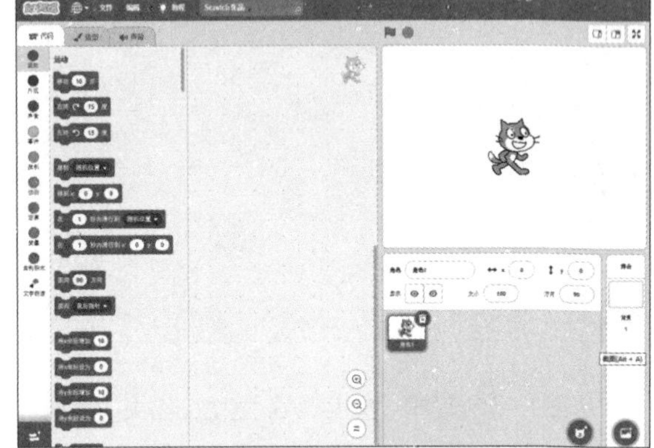

秘技 005 Scratch 3.0的界面构成

扫码看视频

▶对应 2.0 3.0

▶难易程度

Scratch 3.0的界面由“菜单栏”“积木块区域”“代码区域”“舞台”“角色和背景区域”构成，如图1-8所示。

▼图1-8 Scratch 3.0的界面结构

秘技006 Scratch的菜单栏

▶对应 2.0 3.0

▶难易程度 ●

要想设置显示语言，可以单击Scratch界面左上角的“地球仪”图标，从下拉列表中选择“简体中文”语言选项，如图1-9所示。

▼图1-9 选择“简体中文”选项

单击“文件”菜单，在下拉列表中可以执行“新作品”“从电脑中上传”和“保存到电脑”命令，如图1-10所示。

单击“运行”按钮，可以运行程序。

单击“停止”按钮，程序就会结束，如图1-11所示。

▼图1-10 “文件”菜单

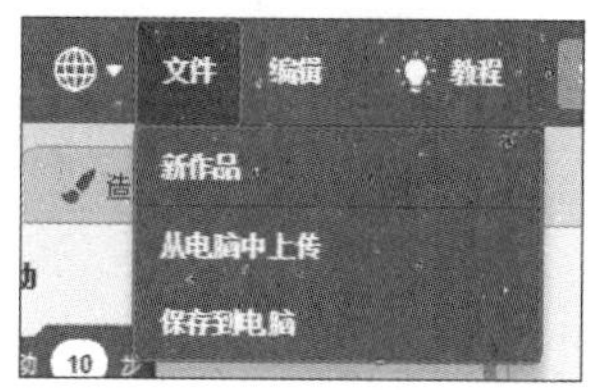

▼图1-11 “运行”和“停止”按钮

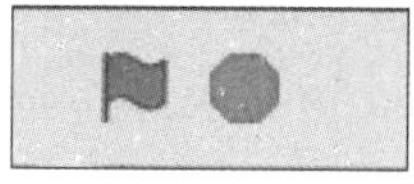

改变“舞台”尺寸的按钮，如图1-12所示。单击界面最右边的按钮，可以展示整个“舞台”界面。

▼图1-12 改变“舞台”尺寸的按钮

秘技007 Scratch的积木块区域

▶对应 2.0 3.0

▶难易程度 ●

积木块是按功能进行分类的，每一个积木块就是一个指令，将这些积木块拼接在一起就创建了程序，如图1-13所示。

▼图1-13 积木块按功能分类

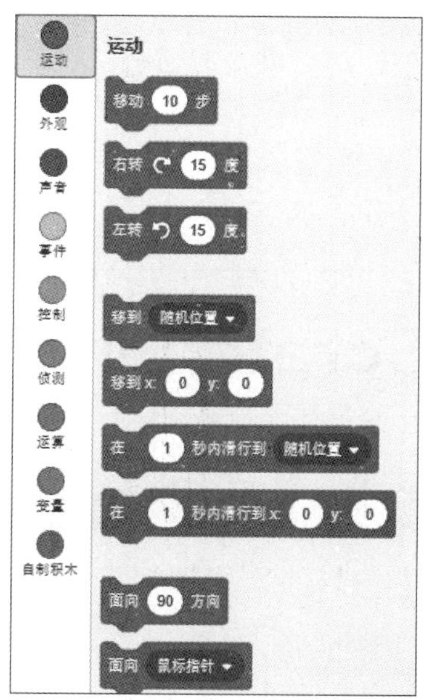

Scratch的代码区域

扫码看视频

对应 2.0 3.0

难易程度 ●

如果“代码”选项卡处于选定状态，就会显示代码区域，我们可以在代码区域拖放积木块，拼接脚本，如图1-14所示。

▼图1-14 在代码区域拼接脚本

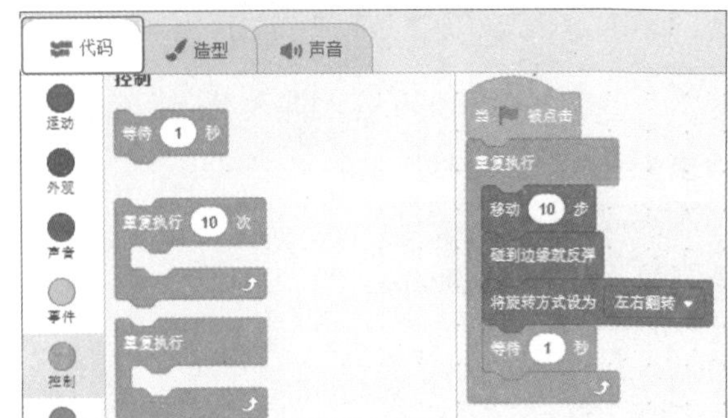

秘技 009

Scratch的“造型”选项卡

扫码看视频

对应 2.0 3.0

难易程度 ●

在“造型”选项卡下，我们可以编辑选择的“造型”。

“造型”是外观的意思，在“造型”选项卡下有“造型1”和“造型2”两个选项，通过切换两种“造型”，这个猫看起来就像是在行走。

▼图1-15 “造型”选项卡

秘技 010

Scratch的“声音”选项卡

扫码看视频

对应 2.0 3.0

难易程度 ●

在“声音”选项卡下，单击左下角用蓝色边框圈起来的相关图标，我们可以执行“上传声音”“随机选择声音”“录制声音”和“选择声音”等操作。单击界面中间的“播放”按钮，可以确认当前选中的声音并播放，如图1-16所示。

▶图1-16 “声音”选项卡

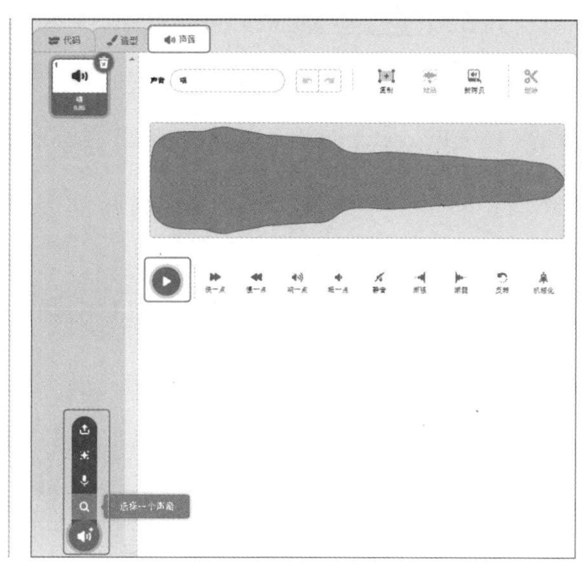

秘技

011 Scratch的舞台区域

扫码看视频

▶对应 2.0 3.0

▶难易程度 ●

“舞台”是执行脚本的区域，如图1-17所示。执行脚本时，拼接的积木块周围会显示黄色边框。

▼图1-17 脚本在“舞台”上运行

秘技

012 Scratch的角色和背景

扫码看视频

▶对应 2.0 3.0

▶难易程度 ●

舞台上，除了背景，其他配置的所有元素都叫“角色”。在图1-18中，“角色”指的是舞台上的“猫”。用蓝色边框圈起来的区域是“角色列表”，在这里用户可以编辑角色的“大小”或者改变其“方向”。舞台上出现的所有“角色”的属性信息，都会添加到这个角色列表中。

▼图1-18 在角色列表中可以编辑“角色”的“大小”和“方向”

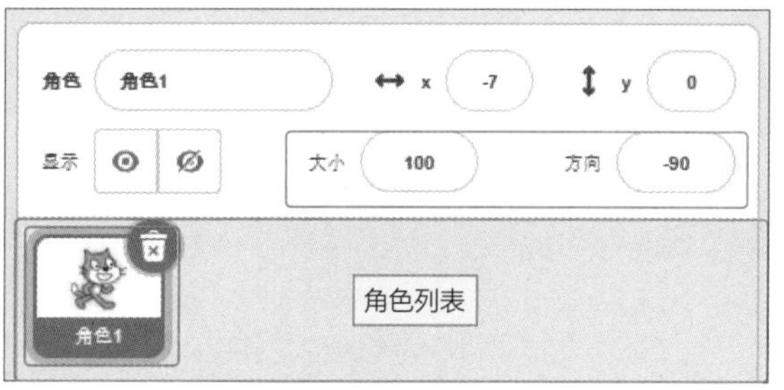

用户也可以选择Scratch 3.0中内置的各种“角色”和“背景”，如图1-19所示。

▼图1-19 选择Scratch内置的“角色”和“背景”

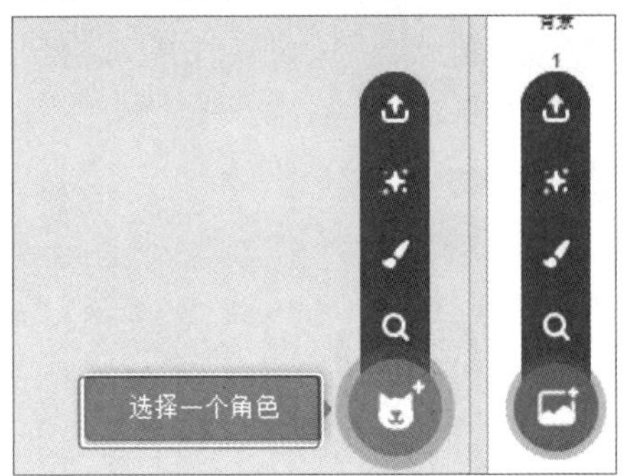

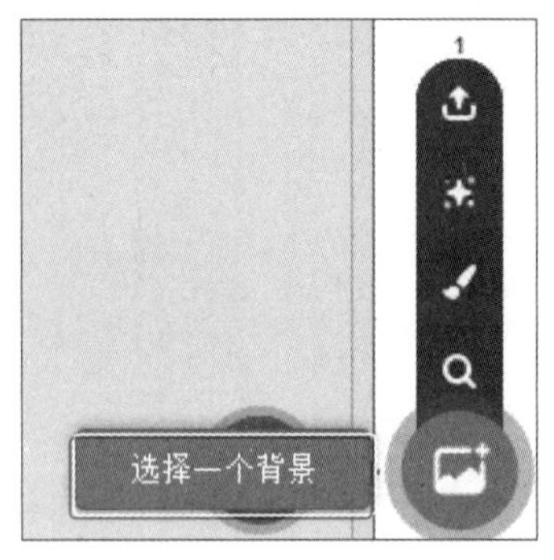

专栏 **使用桌面版Scratch 3.0的常见问题**

在使用桌面版Scratch 3.0进行编程时，使用网络摄像头可能会出现问题。而最新的网页版Scratch 3.0使用网络摄像头是没有问题的。

使用桌面版Scratch 3.0制作的作品可以在网页版的Scratch 3.0上自由读写，因此最好在Scratch 3.0的网页版本上使用网络摄像头。

使用桌面版Scratch 3.0创建的作品的文件名具有.sb3扩展名，双击扩展名为.sb3的作品文件，将启动Scratch 3.0，但是指定的文件不会被加载和打开，需要从菜单中执行“打开”命令来打开指定的作品文件。

另外，使用Scratch 2.0制作的作品可以使用Scratch 3.0打开，但用Scratch 3.0制作的文件用Scratch 2.0可能会打不开。

Scratch 3.0的设置秘技

秘技 013 Scratch 3.0中的角色

▶ 对应 2.0 3.0
▶ 难易程度 ●

在Scratch 3.0中，“猫”是默认配置在舞台上的，被称为“角色”，但并不是只把“猫”叫作“角色”，被安排在舞台上的除了背景之外的所有元素（例如：球、蛋糕、熊等）都称为“角色”，如图2-1所示。

▶ 图2-1 舞台上的所有元素都称为“角色”

秘技 014 Scratch 3.0中的角色列表

▶ 对应 2.0 3.0
▶ 难易程度 ●

放置在舞台上的角色全部会加入到角色列表内。在角色列表中选中相应的角色，该角色在舞台上也会处于被选择的状态，如图2-2所示。

▼ 图2-2 在角色列表中选择Bear角色，舞台上对应的角色也会被选中

秘技 015 如何调整角色的大小

扫码看视频

对应 2.0 3.0

难易程度 ●

要改变角色的尺寸，可以在角色列表中调整角色的“大小”参数。例如，从角色列表中选择Baseball角色，将“大小”调整为200，角色就会变大，如图2-3所示。

▼图2-3 将Baseball的“大小”设置为200

秘技 016 如何改变角色的方向

扫码看视频

对应 2.0 3.0

难易程度 ●

角色的“方向”默认为90，如果需要改变角色的方向，可以在角色列表中调整角色的“方向”参数。图2-4为从角色列表中选择“角色1”（猫），并指定“方向”值为180。

▼图2-4 把“角色1”（猫）的“方向”设置为180

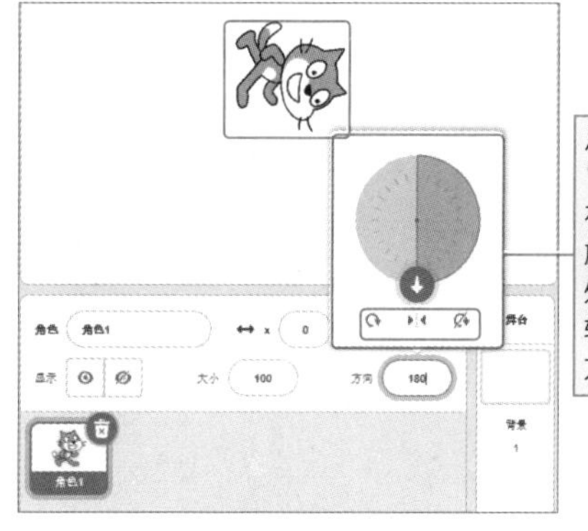

从左到右依次为“任意旋转”“左右翻转”和“不旋转”按钮，此处单击“任意旋转”按钮来改变方向。

秘技 017 如何选择角色

扫码看视频

对应 2.0 3.0

难易程度 ●

我们可以单击界面右下角的“选择一个角色”图标来选择角色，如图2-5所示。

▶图2-5 单击“选择一个角色”图标

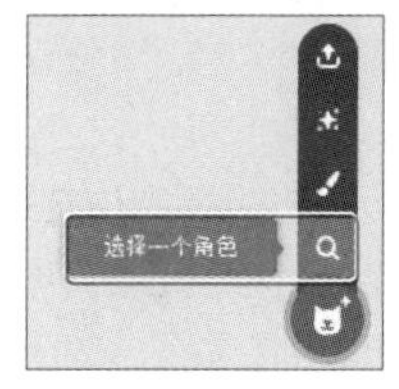

此时打开“选择一个角色”界面，我们可以从界面分类中选择需要的角色。此处选择“奇幻”选项卡，从打开的列表中选择Dragon选项，如图2-6所示。

▼图2-6 选择Dragon选项

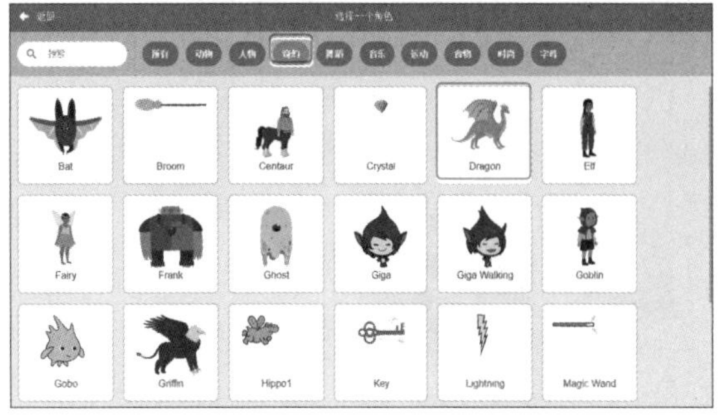

即可在舞台上放置Dragon角色，如图2-7所示。

▼图2-7 把Dragon角色放置在舞台上

秘技018 如何绘制角色

扫码看视频

对应 2.0 3.0

难易程度

在Scratch 3.0中，我们可以将光标定位在界面右下角的“选择一个角色”图标上，在弹出的列表中选择“绘制”选项，来绘制一个角色，如图2-8所示。

▼图2-8 选择“绘制”选项

选择“绘制”选项后，我们可以绘制出自己喜欢的图形和文字，生成的图形和文字会作为角色添加到舞台上，如图2-9所示。

▼图2-9 绘制的“圆”角色会放置到舞台上

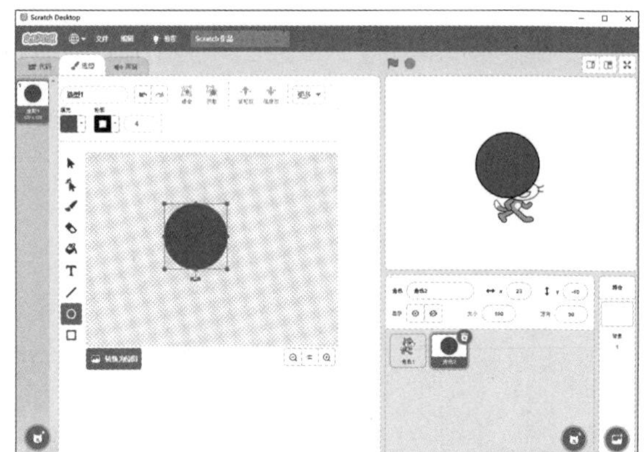

秘技019 如何创建随机角色

扫码看视频

对应 2.0 3.0

难易程度

如果想要创建一个随机的角色，可以将光标定位在界面右下角的“选择一个角色”图标上，在弹出的列表中选择“随机”选项，如图2-10所示。

每单击一次“随机”图标，就会在舞台上添加一个随机的角色，如图2-11所示。

▼图2-10 选择“随机”选项

▼图2-11 添加随机的角色到舞台上

秘技 020 如何上传角色

如果想要上传角色，可以将光标定位在界面右下角的“选择一个角色”图标上，在弹出的列表中选择“上传角色”选项，将计算机中保存的图像作为“角色”上传到舞台上，同时也会添加到角色列表中，如图2-12所示。

▼图2-12 把计算机中保存的图像上传到舞台上

秘技 021 如何选择背景

扫码看视频

▶对应
2.0
3.0
▶难易程度
●

想为舞台设置背景时，可以将光标定位在界面右下角的“选择一个背景”图标◎上，在弹出的列表中选择“选择一个背景”选项，如图2-13所示。

打开“选择一个背景”界面，在分类中选择“户外”选项卡，然后从“户外”列表中选择Jungle选项，如图2-14所示。

▼图2-13 选择“选择一个背景”选项

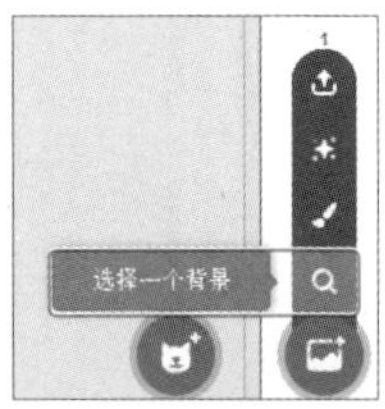

▼图2-14 选择Jungle选项

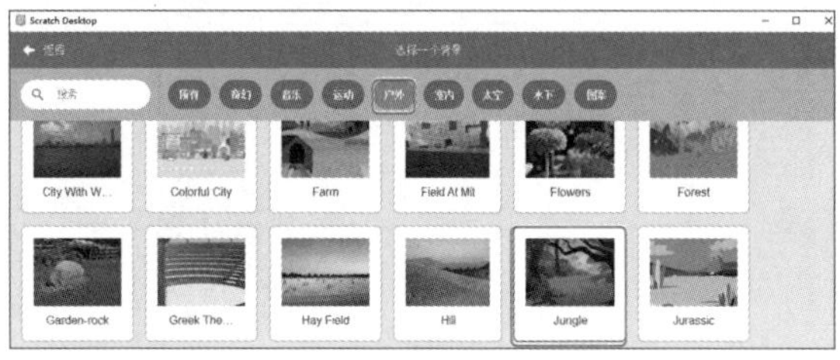

舞台应用了Jungle背景效果，其中用蓝色边框圈起来的“舞台”在代码区域中处于被选中的状态，如图2-15所示。

▼图2-15 应用Jungle背景效果

秘技 022 如何绘制背景

扫码看视频

▶对应
2.0
3.0
▶难易程度
●

在需要绘制背景的时候，可以将光标定位在界面右下角的“选择一个背景”图标◎上，在弹出的列表中选择“绘制”选项，如图2-16所示。

▼图2-16 选择“绘制”选项

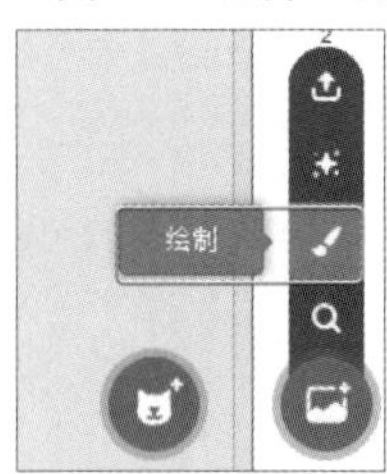

绘制的舞台颜色可以根据需要进行填充，注意“背景”不是“角色”，所以不能用鼠标拖动，如图2-17所示。

▼图2-17 用任意颜色填充舞台背景

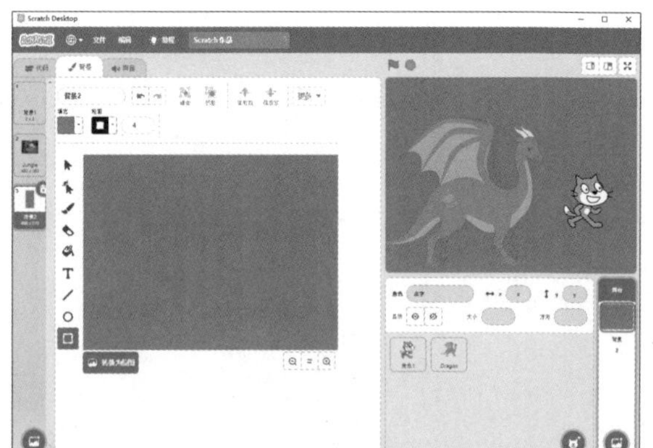

秘技 023 如何选择随机背景

要随机选择背景，我们可以将光标定位到界面右下角的“选择一个背景”图标上，在弹出的列表中选择“随机”选项，如图2-18所示。

▼图2-18 选择“随机”选项

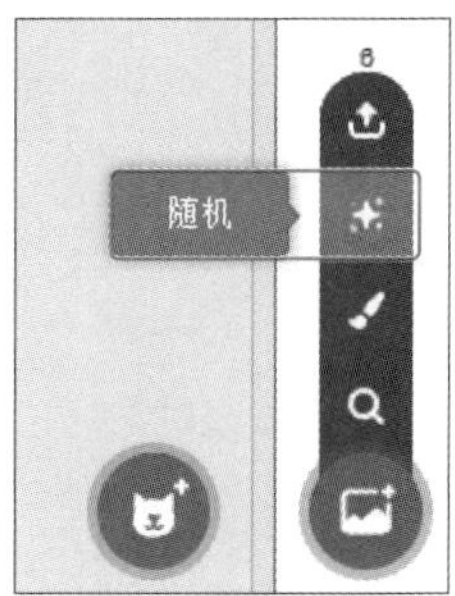

每次选择“随机”选项时，系统都会在舞台上添加随机背景。图2-19中蓝色边框圈起来的是添加的背景。这里添加的背景可以参考第4章秘技054如何应用“换成（背景1▼）背景”积木块技巧介绍的方法，从“换成（背景1▼）背景”积木块中进行选择。

▼图2-19 添加随机背景到舞台上

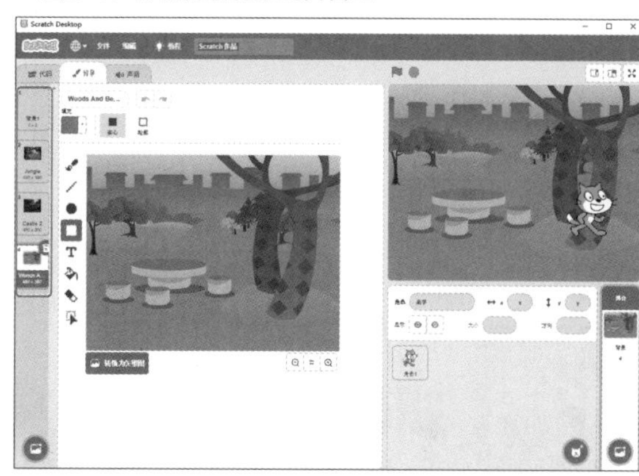

秘技 024 如何上传背景

将光标定位在界面右下角的“选择一个背景”图标上，在弹出的列表中选择“上传背景”选项，就可以将计算机中保存的图像作为背景添加到舞台上，如图2-20所示。

▼图2-20 将计算机中保存的图片作为背景添加到舞台上

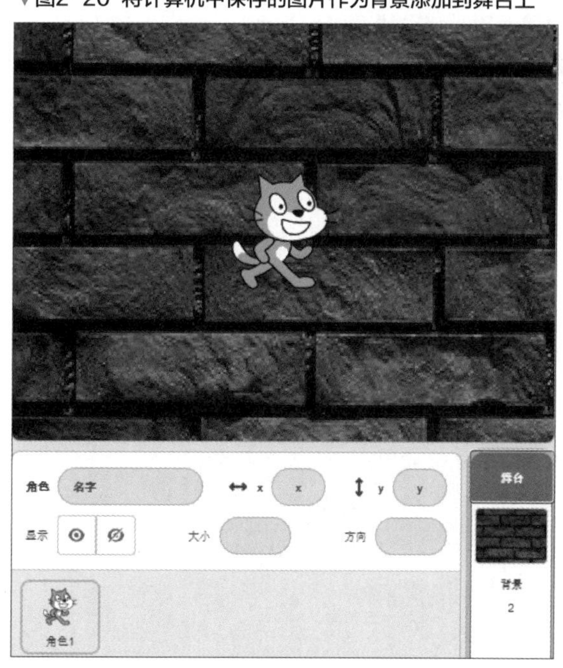

秘技 025

如何设置舞台的大小

对应 2.0 3.0
难易程度 ●

Scratch 3.0舞台的尺寸，如图2-21所示。其中，X坐标的值越小，角色的位置越靠左；X坐标的值越大，角色的位置越靠右。Y坐标的值越大，角色的位置越靠上；Y坐标的值越小，角色的位置越靠下。

▼图2-21 舞台的X坐标与Y坐标值的范围

秘技 026

如何添加扩展功能

对应 2.0 3.0
难易程度 ●

单击界面左下角的“添加扩展”图标，如图2-22所示。将打开图2-23所示的“选择一个扩展”界面，在列表中选择“视频侦测”选项，即可将“视频侦测”功能添加到积木分类列表中。“视频侦测”积木块列表中包含了视频侦测相关功能的积木块，如图2-24所示。

▼图2-22 单击“添加扩展”图标

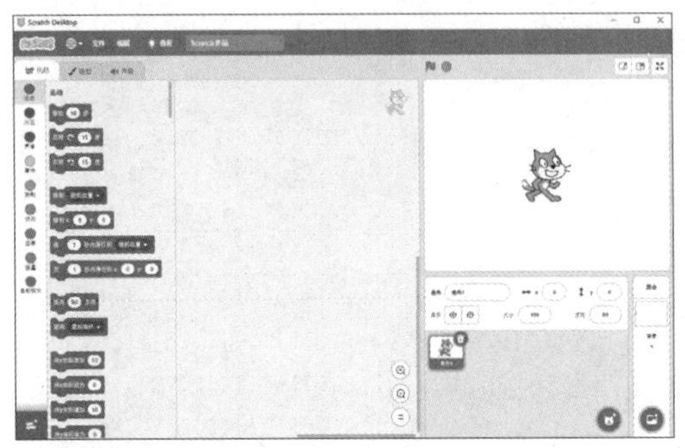

▼图2-23 扩展功能列表

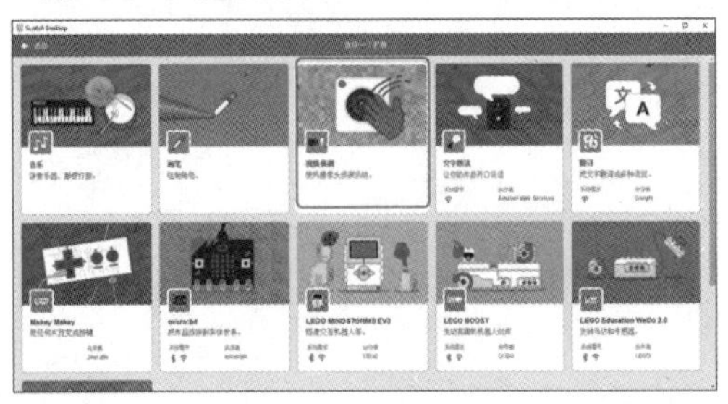

▼图2-24 添加了与“视频侦测”相关的积木块

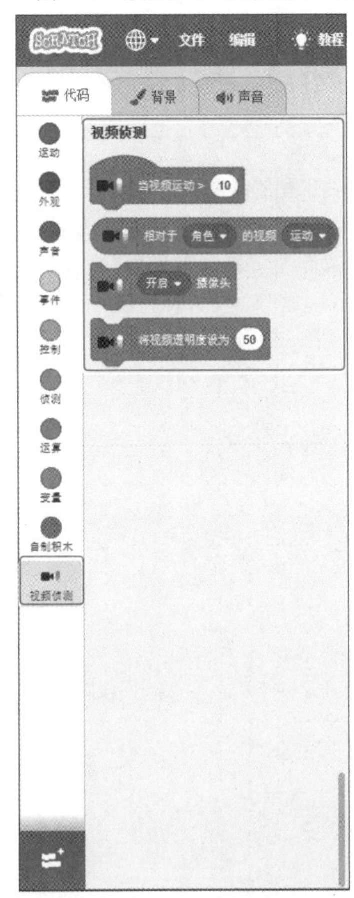

运动类积木块的应用秘技

秘技027 如何应用“移动（10）步”积木块

扫码看视频

对应 2.0 3.0

难易程度 ●

重点！ 可以移动角色。

利用“移动（10）步”积木块，可以让角色移动“10步”。直接单击“运动”类别中的“移动（10）步”积木块或者将“移动（10）步”积木块拖放到代码区域，这两种方法都可以使角色移动10步。在本书中，为了便于操作和理解，一般采取将积木块拖放到代码区域的方法，如图3-1所示。

▼图3-1 将“移动（10）步”积木块拖动到代码区域

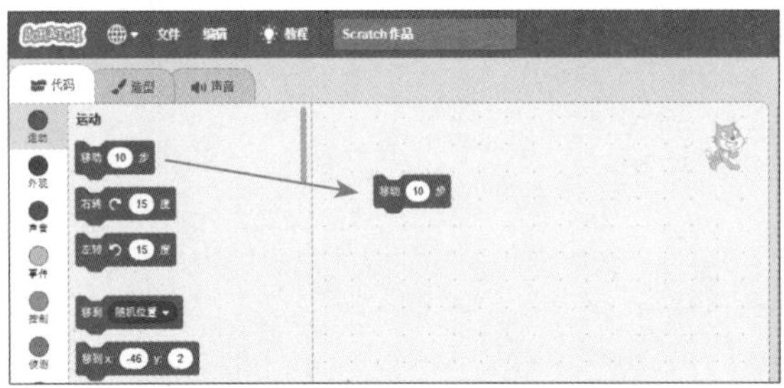

单击代码区域的“移动（10）步”积木块时，可以看到“角色”只移动了一点点，而不是普通意义上的移动10步。因为“移动（10）步”积木块在这里的准确的意思是移动10像素，所以角色只移动一点点。从图3-2中可以看到，角色的X坐标值是10，所以只是移动了10像素。

“运动”类别内的各种积木块，一般会与“控制”类别内的积木块拼接使用。

▼图3-2 “角色1”只移动了10像素

秘技028 如何应用“右转（15）度”积木块

扫码看视频

对应 2.0 3.0

难易程度 ●

重点！ 可以让角色右转15度。

利用“右转（15）度”积木块，可以让“角色”向右转15度。将“右转（15）度”积木块拖动到代码区域，如图3-3所示。

可以看到图3-3所示的角色列表中的“方向”是90度，这是“角色1”向右转之前的值。

▼图3-3 把“右转（15）度”积木块拖动到代码区域

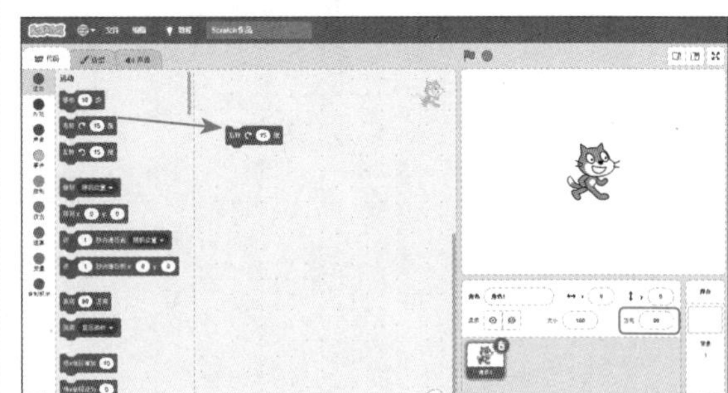

单击代码区域内的“右转（15）度”积木块，“角色1”的方向变成图3-4中的方向，角色列表中的“方向”值由90度增加了15度，变成了105度。

▼图3-4 角色1右转了15度

秘技 029

如何应用“左转（15）度”积木块

扫码看视频

对应 2.0 3.0

难易程度

重点！ 可以让角色左转。

利用“左转（15）度”积木块，可以将“角色”向左转15度。首先需要将“左转（15）度”积木块拖动到代码区域。

在图3-3中，角色的“方向”为90度。单击代码区域内的“左转（15）度”积木块，“角色1”的方向变成图3-5中的方向，角色列表中的“方向”值由90度减少了15度，变成了75度。

▼图3-5 角色1左转了15度

秘技030 如何应用“移到（随机位置▼）”积木块

扫码看视频

对应 2.0 3.0

难易程度 ●

重点！ 可以让角色出现在随机位置。

利用“移到（随机位置▼）”积木块，可以把角色随机移动到任意位置。首先将光标定位到界面右下角的“选择一个角色”图标上，然后在弹出的列表中选择“选择一个角色”选项，如图3-6所示。

▼图3-6 选择“选择一个角色”选项

在打开的“选择一个角色”界面中，可以选择一个新的角色。选择“奇幻”选项卡，在分类列表中选择Hippo1选项，如图3-7所示。

▼图3-7 选择Hippo1角色选项

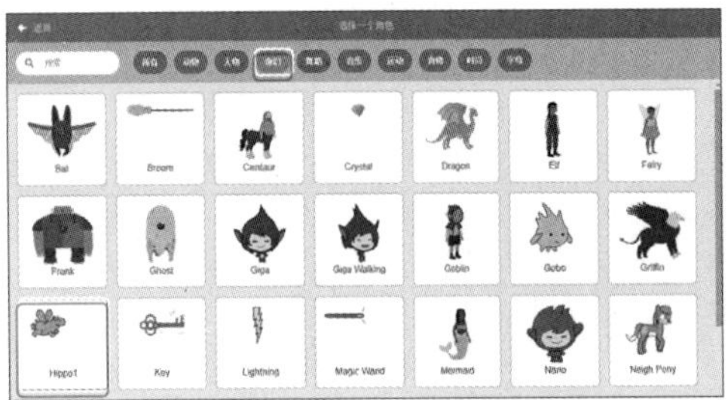

此时，在舞台上追加了Hippo1角色，然后按照图3-8中的参数对Hippo1角色进行设置。

▼图3-8 在舞台上追加了Hippo1角色

从角色列表中选择Hippo1角色，将“移到（随机位置▼）”积木块拖放到Hippo1的代码区域内，如图3-9所示。

▼图3-9 将“移到（随机位置▼）”积木块拖放到Hippo1的代码区域

单击图3-9中的“移到（随机位置▼）”积木块下拉按钮，在下拉列表中选择“角色1”选项，如图3-10所示。

▼图3-10 选择“角色1”选项

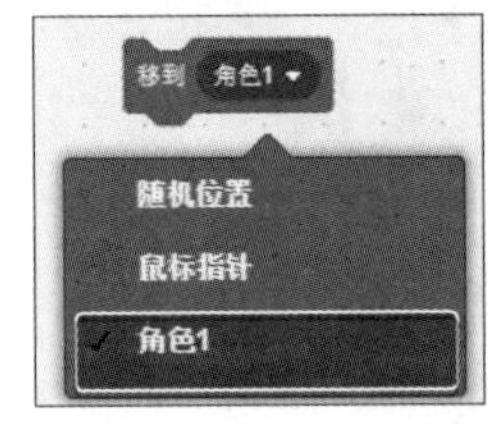

此时的积木块效果，如图3-11所示。单击该积木块时，Hippo1对象会移动到“角色1”的位置，如图3-12所示。

▼图3-11 “移到（角色1▼）”积木块

▼图3-12 Hippo1移动到“角色1”的位置

秘技 031

如何应用“移到x:（0）y:（0）”积木块

扫码看视频

对应 2.0 3.0

难易程度 ●

重点！　可以将角色放置在指定的坐标上。

利用“移到x:（0）y:（0）”积木块，可以把角色放置到指定的位置。如果将x坐标和y坐标值均设置为0，“角色1”的位置在舞台中央。

首先将“移到x:（0）y:（0）”积木块拖到代码区域，此时“角色1”在舞台中央。然后将“角色1”的x坐标值设置为-178、y坐标值设置为115，“角色1”将移动到相应的位置，如图3-13所示。

▼图3-13 “角色1”移动到指定位置

再次单击“移到x:（0）y:（0）”积木块，“角色1”会移动到舞台中央，角色列表中角色1的x坐标值和y坐标值也变成了0，如图3-14所示。

▼图3-14 “角色1”移到x坐标值与y坐标值都为0的位置

秘技 032

如何应用“在（1）秒内滑行到（随机位置▼）”积木块

扫码看视频

对应 2.0 3.0

难易程度 ●

重点！　可以指定秒数，将角色移动到随机的地方。

利用“在（1）秒内滑行到（随机位置▼）”积木块，可以让角色在指定时间内滑行到随机的位置。首先把“在（1）秒内滑行到（随机位置▼）”积木块拖放到代码区域，然后将光标定位到“选择一个角色”图标上，选择“选择一个角色”选项，如图3-15所示。

▼图3-15 选择“选择一个角色”选项

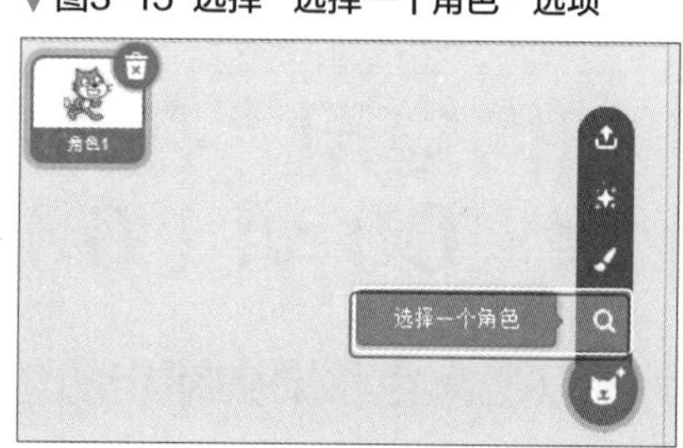

从打开的“选择一个角色”界面中切换至“食物”选项卡，在列表中选择Cake角色，如图3-16所示。我们也可以从喜欢的分类中选择其他的角色。

▼图3-16 选择Cake角色

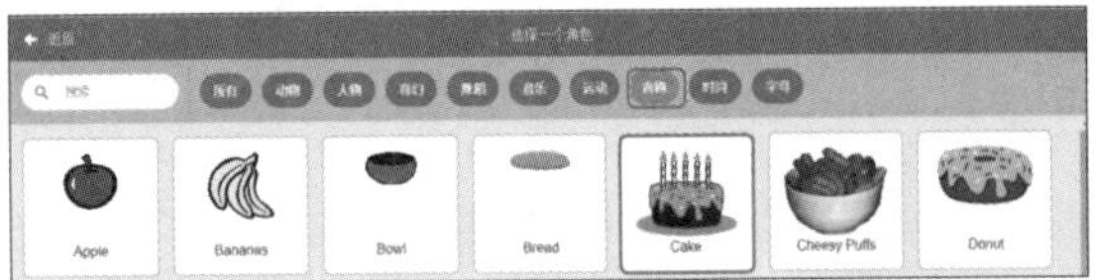

将Cake角色放置在舞台上，如图3-17所示。这里没有必要拘泥于角色的位置，将其放到喜欢的位置就可以了。

▼图3-17 将Cake角色放置在舞台上

从角色列表中选择“角色1”选项，在“角色1”的代码区域内放置“在（1）秒内滑行到（随机位置▼）”积木块，从下拉列表中选择Cake选项，如图3-18所示。

▼图3-18 选择Cake选项

此时“在（1）秒内滑行到（随机位置▼）”积木块就会变成图3-19中的样式。

▼图3-19 变成了“在（1）秒内滑行到（Cake▼）”积木块

单击图3-19中的积木块，这时“角色1”将花费1秒的时间向Cake移动，如图3-20所示。

▼图3-20 “角色1”花了1秒移动到Cake位置

秘技 033

如何应用“在（1）秒内滑行到x:（0）y:（0）”积木块

扫码看视频

对应 2.0 3.0

难易程度 ●

重点！ 可以把角色移动到指定的位置。

利用“在（1）秒内滑行到x:（0）y:（0）”积木块可以使角色在指定时间内移动到指定的位置。首先将“在（1）秒内滑行到x:（0）y:（0）”积木块拖放到代码区域。然后将x和y坐标值设置成需要的数值，舞台x

坐标值设置范围为-240到240，y坐标值的设置范围为180到-180。此处将x坐标值设置为50、y坐标值设置为100，如图3-21所示。

▼图3-21 设置x坐标值为50、y坐标值为100

单击图3-21中的积木块，“角色1”将花费1秒移动到指定位置，如图3-22所示。

▼图3-22 花1秒时间让“角色1”移动到指定位置

此时，“角色1”对应的角色列表区的x和y坐标值也发生了变化，x坐标值变为50，y坐标值变为100，如图3-23所示。

▼图3-23 角色列表中的x和y坐标值也发生了变化

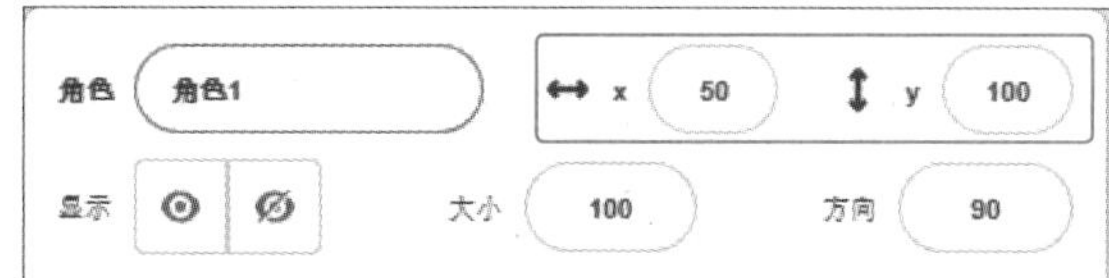

秘技

034 如何应用“面向（90）方向”积木块

扫码看视频

对应 2.0 3.0

难易程度

重点！ 可以将角色面向指定的角度。

利用“面向（90）方向”积木块可以指定角色的方向。首先将“面向（90）方向”积木块拖放到代码区域，此时直接单击该积木块，“角色1”（猫）没有任何反应，因为“角色1”（猫）的方向默认是90度，如图3-24所示。

▼图3-24 “角色1”默认方向是90度

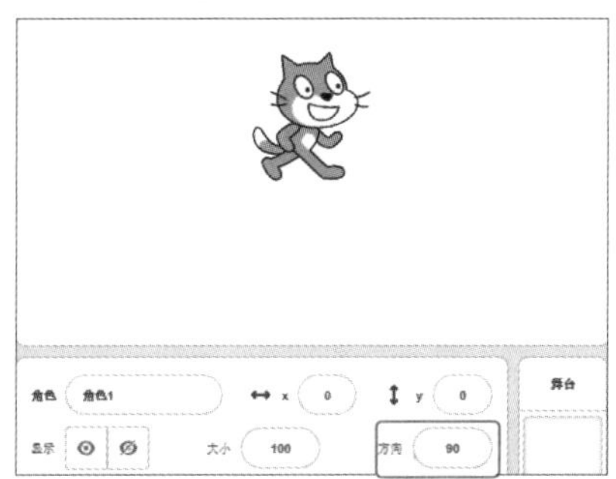

将放在代码区域内的“面向（90）方向”积木块的方向值90改为-90，如图3-25所示。然后单击该积木块，“角色1”（猫）就会倒过来，如图3-26所示。这时角色列表内的“方向”参数值也变成-90。我们也可以输入其他值查看“角色1”的变化。

▼图3-25 “面向（-90）方向”积木块

▼图3-26 “面向（-90）方向”积木块对应的“角色1”就会倒过来

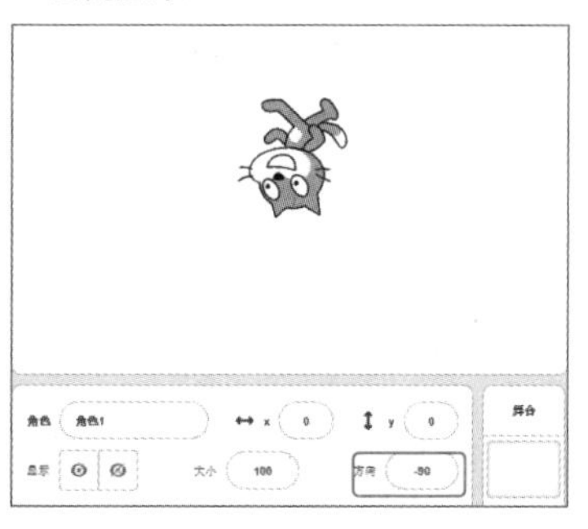

秘技 035

如何应用“面向（鼠标指针▼）”积木块

扫码看视频

对应 2.0 3.0

难易程度

重点！ 可以把角色对准鼠标指针。

利用“面向（鼠标指针▼）”积木块，可以使对象始终面向鼠标指针且随着鼠标指针的移动而旋转。

首先将“面向（鼠标指针▼）”积木块拖至代码区域，此时单击积木块是无法执行程序的，需要配合“事件”分类内的“当被点击”和“控制”分类内的“重复执行”积木块，如图3-27所示。关于这些积木块的功能将在后续章节进行介绍。

▼图3-27 “面向（鼠标指针▼）”积木块与多个积木块拼接

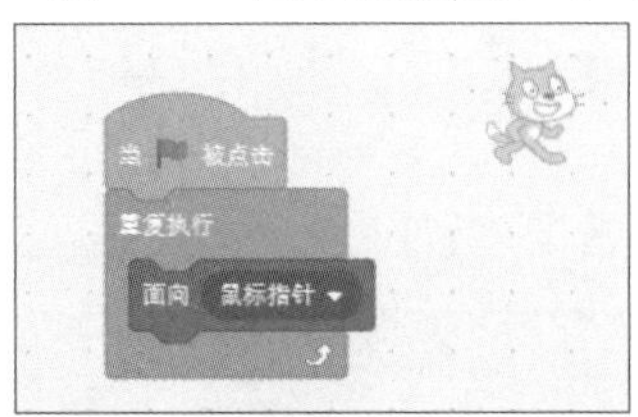

从图3-27的状态开始，单击界面左上角的“运行”按钮就会执行程序，单击“停止”按钮则会停止运行程序，如图3-28所示。

▼图3-28 单击“运行”按钮执行程序

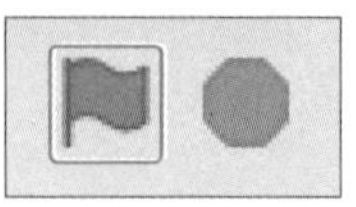

单击“运行”按钮，鼠标指针在舞台上移动，“角色1”始终面向鼠标指针，如图3-29所示。

▼图3-29 “角色1”始终面向鼠标指针且随着鼠标指针的移动而旋转

秘技 036

如何应用“将x坐标增加（10）”积木块

扫码看视频

对应 2.0 3.0

难易程度

重点！ 可以将角色移动到指定的x坐标值位置。

利用“将x坐标增加（10）”积木块，可以使角色移动到指定的x坐标位置。

首先将“将x坐标增加（10）”积木块拖放到代码区域，单击该积木块，舞台上的“角色1”会沿着x轴方向向右移动10像素。单击3次后，“角色1”向右移动30像素，如图3-30所示。

▼图3-30 “角色1”向右移动30像素

将“将x坐标增加（10）”积木块中的值指定为30，然后单击该积木块，如图3-31所示。

▼图3-31 单击“将x坐标增加（30）”积木块

每单击一次积木块，“角色1”就前进30像素。单击3次后，“角色1”前进90像素，如图3-32所示。

▼图3-32 “角色1”向右移动了90像素

秘技 037

如何应用“将x坐标设为（0）”积木块

扫码看视频

对应 2.0 3.0 难易程度

重点！ 可以在指定的x坐标位置放置角色。

利用“将x坐标设为（0）”积木块，可以指定角色在x坐标上的位置。

首先将“将x坐标设为（0）”积木块拖至代码区域，此时“角色1”的x和y坐标值都是0，“角色1”显示在舞台中央。在这种状态下单击“将x坐标设为（0）”积木块，不会发生任何变化，因为x坐标值本来就是0。

在代码区域将“将x坐标设为（0）”积木块中的0指定为-100，如图3-33所示。

▼图3-33 “将x坐标设为（-100）”积木块

在此状态下单击积木块，舞台上的“角色1”将移动到图3-34所示的位置，可以看到“角色1”的x坐标值变为-100。

▼图3-34 “角色1”移动到x坐标值为-100的位置

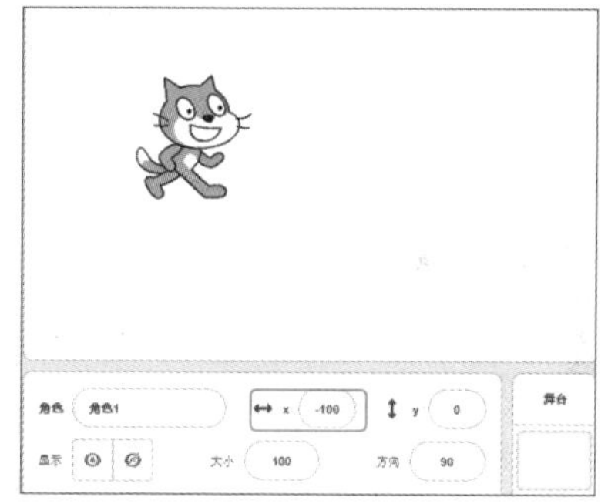

秘技 038

如何应用“将y坐标增加（10）”积木块

扫码看视频

对应 2.0 3.0 难易程度

重点！ 可以将角色移动到指定的y坐标值的位置。

利用“将y坐标增加（10）”积木块，可以指定角色在y坐标上的位置。

首先将“将y坐标增加（10）”积木块拖至代码区域，此时单击“将y坐标增加（10）”积木块，舞台上的“角色1”将沿着y轴向上移动10像素。单击3次后，“角色1”向上移动30像素，如图3-35所示。

▼图3-35 “角色1”向上移动30像素

将“将y坐标增加（10）”积木块中的10修改为30，如图3-36所示。

▼图3-36 “将y坐标增加（30）”积木块

单击一次“将y坐标增加（30）”积木块，“角色1”就会向上移动30像素；单击3次“将y坐标增加（30）”积木块，“角色1”就会向上移动90像素，如图3-37所示。

▼图3-37 “角色1”向上移动了90像素

秘技039 如何应用“将y坐标设为（0）”积木块

扫码看视频

对应 2.0 3.0

难易程度 ●

重点！ 可以在指定的y坐标位置放置角色。

利用“将y坐标设为（0）”积木块，可以指定角色在y坐标上的位置。

首先拖动“将y坐标设为（0）”积木块至代码区域，舞台上“角色1”的x坐标值和y坐标值都是0，“角色1”显示在舞台中央。此时单击“将y坐标设为（0）”积木块，角色不会发生任何变化，因为y坐标值本来就是0。

在代码区域内将“将y坐标设为（0）”积木块中的0修改为-100，如图3-38所示。

▼图3-38 “将y坐标设为（-100）”积木块

单击“将y坐标设为（-100）”积木块，舞台上的“角色1”将移动到图3-39的位置，可以看到“角色1”的y坐标参数值也是-100。

▼图3-39 “角色1”移动到y坐标为-100的位置

秘技 040 如何应用“碰到边缘就反弹”积木块

扫码看视频

对应 2.0 3.0
难易程度 ●

重点！ 角色碰到舞台边缘就会改变方向。

利用“碰到边缘就反弹”积木块，可以使角色碰到舞台边缘就改变方向。

首先拖动“碰到边缘就反弹”积木块到代码区域，此时单击该积木块是没有反应的，需要与其他分类中的积木块配合使用。这里将与“事件”分类中的“当⚑被点击”积木块、“运动”分类中的“移动（10）步”积木块和“控制”分类中的“重复执行”积木块拼接使用，如图3-40所示。关于这些积木块的应用，将在后面的章节中进行解说。

▼图3-40 使用“碰到边缘就反弹”积木块

单击图3-28中的“运行”按钮⚑，“角色1”就会移动。如果碰到舞台的边缘，“角色1”就会上下翻转并反向运动，如图3-41所示。在下一个技巧中，将会介绍如何修正这种旋转的方法。

▼图3-41 “角色1”碰到舞台边缘就会反弹

秘技 041 如何应用“将旋转方式设为（左右翻转▼）”积木块

扫码看视频

对应 2.0 3.0
难易程度 ●

重点！ 防止角色碰到舞台边缘时上下翻转。

在上一个技巧中，使用“碰到边缘就反弹”积木块时，角色碰到舞台边缘会上下翻转，如图3-41所示。使用“将旋转方式设为（左右翻转▼）”积木块，可以防止角色碰到舞台边缘时上下翻转的情况。该积木块也不可以单独使用，与图3-40中的积木块拼接使用，如图3-42所示。

“将旋转方式设为（左右翻转▼）”积木块的旋转方式有“左右翻转”“不可旋转”和“任意旋转”3个选项，默认选择“左右翻转”选项。在图3-42中，将旋转方式设为“左右翻转”后，单击图3-28中的“运行”按钮⚑，可以看到“角色1”即使撞到舞台边缘也不会上下翻转，如图3-43所示。

▼图3-42 将旋转方式设为“左右翻转”

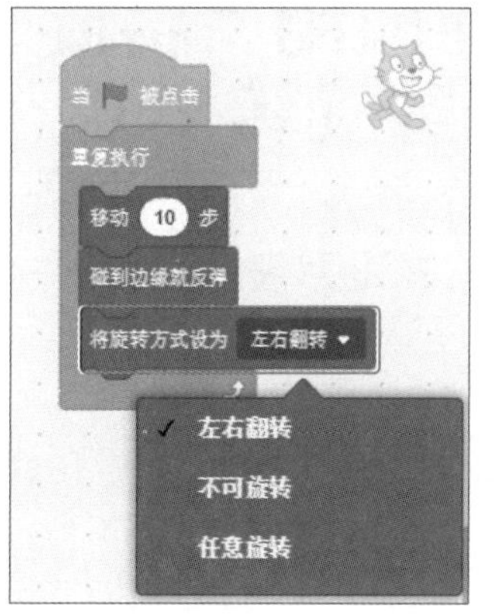

▶图3-43 “角色1”撞到舞台边缘不会上下翻转

秘技042 如何应用“将旋转方式设为(不可旋转▼)”积木块

扫码看视频

对应 2.0 3.0

难易程度 ●

重点！ 角色不能改变方向，也不能翻转，只能左右移动。

如果想使角色不能改变方向，也不能翻转，只能左右移动，可以使用“将旋转方式设为（不可旋转▼）”积木块。在图3-42的下拉列表中选择旋转方式为“不可旋转”选项后，积木效果如图3-44所示。

▼图3-44 设置旋转方式为“不可旋转”

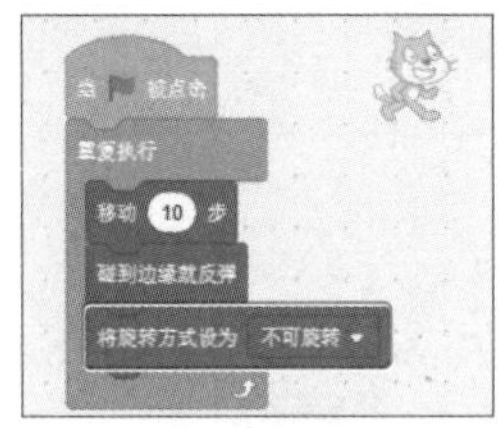

单击图3-28中的“运行”按钮，“角色1”即使撞到舞台边缘也不会左右翻转，只会左右移动，如图3-45所示。

▼图3-45 “角色1”只会左右移动

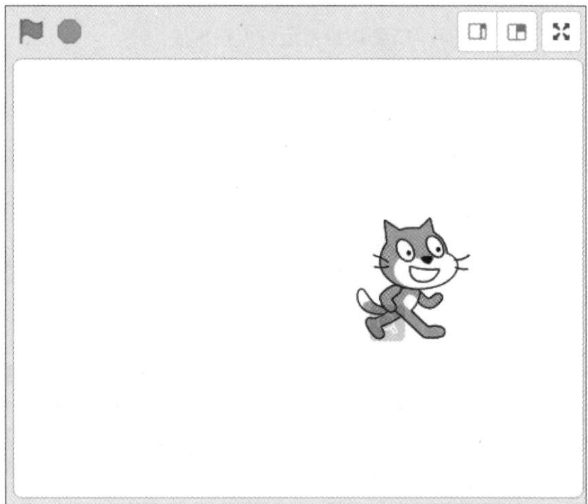

秘技043 如何应用“将旋转方式设为(任意旋转▼)”积木块

扫码看视频

对应 2.0 3.0

难易程度 ●

重点！ 如果没有添加“将旋转方式设为（左右翻转▼）”积木块，则默认将旋转方式设为任意旋转。

在图3-42的下拉列表中选择旋转方式为“任意旋转”选项后，程序的最终效果如图3-46所示。

▶图3-46 设置旋转方式为“任意旋转”

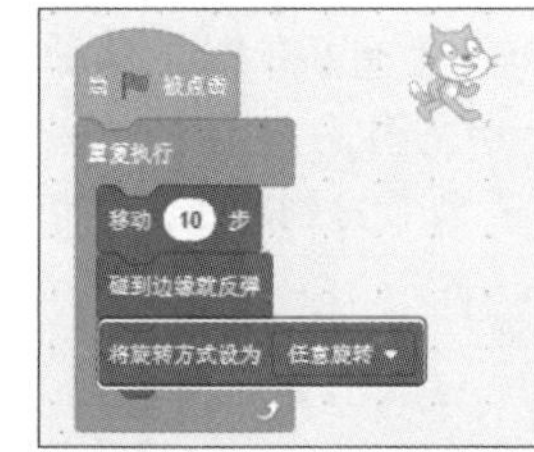

单击图3-28中的“运行”按钮后，“角色1”会上下翻转过来，但当它撞到舞台左端时，又会回到原来的状态，如图3-47所示。

▼图3-47 “角色1”撞到舞台边缘会上下翻转

秘技
044 如何显示角色的x坐标

扫码看视频

对应 2.0 3.0

难易程度 ●

重点！ 显示角色的x坐标。

“x坐标”不是积木块，是用于显示x坐标的参数。在图3-48中，勾选“运动”分类中“x坐标”复选框，就可以在舞台上显示角色的x坐标值，如图3-49所示。

▼图3-48 在“运动”分类中勾选“x坐标”复选框

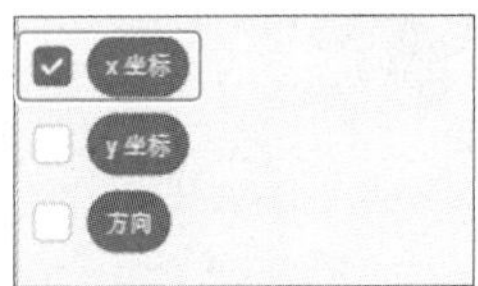

▼图3-49 舞台上显示了角色的x坐标值

在代码区域内拼接与图3-42相同的积木块，如图3-50所示。

▼图3-50 拼接“将旋转方式设为（左右翻转▼）”积木块

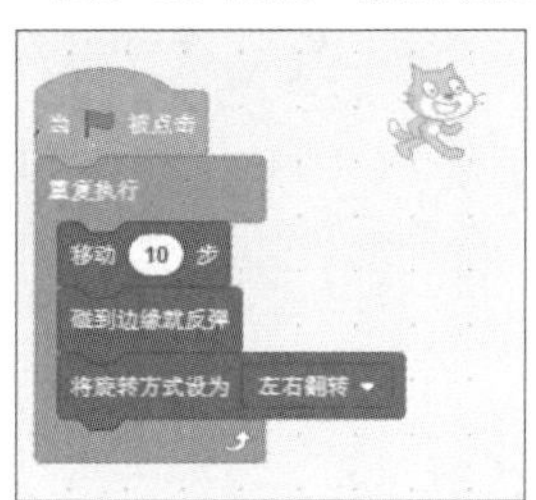

然后单击“运行”按钮，“角色1”开始左右翻转，在舞台上放置的“x坐标”值和角色列表内的x值也同时发生了变化，角色列表里的值因四舍五入而显示整数，如图3-51所示。

▼图3-51 舞台上和角色列表内的x坐标值发生相同的变化

如何显示角色的y坐标

扫码看视频

对应 2.0 3.0

难易程度 ●

重点！ 显示角色的y坐标。

“y坐标”不是积木块，是用于显示y坐标的参数。在图3-52中，勾选“运动”分类中的“y坐标”复选框，就可以在舞台上显示角色的y坐标值，如图3-53所示。

▼图3-52 在“运动”分类中勾选“y坐标”复选框

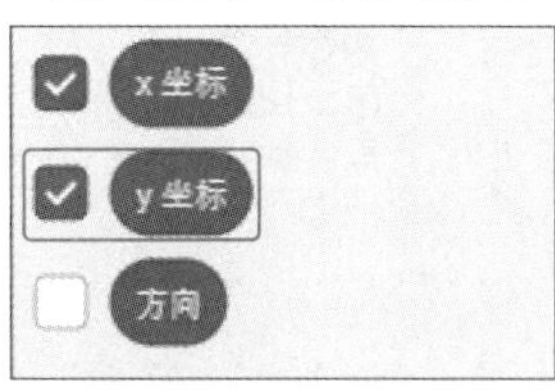

▼图3-53 舞台上显示角色的“y坐标”值

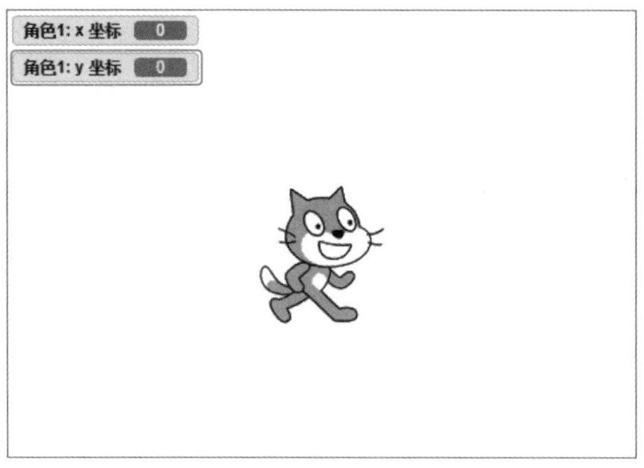

在代码区域拼接与图3-50相同的积木块，再添加“运动”分类中的“将y坐标增加（10）”积木块并将10修改为1，来查看“y坐标”值的变化情况，如图3-54所示。

▼图3-54 拼接“将y坐标增加（10）”积木块并将10修改为1

单击“运行”按钮，“角色1”开始运动，因为“y坐标”是每次增加1像素地运动着，在舞台上放置的“y坐标”值也变化着，与角色列表中的y值同时变化，角色列表中的“y坐标”值因四舍五入而显示整数，如图3-55所示。

▼图3-55 舞台上和角色列表内的y坐标值发生相同的变化

如何显示角色的方向

扫码看视频

对应 2.0 3.0

难易程度 ●

重点！ 显示角色的方向。

“方向”不是积木块，而是用于显示角色方向的参数。在图3-56中，勾选“运动”分类中的“方向”复选框，可以在舞台上显示相应角色的方向值，如图3-57所示。

▼图3-56 在“运动”分类中勾选“方向”复选框

▼图3-57 舞台上显示了对象的“方向”值

在代码区域内拼接与图3-54相同的积木块，效果如图3-58所示。当“角色1”撞到舞台边缘时会改变方向继续前进，“方向”的值也会变化。

▼图3-58 拼接“方向”值变化的积木块

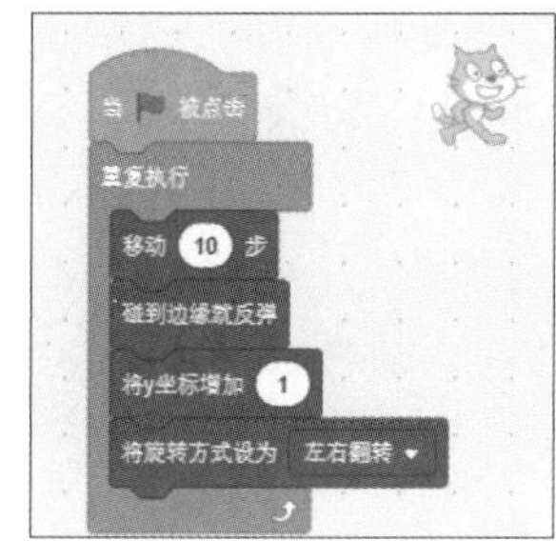

单击“运行”按钮，“角色1”开始运动，碰到舞台边缘就会反弹，舞台上的“方向”值与角色列表内的“方向”值相同，角色列表内“方向”值因为四舍五入而显示整数，如图3-59所示。

▼图3-59 舞台和角色列表内的“方向”值发生相同的变化

外观类积木块的应用秘技

秘技 047

如何应用“说（你好！）（2）秒”积木块

对应 2.0 3.0
难易程度

重点！ 在角色上显示指定持续时间的会话框。

“说（你好！）（2）秒”是可以在角色上显示指定时间的会话框的积木块。

首先将“说（你好！）（2）秒”积木块拖动到代码区域，如图4-1所示。

▼图4-1 把“说（你好！）（2）秒”积木块拖至代码区域

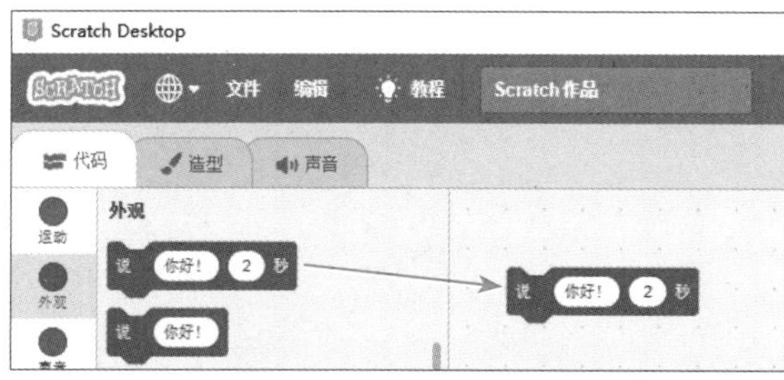

单击代码区域内的“说（你好！）（2）秒”积木块，“角色1”会显示2秒钟的“你好！”会话框，如图4-2所示。

▼图4-2 “角色”显示了2秒钟的“你好！”会话框

秘技 048

“说（你好！）（2）秒”积木块应用示例

对应 2.0 3.0
难易程度

重点！ “说（你好！）（2）秒”积木块的具体应用。

将“说（你好！）（2）秒”积木块中的“你好！”修改为“你好吗?”，将2秒修改为3秒，如图4-3所示。

▼图4-3 将“说（你好！）（2）秒”修改为将“说（你好吗?）（3）秒”

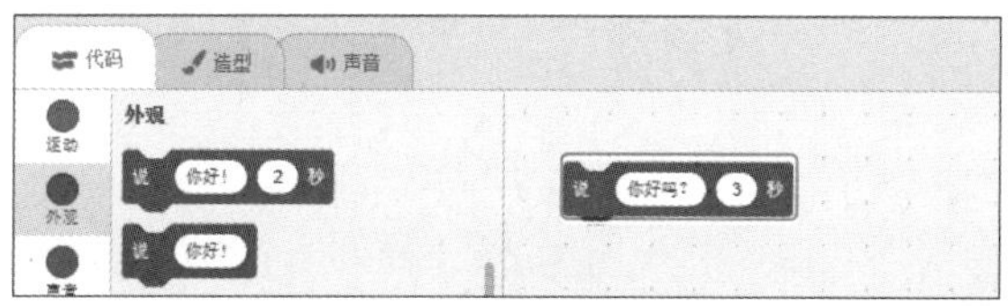

单击修改过的积木块，“角色”显示了“你好吗?”会话框并持续3秒钟，如图4-4所示。

▼图4-4 “角色”显示“你好吗?”会话框并持续3秒钟

如何应用“说（你好！）”积木块

扫码看视频

对应 2.0 3.0

难易程度

重点！ 和秘技048中的积木块功能基本相同，只不过不指定秒数。

“说（你好！）”是可以在角色上显示会话框的积木块。“说（你好！）（2）秒”积木块可以指定持续时间，而“说（你好）”积木块不能指定持续时间。

首先将“说（你好！）”积木块拖放到代码区域，如图4-5所示。

▼图4-5 把“说（你好！）”积木块拖放到代码区域

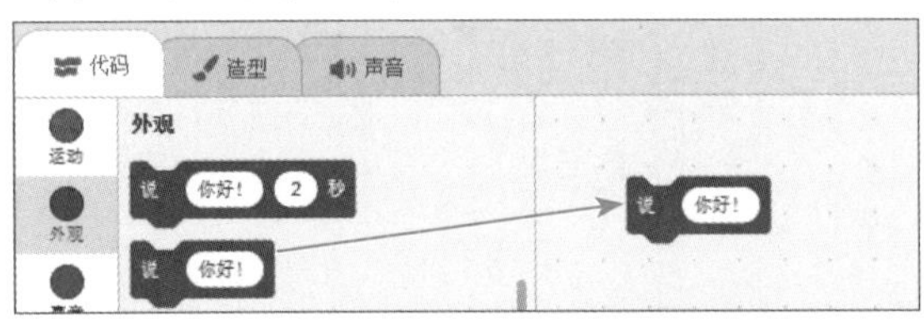

单击代码区域内的“说（你好！）”积木块后，“角色1”一直显示会话框，直到单击“停止”●按钮才会结束，如图4-6所示。因为“说（你好！）”积木块没有指定持续时间，所以如果不停止会话框将一直显示。

▼图4-6 “角色1”一直在说“你好！”

如何应用“思考（嗯……）（2）秒”积木块

扫码看视频

对应 2.0 3.0

难易程度

重点！ 在角色上显示指定持续时间的会话框。

“思考（嗯……）（2）秒”可以让角色显示指定持续时间的会话框的积木块。

首先将“思考（嗯……）（2）秒”积木块拖放到代码区域，如图4-7所示。

▼图4-7 将“思考（嗯……）（2）秒”积木块拖放到代码区域

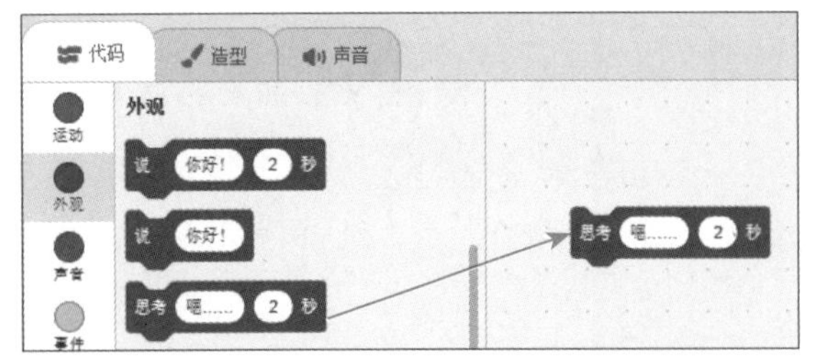

单击拖放在代码区域内的“思考（嗯……）（2）秒”积木块，“角色1”显示了2秒的“嗯……”会话框，如图4-8所示。

▼图4-8 “角色1”只显示2秒的“嗯……”会话框

秘技
051

如何应用“思考（嗯……）”积木块

扫码看视频

对应 2.0 3.0
难易程度 ●

重点！ 和秘技050中的积木块功能基本一样，只不过没有指定秒数。

把“思考（嗯……）”积木块拖放到代码区域，如图4-9所示。

▼图4-9 将“思考（嗯……）”拖放到代码区域

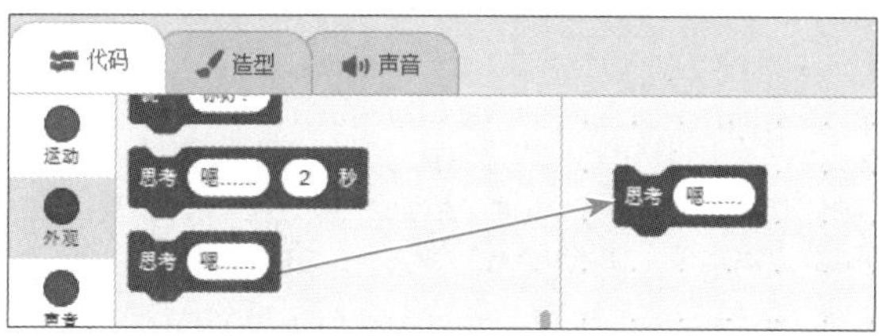

单击拖放到代码区域内的“思考（嗯……）”积木块后，“角色1”一直显示会话框，直到单击“停止”●按钮才会结束，如图4-10所示。“思考（嗯……）”积木块没有指定秒数，如果不停止会话框将一直显示。

▼图4-10 “角色1”一直在说“嗯……”

秘技
052

如何应用“换成（造型1▼）造型”积木块

扫码看视频

对应 2.0 3.0
难易程度 ●

重点！ 可以切换要显示的造型。

第1章的秘技009中介绍了“造型”选项卡下的相关功能。“换成（造型1▼）造型”是切换角色“造型”的积木块。

首先将“换成（造型1▼）造型”积木块拖放到代码区域，然后单击“造型1”下拉按钮，在下拉列表中选择“造型2”选项，如图4-11所示。

▼图4-11 选择“造型2”选项

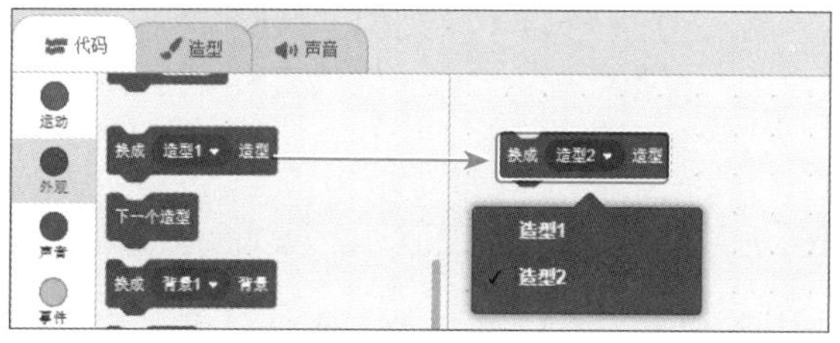

在“造型”选项卡中我们会发现“角色1”有两种造型，分别是“造型1”和“造型2”，如图4-12所示。

▼图4-12 造型包括“造型1”和“造型2”

单击代码区域内的“换成（造型2▼）造型”积木块后，因为指定了“造型2”，所以“角色1”（猫）会显示“造型2”的效果，如图4-13所示。“角色1”的两个造型效果，可以从图4-12中查看。

▼图4-13 “角色1”（猫）显示了“造型2”

秘技

053 如何应用“下一个造型”积木块

扫码看视频

对应 2.0 3.0

难易程度 ●

重点！ 可以切换造型让“角色1”行走。

“下一个造型”积木块需要和其他类别的积木块拼接使用。这里使用的是“事件”分类中的“当⚑被点击”和“运动”分类中的“移动（10）步”“碰到边缘就反弹”“将旋转方式设为（左右翻转▼）”积木块，还使用了“控制”类别中的“重复执行”“等待（1）秒”和“外观”类别内的“下一个造型”积木块，拼接的积木块如图4-14所示。

这里出现了还没有介绍过的积木块，后续会详细介绍，请先拼接看看效果。

▼图4-14 拼接“下一个造型”的积木块

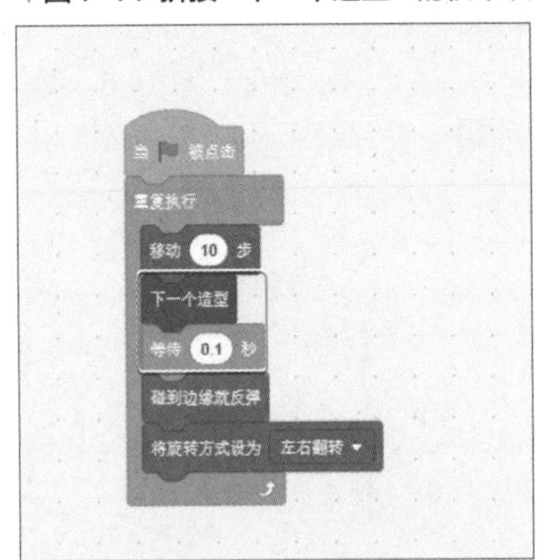

在“等待（1）秒”积木块中，1秒影响角色走路的速度，会走得很慢，所以指定为0.1秒。

单击“运行”按钮⚑，可以看到“角色1”一边左右翻转一边行走。因为“下一个造型”积木块放在“重复执行”积木块中，所以图4-12的“造型1”和“造型2”会自动切换显示，“角色1”看起来像在行走，如图4-15所示。

▼图4-15 “角色1”的造型自动切换看起来像在走路

秘技 054

如何应用“换成（背景1▼）背景”积木块

扫码看视频

对应 2.0 3.0

难易程度 ●

重点！ 可以更换舞台的背景。

“换成（背景1▼）背景”是可以更换舞台背景的积木块。首先将“换成（背景1▼）背景”积木块拖放到代码区域，如图4-16所示。

▼图4-16 将“换成（背景1▼）背景”积木块拖放到代码区域

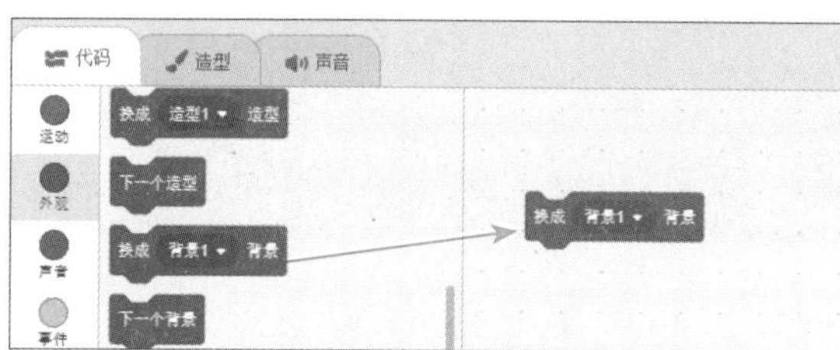

单击“换成（背景1▼）背景”积木块，舞台的背景不会有任何变化，这是因为“背景1”是在没有指定背景的情况下放置背景的，所以要在舞台上添加一个背景。单击“舞台”，将光标移至界面左下角的“选择一个背景”图标上，在弹出的列表中选择“选择一个背景”选项，如图4-17所示。

▼图4-17 选择一个背景

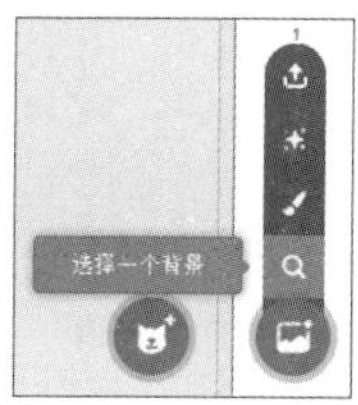

在“选择一个背景”界面中切换至“户外”选项卡，在列表中选择3个喜欢的背景，如图4-18所示。

▼图4-18 在“户外”类别列表中选择背景

切换至“背景”选项卡，可以查看选择的3个背景，如图4-19所示。

▼图4-19 在“背景”选项卡中显示所选择的3个背景

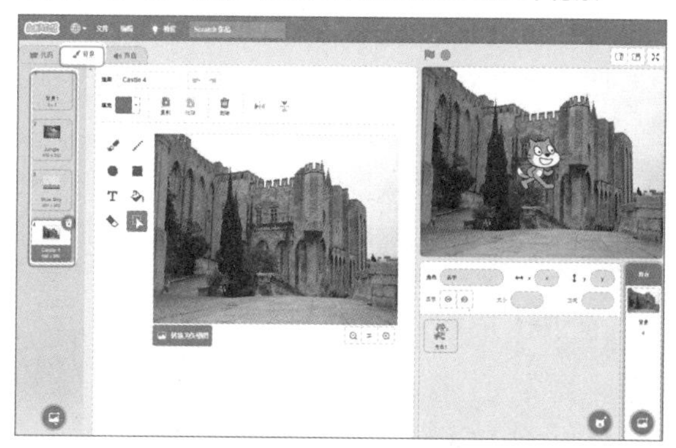

首先选择Jungle背景，如图4-20所示。

▼图4-20 选择Jungle背景

在此状态下，单击图4-16中的“换成（背景1▼）背景”积木块，因为在图4-19中没有设置“背景1”，所以单击“换成（背景1▼）背景”积木块时，背景会消失，如图4-21所示。

▼图4-21 背景消失

秘技 055 如何应用“换成（下一个背景▼）背景”积木块

扫码看视频

对应 2.0 3.0
难易程度 ●

重点！ 使舞台的背景更换为下一个背景。

“换成（下一个背景▼）背景”是切换下一个背景的积木块。首先把“换成（背景1▼）背景”积木块拖放到代码区域，然后单击“背景1”下拉按钮，在下拉列表中选择“下一个背景”选项，如图4-22所示。

▼图4-22 在积木块中选择“下一个背景”选项

单击该积木块，在图4-19中“背景1”的下一个背景Jungle被放置到舞台上，如图4-23所示。

在舞台上放置Jungle背景的状态下，单击图4-22中的“换成（下一个背景▼）背景”积木块，就会放置Jungle的下一个背景，即Blue Sky背景，如图4-24所示。

▼图4-23 背景Jungle被放置在舞台上

▼图4-24 Blue Sky背景被放置到舞台上

每单击一次“换成（下一个背景▼）背景”积木块，在图4-19中添加的背景会依次显示在舞台上。

秘技 056 如何应用“换成（上一个背景▼）背景”积木块

扫码看视频

对应 2.0 3.0
难易程度 ●

重点！ 使舞台的背景更换为上一个背景。

“换成（上一个背景▼）背景”是切换上一个背景的积木块。首先把“换成（背景1▼）背景”积木块拖放到代码区域，然后单击“背景1”下拉按钮，选择“上一个背景”选项，如图4-25所示。

▶图4-25 选择“上一个背景”选项

单击“换成（上一个背景▼）背景”积木块，在图4-19中放置的背景Blue Sky的上一个背景Jungle被放置到舞台上，如图4-26所示。

每单击一次“换成（上一个背景▼）背景”积木块，在舞台上就会放置当前背景的上一个背景。

▼图4-26 背景Blue Sky上一个背景Jungle被放置到舞台上

秘技057 如何应用“换成（随机背景▼）背景”积木块

扫码看视频

对应 2.0 3.0

难易程度 ●

重点！ 使舞台的背景更换为随机背景。

“换成（随机背景▼）背景”是将舞台背景更换为随机背景的积木块。首先把“换成（背景1▼）背景”积木块拖放到代码区域，然后单击“背景1”下拉按钮，选择“随机背景”选项，如图4-27所示。

▼图4-27 在积木块中选择“随机背景”选项

当单击“换成（随机背景▼）背景”积木块时，在图4-19中放置的背景将随机放置在舞台上，如图4-28所示。

▼图4-28 随机选择的背景被放置到舞台上

秘技058 如何应用“下一个背景”积木块

扫码看视频

对应 2.0 3.0

难易程度 ●

重点！ 与秘技055效果完全相同。每单击一次，图4-19中放置的背景就会按顺序显示出来。

把“下一个背景”积木块拖放到代码区域，如图4-29所示。

▼图4-29 将“下一个背景”积木块拖至代码区域

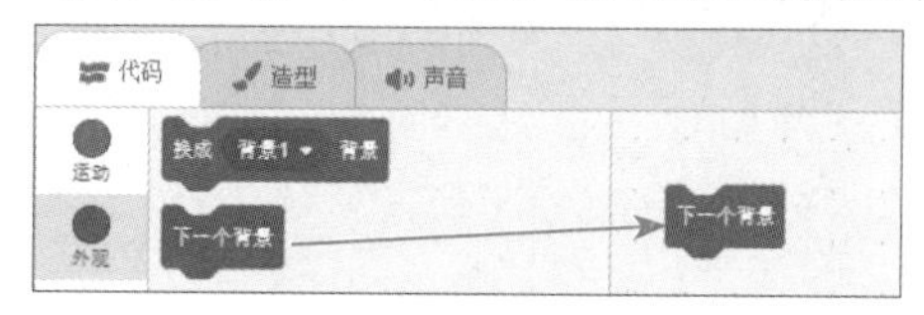

单击“下一个背景”积木块，图4-19中放置的背景就会按顺序显示出来，如图4-30所示。

▼图4-30 背景会按顺序显示出来

秘技
059 如何使角色变大

扫码看视频

对应 2.0 3.0

难易程度 ●

重点！ 单击“将大小增加（10）”积木块使角色变大。

把“将大小增加（10）”积木块拖动到代码区域，如图4-31所示。

▼图4-31 把“将大小增加（10）”积木块拖动到代码区域

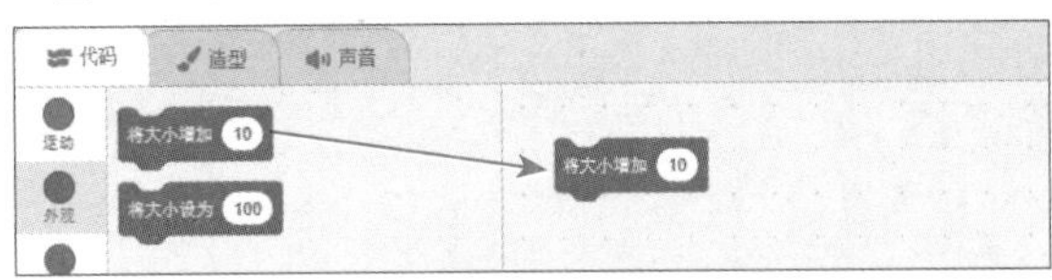

每次单击“将大小增加（10）”积木块，“角色1”的大小就会增加10。另外，“角色列表”内的“大小”值也会发生变化。单击3次“将大小增加（10）”积木块，“角色1”的“大小”变为130，如图4-32所示。

▼图4-32 单击“将大小增加（10）”积木块使“角色1”变大

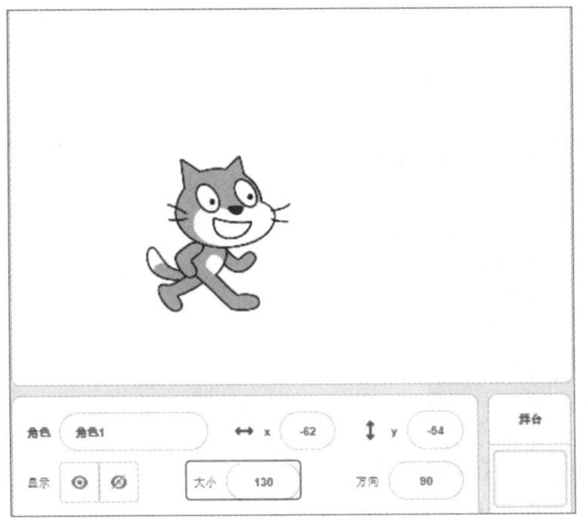

秘技
060 如何使角色变小

扫码看视频

对应 2.0 3.0

难易程度 ●

重点！ 单击“将大小增加（-5）”积木块使角色变小。

将“将大小增加（10）”积木块中的10修改为-5，如图4-33所示。

▼图4-33 “将大小增加（-5）”积木块

每单击一次“将大小增加（-5）”积木块，“角色1”的大小就会减少5，“角色列表”内的“大小”值也会发生变化。单击5次“将大小增加（-5）”积木块，“角色1”的“大小”变成75，如图4-34所示。

▶图4-34 单击“将大小增加（-5）”积木块使“角色1”变小

秘技 061 如何应用“将大小设为（100）”积木块

扫码看视频

对应 2.0 3.0

难易程度 ●

重点！ 将角色的尺寸更改为指定的百分比。

“将大小设为（100）”积木块可以将角色的尺寸更改为指定的百分比。首先拖动该积木块到代码区域，如图4-35所示。

▼图4-35 拖动“将大小设为（100）”积木块到代码区域

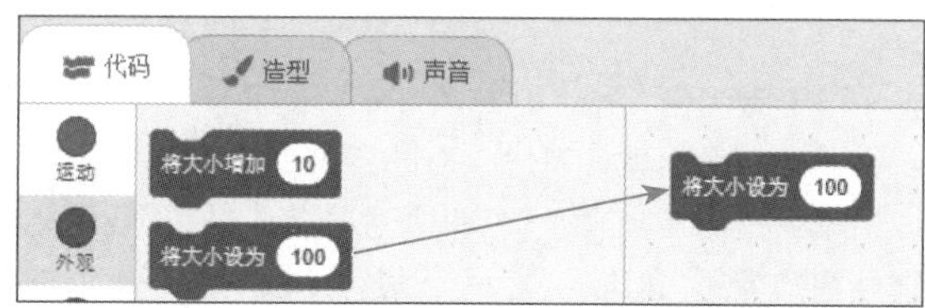

使用图4-34的“大小”为75的角色，如果单击“将大小设为（100）”积木块，角色就会恢复到原来的100%大小，如图4-36所示。

▼图4-36 角色的“大小”由75恢复到原来的100

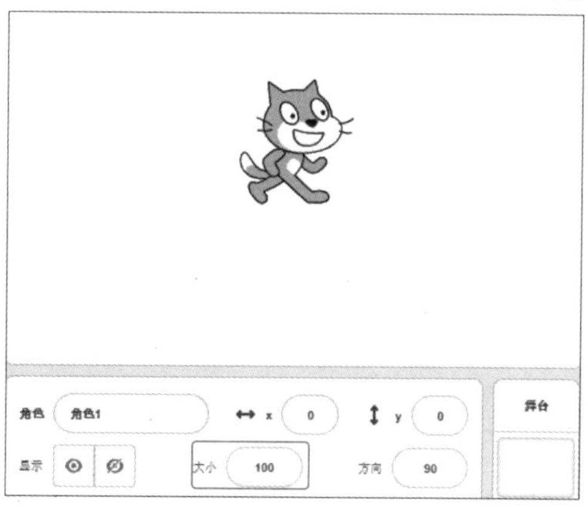

如何应用“将（颜色▼）特效增加（25）”积木块

扫码看视频

▶对应 2.0 3.0

▶难易程度 ●

重点！ 更改角色的颜色。

首先把“将（颜色▼）特效增加（25）”积木块拖放到代码区域，如图4-37所示。

▼图4-37 拖放“将（颜色▼）特效增加（25）”积木块到代码区域

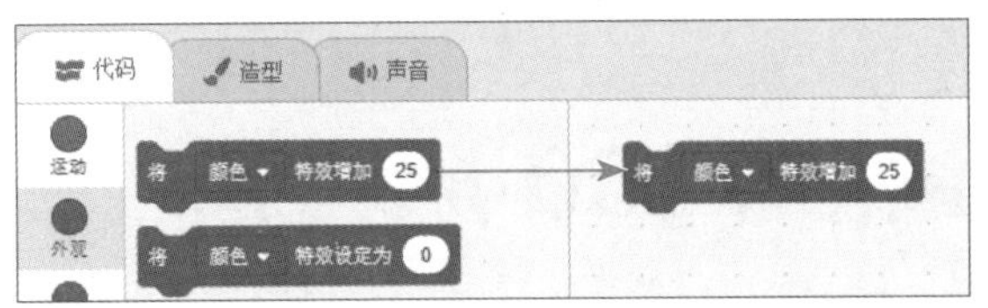

每单击一次“将（颜色▼）特效增加（25）”积木块，“角色1”的颜色就会改变25，如图4-38所示。

▼图4-38 颜色改变25后角色发生变化

最初的颜色值是0，每单击一次颜色值增加25，达到200后返回原来的颜色。改变颜色特效的数值越大，颜色的变化越大，反之变化越小。

秘技 063

如何应用“将（颜色▼）特效增加（10）”积木块

扫码看视频

▶对应 2.0 3.0

▶难易程度 ●

重点！ 与秘技062一样，用于更改角色的颜色。

首先将“将（颜色▼）特效增加（25）”积木块中的25更改为10，如图4-39所示。

▼图4-39 设置特效增加值

每单击一次“将（颜色▼）特效增加（10）”积木块，角色的颜色就会发生相应的变化。图4-40记录了以10为单位从0增加到100的颜色变化，最终到200会返回原始颜色，可以和图4-38进行比较。图4-40中最后一个角色的颜色和图4-38中值为100时相同。

▼图4-40 角色颜色特效每次增加10

秘技 064

如何应用“将（鱼眼▼）特效增加（25）”积木块

扫码看视频

▶对应 2.0 3.0

▶难易程度 ●

重点！ 将鱼眼镜头效果应用于角色，这是一种画面中央看起来鼓起的特效。

首先拖放“将（颜色▼）特效增加（25）”积木块到代码区域，单击“颜色”下拉按钮，在列表中选择“鱼眼”选项，如图4-41所示。

▼图4-41 选择“鱼眼”选项

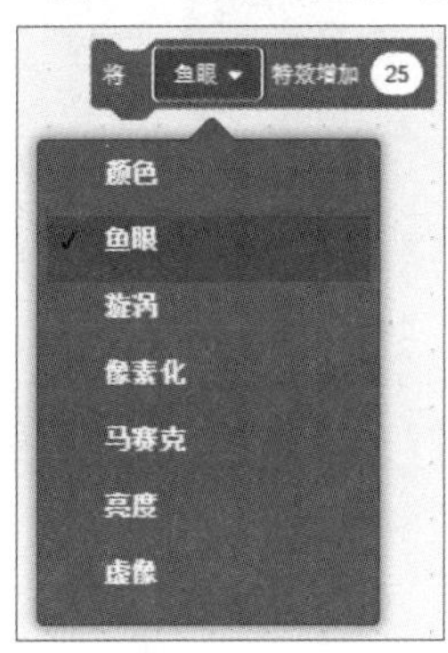

每单击一次“将（鱼眼）特效增加（25）”积木块，“角色1”的形状以增加特效25发生变化，图4-42中最后的角色是特效值为325时的效果。

▼图4-42 角色增加鱼眼特效

我们可以自己实际操作，查看“鱼眼”特效值每增加25时角色的变化。

秘技065 如何应用“将（漩涡▼）特效增加（25）”积木块

扫码看视频

对应 2.0 3.0

难易程度 ●

重点！ 为角色应用漩涡效果。

首先拖放“将（颜色▼）特效增加（25）” 积木块到代码区域，单击“颜色”下拉按钮，选择“漩涡”选项，如图4-43所示。

▼图4-43 选择“漩涡”选项

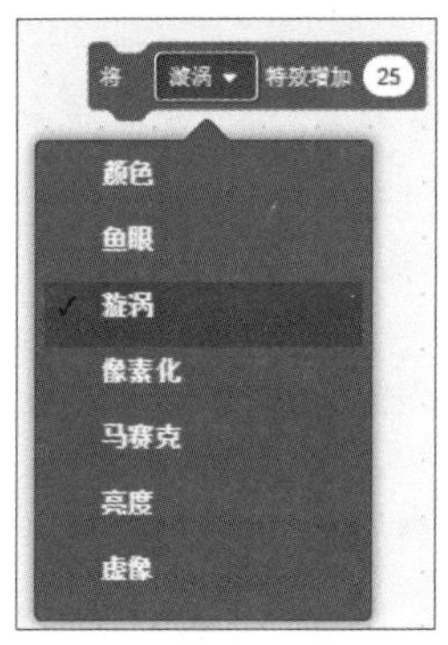

每单击一次“将（漩涡▼）特效增加（25）”积木块，“角色1”的形状以增加特效25发生变化，图4-44中最后的角色是特效值为325时的效果。

▼图4-44 角色增加漩涡特效

我们可以自己实际操作，查看“漩涡”特效值每增加25时角色的变化。

如何应用“将（像素化▼）特效增加（25）”积木块

扫码看视频

对应 2.0 3.0

难易程度

重点！ 为角色应用像素化效果。

首先拖放“将（颜色▼）特效增加（25）”积木块到代码区域，单击“颜色”下拉按钮，选择“像素化”选项，如图4-45所示。

▼图4-45 选择“像素化”选项

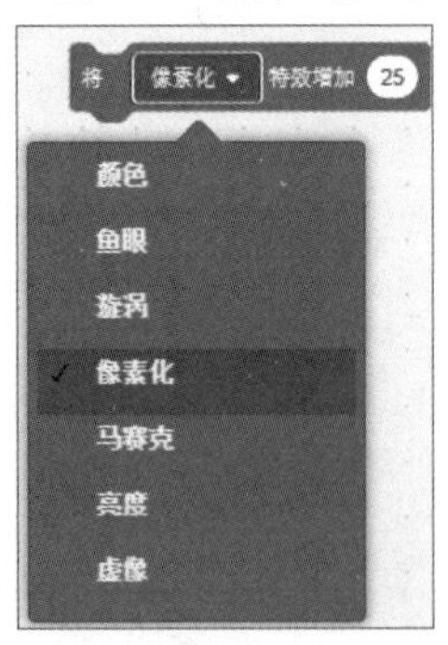

每单击一次“将（像素化▼）特效增加（25）”积木块，“角色1”的形状以增加25的特效发生变化，图4-46中最后的角色是特效值为325时的效果。

▼图4-46 角色增加像素化特效的效果

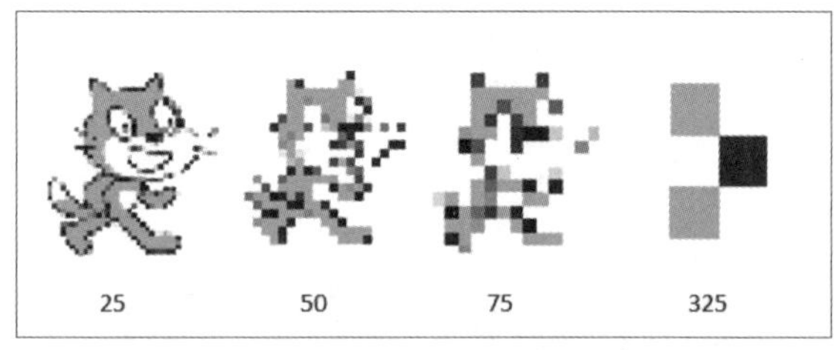

我们可以自己实际操作，查看“像素化”特效值每增加25时角色的变化。

如何应用“将（马赛克▼）特效增加（25）”积木块

扫码看视频

对应 2.0 3.0

难易程度

重点！ 为角色应用马赛克效果。

首先拖放“将（颜色▼）特效增加（25）”积木块到代码区域，单击“颜色”下拉按钮，选择“马赛克”选项，如图4-47所示。

▼图4-47 选择“马赛克”选项

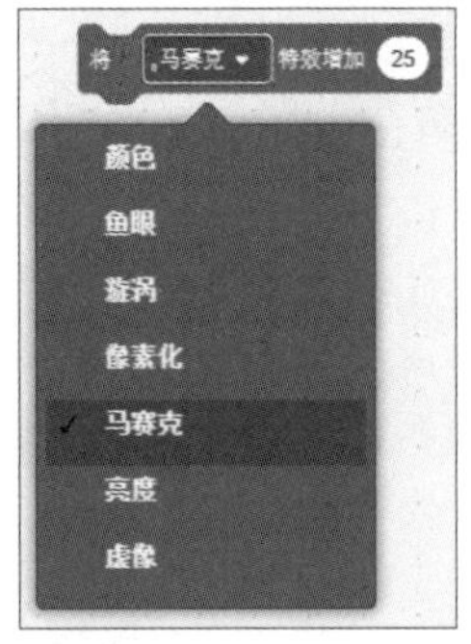

每单击一次“将（马赛克▼）特效增加（25）”积木块，“角色1”的形状以增加25的特效发生变化，如图4-48所示。

▼图4-48 角色增加马赛克特效，最后是值为250的角色效果

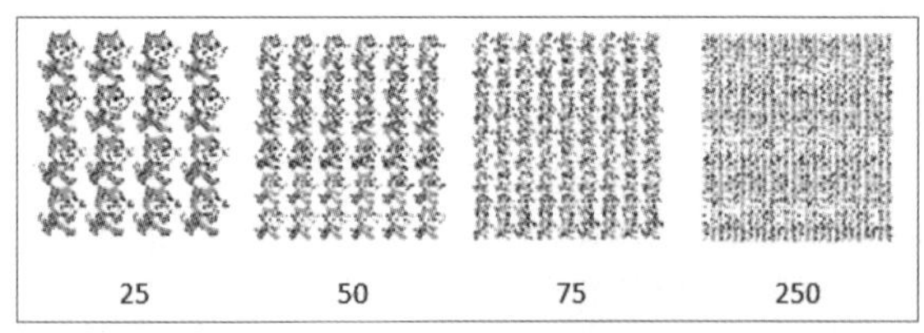

我们可以自己实际操作，查看“马赛克”特效值每增加25时角色的变化。

秘技068 如何应用“将（亮度▼）特效增加（25）”积木块

扫码看视频

对应 2.0 3.0
难易程度 ●

重点！ 为角色应用亮度的效果。

首先拖放“将（颜色▼）特效增加（25）”积木块至代码区域，单击“颜色”下拉按钮，选择“亮度”选项，如图4-49所示。

▼图4-49 选择“亮度”选项

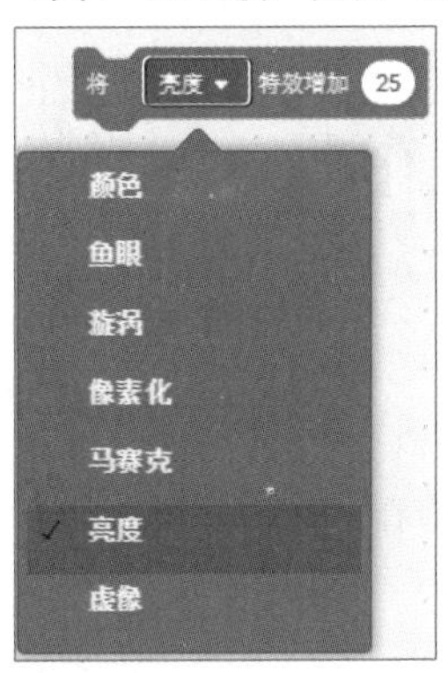

每单击一次“将（亮度▼）特效增加（25）”积木块，“角色1”的亮度以增加25发生变化，亮度的上限为100，如图4-50所示。

▼图4-50 角色每次增加25亮度的效果

我们可以自己实际操作，查看“亮度”特效值每增加25时角色的变化。

秘技069 如何应用“将（虚像▼）特效增加（25）”积木块

扫码看视频

对应 2.0 3.0
难易程度 ●

重点！ 为角色应用虚像特效。

首先拖放“将（颜色▼）特效增加（25）”积木块至代码区域，单击“颜色”下拉按钮，选择“虚像”选项，如图4-51所示。

▼图4-51 选择“虚像”选项

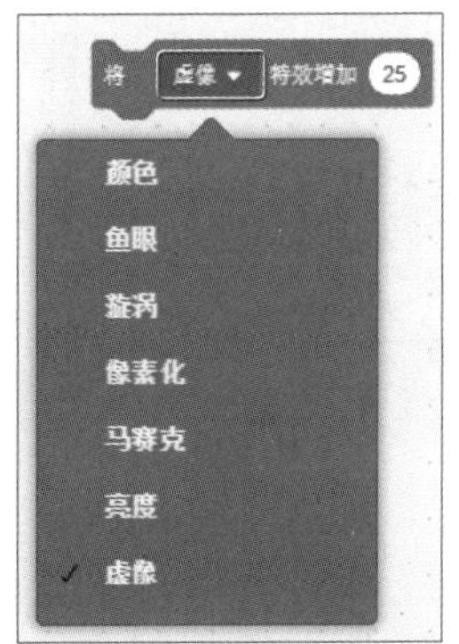

每单击一次“将（虚像▼）特效增加（25）”积木块，“角色1”就会出现虚像的特效，当值达到100时，角色会完全消失，如图4-52所示。

▼图4-52 角色每次增加25的虚像特效

我们可以自己实际操作，查看“虚像”特效值每增加25时角色的变化。

秘技

070 如何应用“将（颜色▼）特效设定为（0）”积木块

扫码看视频

对应 2.0 3.0

难易程度 ●

重点！ 将角色应用的“颜色”“鱼眼”“漩涡”“像素化”“马赛克”“亮度”和“虚像”等特效复位。

首先拖放“将（颜色▼）特效设定为（0）”积木块至代码区域，从“颜色”下拉列表中可以选择“颜色”“鱼眼”“漩涡”“像素化”“马赛克”“亮度”和“虚像”的特效选项，如图4-53所示。

下面举一个例子，用秘技062的“将（颜色▼）特效增加（25）”积木块为角色指定颜色，然后单击“将（颜色▼）特效设定为（0）”积木块，角色恢复到原来的颜色，如图4-54所示。

▼图4-53 选择要复位的特效选项

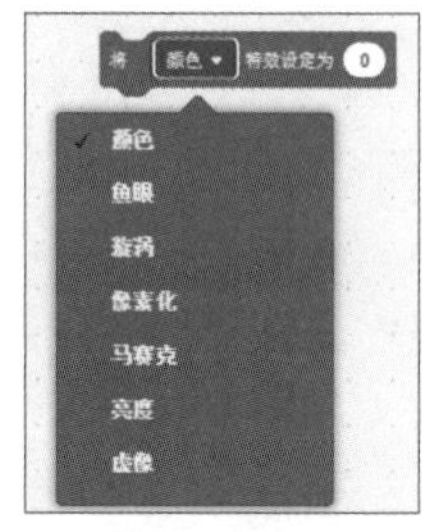

▼图4-54 重置颜色前后的对比效果

对于为角色设置的其他特效，我们都可以使用“将（颜色▼）特效设定为（0）”积木块进行复位，使角色变为应用特效前的效果。

秘技

071 如何应用“清除图形特效”积木块

扫码看视频

对应 2.0 3.0

难易程度 ●

重点！ 清除为对象应用的所有特效。

秘技070的方法是使用“将（颜色）特效设定为（0）”积木块分别清除为对象应用的各种特效，特效是一个一个消失的。使用“清除图形特效”积木块，可以瞬间消除应用于图形的所有特效。

首先将“清除图形特效”积木块拖到代码区域，如图4-55所示。

▼图4-55 拖放“清除图形特效”积木块到代码区域

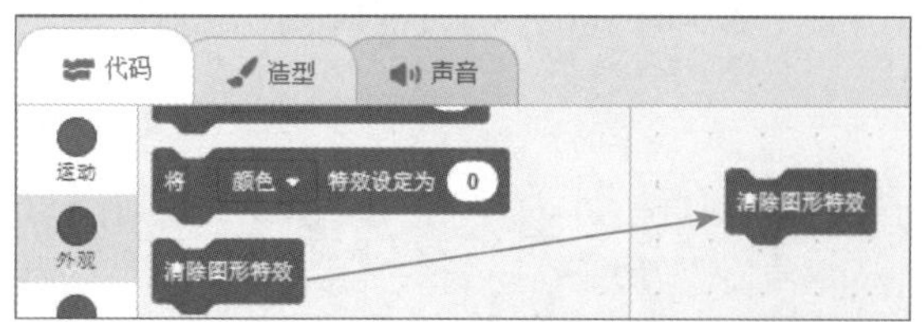

使用秘技064介绍的“将（鱼眼▼）特效增加（25）”积木块为角色设置鱼眼特效，然后单击图4-55的“清除图形特效”积木块，角色就会清除“鱼眼”特效，如图4-56所示。

▼图4-56 清除“鱼眼”特效的对比效果

秘技 072 如何应用“隐藏”积木块

扫码看视频

对应 2.0 3.0

难易程度 ●

重点！ 不显示角色。

使用“隐藏”积木块，可以隐藏舞台上的角色。首先把“隐藏”积木块拖到代码区域，如图4-57所示。

▼图4-57 拖动“隐藏”积木块到代码区域

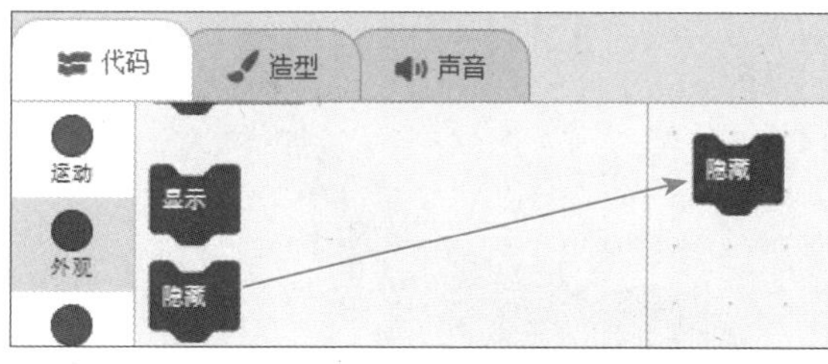

单击“隐藏”积木块时，可以看到角色被隐藏起来了，如图4-58所示。

▼图4-58 角色被隐藏的对比效果

秘技 073 如何应用“显示”积木块

扫码看视频

对应 2.0 3.0

难易程度 ●

重点！ 显示角色。

使用“显示”积木块，可以显示舞台上隐藏的角色。首先把“显示”积木块拖到代码区域，如图4-59所示。

▼图4-59 拖放“显示”积木块到代码区域

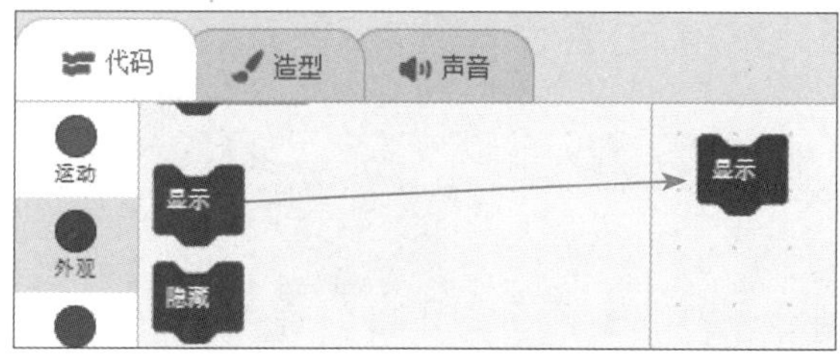

单击“显示”积木块时，可以看到舞台上原本隐藏的角色显示出来了，如图4-60所示。

▼图4-60 隐藏的角色显示出来的对比效果

如何应用“移到最（前面▼）”积木块

▶对应 2.0 3.0

▶难易程度 ●

重点！ 在重叠的多个角色中，可以让某个角色移动到最前面。

首先拖动“移到最（前面▼）”积木块到代码区域，如图4-61所示。

▼图4-61 把“移到最（前面▼）”积木块拖到代码区域

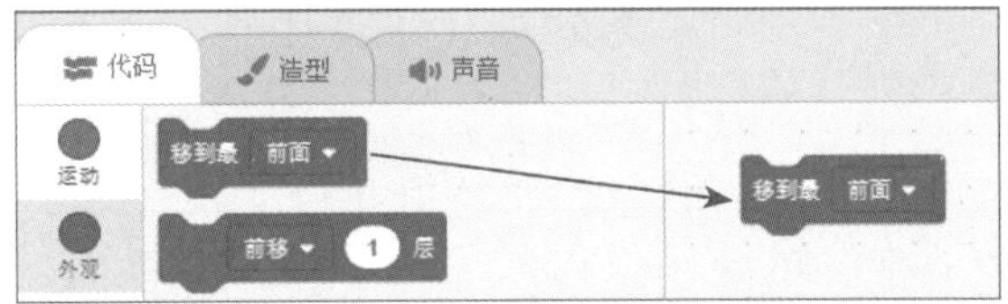

然后将光标移至界面左下角的“选择一个角色”图标上，从弹出的列表中选择“选择一个角色”选项，如图4-62所示。

▼图4-62 选择“选择一个角色”选项

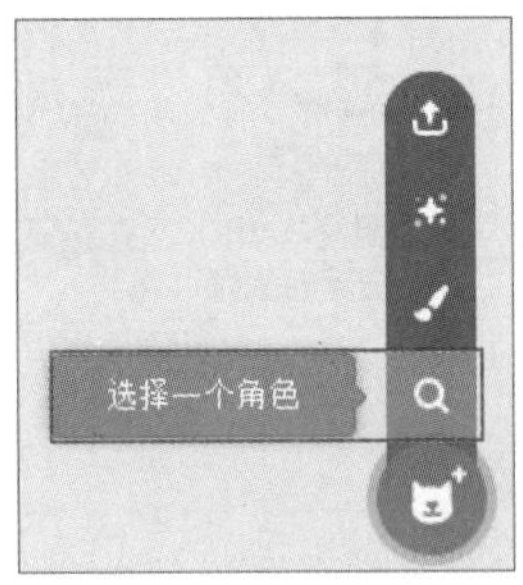

从显示的“选择一个角色”界面中切换至“动物”选项卡，在“动物”类别列表中选择Bear-walking选项。然后按照同样的方法，再选择一个喜欢的动物，如图4-63所示。

▼图4-63 在“动物”类别中选择Bear-walking角色

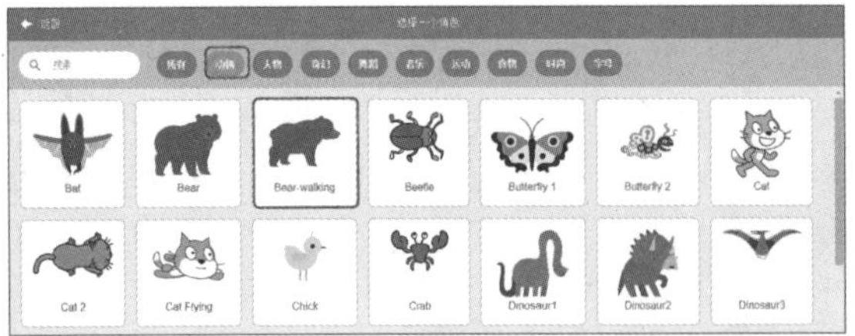

此时，舞台上显示了选择的角色，它们重叠在一起，如图4-64所示。

▼图4-64 舞台上显示了选择的角色

在图4-64中，“角色1”（猫）在最里面，如何把“角色1”（猫）移到最前面呢？

首先从角色列表中选择“角色1”（猫）选项，将“移到最（前面▼）”积木块拖放到代码区域中。从图4-61中可以看到“角色1”的代码区域显示了“移到最（前面▼）”积木块，单击该积木块，“角色1”就出现在最前面了，如图4-65所示。通过相同的操作，我们也可以将Giraffe角色移到最前面。

▼图4-65 将“角色1”（猫）移到最前面

秘技 075 如何应用“移到最（后面▼）”积木块

扫码看视频

▶对应 2.0 3.0
▶难易程度

重点！ 在重叠的多个角色中，可以让某个角色移动到最后面。

要将图4-64中的Bear-walking角色移动到最后面，首先需要从角色列表中选择Bear-walking角色选项，将“移到最（前面▼）”积木块拖放到代码区域，然后单击“前面”下拉按钮，选择“后面”选项，如图4-66所示。

▼图4-66 选择“后面”选项

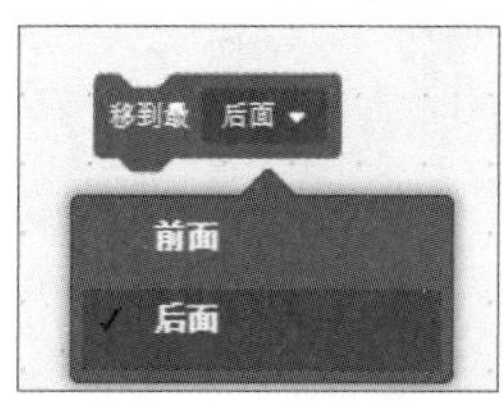

当单击“移到最（后面▼）”积木块时，Bear-walking对象会出现在舞台区的最后面，如图4-67所示。

▼图4-67 Bear-walking角色位于最后面

秘技 076 如何应用“（前移▼）（1）层”积木块

扫码看视频

▶对应 2.0 3.0
▶难易程度

重点！ 可以将指定角色前移一层。

“（前移▼）（1）层”积木块可以使选中的角色前移一层。使用与图4-64相同的角色，并再添加一个动物，这里选择了Lion角色，四个角色在舞台上的放置效果如图4-68所示。

▼图4-68 舞台上放置了各种角色

在舞台中，Lion角色排列在最前面，其次是Bear-walking角色，再次是Giraffe角色，最后面是“角色1”（猫）角色。从角色列表中选择Bear-walking角色选项，将“（前移▼）（1）层”积木块拖放至代码区域，如图4-69所示。

▼图4-69 将“（前移▼）（1）层”积木块拖到Bear-walking的代码区域

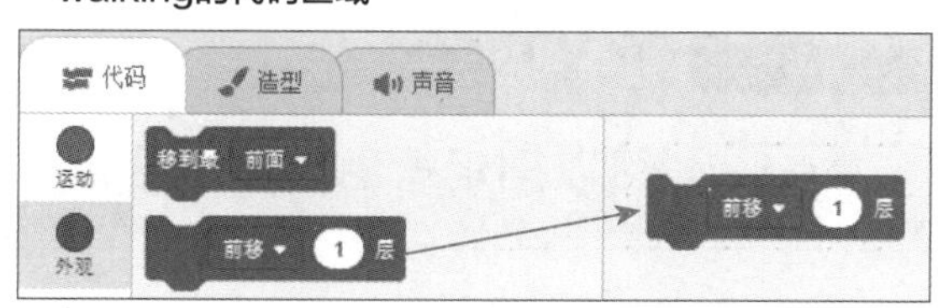

单击“（前移▼）（1）层”积木块，Bear-walking角色移动到Lion角色的前面，也就是最前面，Lion对象隐藏在Bear-walking对象后面，如图4-70所示。

▼图4-70 Bear-walking对象移动到最前面

秘技077 如何应用“（前移▼）（2）层”积木块

扫码看视频

对应 2.0 3.0

难易程度 ●

重点！ 可以指定角色前移两层。

使用图4-70的角色，从角色列表中选择“角色1”（猫）角色，然后将“（前移▼）（1）层”积木块拖到代码区域，将1层改为2层，如图4-71所示。

▼图4-71 将“（前移▼）（1）层”积木块拖到“角色1”的代码区域，并将1层改为2层

单击“（前移▼）（2）层”积木块，“角色1”会显示在Lion角色的前面、Bear-walking角色的后面，如图4-72所示。

▼图4-72 “角色1”（猫）显示在第2层

因为Lion被Bear-walking遮住看不见了，所以稍微移动了位置。

秘技078 如何应用“（后移▼）（1）层”积木块

扫码看视频

对应 2.0 3.0

难易程度 ●

重点！ 可以指定角色后移一层。

使用与图4-72相同的角色，单击“（前移▼）（1）层”积木块中的“前移”下拉按钮，选择“后移”选项，如图4-73所示，将该积木块拖放到Lion角色的代码区域。

▼图4-73 选择“后移”选项

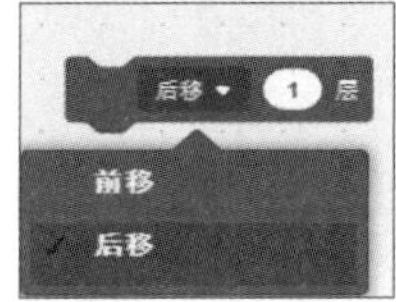

单击“(后移▼)(1)层”积木块，Lion会移到Giraffe角色的后面，相当于移动到最后面，如图4-74所示。

▼图4-74 Lion角色往后移了一层

秘技 079 如何应用“造型(编号▼)”积木块

扫码看视频

对应 2.0 3.0
难易程度 ●

重点! 在舞台上显示造型的编号。

在菜单栏中执行“文件>新作品”命令，新建一个作品。勾选“外观”类别中的“造型(编号▼)”积木块左侧的复选框，如图4-75所示。在舞台上将显示角色的造型编号，如图4-76所示。

▼图4-75 勾选“造型(编号▼)”积木块左侧的复选框

▼图4-76 舞台上显示了角色的造型编号

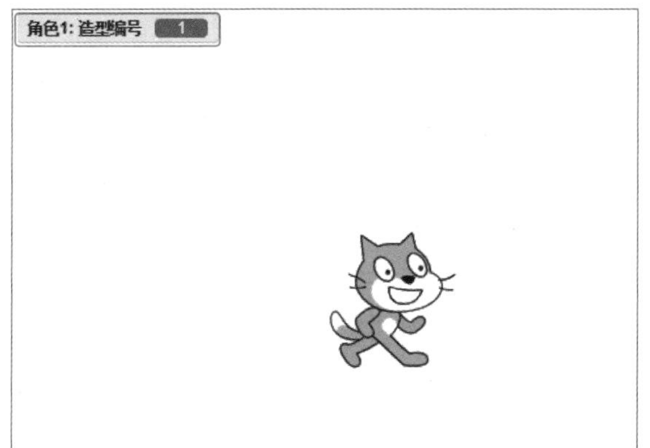

切换至“造型”选项卡，可以看到“角色1”有“造型1”和“造型2”两种造型，选择“造型1”选项，如图4-77所示。在图4-76中，因为“造型”选项卡中选择的是“造型1”，所以“造型编号”也显示1。

▼图4-77 “角色1”的造型

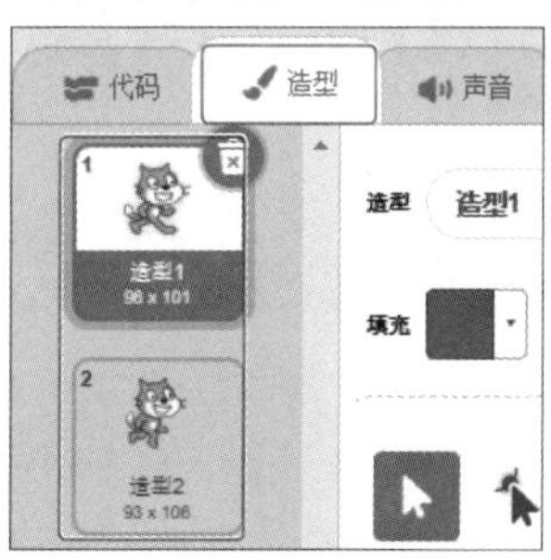

接着，在图4-77中选择“造型2”选项。此时“角色1”的“造型编号”显示为2，如图4-78所示。

▼图4-78 角色的“造型编号”显示为2

秘技080 如何应用“造型（名称▼）”积木块

扫码看视频

对应 2.0 3.0 难易程度

重点！ 在舞台上显示造型的名称。

单击“造型（编号▼）”积木块中的“编号”下拉按钮，选择“名称”选项，如图4-79所示。舞台上就会出现角色的造型名称，如图4-80所示。

▼图4-79 选择“名称”选项

在图4-77中，选择了“造型1”选项，所以造型的名称也是“造型1”。如果选择“造型2”选项，名称也会变成“造型2”。

▼图4-80 显示造型名称

秘技081 如何应用“背景（编号▼）”积木块

扫码看视频

对应 2.0 3.0 难易程度

重点！ 在舞台上显示背景的编号。

在菜单栏中执行“文件>新作品”命令，新建一个作品。勾选“外观”类别中“背景（编号▼）”积木块左侧的复选框，如图4-81所示。在舞台上将显示背景编号，如图4-82所示。

▼图4-81 勾选“背景（编号▼）”积木块左侧的复选框

▼图4-82 舞台上显示了背景编号

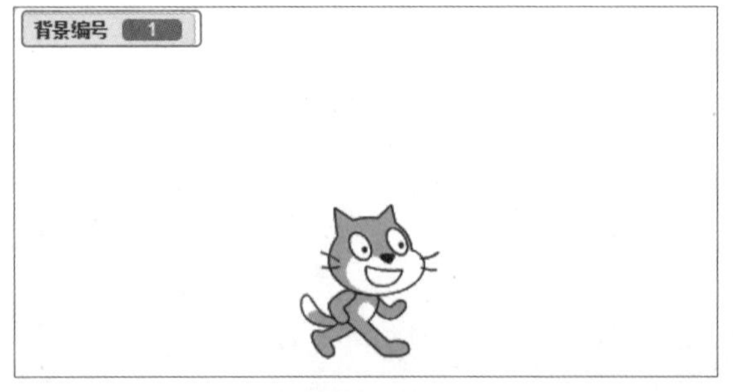

因为“背景1”什么都没有，所以背景显示的是白色。将光标移至界面左下角的“选择一个背景”图标上，从弹出的列表中选择“选择一个背景”选项，如图4-83所示。

▼图4-83 选择“选择一个背景”选项

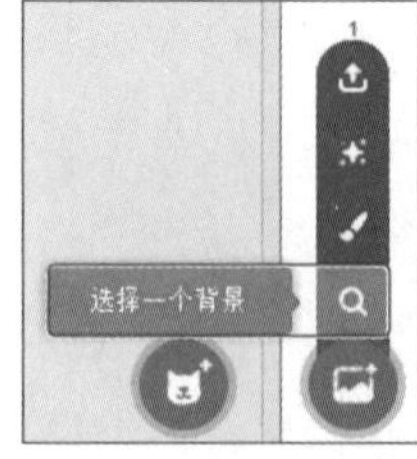

打开“选择一个背景”界面，切换至“户外”选项卡，在相应的背景列表中选择Flowers选项，如图4-84所示。按照同样的操作步骤，再选择两个背景。

▼图4-84 选择Flowers背景选项

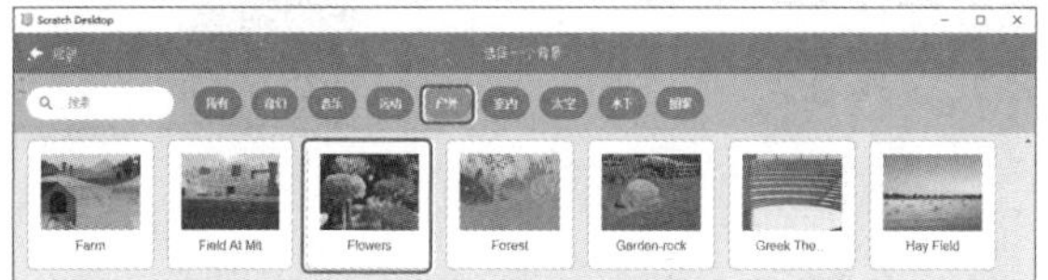

在“背景”选项卡中可以看到已添加的背景，分别是纯白的“背景1”、Flowers、Colorful City和Underwater 2。最后被选择的Underwater 2背景处于被选中状态，如图4-85所示。

▼图4-85 已添加的背景列表

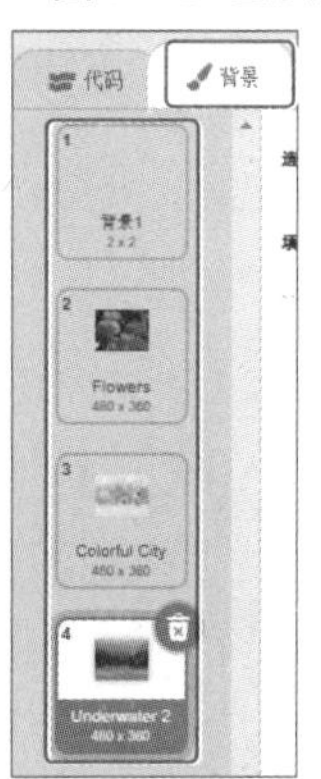

从已添加的背景列表中选择Colorful City背景选项，切换至“代码”选项卡，舞台背景变成Colorful City，“背景编号”显示为3，如图4-86所示。

▼图4-86 背景编号显示为3

秘技 082 如何应用“背景（名称▼）”积木块

扫码看视频

▶对应 2.0 3.0

▶难易程度

重点！ 舞台上显示背景的名称。

单击“背景（编号▼）”积木块中的“编号”下拉按钮，选择“名称”选项，勾选积木块左侧的复选框，如图4-87所示。舞台上就会显示背景的名称，如图4-88所示。

▼图4-87 勾选“背景（名称▼）”积木块左侧的复选框

因为从图4-85的已添加的背景列表中选择了Colorful City背景，所以这里的“背景名称”为Colorful City。

▼图4-88 “背景名称”显示为Colorful City

如何应用“大小”积木块

扫码看视频

对应 2.0 3.0

难易程度

重点! 显示角色的大小。

利用“大小”积木块可以显示角色的大小，在选择背景的状态下切换至“代码”选项卡，不会显示与角色相关的积木块，如图4-89所示。需从角色列表中选择“角色1”后才能显示。

▼图4-89 舞台背景被选中的状态

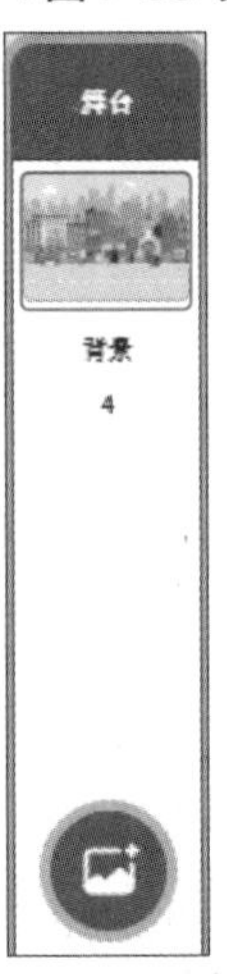

勾选“外观”类别中“大小”积木块左侧的复选框，如图4-90所示。舞台上就会显示“角色1”（猫）的“大小”值，如图4-91所示。

▼图4-90 勾选“大小”积木块左侧的复选框

▼图4-91 舞台上显示了“角色1”的“大小”

此处的“角色1:大小100”与“角色列表”中的“大小”值相同，如图4-92所示。

▼图4-92 角色列表中的“大小”值也是100

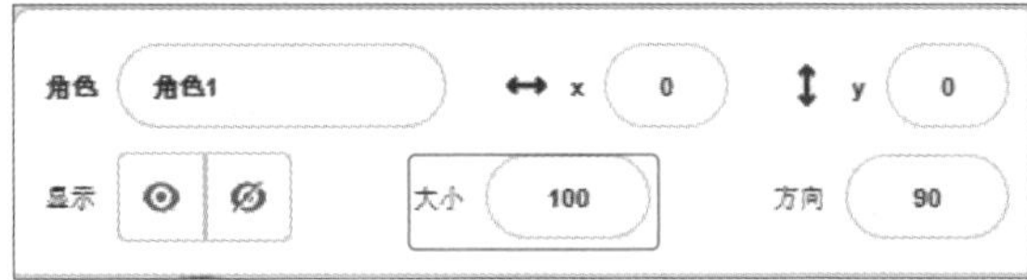

若将图4-92的“大小”值设为70，舞台上的“角色1”的尺寸就会变小，显示为“角色1:大小70”，如图4-93所示。

▼图4-93 将“角色1”的“大小”设为70

声音类积木块的应用秘技

秘技 084 如何应用“播放声音（喵▼）等待播完”积木块

扫码看视频

对应 2.0 3.0

难易程度 ●

重点！ 角色发出喵的叫声，直到播放结束。

将“播放声音（喵▼）等待播完”积木块拖到代码区域，如图5-1所示。

单击代码区域的“播放声音（喵▼）等待播完”积木块后，“角色1”（猫）不是在舞台上显示会话框，而是以声音播放“喵”的叫声。

▼图5-1 在代码区添加“播放声音（喵▼）等待播完”积木块

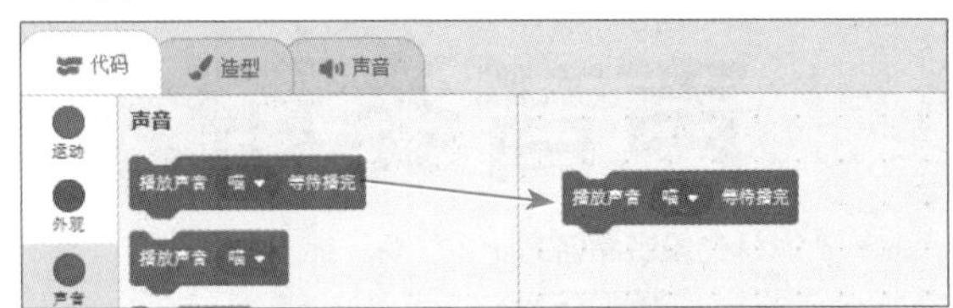

秘技 085 如何应用“播放声音（录制）等待播完”积木块

扫码看视频

对应 2.0 3.0

难易程度 ●

重点！ 播放录制的声音。

单击“播放声音（喵▼）等待播完”积木块中的“喵”下拉按钮，从下拉列表中选择“录制”选项，如图5-2所示。

▼图5-2 选择“录制”选项

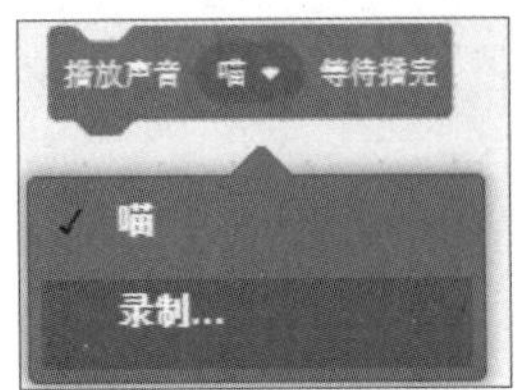

将打开“录制声音”面板，进行声音录制，如图5-3所示。

▼图5-3“录制声音”面板

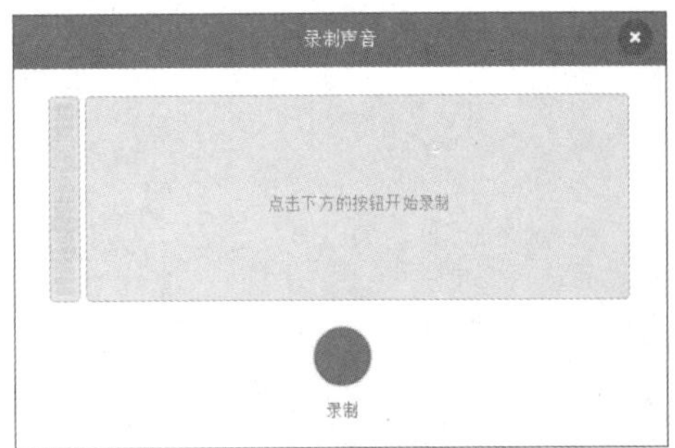

单击“录音”按钮，即开始录音，此时可以利用麦克风录制的内容，如图5-4所示。

▼图5-4 开始录音

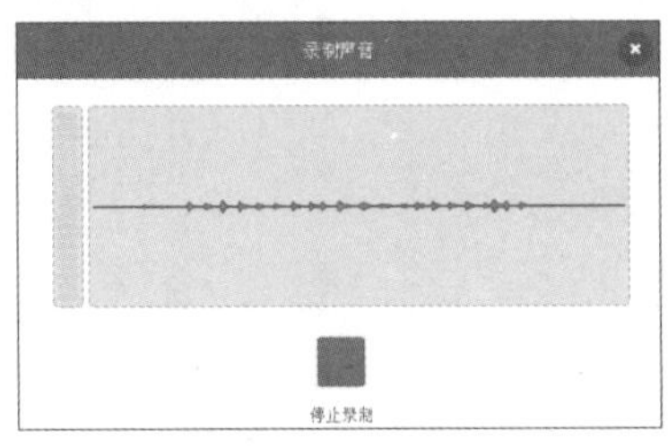

单击“停止录制”按钮，结束录音。要想收听录制的内容，可以单击“播放”按钮，如图5-5所示。即可听到录音内容，如图5-6所示。

▼图5-5 播放录制的声音

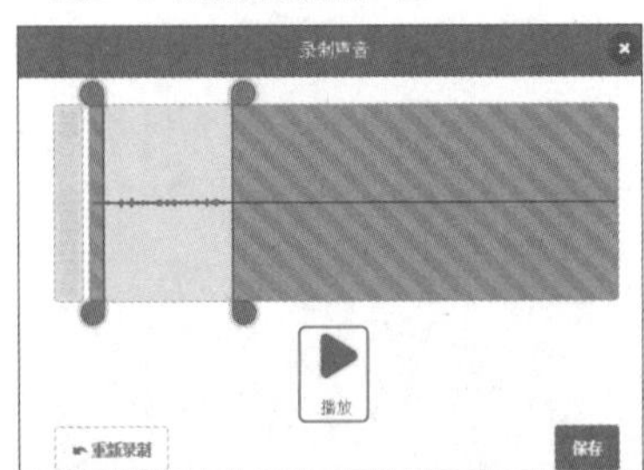

▼图5-6 听录制的内容

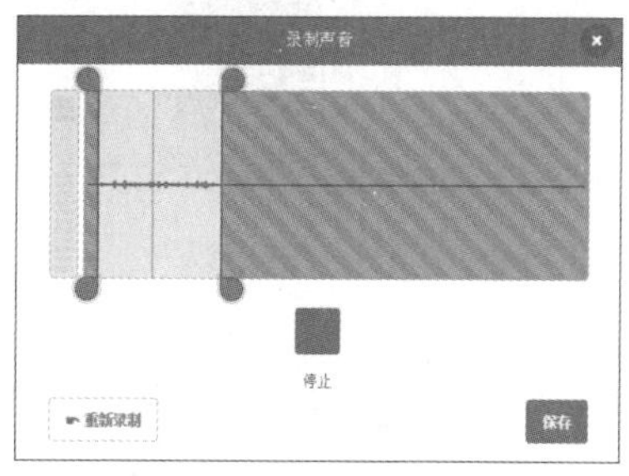

单击“保存”按钮，系统默认以recording1命名录制的声音，如图5-7所示。

▼图5-7 默认的录音命名为recording1

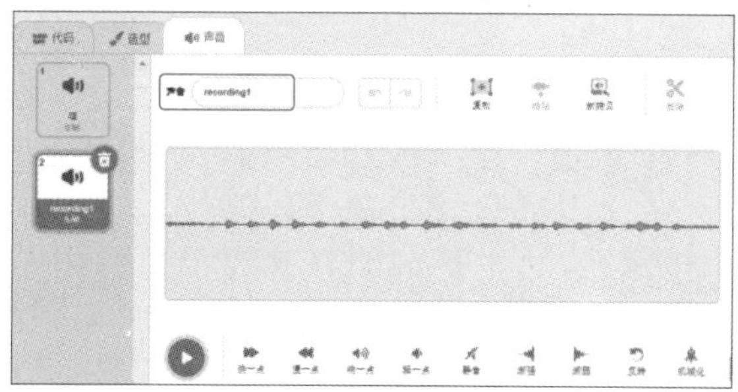

要想直观显示录制的声音内容，可以在“声音”文本框中删除recording1，重新输入“你好吗？”文本，所如图5-7所示。

▼图5-8 将录制的声音命名为“你好吗？”

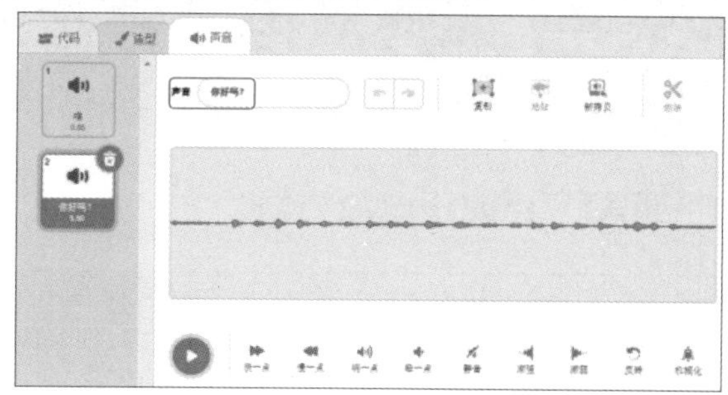

切换至“代码”选项卡，显示代码区域，单击“播放声音（喵▼）等待播完”积木块中的“喵”下拉按钮，选择录制的“你好吗？”选项，如图5-9所示。

▼图5-9 选择“你好吗？”选项

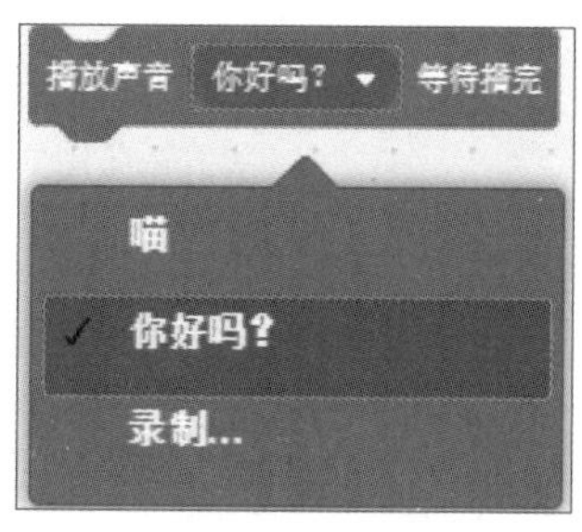

单击“播放声音（你好吗？▼）等待播完”积木块，就会发出“你好吗？”的声音。

秘技 086

如何应用“播放声音（喵▼）”积木块

扫码看视频

对应 2.0 3.0

难易程度

重点！ 让角色发出“喵”的叫声。

执行秘技084中的“播放声音（喵▼）等待播完”积木块时，需要将声音播放完毕才会执行下一个指令。秘技085“播放声音（录制）等待播完”积木块也相同。而“播放声音（喵）”积木块在播放声音时即可执行下一个指令。

首先将“播放声音（喵）”积木块拖放到代码区域，如图5-10所示。

单击该积木块后，“角色1”（猫）在舞台上不显示会话框，而是以声音播放“喵”的叫声。

单击“播放声音（喵▼）”积木块中的“喵”下拉按钮，选择“录制”选项后，相关操作与秘技085步骤相同。

▼图5-10 在代码区添加“播放声音（喵▼）”积木块

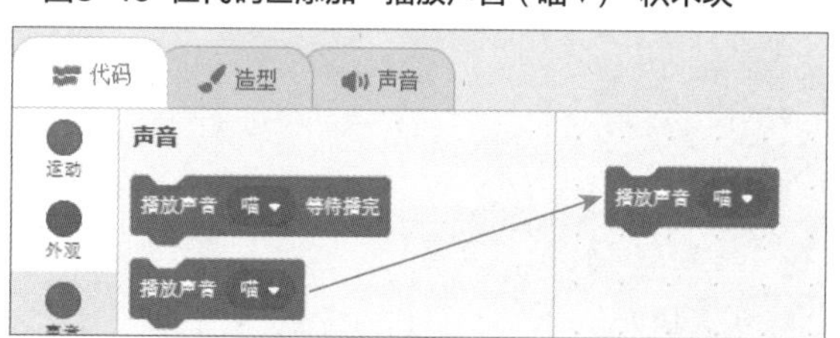

秘技087 如何应用“停止所有声音”积木块

▶对应 2.0 3.0 ▶难易程度

重点! 停止播放声音。

首先，将“播放声音（喵▼）”积木块拖至代码区域，单击“喵”下拉按钮，选择“录制”选项，会出现图5-3的界面。单击右上角的关闭按钮，会出现图5-11的界面。

▼图5-11 显示声音界面

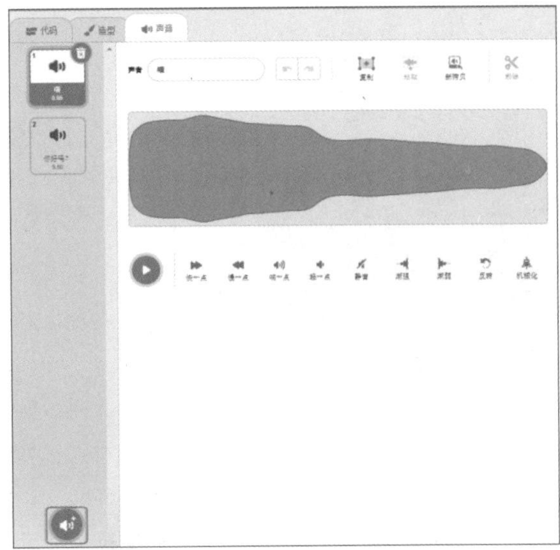

将光标定位至界面左下角的“选择一个声音”图标上，在弹出的列表中选择“选择一个声音”选项，如图5-12所示。

▼图5-12 选择“选择一个声音”选项

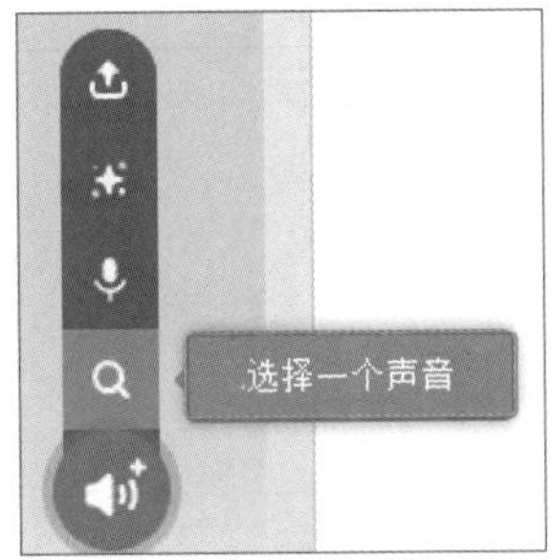

在“选择一个声音”界面中切换至“可循环”选项卡，选择Chill选项，如图5-13所示。我们可以将光标定位在声音播放图标上，预览声音效果。

▼图5-13 从“可循环”类别中选择Chill选项

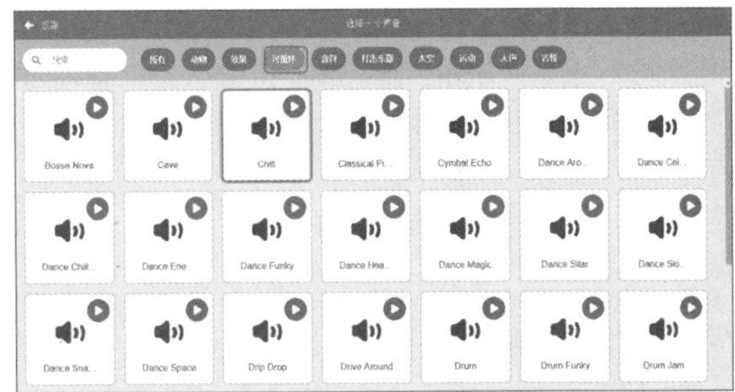

Chill被添加到声音列表中，如图5-14所示。

▼图5-14 Chill添加到声音列表中

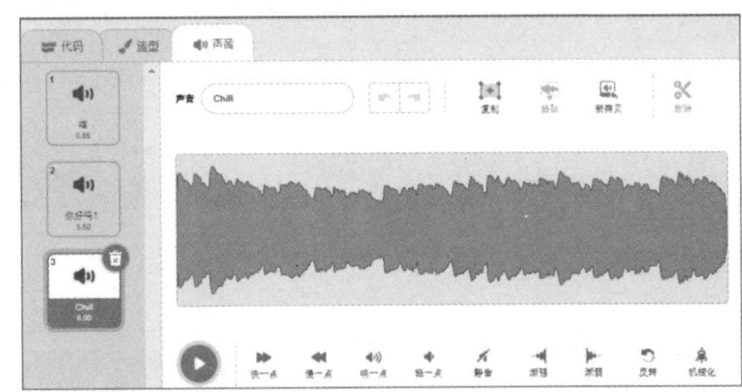

切换至“代码”选项卡，显示代码区域。在“播放声音（喵▼）”积木块中单击“喵”下拉按钮，选择Chill选项，如图5-15所示。

▼图5-15 选择Chill选项

单击此积木块就会播放声音Chill，要停止的话单击“停止”按钮，结束音乐播放。我们也可以使用“停止所有声音”积木块停止播放所有声音，首先将“停止所有声音”积木块拖放到代码区域，如图5-16所示。

▼图5-16 拖放“停止所有声音”积木块至代码区域

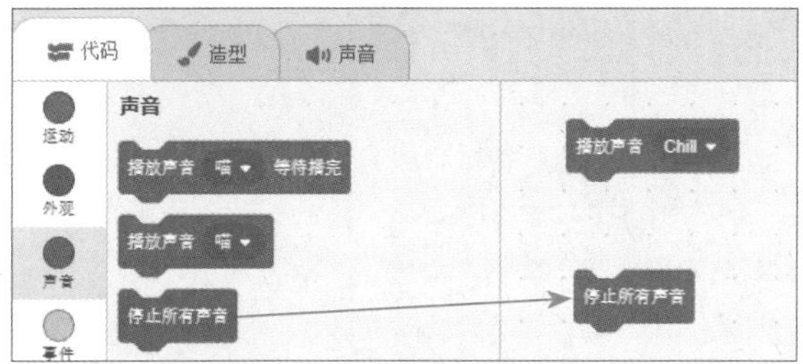

单击“播放声音（Chill▼）”积木块，播放Chill声音。在播放途中，单击“停止所有声音”积木块，声音就会停止播放。

秘技

088 如何应用“将（音调▼）音效增加（10）”积木块

扫码看视频

对应 2.0 3.0

难易程度 ●

重点！ 可以指定声音音调的值。

在“将（音调▼）音效增加（10）”积木块拖到代码区域内之前，先将“播放声音（喵▼）等待播完”积木块拖到代码区域，单击“喵”下拉按钮，选择Chill选项，然后将“将（音调▼）音效增加（10）”积木块拖入进行组合。再将“控制”分类中“重复执行（10）次”积木块拖入组合，并将重复执行指定为4，如图5-17所示。“控制”分类中积木块的应用将在第7章进行详细解说。

▼图5-17 拼接的积木块

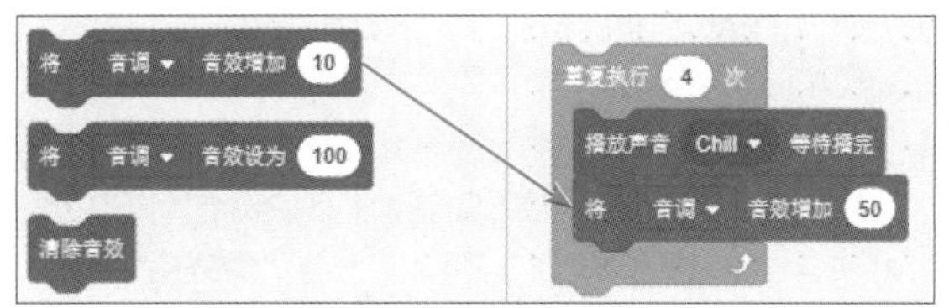

把“将（音调▼）音效增加（10）”的10修改为50，如图5-18所示。

▼图5-18 “将（音调▼）音效增加（50）”积木块

此时，单击“重复执行（4）次”积木块，会发现Chill每重复1次音调就会加快。

秘技

089 如何应用“将（左右平衡▼）音效增加（10）”积木块

扫码看视频

对应 2.0 3.0

难易程度 ●

重点！ 调整左右扬声器的音量变化。

拖放“将（音调▼）音效增加（10）”积木块到代码区域，单击“音调”下拉按钮，选择“左右平衡”选项，并设置为“将（左右平衡▼）音效增加（-100）”，如图5-19所示。

再与“控制”分类中“重复执行（10）次”积木块拼接一起，将10修改为4，并拼接“播放声音（喵▼）等待播完”积木块，单击“喵”下拉按钮，选择Chill选项。

再次拼接“将（左右平衡▼）音效增加（10）”积木块，将10修改为100，如图5-20所示。

这里使用的“控制”分类中的积木块，相关内容将在第7章详细节解说。

▼图5-19 “将（左右平衡▼）音效增加（-100）”积木块

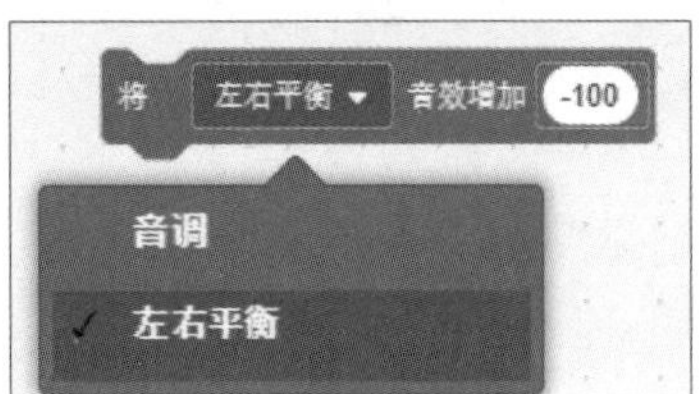

▼图5-20 拼接完成的积木块

单击“将（左右平衡▼）音效增加（-100）”积木块，可以听到Chill随着音效的变化，在耳朵里从左向右发出声音。

秘技 090 如何应用“将（音调▼）音效设为（100）”积木块

扫码看视频

对应 2.0 3.0

难易程度 ●

重点！ 可以指定声音音调的值。

在秘技089中也使用过“将（音调▼）音效设为（100）”积木块，这里先将该积木块拖放到代码区域内，如图5-21所示。

▼图5-21 把“将（音调▼）音效设为（100）”积木块拖到代码区域

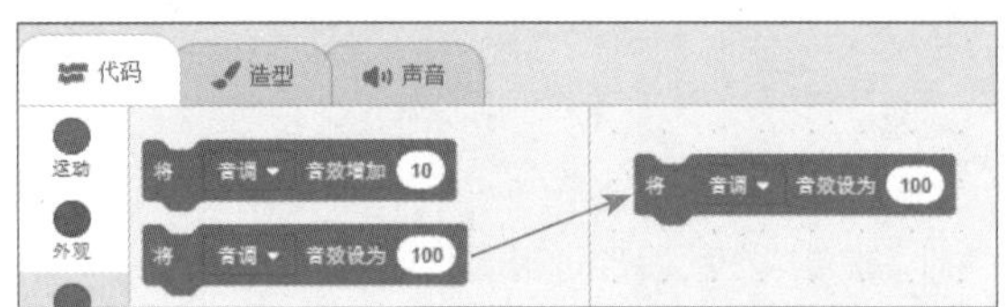

接着，拼接“播放声音（喵▼）”积木块，单击“喵”下拉按钮，选择Chill选项，如图5-22所示。

▼图5-22 选择Chill选项

在图5-22中单击“将（音调▼）音效设为（100）”积木块，Chill的音调以100播放，该积木块与秘技088的“将（音调▼）音效增加（10）”的区别在于，秘技088中音调节奏是逐渐变化的。

秘技 091 如何应用“清除音效”积木块

扫码看视频

对应 2.0 3.0

难易程度 ●

重点！ 消除应用于声音的音效。

继续使用秘技090拼接的积木脚本。

将“清除音效”积木块拖放到代码区域，如图5-23所示。

▼图5-23 拖放“清除音效”积木块

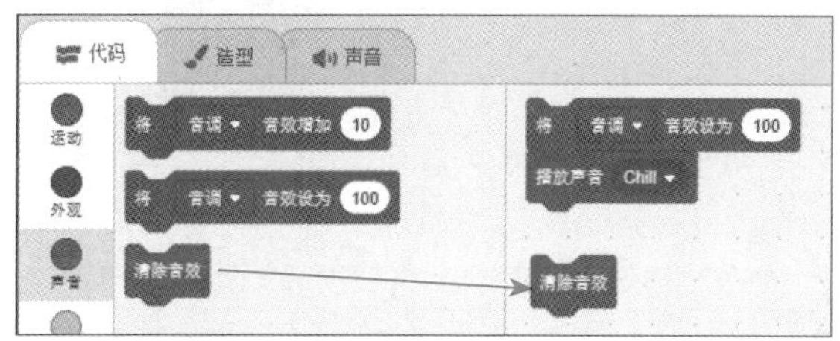

不要将“清除音效”积木块与前面两个积木块拼接在一起，稍微分开一点。

在图5-23中，单击“将（音调▼）音效设为（100）”积木块，Chill的音调以100播放。在播放的过程中，单击“清除音效”积木块，音调会回归正常。

秘技092 如何应用“将音量增加（-10）”积木块

扫码看视频

对应 2.0 3.0

难易程度 ●

重点！ 逐渐减小音量。

先将“控制”分类内的“重复执行（10）次”积木块拖动到代码区域。在积木块内拼接“播放声音（喵▼）等待播完”积木块，单击“喵”下拉按钮，选择Chill选项。然后与“将音量增加（-10）”积木块拼接在一起，如图5-24所示。

在图5-24中，因为指定了将音量增加积木块的值为-10，单击“重复执行（10）次”积木块，会发现Chill的音量每重复一次就会变小。如果想放大音量，可以将音量增加积木块的值-10修改为10。

▼图5-24 拼接积木块

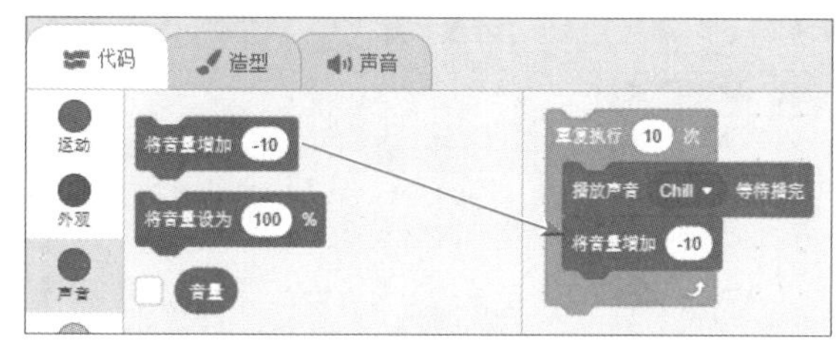

秘技093 如何应用“将音量设为（100）%”积木块

扫码看视频

对应 2.0 3.0

难易程度 ●

重点！ 把音量调到100%。

运行秘技092的脚本，会发现Chill声音重复执行10次，音量会逐渐变小。再次单击“重复执行（10）次”就不会播放Chill声音了，因为音量已经减少到0%。此时将“将音量设为（100）%”积木块拖放到代码区域，单击该积木块，音量恢复到100%，再次恢复Chill的音乐，如图5-25。

▼图5-25 把“将音量设为（100）%”积木块拖动到代码区域

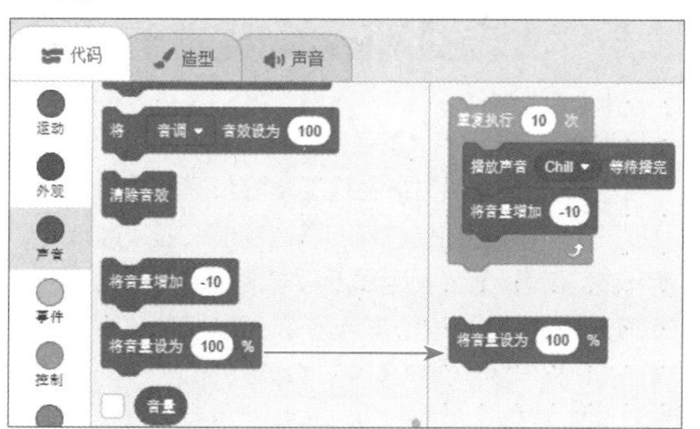

如何设置音量

扫码看视频

对应 2.0 3.0
难易程度 ●

重点！ 舞台上显示音量值。

直接使用秘技093的脚本，然后勾选“声音”分类列表中“音量”左侧的复选框，如图5-26所示。

▼图5-26 勾选“音量”左侧的复选框

然后，在舞台上显示“音量”值，初始值是100，如图5-27所示。

▼图5-27 舞台上显示“音量”值

执行秘技093的脚本，如图5-28所示。

▼图5-28 Chill的音量逐渐减小

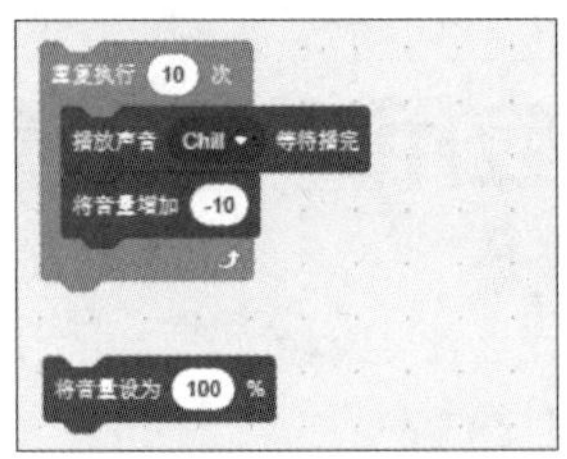

在执行脚本时，图5-27中的“音量”会减小10，如图5-29所示。

▼图5-29 Chill每重复一次音量值就变小

要想将70的音量恢复到原来的100，可以单击“停止”●按钮停止脚本的执行，再单击图5-28中“将音量设为（100）%”积木块，“音量”值就会恢复到100。

专栏 LEGO MINDSTORMS EV3

LEGO MINDSTORMS EV3是乐高MINDSTORMS系列的第三代机器人制作工具包。

乐高教育套件是麻省理工学院和乐高公司共同开发的，可以利用传感器和马达制造机器人或者利用传感器测量温度和距离等科学实验。第一代的乐高模拟风暴RCX于1998年发布，搭载了H8微计算机。2006年发布的教育用乐高教育风暴NXT配备了32位CPU的ARM7，功能十分丰富。该软件使用的是ROBOLAB和教育NXT软件，这些软件是基于National Instruments LabView开发的。另外在Scratch 3.0中，作为扩展功能，追加的LEGO MINDSTORMS EV3，从Scratch 3.0开始也可以进行编程。

第6章
秘技 095~113

事件类积木块的应用秘技

如何应用“当被点击”积木块

扫码看视频

对应 2.0 3.0
难易程度 ●

重点！ 用于执行拼接的代码。

将“当被点击”积木块拖放到代码区域，如图6-1所示。

▼图6-1 “当被点击”积木块

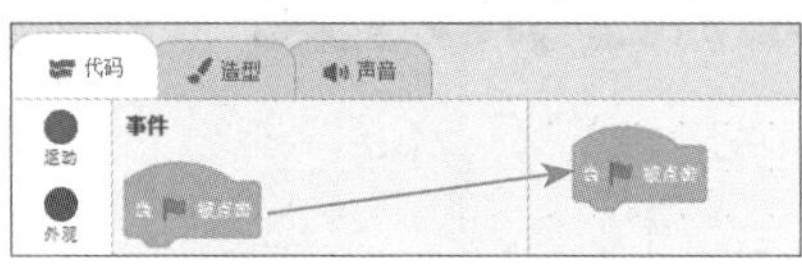

“当被点击”积木块与图6-2的“执行”按钮相关联，单击图6-2的“执行”按钮后“当被点击”积木块就会执行脚本。

▼图6-2 “执行”按钮

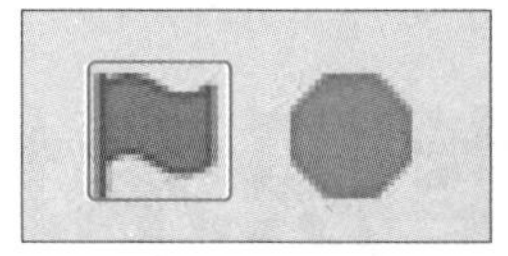

如果想结束执行的脚本，可以单击“执行”按钮右侧的“停止”按钮。

此时单击图6-2中的“执行”按钮或“当被点击”积木块，是不是什么都不会发生？这是因为“当被点击”积木块是“事件”，所以要在这个积木块下拼接想要执行的脚本。

秘技 096

“当被点击”积木块应用示例1

扫码看视频

对应 2.0 3.0
难易程度 ●

重点！ “当被点击”事件的应用示例1：让角色在舞台上快速地左右翻转。

单击“当被点击”积木块，使角色在舞台上一直重复左右移动。

首先，将“控制”分类中的“重复执行”与“当被点击”积木块拼接在一起，如图6-3所示。“重复执行”积木块还没讲解到，从字面我们应该能理解该积木块的意思吧。我们将会在第7章对其进行详细说明。

▼图6-3 拼接了“重复执行”积木块

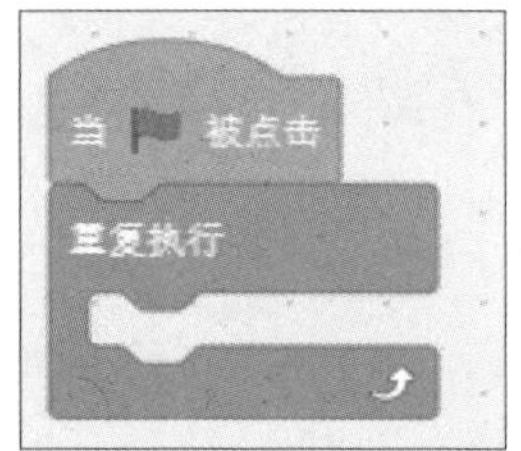

接着，在图6-3的“重复执行”积木块中拼接“运动”分类内的“移动（10）步”“碰到边缘就反弹”“将旋转方式设为（左右翻转▼）”和“外观”分类内的“下一个造型”积木块，如图6-4所示。

▼图6-4 拼接角色行走的脚本

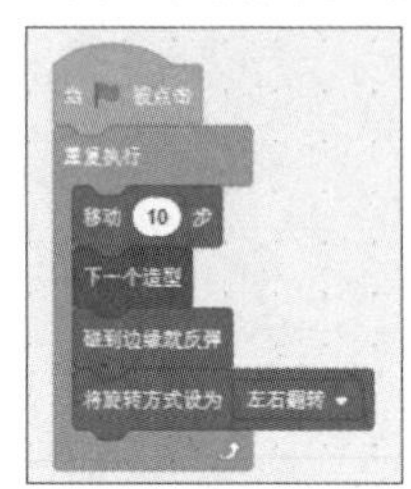

单击图6-2中的“执行”按钮，角色会在舞台上快速地左右翻转，如图6-5所示。

▼图6-5 角色在舞台上快速地左右翻转

1 2 3 4 5 6 7 8 9 10 11 12 13 14 15 16 17

秘技 097

“当⚑被点击”积木块应用示例2

扫码看视频

对应 2.0 3.0 难易程度

重点！ “当⚑被点击”事件的应用示例2：为角色设置“旋涡”特效。

单击“执行”按钮⚑时，为角色设置“旋涡”特效。

在菜单栏中执行“文件>新作品”命令，新建一个作品。接着，将“事件”分类内的“当⚑被点击”积木块拖放到代码区域，并拼接“控制”分类内的“重复执行”积木块。在“重复执行”积木块内，拼接“外观”分类内的“将（颜色▼）特效增加（25）”积木块，单击“颜色”下拉按钮，选择“旋涡”选项，如图6-6所示。

▼图6-6 选择“旋涡”选项

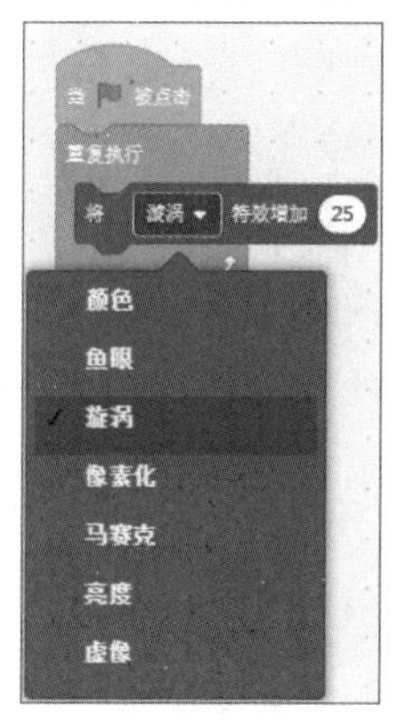

单击图6-2中的“执行”⚑按钮，角色应用“旋涡”特效，并且永远持续下去。单击图6-2中的“停止”按钮●，可以停止执行脚本，如图6-7所示。

▼图6-7 角色应用“旋涡”特效

秘技 098

“当⚑被点击”积木块应用示例3

扫码看视频

对应 2.0 3.0 难易程度

重点！ “当⚑被点击”事件的应用示例3：改变舞台的背景。

要想单击“当⚑被点击”积木块来改变舞台的背景，首先删除秘技097的脚本，然后将光标移至界面右下角的“选择一个背景”图标上，从弹出的列表中选择“选择一个背景”选项，如图6-8所示。

▼图6-8 选择一个背景

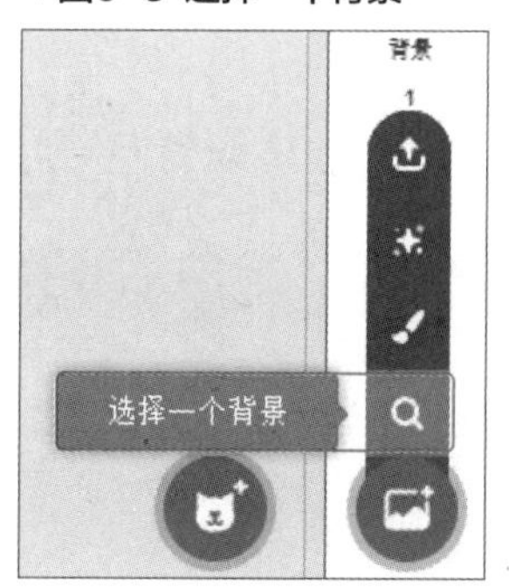

打开“选择一个背景”界面，切换至“室内”选项卡，选择Bedroom 1选项。按照同样的操作顺序，选择Bedroom 2和Bedroom 3背景选项，如图6-9所示。

▼图6-9 选择室内背景选项

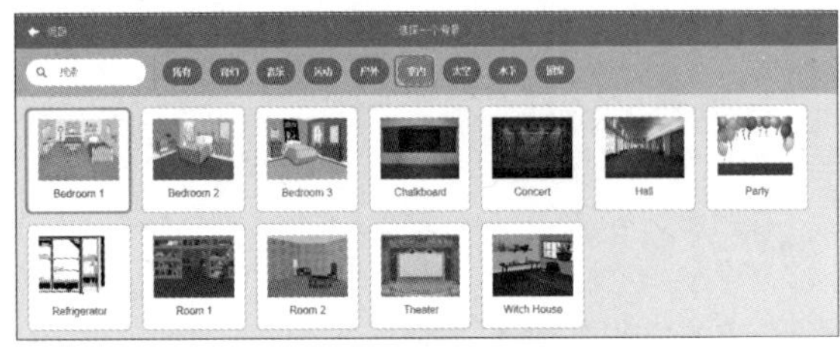

切换至“背景”选项卡，可以看到列表中包含纯白色的背景1、背景Bedroom 1、背景Bedroom 2和背景Bedroom 3。首先选择白色“背景1”选项，如图6-10所示。

▼图6-10 选择“背景1”背景

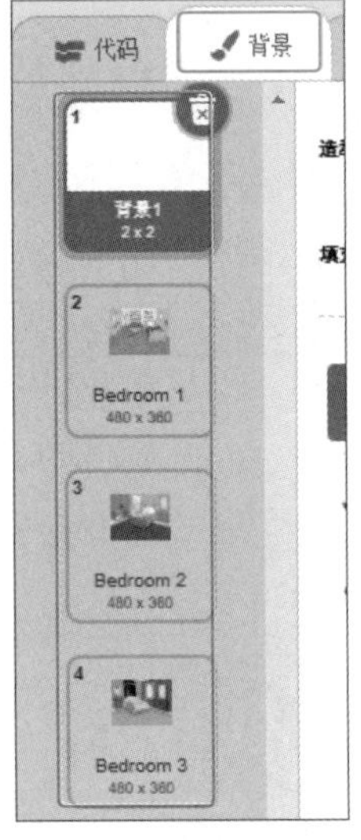

在“代码”选项卡中显示代码区域，然后选择“舞台”，如图6-11所示。

▼图6-11 选择舞台

在舞台代码区域拖放“事件”分类中的“当🏴被点击”积木块，接着拼接“外观”分类中的“下一个背景”积木块，如图6-12所示。

▼图6-12 拼接切换背景的积木块

单击图6-2中的“执行”🏴按钮，每单击一次，舞台的背景就会变化一次，如图6-13所示。

▼图6-13 每单击一次“执行”🏴按钮，就会切换一次背景

秘技 099 如何应用“当按下（空格▼）键”积木块

扫码看视频

▶对应 2.0 3.0

▶难易程度 ●

重点！ 按下键盘上的空格键时会发生的事件。

在菜单栏中执行“文件>新作品”命令，新建一个作品。将“事件”分类内的“当按下（空格▼）键”积木块拖放到代码区域，如图6-14所示。

▼图6-14 “当按下（空格▼）键”积木块

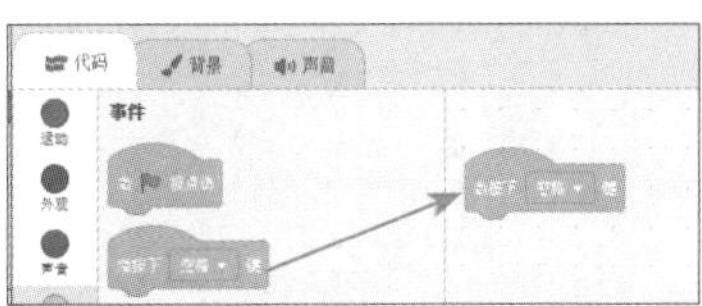

把“当按下（空格▼）键”积木块与“运动”分类内的“将y坐标增加（10）”积木块拼接在一起，如图6-15所示。

▼图6-15 拼接积木块

每按下一次键盘上的空格键，角色都会向上方移动10个像素，因此，角色刚开始最好放在舞台最下面，如图6-16所示

▼图6-16 角色刚开始放在舞台最下面

每按下一次空格键，角色会沿着y坐标轴上升10像素，如图6-17所示。

▼图6-17 角色会沿着y坐标轴上升

秘技 100 “当按下（空格▼）键”积木块应用示例1

扫码看视频

▶对应 2.0 3.0

▶难易程度 ●

重点！ “当按下（空格▼）键”积木块应用示例1：每次按下↓键时角色就会下移。

我们可以利用“当按下（↓▼）键”积木块，让图6-17的角色向下移动。

在秘技099拼接的脚本中，先将“当按下（空格▼）键”积木块改为“当🏁被点击”积木块。然后将“事件”分类内的“当按下（空格▼）键”积木块拖放到代码区域，单击积木块中“空格”下拉按钮，选择“↓”选项，如图6-18所示。

▼图6-18 选择“↓”选项

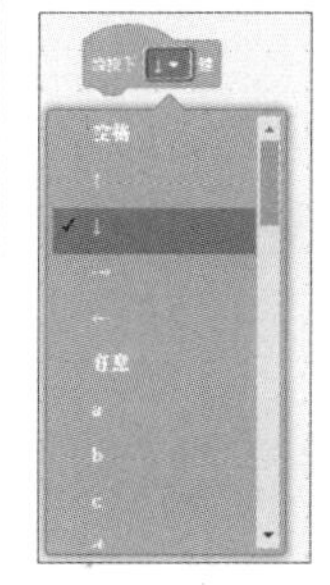

接着拼接“运动”分类内的“将y坐标增加（10）”积木块，将10修改为-10，按下键盘上↓键时，角色向下移动，如图6-19所示。

▼图6-19 积木块拼接完成

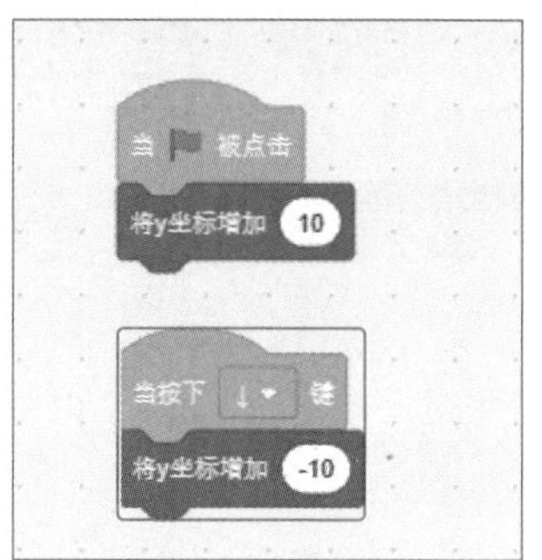

每按下一次↓键时，角色就会向下移动。每次单击“执行”按钮⚑角色，就会向上移动，如图6-20所示。

▼图6-20 每次按下↓键时角色就会向下

秘技 101

“当按下（空格▼）键”积木块应用示例2

扫码看视频

对应 2.0 3.0

难易程度 ●

重点！

“当按下（空格▼）键”积木块应用示例2：每次按下→键角色就会向右前进。

“当按下（→▼）键”积木块可以使图6-20的角色向右前进。

删除秘技100拼接的脚本，然后将“事件”分类中的“当按下（空格▼）键”积木块拖放到代码区域，单击积木块中“空格”下拉按钮，选择“→”选项，如图6-21所示。

▼图6-21 选择“→”选项

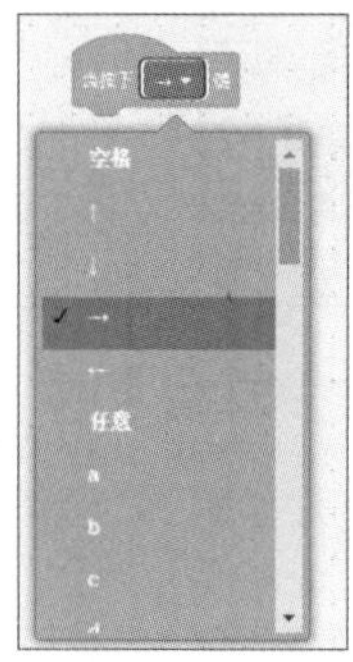

接着拼接“运动”分类内的“将x坐标增加（10）”和“外观”分类内的“下一个造型”积木块，这样角色就会做出走路的动作，如图6-22所示。

▼图6-22 拼接完成的脚本

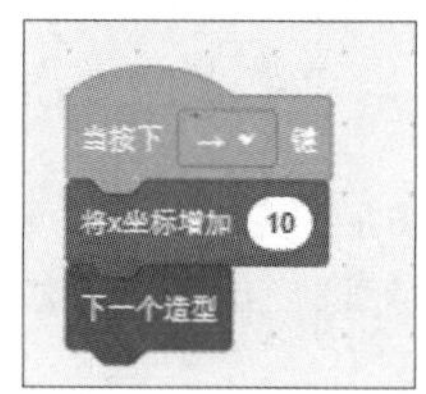

按下键盘上的→键，角色就会向右走动，如图6-23所示。

▼图6-23 按下→键角色会向右走动

秘技 **102**

"当按下（空格▼）键"积木块应用示例3

对应 2.0 3.0

难易程度

重点！

"当按下（空格▼）键"积木块应用示例3：每次按下←键时角色就会向左前进。

"当按下（←▼）键"积木块可以使图6-23的角色向左前进。

请保留秘技101拼接的积木块，并将"将x坐标增加（10）"积木块的10修改为-10。

将"事件"分类中的"当按下（空格▼）键"积木块拖放到代码区域，单击积木块中"空格"下拉按钮，选择"←"选项，如图6-24所示。

▼图6-24 选择"←"选项

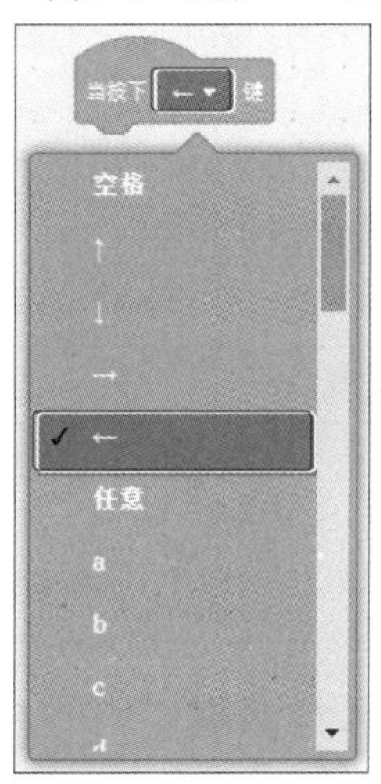

为了让角色向左移动，需要拼接"运动"分类内的"面向（90）方向"积木块，然后将90修改为-90。但是这样行走时角色会翻倒，所以还需要拼接"运动"分类内的"将旋转方式设为（左右翻转▼）"积木块，让角色向左走时不会翻倒。

▼图6-25 拼接完成的脚本

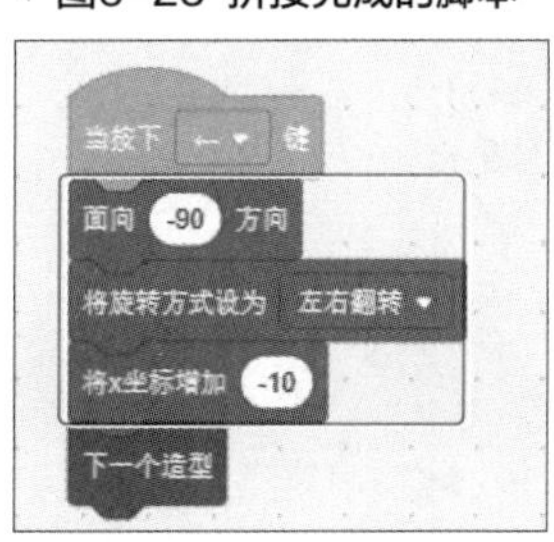

按下键盘上的←键，角色就会向左走动，如图6-26所示。

▼图6-26 按下←键角色向左走

在此状态下，如果执行秘技101中创建的"当按下（→▼）键"积木块，角色将向右倒着走。为了改变角色的方向，拼接"运动"分类内的"面向（90）方向"积木块，如图6-27所示。

▼图6-27 拼接"面向（90）方向"积木块

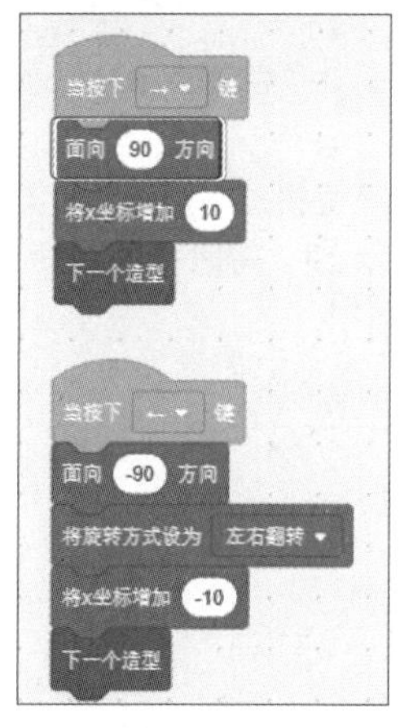

此时，按下键盘的左右键，角色可以自由地左右移动，不会出现倒着走路的现象。

秘技103 如何应用“当角色被点击”积木块

扫码看视频

对应 2.0 3.0

难易程度 ●

重点！ 任意的角色被点击时会发生的事件。

在菜单栏中执行“文件>新作品”命令，新建一个作品。将“事件”分类内的“当角色被点击”积木块拖放到代码区域，如图6-28所示。

▼图6-28 将“当角色被点击”积木块拖放到代码区域

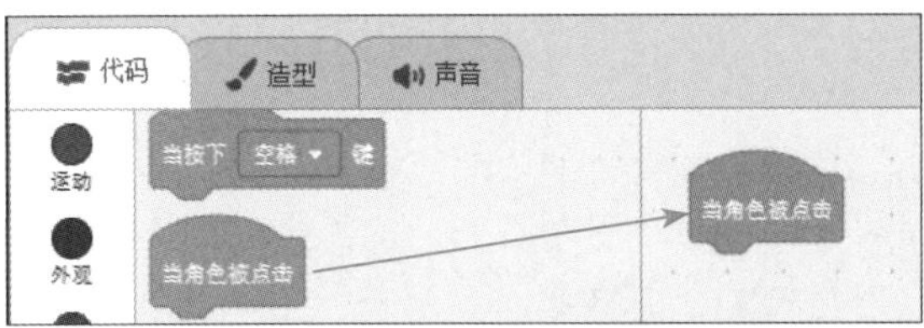

该积木块是放在角色的代码区域，我们看看单击角色时会发生什么事件。单击角色，如图6-29所示。

▼图6-29 单击角色

单击角色时什么也没有发生，因为在图6-28中“当角色被点击”积木块下面没有拼接任何积木块，所以没有发生任何事件。

秘技104 “当角色被点击”积木块应用示例1

扫码看视频

对应 2.0 3.0

难易程度 ●

重点！ “当角色被点击”积木块应用示例1：单击角色时显示会话框。

继续使用秘技103的积木块，让角色被点击时显示会话框。

在“当角色被点击”积木块下面拼接“外观”分类内的“说（你好！）（2）秒”积木块，再把“你好！”修改成“你好吗?”，如图6-30所示。

▼图6-30 拼接积木块

单击角色，角色就会显示“你好吗?”会话框并持续两秒，如图6-31所示。

▼图6-31 角色显示“你好吗?”会话框并持续两秒

秘技105 “当角色被点击”积木块应用示例2

扫码看视频

对应 2.0 3.0

难易程度 ●

重点！ “当角色被点击”积木块应用示例2：单击角色时显示“虚像”特效。

要想实现单击角色时，角色呈现虚像的特效、然后慢慢消除效果，首先删除秘技103的脚本，然后将“当角色被点击”积木块拖放到代码区域，接着拼接“控制”分类内的“重复执行”积木块，如图6-32所示。

▼图6-32 拼接“控制”分类内的“重复执行”积木块

在“重复执行”积木块中拼接“外观”分类内的“将（颜色▼）特效增加（25）”的积木块。单击“颜色”下拉按钮，选择“虚像”选项，并将25修改为2，如图6-33所示。

单击角色，“虚像”特效会慢慢增加，角色会慢慢消失，如图6-34所示。

▼图6-33 完成拼接

▼图6-34 “虚像”特效会慢慢应用于角色，角色会慢慢消失

因为“当角色被点击”积木块拼接了“重复执行”积木块，所以想要停止运行就必须单击“停止”按钮●，否则代码会一直运行下去。

秘技106 “当角色被点击”积木块应用示例3

扫码看视频

对应 2.0 3.0

难易程度 ●

重点！ “当角色被点击”积木块应用示例3：单击角色时改变角色的大小。

要想实现每次单击角色时，就改变角色的大小，首先删除秘技105的脚本，然后将“当角色被点击”积木块拖放到代码区域内，接着拼接“外观”分类内的“将大小增加（10）”积木块，如图6-35所示。

▼图6-35 拼接“将大小增加（10）”积木块

这样，每单击一次角色，角色的大小就会增加10，如图6-36所示。

▼图6-36 角色变大了

如何应用“当背景换成（背景1▼）”积木块

扫码看视频

对应 2.0 3.0

难易程度 ●

重点！ 当舞台上的背景每改变一次，背景就会发生事件。

首先，将光标移至界面右下角的“选择一个背景”图标上，在弹出的列表中选择“选择一个背景”选项，如图6-37所示。

▼图6-37 选择一个背景

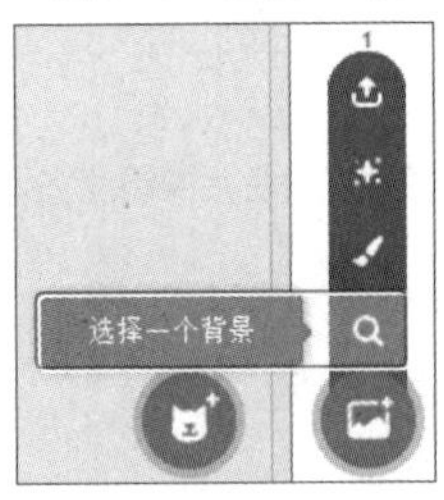

从显示的“选择一个背景”界面中切换至“户外”选项卡，选择Arctic背景选项，如图6-38所示。接着，按照同样的操作，再选择两个背景。

▼图6-38 选择Arctic背景选项

切换至“背景”选项卡，在选择的背景中可以看到Arctic、Beach Rio和Mountain背景，如图6-39所示。

▼图6-39 选择的背景

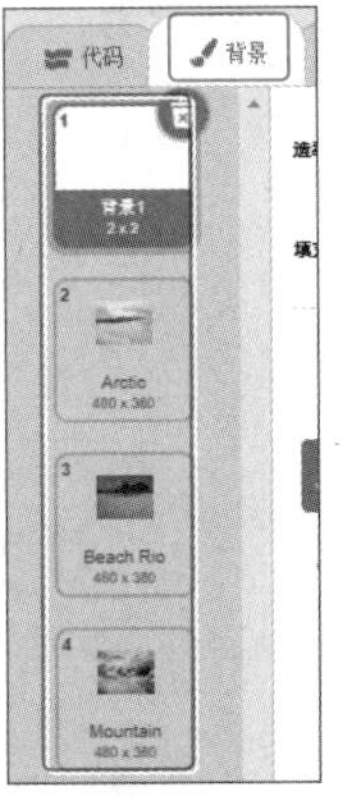

从图6-39中选择“背景1”，“背景1”是没有指定任何背景。切换至“代码”选项卡，选择“舞台”，显示舞台的代码区域，如图6-40所示。

▼图6-40 选择“舞台”

首先，在代码区域内拖放“事件”分类内的“当🏴被点击”积木块，并拼接“外观”分类内的“下一个背景”积木块，如图6-41所示。

▼图6-41 拼接积木块

接着，将“事件”中的“当背景换成（背景1▼）”积木块拖放到代码区域，单击“背景1”下拉按钮，选择Arctic选项，如图6-42所示。

▼图6-42 选择Arctic选项

将图6-42的“当背景换成（Arctic▼）”的积木块与“控制”内的“重复执行”积木块拼接起来，在“重复执行”中拼接“外观”列表中的“将（颜色▼）特效增加（25）”积木块，单击“颜色”下拉按钮，选择“漩涡”特效选项，如图6-43所示。

▼图6-43 拼接积木块

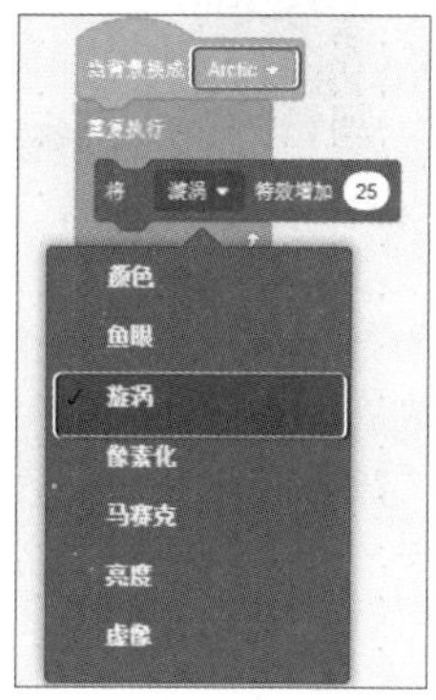

在图6-43上单击鼠标右键，在弹出的快捷菜单中选择“复制”命令，如图6-44所示。在复制的积木块中，可以采用相同的方式拼接Beach Rio和Mountain的脚本。

▼图6-44 复制脚本

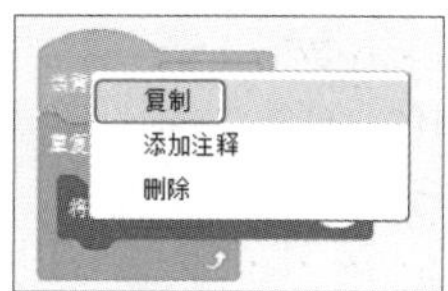

选择Beach Rio背景选项，然后在“将(漩涡▼)特效增加(25)”积木块中单击“漩涡”下拉按钮，选择“马赛克”选项，将25修改为2。同样的方法，选择Mountain背景选项，设置特效为“虚像”，将25修改为2，如图6-45所示。

▼图6-45 拼接完成

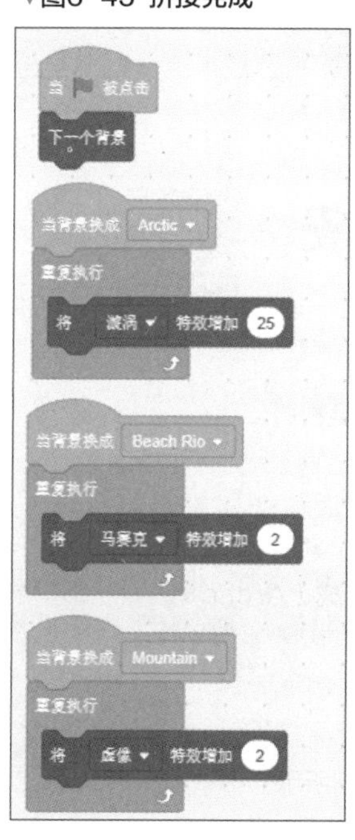

单击图6-2中的“执行”按钮。首先，背景变成Arctic时会显示“漩涡”特效，如图6-46所示。

▼图6-46 背景变成Arctic时会显示“漩涡”特效

背景变成Beach Rio时会显示“马赛克”特效，如图6-47所示。

▼图6-47 背景变成Beach Rio时会显示“马赛克”特效

背景变成Mountain时会显示“虚像”特效，如图6-47所示。

▼图6-48 背景变成Mountain时会显示“虚像”特效

秘技108 如何应用“当（响度▼）>（10）”积木块

扫码看视频

对应 2.0 3.0 难易程度 ●

重点！ 从麦克风输入的音量大于指定的值时会发生的应用事件。

首先，从角色列表中选择“角色1”，如图6-49所示。

▼图6-49 从角色列表中选择“角色1”

在“角色1”的代码区域拖放“当（响度▼）>（10）”积木块，如图6-50所示。

▼图6-50 拖放“当（响度▼）>（10）”积木块

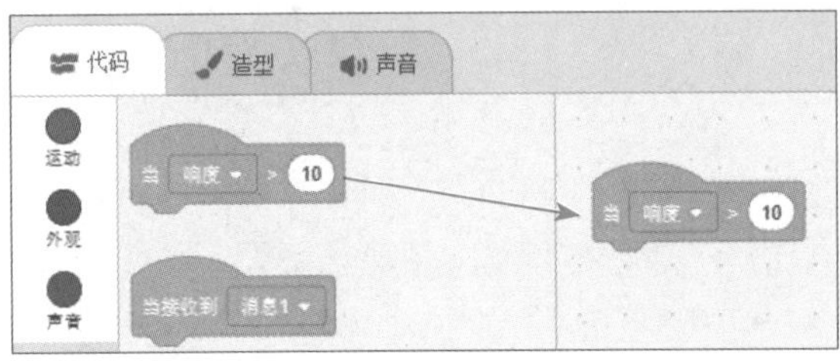

将图6-50“当（响度▼）>（10）”积木块的值修改为50，接着拼接“外观”内的“说（你好！）（2）秒”积木块，将“你好！”修改为“吵死了！”，如图6-51所示。

▼图6-51 脚本拼接完成

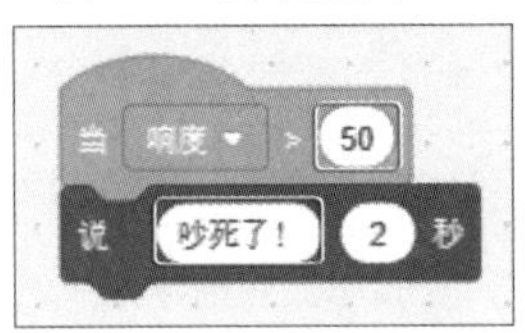

试着对着麦克风喊出几句话，当“响度”值超过50时，角色会显示2秒钟“吵死了！”会话框，如图6-52所示。

▼图6-52 当响度大于50时，角色会显示2秒钟“吵死了！”会话框

秘技109 “当（响度▼）>（10）”积木块应用示例1

扫码看视频

对应 2.0 3.0 难易程度 ●

重点！ 从麦克风输入的音量大于指定的值时会发生的应用事件1。

要想实现响度大于10时，让舞台上的角色行走，首先删除秘技108拼接的积木块。然后在代码区域内拖入“事件”中的“当（响度▼）>（10）”积木块，然后拼接使角色左右行走的脚本。

首先，拼接“运动”中的“移动10步”和“外观”中的“下一个造型”积木块，实现角色走路的样子，再拼接“运动”中的“碰到边缘就反弹”积木块。如果运行脚本角色碰到舞台边缘就会翻倒，所以还要拼接“运动”中的“将旋转方式设为（左右旋转▼）”积木块，如图6-53所示。

▼图6-53 拼接当响度大于10时角色会走路的脚本

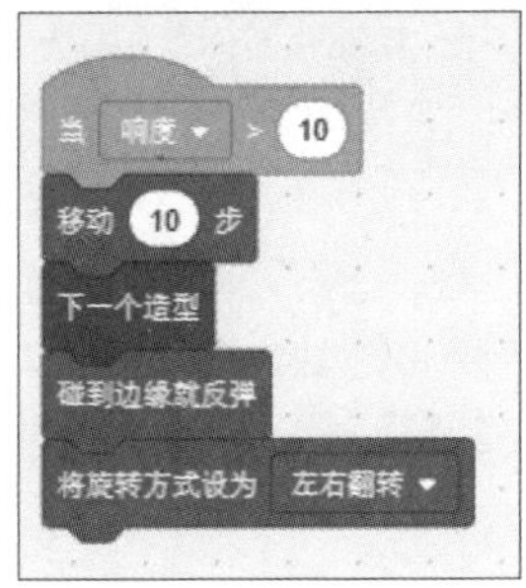

试着对麦克风发出并录制“啊！”“啊！”“啊！”的声音，每个字需要停顿一下，而且每喊一个字角色都会有反应。如果像“啊~”这样拉长音的话，角色只移动一次就停止了。

▼图6-54 角色像是在走路

秘技110 “当（响度▼）>（10）”积木块应用示例2

扫码看视频

对应 2.0 3.0

难易程度 ●

重点！ 从麦克风输入的音量大于指定的值时会发生的应用事件2。

要想实现当响度值大于10时，为角色增加“鱼眼”特效。首先删除秘技109拼接的脚本，然后将“事件”内的“当（响度▼）>（10）”积木块拖入代码区域，并将10修改为40。

接着，拼接“控制”内的“重复执行（10）次”积木块，将10修改为50，再拼接“外观”内的“将（颜色▼）特效增加（25）”积木块，单击“颜色”下拉按钮，选择“鱼眼”选项，将25的值修改为5，拼接完成后如图6-55所示。

试着对麦克风说话，发出的声音大于40时，“鱼眼”的特效就会重复50次，如图6-56所示。

▼图6-55 根据响度给角色增加“鱼眼”特效的脚本

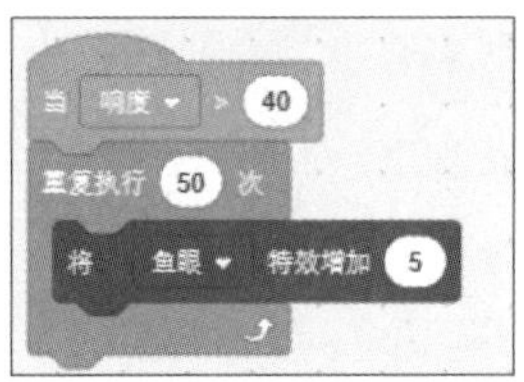

▼图6-56 声音大于40时角色呈现“鱼眼”特效

秘技111 如何应用“当接收到（消息1▼）”与“广播（消息1▼）”积木块

扫码看视频

对应 2.0 3.0

难易程度 ●●

重点！ “当接收到（消息1▼）”和“广播（消息1▼）”积木块需要成对使用。

要想实现单击背景时，角色会显示背景名称的会话框。首先要选择一个背景（选择任何背景都可以），例如选择了图6-57中的Space Ship背景。

▼图6-57 选择背景Space Ship

选择舞台，如图6-58所示。

▼图6-58 选择舞台

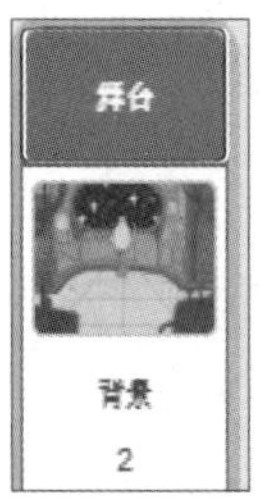

请将“当舞台被点击”积木块拖入显示的代码区域，如图6-59所示。该积木块仅在图6-58中选择了“舞台”的情况下显示，如果选择了角色列表中的角色，则不显示。

▼图6-59 “当舞台被点击”积木块

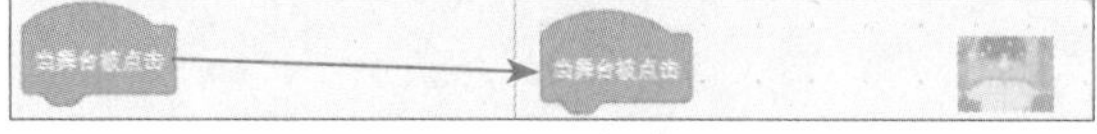

接着，在“当舞台被点击”积木块下面拼接“事件”分类内的“广播（消息1▼）”积木块，如图6-60所示。

▼图6-60 拼接“广播（消息1▼）”积木块

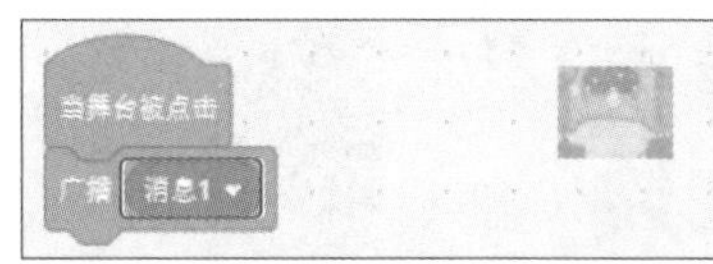

如果广播了“消息1”，就需要接收“消息1”的目标，这里“角色1”就是目标。因此，从角色列表中选择“角色1”，显示代码区域后拖放“事件”内的“当接收到（消息1▼）”积木块，如图6-61所示。

▼图6-61 拖放“当接收到（消息1▼）”积木块

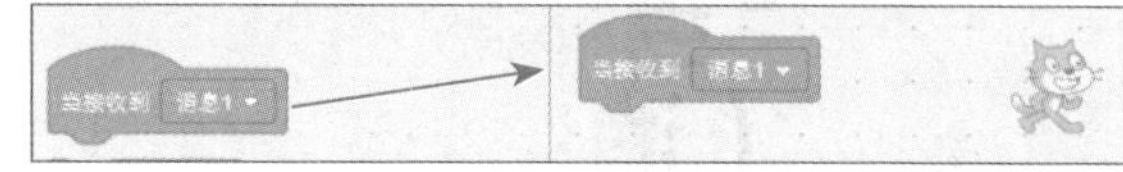

在图6-61的“当接收到（消息1▼）”积木块下面拼接“外观”内的“说（你好!）”积木块，然后将“你好!”改为嵌入“外观”中的“背景（编号▼）”积木块，如图6-62所示。

▼图6-62 将“你好!”改为嵌入“背景（编号▼）”积木块

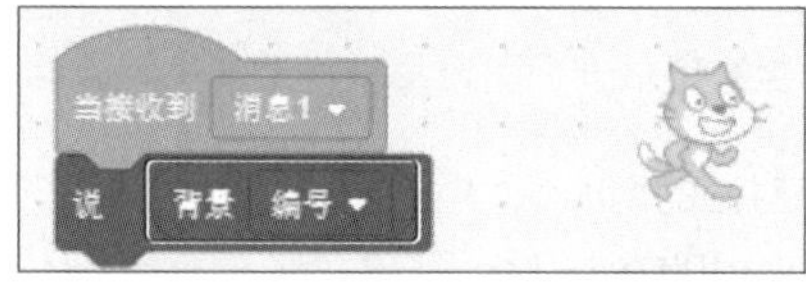

单击图6-62中“背景（编号▼）”积木块的“编号”下拉按钮，选择“名称”选项，如图6-63所示。

▼图6-63 选择“名称”选项

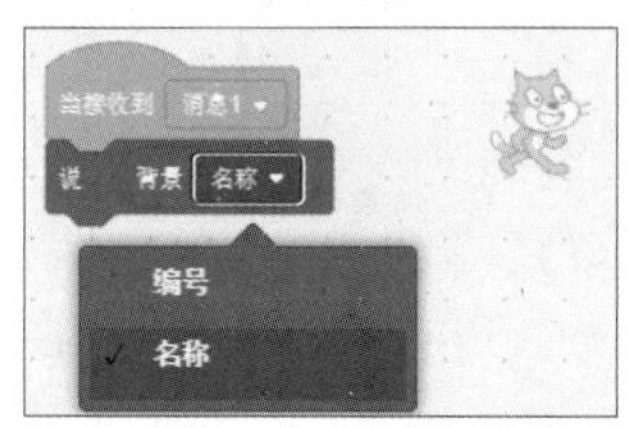

脚本就拼接完成了，单击舞台上的背景，角色会显示出背景名称的会话框，如图6-64所示。

▼图6-64 角色会显示出背景名称的会话框

秘技 112

“当接收到（消息1▼）”与“广播（消息1▼）”积木块的应用

扫码看视频

对应 2.0 3.0

难易程度 ●●

重点！ 应用“当接收到（消息1▼）”和“广播（消息1▼）”积木块让两个角色互相问候。

要应用“当接收到（消息1▼）”和“广播（消息1▼）”积木块让两个人物角色互相问候，则原来的“角色1”（猫）就不需要了，所以从角色列表内将“角色1”删除。

然后任意选择两个人物角色，什么样的角色都可以，但是需要面对面的两个角色，像图6-65一样，这里选择了名为Abby和Kai的角色，角色列表中也显示了两个角色。

▼图6-65 选择两个角色并让他们面对面站立

首先，从图6-65的角色列表中选择Abby角色。

接着，将“事件”内的“当⚑被点击”积木块拖放到代码区域，继续拼接“外观”内的“说（你好！）”积木块，将“你好！”修改成“你好吗？”，在下面拼接“事件”中“广播（消息1▼）”积木块，单击“消息1”下拉按钮，选择“新消息”选项，如图6-66所示。

▼图6-66 选择“新消息”选项

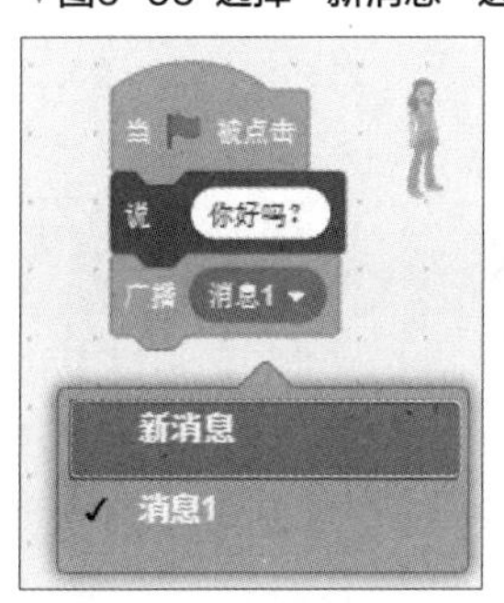

打开“新消息”对话框，在“新消息的名称”文本框中输入“问候”文本，单击“确定”按钮，如图6-67所示。

▼图6-67 输入新消息的名称为“问候”

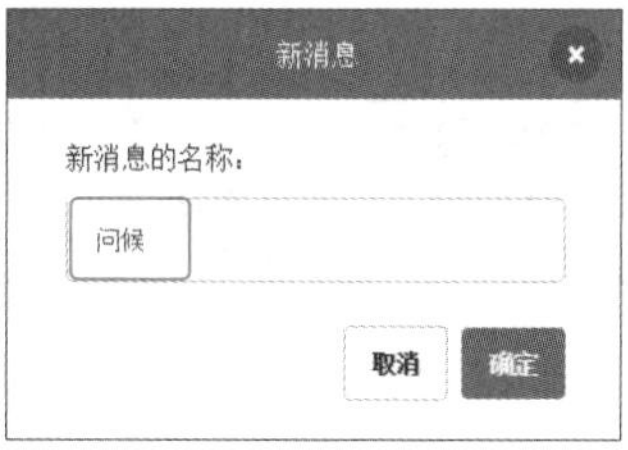

新消息
新消息的名称：
问候
取消　确定

此时“广播（消息1▼）”积木块变成了“广播（问候▼）”积木块，如图6-68所示。

▼图6-68 “广播（问候▼）”积木块

这样，角色Abby的脚本就拼接完成了。接着从角色列表中选择Kai角色，接收来自Abby的问候，然后回复Abby。

在Kai的代码区域内拖放“当接收到（问候▼）”积木块，接着拼接“控制”内的“等待（1）秒”积木块，这个积木块是第一次出现，用于脚本处理时间的积木块。

最后，拼接“外观”内的“说（你好！）”积木块，将“你好！”修改为“是的，我很好！”，如图6-69所示。

▼图6-69 将“你好！”修改为“是的，我很好！”

单击“执行”按钮，查看角色互相问候的效果，如图6-70所示。

▼图6-70 互相问候

秘技 113

如何应用“广播（消息1▼）并等待”积木块

扫码看视频

对应 2.0 3.0

难易程度 ●●

重点！ 发送指定的信息并等待，直到接收方的脚本结束。继续使用秘技112中“消息1”变成了“问候”的积木块。

继续使用秘技112的Abby和Kai两个角色，但Abby和Kai拼接的脚本全部删除。

首先，从角色列表中选择Abby角色，在代码区域内拖放“当被点击”“广播（问候▼）并等待”积木块，再拼接“外观”内的“说（你好！）（2）秒”积木块，并将“你好！”修改为“可以哦。”，如图6-71所示。

▼图6-71 拼接了Abby的脚本

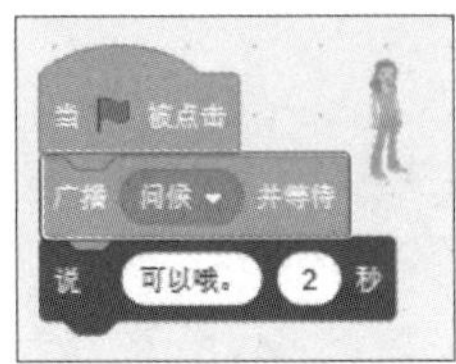

然后，从角色列表中选择Kai角色，将“接收到（问候▼）并等待”积木块拖放到代码区域内，然后在下面拼接“外观”内的“说（你好！）（2）秒”积木块，将“你好！”修改为“下次要不要约会？”，如图6-72所示。

▼图6-72 拼接了kai的脚本

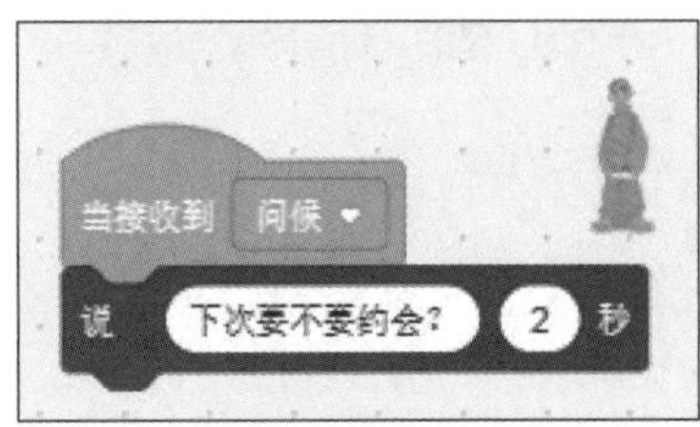

单击“执行”按钮，首先Kai说：“下次要不要约会？”，如图6-73所示。然后Abby说：“可以哦。”，如图6-74所示。Kai的脚本结束后会执行Abby的脚本，这就是“接收到（问候▼）并等待”的原理。

▼图6-73 Kai说：“下次要不要约会？”

▼图6-74 kai说完Abby回答

控制类积木块的应用秘技

如何应用“等待（1）秒”积木块

扫码看视频

对应 2.0 3.0

难易程度 ●

重点！ 在等待指定的时间后处理脚本。

“控制”分类中的积木块不能单独使用，需要和其他分类内的积木块组合使用。

“等待（1）秒”积木块，如果单独使用的话起不到任何作用。

之前，为了让角色左右行走，拼接了图7-1的脚本。

▼图7-1 拼接让角色左右行走的脚本

运行这个脚本时，角色会走得很快，像跑步一样。在这样的情况下，要想给角色设定移动的速度，可以使用“等待（1）秒”积木块，将1修改为0.1，角色行走的速度就会变慢，如图7-2所示。

单击“执行”按钮🏁，角色的行走速度是正常的，如图7-3所示。

▼图7-2 拼接“等待（0.1）秒”积木块

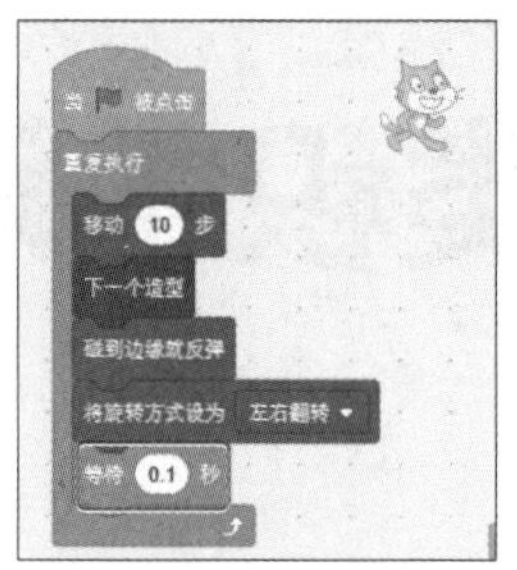

▼图7-3 角色正常速度行走

秘技
115

如何应用“重复执行（10）次”积木块

扫码看视频

对应 2.0 3.0

难易程度 ●

重点！ 指定重复处理的次数。

在菜单栏中执行“文件>新作品”命令，新建一个作品，试着改变角色的颜色。

首先，将“事件”分类内的“当🏁被点击”积木块拖放到代码区域内，在下面拼接“重复执行（10）次”积木块，并在该积木块中拼接“外观”分类内的“将（颜色▼）特效增加（25）”积木块，将25修改为5，最后拼接“控制”分类内的“等待（1）秒”积木块，如图7-4所示。

▼图7-4 拼接改变角色颜色的脚本

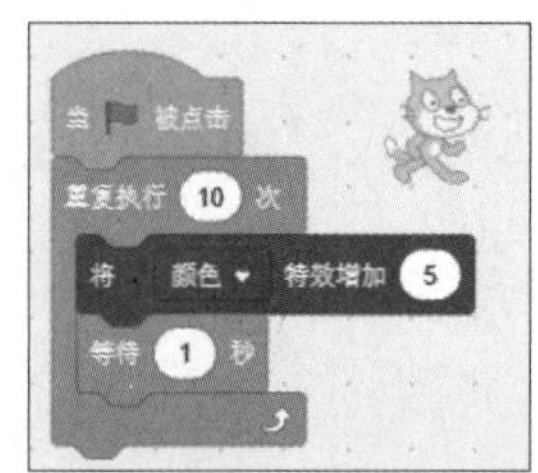

单击“当🏴被点击”积木块，角色的“颜色”特效每隔1秒增加5，重复10次，从黄色慢慢地变为绿色，如图7-5所示。

▼图7-5 角色的“颜色”特效每隔1秒增加5

秘技116 “重复执行（10）次”积木块应用示例1

扫码看视频

对应 2.0 3.0

难易程度 ●

重点！ 指定重复处理的次数应用事件1：让角色逐渐变大到200。

执行“文件>新作品”命令，新建一个作品，试着让角色的大小增加到200。

首先，将“事件”分类内的“当🏴被点击”积木块拖放到代码区域内，在下面拼接“重复执行（10）次”积木块，将10修改为20。接着在“重复执行（20）次”积木块中拼接“外观”中的“将大小增加（10）”积木块，将10修改为5，如图7-6所示。

▼图7-6 拼接让角色大小增加到200的脚本

单击“执行”按钮🏴，角色逐渐变大，大小最终为200，如图7-7所示。由于角色默认的大小是100，角色的大小增加了100，所以现在的大小是200。

▼图7-7 角色的大小为200

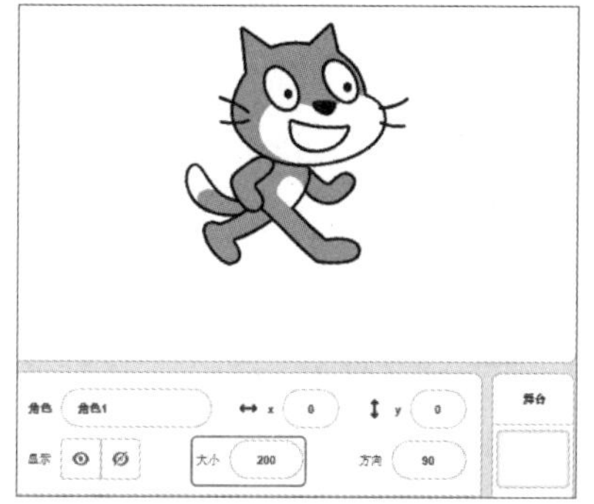

秘技117 “重复执行（10）次”积木块应用示例2

扫码看视频

对应 2.0 3.0

难易程度 ●

重点！ 指定重复处理的次数应用事件2：让角色叫5次“喵~”。

要想实现让角色“喵~”叫5次的结果，首先新建一个作品文件，然后将“事件”分类内的“当🏴被点击”积木块拖放到代码区域内，在下面拼接“重复执行（10）次”积木块，将10修改为5，接着在“重复执行（5）次”积木块中拼接“声音”分类内的“播放声音（喵▼）”和“控制”分类内的“等待（1）秒”积木块，如图7-8所示。

单击“执行”按钮🏴，播放5次“喵”的叫声。

▼图7-8 拼接角色发出5次“喵”声音的脚本

秘技118 如何应用“重复执行”积木块

扫码看视频

对应 2.0 3.0　难易程度 ●

重点！ 重复处理脚本，这是一个使用频率很高的积木块。

要想实现让角色一直向右旋转的效果，首先新建一个作品文件，将“事件”分类内的“当⚑被点击”积木块拖放到代码区域，在下面拼接“重复执行”积木块，接着在“重复执行”积木块中拼接“运动”分类内的“右转（15）度”积木块，如图7-9所示。

▼图7-9 拼接角色一直右转15度的脚本

单击“执行”按钮⚑，角色一直向右旋转，如图7-10所示。如果要让角色停止旋转，则需要单击“停止”按钮●结束脚本。

▼图7-10 角色一直向右旋转

秘技119 “重复执行”积木块应用示例1

扫码看视频

对应 2.0 3.0　难易程度 ●

重点！ 重复处理脚本应用1：角色一直面向鼠标指针。

要让角色面向鼠标指针的效果，首先新建一个作品文件，然后将“事件”分类内的“当⚑被点击”积木块拖放到代码区域，在下面拼接“重复执行”积木块，接着在“重复执行”积木块中拼接“运动”分类内的“面向（鼠标指针▼）”积木块，如图7-11所示。

▼图7-11 拼接角色面向鼠标指针积木块

单击“执行”按钮⚑，角色一直面向鼠标指针，如图7-12所示。如果要停止，则需要单击“停止”按钮●结束脚本。

▼图7-12 角色一直面向鼠标指针

秘技120 "重复执行"积木块应用示例2

扫码看视频

对应 2.0 3.0
难易程度 ●

重点！ 重复处理脚本应用2：让蝴蝶一直粘在角色上。

要实现让蝴蝶一直粘在角色上的效果，首先新建一个作品文件，然后从角色列表中选择角色，设置"方向"的角度为75，让角色面部稍微向上，如图7-13所示。

▼图7-13 让角色面部稍微向上

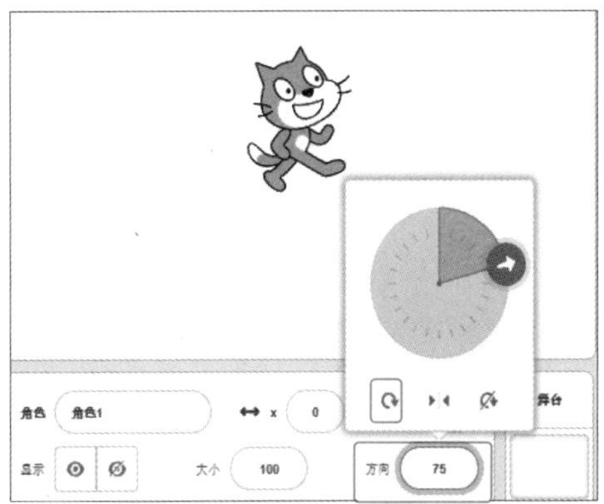

接着，打开"选择一个角色"界面，从"动物"分类中选择Butterfly 1选项，如图7-14所示。

▼图7-14 选择Butterfly 1选项

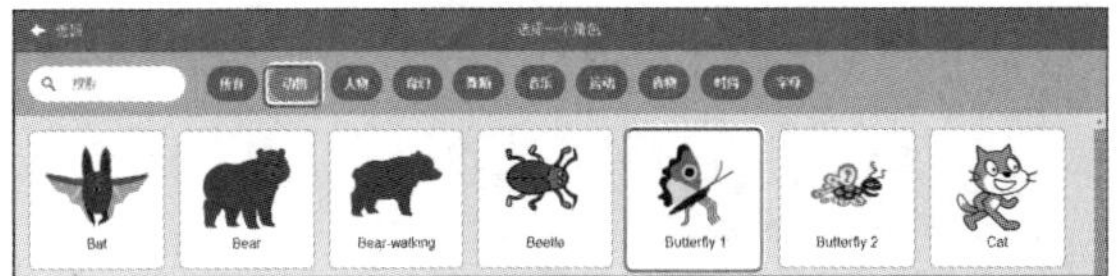

将Butterfly 1角色的"大小"修改为50，安排在适当的位置，如图7-15所示。

▼图7-15 将Butterfly 1的大小指定为50

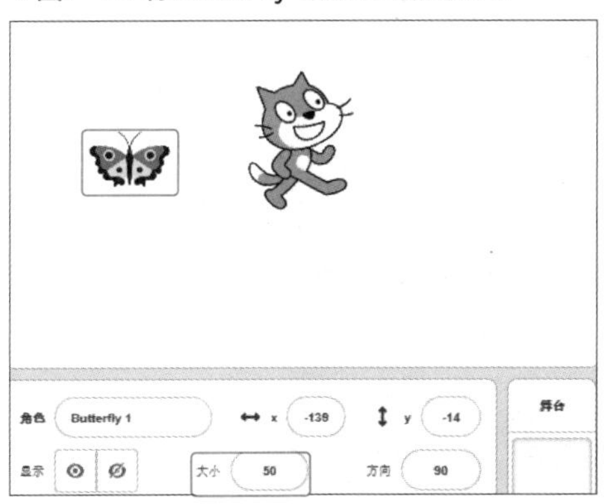

先从角色列表中选择"角色1"，在代码区域拼接与图7-2相同的积木，让"角色1"在舞台上左右行走。

再从角色列表中选择Butterfly 1角色，在代码区域拼接脚本。即将"事件"分类内的"当🏴被点击"积木块拖放到代码区域内，在下面拼接"重复执行"积木块，接着在"重复执行"积木块中拼接"运动"分类内的"在（1）秒内滑行到（随机位置▼）"积木块，将1修改为0.1，单击"随机位置"下拉按钮，选择"角色1"选项，最后拼接"外观"分类内的"下一个造型"积木块，如图7-16所示。

▼图7-16 拼接Butterfly 1角色的脚本

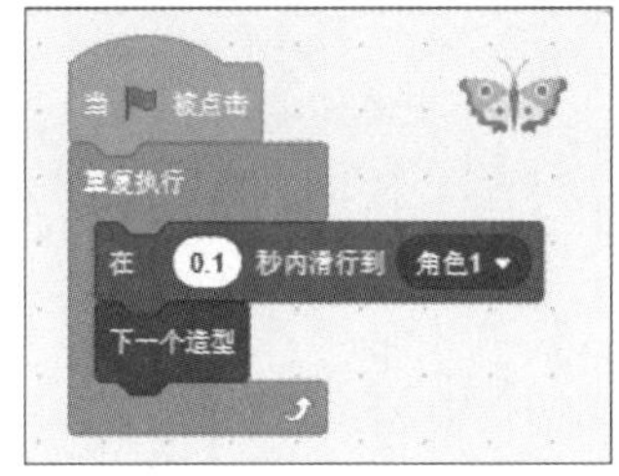

单击"执行"按钮🏴，Butterfly 1（蝴蝶）会一直粘在"角色1"上，如图7-17所示。如果要停止，单击"停止"按钮●结束脚本。

▼图7-17 Butterfly 1会一直粘在"角色1"上

秘技 121 “重复执行”积木块应用示例3

扫码看视频

对应 2.0 3.0

难易程度 ●

重点！ 重复处理脚本应用3：让舞台上的背景每一秒更换一次。

要实现让舞台上的背景每一秒更换一次的效果，首先新建一个作品文件，然后在“选择一个背景”面板中选择三张喜欢的背景，这里选择Boardwalk、Hill和Garden-rock，如图7-18。接下来，选择什么都没有的白色“背景1”。

▼图7-18 选择“背景1”背景

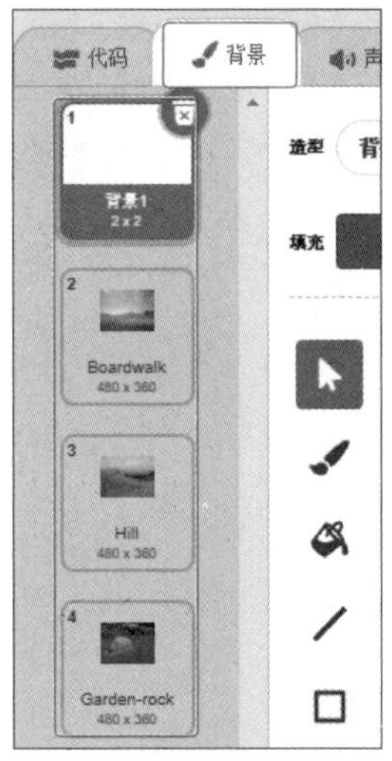

接着，选择舞台，如图7-19所示。然后在代码区域内拼接脚本。

▼图7-19 选择舞台

切换至“代码”选项卡，显示代码区域，先将“事件”分类内的“当🏴被点击”积木块拖放到代码区域内，在下面拼接“重复执行”积木块，接着在“重复执行”积木块中拼接“外观”分类内的“下一个背景”积木块，最后拼接“控制”分类内的“等待（1）秒”积木块，如图7-20所示。

▼图7-20 每1秒舞台背景都会变化的脚本

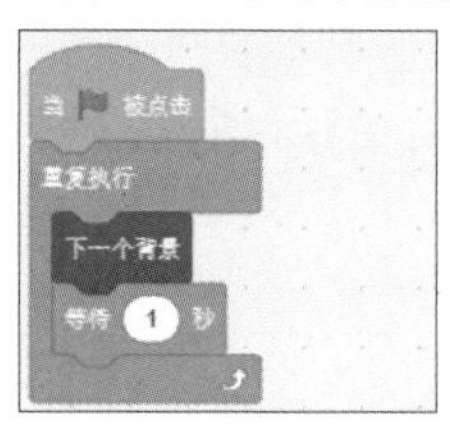

单击“执行”按钮🏴，舞台上的背景每1秒会变换一次，如图7-21所示。如果要停止，单击“停止”按钮●结束脚本。

▼图7-21 舞台上的背景每1秒变换一次

秘技122 如何应用"如果⬢那么……"积木块

对应 2.0 3.0

难易程度 ●●

重点！ 如果符合⬢内指定的条件，则执行脚本，这是使用频率很高的积木块。

"如果⬢那么……"积木块需要与"侦测"和"运算"分类内的积木块组合使用。

首先新建一个作品文件，将"事件"分类内的"当⚑被点击"积木块拖放到代码区域内，在下面拼接"如果⬢那么……"积木块，如图7-22所示。

▼图7-22 拼接的积木块

在图7-22的状态下，单击"执行"按钮⚑不会发生任何事件，因为⬢中既没有指定条件，也没有指定符合条件时的脚本。要拼接如果角色碰到蓝色Balloon1，那么大小就会增加2的积木块，首先选择角色Balloon1，如图7-23所示。

▼图7-23 选择角色Balloon1

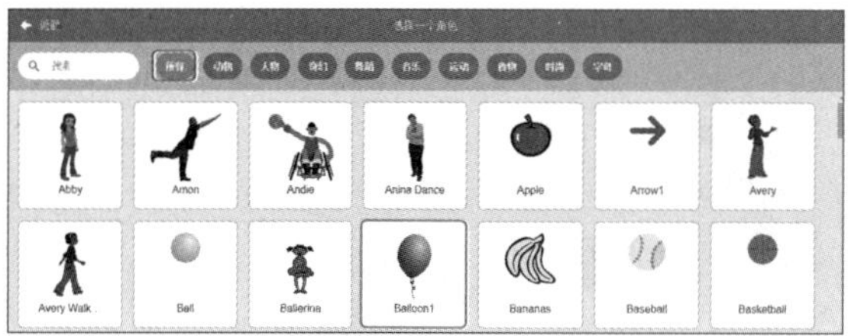

从角色列表中选择Balloon1，然后切换至"造型"选项卡，选择最上面的蓝色Balloon1-a造型，如图7-24所示。

▼图7-24 选择蓝色Ballon1-a造型

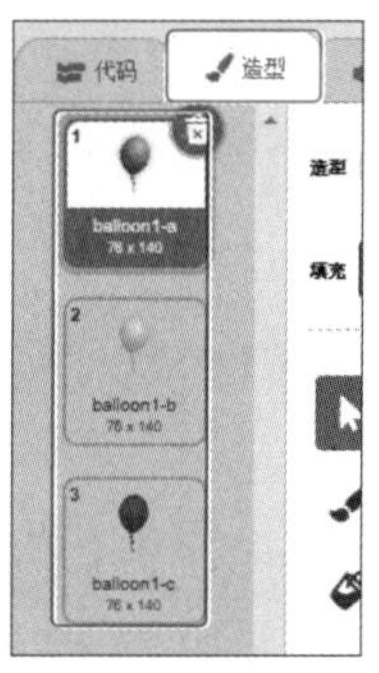

接着，在舞台上放置Balloon1，如图7-25所示。

▼图7-25 在舞台上放置角色和Balloon1

从角色列表中选择"角色1"并显示代码区域。

首先，拼接图7-2的脚本，然后将角色的"方向"稍微向上一点，如图7-26所示。

▼图7-26 角色的"方向"稍微向上一点

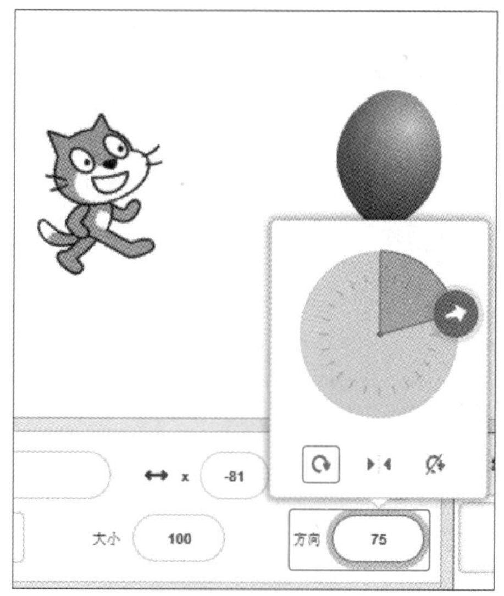

在图7-26中，将光标定位在"方向"数值框中，在弹出的面板中单击"任意旋转"按钮，可以随意改变角色的角度。在图7-2的脚本下继续拼接"如果⬢那么……"积木块，如图7-27所示。

▼图7-27 拼接“如果⬢那么……”积木块

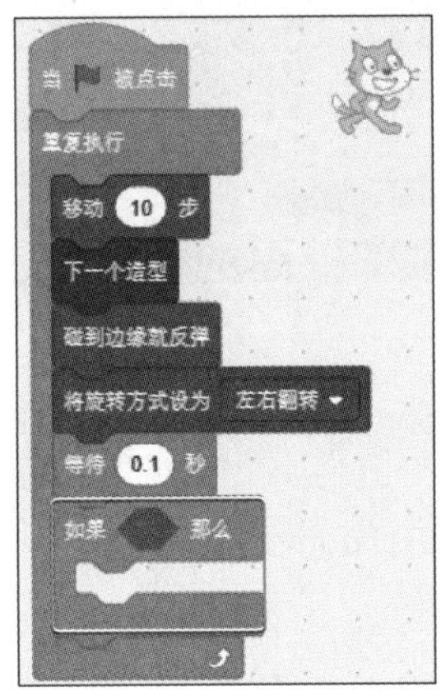

将“颜色●碰到▢?”积木块嵌入到“如果⬢那么……”积木块的条件⬢中，如图7-28所示。

▼图7-28 将“颜色●碰到▢?”积木块嵌入到“如果⬢那么……”的⬢中

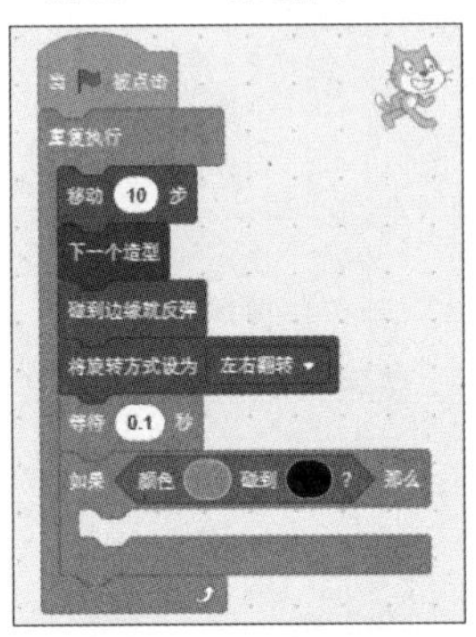

接着，在“颜色●碰到▢?”下面拼接“外观”分类内的“将大小增加（10）”积木块，将10修改为2，如图7-29所示。

▼图7-29 拼接“将大小增加（2）”积木块

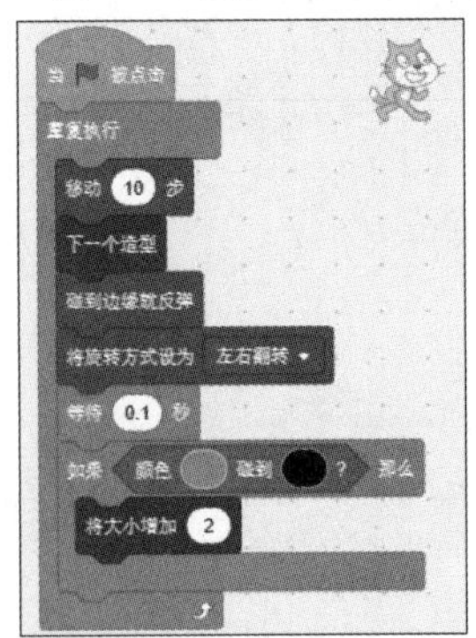

这里的“颜色●碰到▢?”是指如果“角色1”身上的颜色碰到了蓝色的Ballon1后所要处理的脚本，单击积木块中的颜色会出现图7-30的面板。

▼图7-30 选择颜色

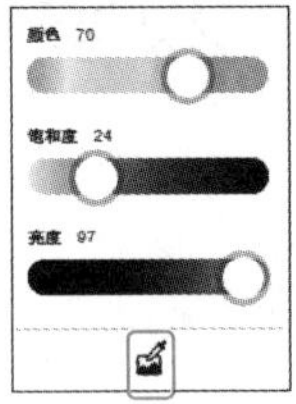

单击最下面蓝色边框围起来的图标，然后，将颜色吸取笔移到舞台的角色上，光标到达的部位会被扩大显示，如图7-31所示。单击颜色，●会被指定为橘色●。

▼图7-31 光标到达的角色的部位会扩大显示

用同样的方法，将颜色▢指定为Ballon1的蓝色●，如图7-32所示。

▼图7-32 将颜色▢指定为Ballon1的蓝色●

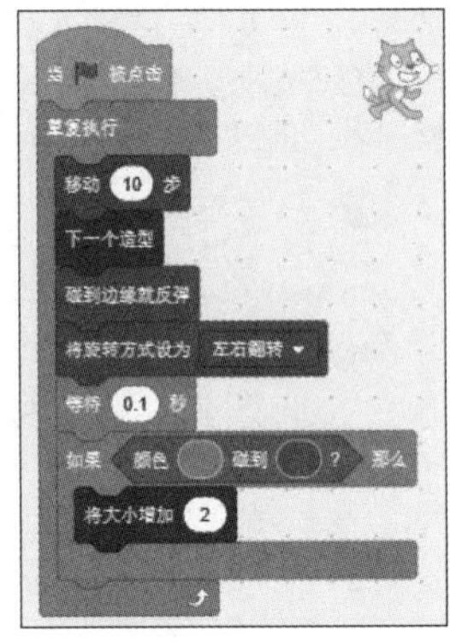

单击“执行”按钮🏁，角色身上的橘色●碰到Ballon1的蓝色●时大小就会增加2，如图7-33所示。

▼图7-33 橘色●碰到蓝色●时“角色1”的大小增加2

秘技123 “如果⬢那么……”积木块应用示例

扫码看视频

▶对应 2.0 3.0
▶难易程度 ●

重点！ 如果按下空格键那么角色会显示会话框。

新建一个作品文件，当键盘上的空格键被按下时，角色会显示2秒钟“你好！”的会话框。

首先，将“事件”分类内的“当⚑被点击”积木块拖放到代码区域内，在下面拼接“重复执行”积木块，并在“重复执行”中拼接“如果⬢那么……”积木块，在⬢中嵌入“侦测”分类内的“按下（空格▼）键？”积木块，最后拼接“外观”分类内的“说（你好！）（2）秒”积木块，如图7-34所示。

▼图7-34 拼接按下空格键角色会说2秒“你好！”的脚本

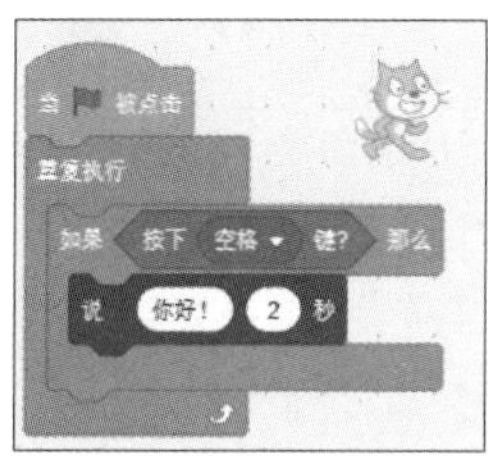

单击“执行”⚑按钮，并按下空格键，角色会显示2秒钟的“你好!”会话框，如图7-35所示。

▼图7-35 按下空格键角色会显示2秒钟的“你好!”会话框

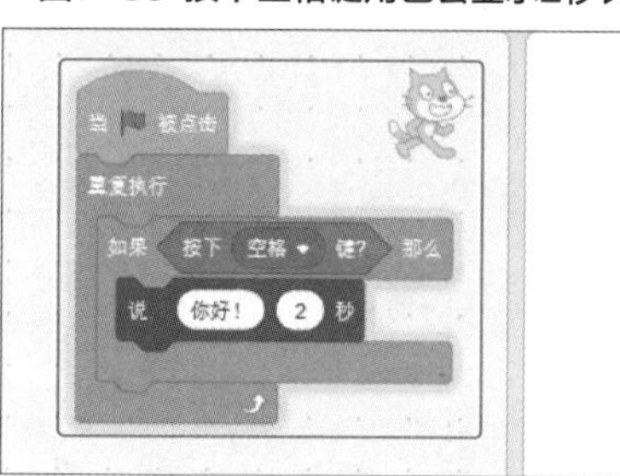

图7-35中的积木块被黄色边框包围，说明脚本正在执行，要想结束脚本运行，单击“停止”按钮●，脚本周围的黄色边框消失，脚本停止运行，如图7-36所示。

▼图7-36 脚本停止运行时的状态

秘技124 如何应用“如果⬢那么……否则……”积木块

扫码看视频

▶对应 2.0 3.0
▶难易程度 ●

重点！ 满足条件时的处理和不满足条件时的处理。

“如果⬢那么……否则……”积木块也需要与“侦测”和“运算”分类内的积木块组合使用，它也是使用频率很高的积木块。

新建一个作品文件，角色在舞台上行走，碰到光标时角色停止行走。把角色的“方向”控制在78度左右，稍微向上一点。“方向”的设定方法请参照秘技121的图7-26。

首先，先将“事件”分类内的“当⚑被点击”积木块拖放到代码区域内，在下面拼接“重复执行”积木块，并在“重复执行”积木块中拼接“如果⬢那么……否则……”积木块，在⬢中嵌入“侦测”分类内的“碰到（鼠标指针▼）？”积木块。如果碰到鼠标指针就停止，所以还要拼接一个“移动（10）步”积木块，并将10修改为0。如果没有碰到鼠标指针就继续行走，再拼接图7-2的脚本，拼接完成后如图7-37所示。

▼图7-37 拼接完成后的脚本

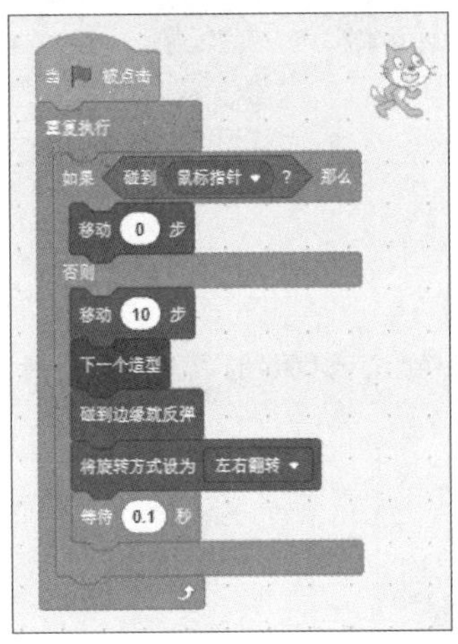

单击“执行”按钮，角色在舞台上行走，当碰到鼠标指针时动作就会停止，当移开鼠标指针时就继续行走，如图7-38所示。

▼图7-38 碰到鼠标指针角色停止行走

秘技 125

“如果◆那么……否则……”积木块应用示例1

扫码看视频

对应 2.0 3.0

难易程度 ●

重点！ 满足条件时的处理和不满足条件时的处理应用事件1。

新建一个作品文件，如果麦克风输入的音量超过30，角色就会显示2秒“吵死了！”的会话框，如果音量不超过30，则显示“安静！”的会话框。

首先，先将“事件”分类内的“当被点击”积木块拖放到代码区域内，在下面拼接“重复执行”积木块，并在“重复执行”积木块中拼接“如果◆那么……否则……”积木块，在◆中嵌入“运算”分类内的“（ ）>（50））”积木块，然后将50修改为30，并在 中嵌入“侦测”分类内的“响度”积木块，如图7-39所示。

▼图7-39 拼接了“响度>（30）”积木块

在“响度>（30）”积木块下面拼接“外观”分类内的“说（你好！）（2）秒” 积木块，将“你好！”修改为“吵死了！”。但如果响度不超过30则拼接“说（你好！）”，将“你好！”修改为“安静！”，如图7-40所示。

▼图7-40 完成拼接

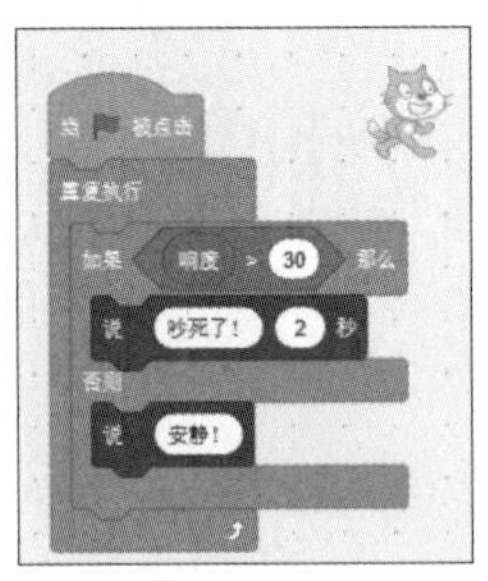

单击“执行”按钮，如果麦克风输入的音量不超过30，角色就会显示“安静！”的会话框，如图7-41所示。如果音量超过30，则显示2秒钟“吵死了！”的会话框，如图7-42所示。

▼图7-41 音量不超过30显示“安静！”的会话框

▶图7-42 音量超过30则显示2秒钟“吵死了！”的会话框

秘技 126

“如果⬢那么……否则……”积木块应用示例2

扫码看视频

▶对应 2.0 3.0

▶难易程度

重点！ 满足条件时的处理和不满足条件时的处理事件2。

新建一个作品文件，角色在舞台上左右走，当角色的x坐标值大于50时，将角色的大小增加至200，否则恢复到100。

首先，将“事件”分类内的“当⚑被点击”积木块拖放到代码区域内，在下面拼接“重复执行”积木块，并在“重复执行”积木块中拼接角色行走的脚本，详情请参考图7-2。继续拼接“如果⬢那么……否则……”积木块，在⬢中嵌入“运算”内的“（ ＞（50））”，再在 中嵌入“运动”分类内的“x坐标”，如图7-43所示。

▼图7-43 拼接“（x坐标）>（50）”积木块

在“如果⬢那么……否则……”积木块中拼接“外观”分类内的“将大小设为100”积木块。如果x坐标值大于50，那么将100修改为200，如果x坐标值小于50，则还原角色大小，如图7-44所示。

▼图7-44 脚本完成拼接

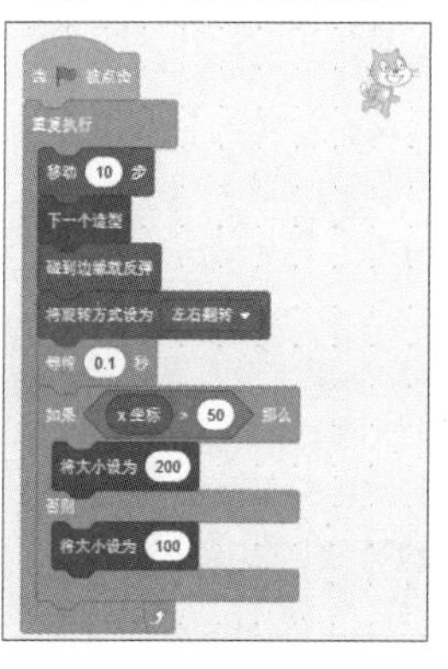

单击“执行”⚑按钮，如果x坐标值大于50，角色就会变大到200，如图7-45所示。如果x坐标值小于50，角色就会还原到100，如图7-46所示。

▼图7-45 x坐标值>50角色变大到200

▼图7-46 x坐标值<50角色还原到100

秘技127 “如果⬣那么……否则……”积木块应用示例3

重点！ 满足条件时的处理和不满足条件时的处理事件3。

新建一个作品文件，“角色1”在舞台上左右移动，如果碰到角色Fairy，“角色1”身上的颜色就会发生变化，否则，恢复到原来的颜色。首先，从选择一个角色，从“奇幻”类别中选择Fairy，如图7-47所示。

▼图7-47 选择角色Fairy

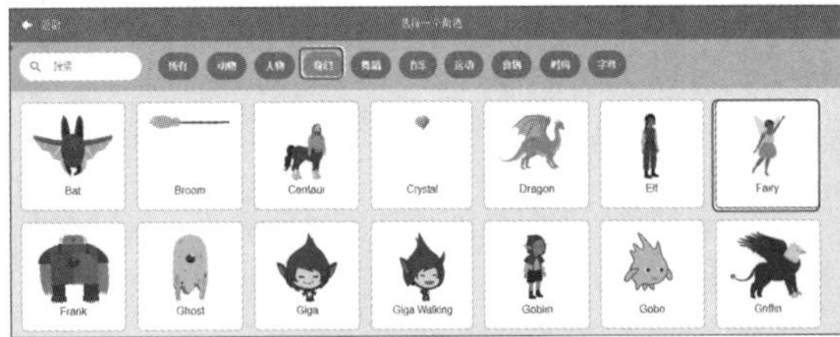

Fairy的大小设置在30左右，角色的方向保持在77度左右，如图7-48所示。

▼图7-48 “角色1”的方向是77度稍微朝上

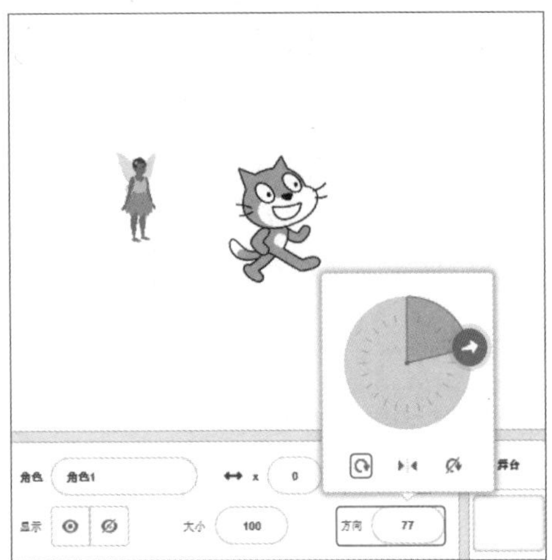

将Fairy放置在舞台上，如图7-48所示。从角色列表中选择“角色1”，将“事件”分类内的“当⚑被点击”拖放到代码区域内，在下面拼接“重复执行”，并在“重复执行”积木块中拼接角色行走的积木块，详情请参考图7-2。

继续拼接“如果⬣那么……否则……”积木块，在⬣中嵌入“侦测”分类内的“颜色■碰到▢？”，将■选取角色身上的颜色，详情请参照图7-30，▢选取Fairy胸部的颜色，如图7-49所示。

▼图7-49 吸取Fairy的颜色

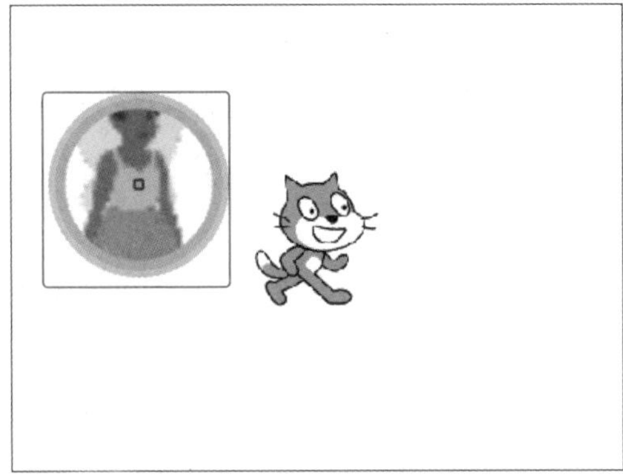

将“外观”分类内的“将（颜色▼）特效增加（25）”拼接到“如果⬣那么……否则……”积木块中，如果角色身上的颜色碰到Fairy胸部的颜色，那么角色的颜色特效就会增加25，否则就会清除特效，恢复原来的颜色。这里就需要拼接“清除图形特效”积木块了，如图7-50所示。

▼图7-50 完成拼接

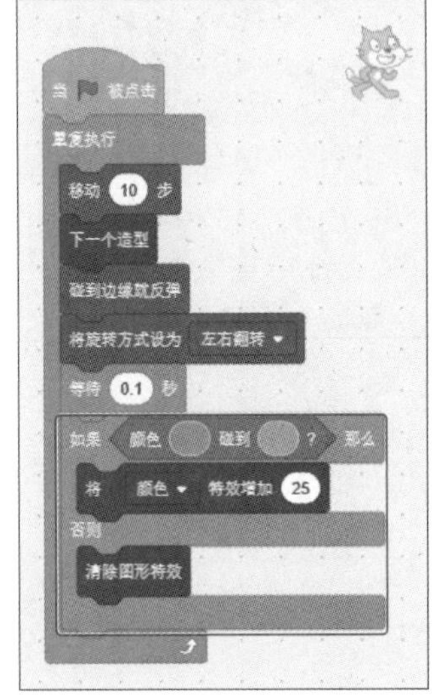

单击“执行”按钮⚑，角色在舞台上左右行走，如果碰到Fairy胸部的颜色角色的颜色特效就会增加25，如图7-51所示。否则就会清除特效恢复原来的颜色，如图7-52所示。

▼图7-51 颜色特效增加25

▼图7-52 清除特效恢复原来的颜色

秘技128 如何应用“等待⬢”积木块

扫码看视频

对应 2.0 3.0

难易程度 ●

重点！ 等待处理有指定条件的积木块。

新建一个作品文件，将“事件”分类内的“当⚑被点击”积木块拖放到代码区域内，在下面拼接“重复执行”积木块，并在“重复执行”积木块中拼接“等待⬢”积木块，在⬢中嵌入“侦测”分类内的“按下（空格▼）键？”积木块，继续拼接“运动”内的“右转（15）度”积木块，如图7-53所示。

▼图7-53 角色想右转15度就需要等待按下空格键

单击“执行”⚑按钮，按下空格键之前角色等待执行脚本，如图7-54所示。

当按下空格键时角色就会右转15度，如果按住空格键不放角色就会一直右转，若松开空格键角色就不再旋转了，如图7-55所示。

▼图7-54 角色右转15度正在等待执行

▼图7-55 按住空格键不放角色就会一直右转

秘技 129 “等待⬢”积木块应用示例

扫码看视频

对应 2.0 3.0

难易程度 ●

重点！ 等待处理有指定条件的积木块的应用事件1。

新建一个作品文件，在舞台上按下鼠标之前，角色等待出现“漩涡”特效。

将“事件”分类内的“当⚑被点击”积木块拖放到代码区域内，在下面拼接“重复执行”积木块。在“重复执行”积木块中拼接“等待⬢”积木块，在⬢中嵌入“侦测”分类内的“按下鼠标？”积木块，继续拼接“外观”分类内的“将（颜色▼）特效增加（25）”积木块，单击“颜色”下拉按钮并选择“漩涡”选项，如图7-56所示。

▼图7-56 按下鼠标之前角色等待出现“漩涡”特效

单击“执行”⚑按钮，当在舞台上按下鼠标时，“漩涡”特效会应用到角色上，如图7-57所示。

▼图7-57 按下鼠标时角色出现“漩涡”特效

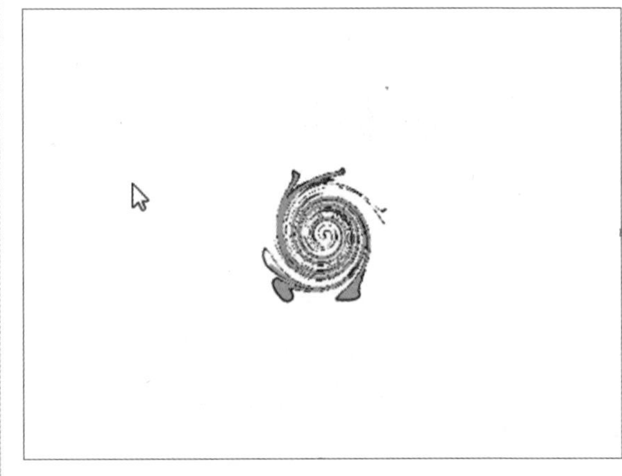

秘技 130 如何应用“重复执行直到⬢”积木块

扫码看视频

对应 2.0 3.0

难易程度 ●

重点！ 在满足指定条件之前重复执行，该积木块的使用频率也很高。

新建一个作品文件，角色在舞台上左右行走，直到空格键被按下才停止。

将“事件”分类内的“当⚑被点击”拖放到代码区域内，在下面拼接“重复执行直到⬢”积木块，在⬢中嵌入“侦测”分类内的“按下（空格▼）键？”积木块，接着拼接角色行走的脚本，详情请参考图7-2，拼接完成后如图7-58所示。

▼图7-58 角色行走时按下空格键就会停止行走

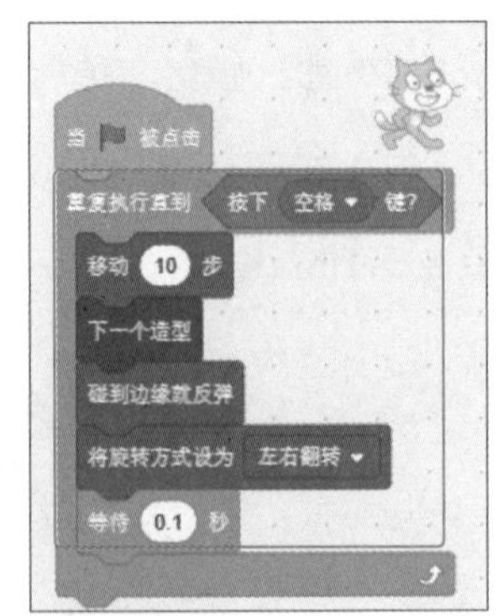

单击“执行”按钮，角色在舞台上左右行走，直到按下空格键时角色才停止行走，如图7-59所示。

▼图7-59 按下空格键时角色停止行走

秘技131 “重复执行直到⬣”积木块应用示例1

扫码看视频

对应 2.0 3.0

难易程度 ●

重点！ 在满足指定条件之前重复执行的应用1。

新建一个作品文件，按下鼠标之前角色应用“漩涡”特效，按下鼠标后角色在舞台上行走，与秘技129的“等待⬣”应用1相反。

首先将“事件”分类内的“当被点击”积木块拖放到代码区域内，在下面拼接“重复执行”，并在“重复执行”积木块中拼接角色行走的脚本，详情请参考图7-2。继续拼接“重复执行直到⬣”积木块，在⬣中嵌入“侦测”分类内的“按下鼠标？”积木块，在下面拼接“外观”分类内的“将（颜色▼）特效增加（25）”积木块，单击“颜色”下拉按钮并选择“漩涡”选项，再将25修改为5，如图7-60所示。

▼图7-60 鼠标被按下之前角色应用“漩涡”特效

单击“执行”按钮，角色应用“漩涡”特效，按下鼠标左键角色行走，如图7-61所示。

▼图7-61 角色应用“漩涡”特效

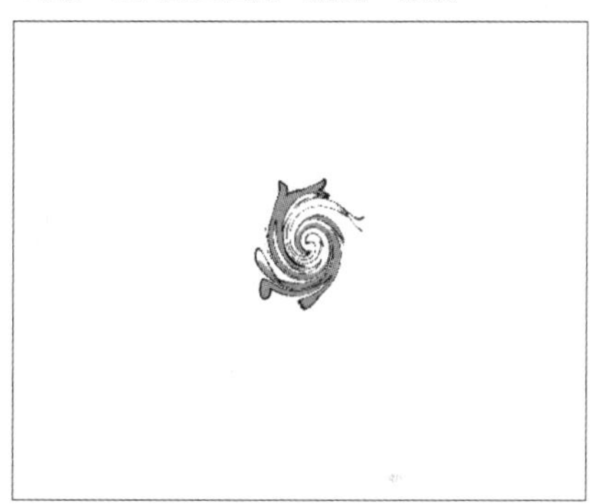

按下鼠标左键后特效停止，角色开始行走，如图7-62所示。

▼图7-62 特效停止角色开始行走

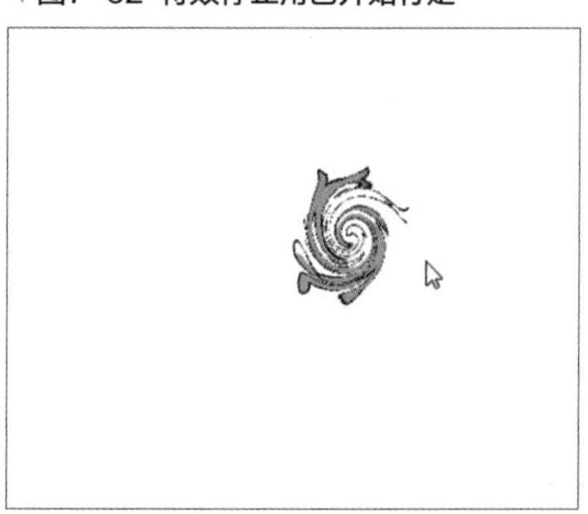

秘技 132 “重复执行直到⬢”积木块应用示例2

对应 2.0 3.0 难易程度 ●

重点！ 在满足指定条件之前重复执行的应用事件2。

新建一个作品文件，在按下鼠标之前，角色会显示“你好！”的会话框，按下鼠标左键之后，角色会显示“鼠标被按下了！”的会话框。

首先将“事件”分类内的“当⚑被点击”积木块拖放到代码区域内，在下面拼接“重复执行”积木块，并在“重复执行”积木块中拼接“外观”分类内的“说（你好！）”积木块，将“你好！”修改为“鼠标被按下了！”。继续拼接“重复执行直到⬢”积木块，在⬢中嵌入“侦测”分类内“按下鼠标？”积木块，在下面拼接“外观”分类内的“说（你好！）”积木块，拼接完成后如图7-63所示。

▼图7-63 鼠标按下之后角色说“鼠标被按下了！”

单击“执行”⚑按钮，角色会一直显示“你好！”的会话框，如图7-64所示。

▼图7-64 显示“你好！”的会话框

在舞台上按下鼠标时，角色会显示“鼠标被按下了！”会话框，如图7-65所示。

▼图7-65 显示“鼠标被按下了！”的会话框

秘技 133 “重复执行直到⬢”积木块应用示例3

对应 2.0 3.0 难易程度 ●

重点！ 在满足指定条件之前重复执行的应用事件3。

新建一个作品文件，麦克风的音量小于50时，角色会显示“安静！”的会话框，音量大于50时，角色会显示“吵死了！”的会话框。

首先将“事件”分类内的“当⚑被点击”拖放到代码区域内，在下面拼接“重复执行”，在“重复执行”积木块中拼接“外观”分类内的“说（你好！）”积木块，并将“你好！”修改为“吵死了！”。继续拼接“重复执行直到⬢”积木块，在⬢中嵌入“运算”分类内的“（▢>（50））”积木块，在▢中嵌入“侦测”分类内的“响度”积木块，如图7-66所示。

▼图7-66 音量大于50的积木块

继续在下面拼接“说（你好！）”积木块，并将“你好！”修改为“安静！”，拼接完成后如图7-67所示。

▼图7-67　音量小于50时会显示“安静！”大于50时会显示“吵死了！”

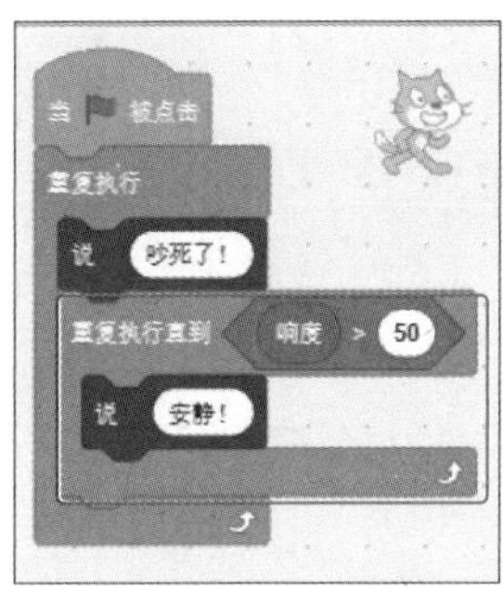

单击“执行”按钮，音量小于50时会显示“安静！”的会话框，如图7-68所示。

接着对着麦克风大声喊“啊~”，当音量大于50时，就会显示“吵死了！”的会话框，如图7-69所示。

▼图7-68　显示“安静！”会话框

▼图7-69　显示“吵死了！”的会话框

秘技134　如何应用“停止（全部脚本▼）”积木块

扫码看视频

对应 2.0 3.0

难易程度

重点！　这是停止所有角色脚本的积木块。

新建一个作品文件，让两个角色在舞台上左右行走，直到鼠标单击舞台时，两个角色的脚本才停止运行。现在先选择角色吧，单击“选择一个角色”图标，在打开的面板的“人物”类别中选择Avery walking-a，如图7-70所示。

▼图7-70　选择Avery walking-a

在舞台上放置两个角色，如图7-71所示。

▼图7-71　在舞台上放置两个角色

从角色列表中选择角色，将“事件”分类内的“当被点击”拖放到代码区域内，在下面拼接“重复执行”，在“重复执行”积木块中拼接角色行走的脚本，详情请参考图7-2。继续拼接“如果那么……”，在中嵌入“侦测”分类内的“按下鼠标？”，再拼接“控制”分类内的“停止（全部脚本▼）”积木块，拼接完成如图7-72所示。

▼图7-72 鼠标被按下时会停止角色行走的脚本

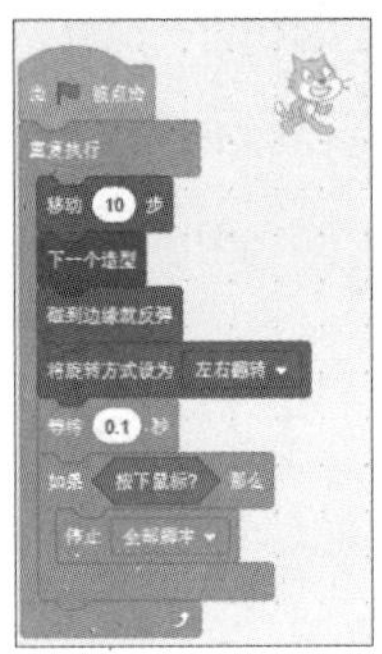

复制“角色1”的脚本到Avery walking-a上，由于“角色1”拼接了“停止（全部脚本▼）”的积木块，所以Avery walking-a就不需要这个积木块了。将Avery walking-a脚本里的“如果（按下鼠标▼）那么停止（全部脚本▼）”积木块删掉，Avery walking-a的脚本如图7-73所示。

单击“执行”🏴按钮，角色与Avery walking-a左右行走，当单击鼠标时两个角色都停止了行走，Avery walking-a是没有“如果（按下鼠标▼）那么停止（全部脚本▼）”积木块的，但是“角色1”中拼接了这个积木块，所以两个角色都适用，如图7-74所示。

▼图7-73 Avery walking-a的积木块

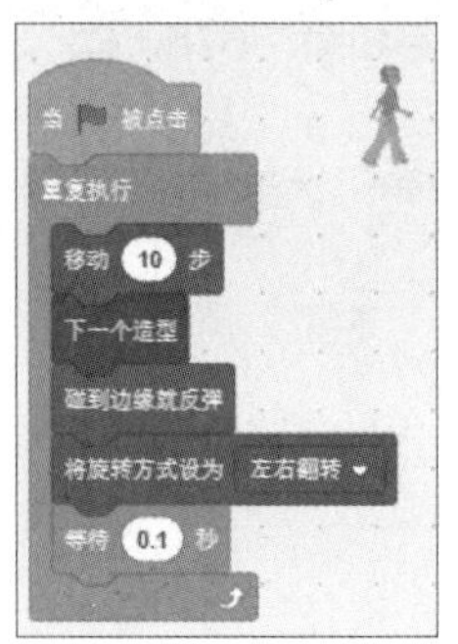

▼图7-74 “角色1”与Avery walking-a都停止了行走

秘技 135

如何应用“停止（这个脚本▼）”积木块

扫码看视频

对应 2.0 3.0

难易程度

重点！ 停止拼接了这个脚本的角色的积木块。

直接使用秘技134的积木块。图7-72的积木块中单击“停止（全部脚本▼）”下拉按钮，选择“这个脚本”选项，如图7-75所示。

▼图7-75 选择“这个脚本”选项

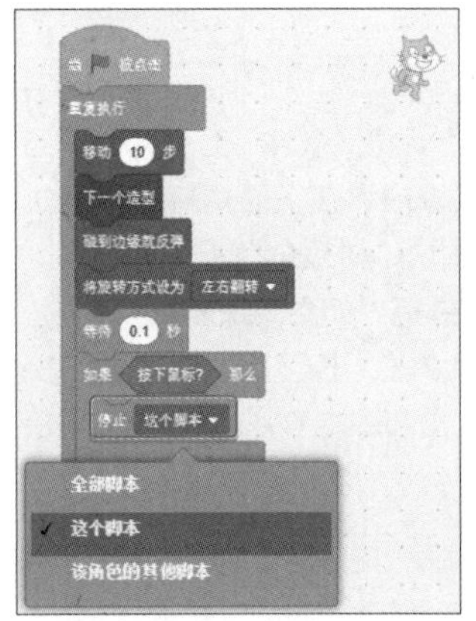

Avery walking-a的积木块与图7-73相同，单击“执行”🏴按钮，两个角色都在舞台上左右行走。因为角色拼接了“停止（这个脚本▼）”积木块，所以在舞台上按下鼠标时只有角色停止了，Avery walking-a还在继续行走，如图7-76所示。

▼图7-76 按下鼠标时角色停止行走，Avery walking-a继续行走

秘技 136

如何应用“当作为克隆体启动时”和“克隆（自己▼）”积木块

扫码看视频

对应 2.0 3.0

难易程度 ●

重点！ 这是复制角色的积木块。

“当作为克隆体启动时”和“克隆（自己▼）”积木块是成对使用的。克隆的上限是300个，这两个积木块也是经常使用的。

新建一个作品文件，在舞台的随机位置，复制了10个角色，分别显示着“你好！”的会话框。

将“事件”分类内的“当⚑被点击”拖放到代码区域内，在下面拼接“重复执行（10）次”，在该积木块内拼接“克隆（自己▼）”积木块。继续拼接角色克隆的位置，拼接“运动”分类内的“（1）秒内滑行到x:（0）y:（0）”积木块，将1修改为0.5，在两个0处分别嵌入“运算”分类内的“在（1）和（10）之间取随机数”积木块，指定x坐标在-200到200之间，y坐标在150到-150之间的随机数。

然后，拼接进行克隆时的处理的积木块。将“控制”分类内的“当作为克隆体启动时”拖放到代码区域内，下面拼接“重复执行（10）次”，在“重复执行（10）次”中拼接“外观”分类内的“说（你好！）”积木块，完成后如图7-77所示。单击“执行”⚑按钮，每隔0.5秒角色就会在舞台上随机复制一个角色，并且每个角色都会显示“你好！”会话框。

▼图7-77 拼接了克隆的积木块

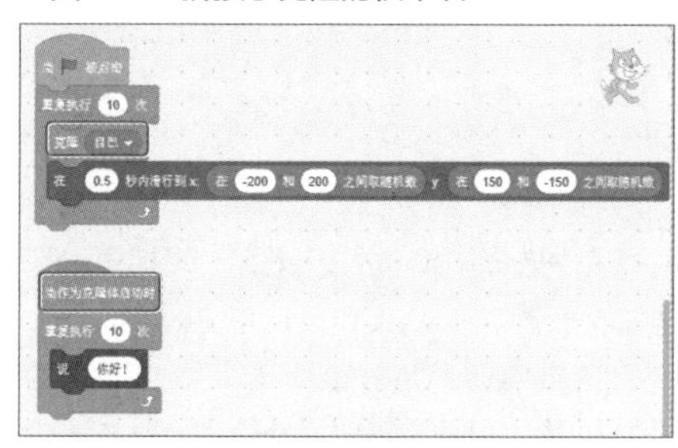

▼图7-78 角色克隆出来了

秘技 137

“当作为克隆体启动时”和“克隆（自己▼）”积木块应用示例

扫码看视频

对应 2.0 3.0

难易程度 ●

重点！ 复制角色并显示造型名称的会话框。

新建一个作品文件，当单击角色时，会显示角色造型名称的会话框。

首先，单击“选择一个角色”图标，在“人物”类别中选择Kai角色，如图7-79所示。

▼图7-79 选择角色Kai

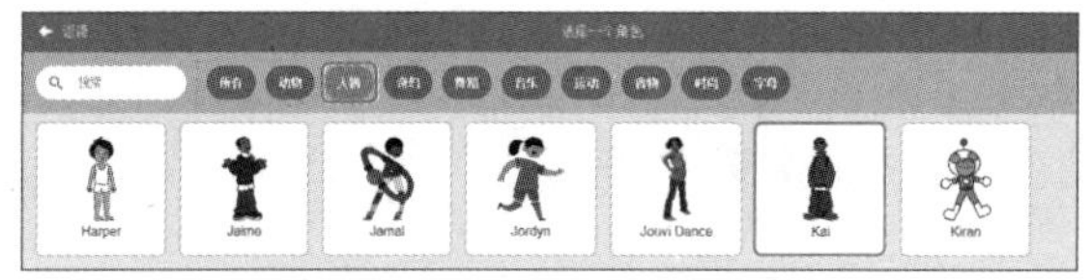

根据需要将两个角色放置在舞台上，如图7-80所示。

首先，选择“角色1”，将“事件”内的“当角色被点击”拖放到代码区域中。

继续拼接“广播（消息1▼）”，“角色1”的脚本就拼接完成了，如图7-81所示。

▼图7-80 放置两个角色

▼图7-81 “角色1”的脚本拼接完成了

再从角色列表中选择Kai，拼接与图7-77相同的积木块，然后再修改一下。

将“事件”分类内的“当🏴被点击”积木块改为“当接收到（消息1▼）”，在“说（你好！）”积木块中嵌入“造型（编号▼）”，并单击下拉按钮选择“名称”选项，如图7-82所示。

单击“当作为克隆体启动时”积木块，Kai会显示造型名称的会话框，所以拼接的脚本是没有问题的。

单击舞台上的角色，每隔0.5秒Kai就会在舞台上随机复制一个，并且每个角色都会显示造型名称的会话框，如图7-83所示。

▼图7-82 Kai的脚本拼接完成了

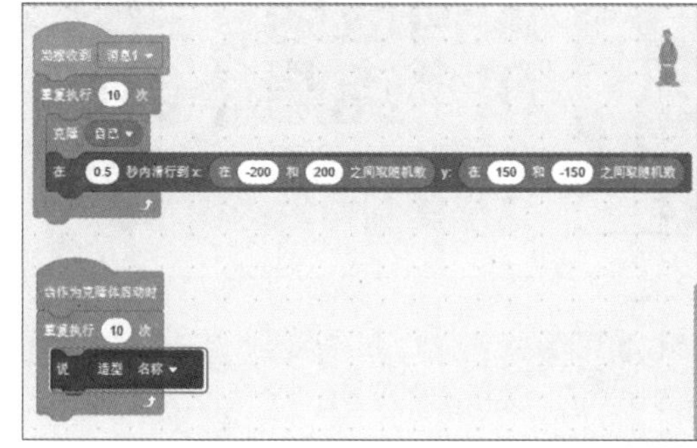

▼图7-83 单击角色时Kai克隆自己

秘技 138

如何应用“删除此克隆体”积木块

扫码看视频

对应 2.0 3.0

难易程度 ●

重点！ 删除克隆角色的积木块。

克隆10个角色，10秒后将克隆体删除。

使用与图7-77相同的积木块。在“当作为克隆体启动时”积木块下面拼接“等待（1）秒”，将1修改为10，继续拼接“删除此克隆体”积木块，如图7-84所示。

▼图7-84 拼接删除克隆体的脚本

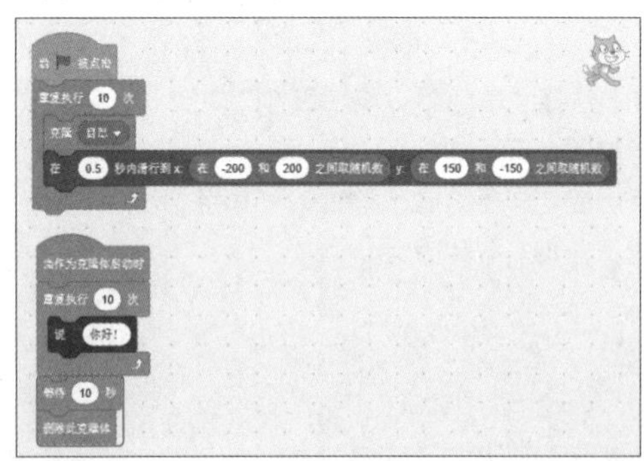

单击“执行”🏴按钮，每隔0.5秒角色就会在舞台上随机复制一个角色，并且每个角色都会显示“你好！”会话框，10秒之后克隆体被删除，如图7-85所示。

▼图7-85 角色克隆出10秒之后会被删除

侦测类积木块的应用秘技

秘技 139 如何应用“碰到（鼠标指针▼）？”积木块

扫码看视频

▶对应 2.0 3.0
▶难易程度 ●

重点！ 这是角色碰到鼠标指针时的应用。

“侦测”分类内的积木块，单独使用的话是没有任何作用的，需要与“控制”分类内的积木块组合使用。

新建一个作品文件，首先，将“事件”分类内的“当🏴被点击”积木块拖放到代码区域内。在下面拼接“控制”分类内的“重复执行”积木块。在“重复执行”中，拼接“如果⬣那么……否则……”积木块，在⬣中嵌入“碰到（鼠标指针▼）？”积木块。如果碰到鼠标指针，那么拼接“运动”分类内的“右转（15）度”积木块，否则拼接“左转（15）度”积木块，如图8-1所示。

▼图8-1 碰到鼠标指针会改变“角色1”旋转的脚本

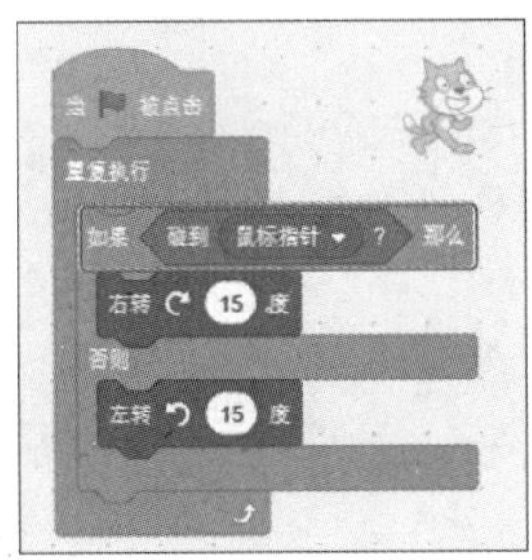

单击“运行”🏴按钮，最初角色是左转，如图8-2所示。当鼠标指针放在角色上，角色会右转，如图8-3所示。

▼图8-2 运行后角色左转

▼图8-3 角色碰到鼠标指针时会右转

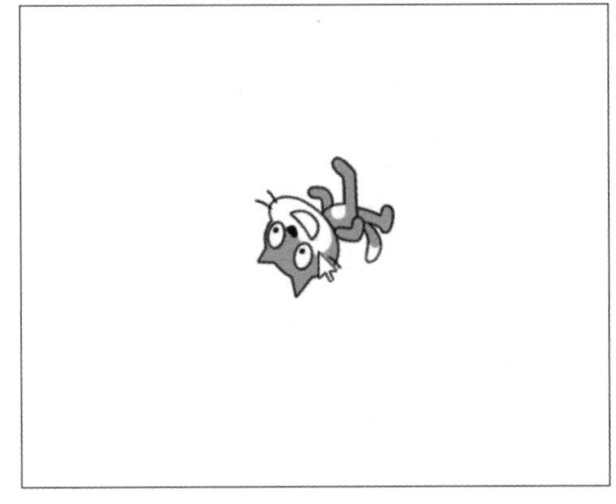

秘技 140 “碰到（鼠标指针▼）？”积木块应用示例1

扫码看视频

▶对应 2.0 3.0
▶难易程度 ●

重点！ 这是角色碰到鼠标指针时的应用1。

新建一个作品文件，让角色在舞台上左右行走，碰到鼠标指针时角色会变大。

首先，将“事件”分类内的“当🏴被点击”积木块拖放到代码区域内。在下面拼接“控制”分类内的“重复执行”。在“重复执行”中，拼接角色行走的脚本，详情请参照图7-2。继续拼接“控制”分类内的“如果⬣那么……”，在⬣中嵌入“碰到（鼠标指针▼）？”积木块，如果碰到鼠标指针，那么角色就会变大，所以要拼接“外观”分类内的“将大小增加（10）”积木块，拼接完成后如图8-4所示。

单击“运行”🏴按钮，将鼠标指针放在左右行走的角色上面，角色会变大，如图8-5所示。

▼图8-4 拼接了角色碰到鼠标后会变大的脚本

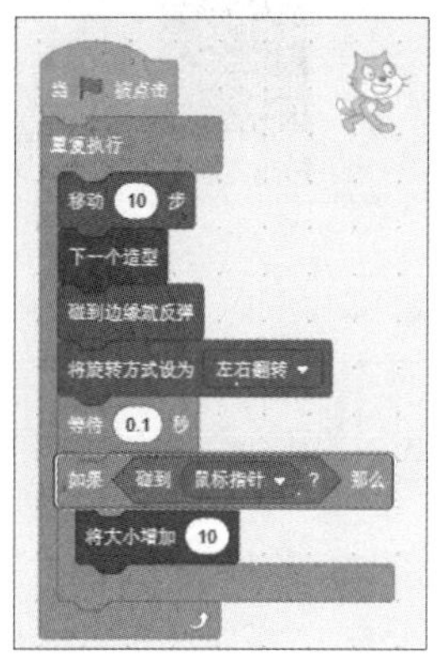

▼图8-5 角色碰到鼠标会变大

秘技141 “碰到（鼠标指针▼）？”积木块应用示例2

扫码看视频

对应 2.0 3.0
难易程度 ●

重点！ 这是角色碰到鼠标指针时的应用2。

新建一个作品文件，让角色在舞台上左右行走，碰到舞台边缘时颜色会发生变化。

首先，将“事件”分类内的“当🏳被点击”积木块拖放到代码区域内。在下面拼接“控制”分类内的“重复执行”。在“重复执行”积木块中，拼接角色行走的脚本，拼接“移动（10）步”与“下一个造型”，下面再拼接“等待（0.1）秒”积木块。继续拼接“控制”分类内的“如果⬣那么……”积木块，在⬣中嵌入“碰到（鼠标指针▼）？”积木块，单击下拉按钮选择“舞台边缘”选项，如图8-6所示。

如果角色行走时碰到了舞台边缘，那么就会改变颜色，下面就需要按顺序拼接“将（颜色▼）特效增加（25）”、“碰到边缘就反弹”和“将旋转方式设为（左右旋转▼）”积木块，拼接完成后如图8-7所示。

单击“运行”🏳按钮，角色在舞台上左右行走，碰到舞台边缘时颜色会发生变化，如图8-8所示。

▼图8-6 单击下拉按钮选择舞台边缘

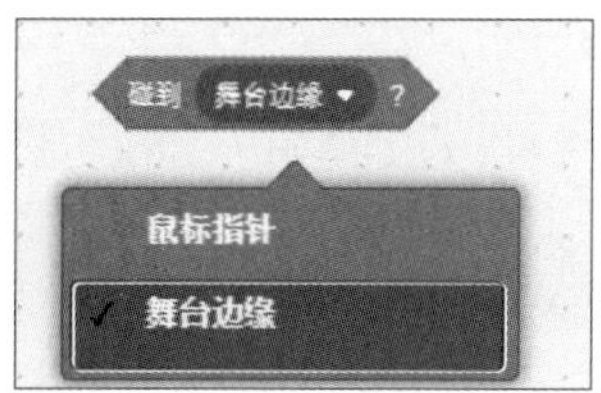

▼图8-7 拼接了碰到舞台边缘角色会变颜色的积木块

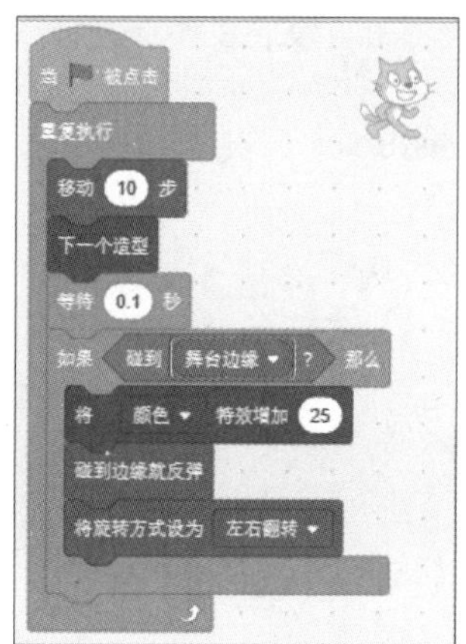

▼图8-8 碰到边缘颜色发生了变化

秘技 142 如何应用“碰到颜色■？”积木块

▶对应 2.0 3.0
▶难易程度 ●

重点！ 这是角色碰到颜色时的应用。

新建一个作品文件，在舞台上放置2个颜色不同的Ball，当角色在舞台上左右行走碰到其中一个颜色的Ball时，颜色会发生变化，如果碰到其他颜色则恢复原来的颜色。首先从“选择一个角色”中选择Ball，如图8-9所示。

▼图8-9 选择Ball

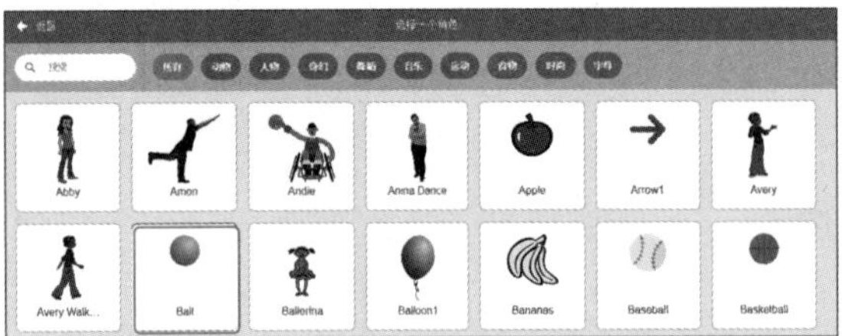

在舞台上放置一个蓝色的Ball，如图8-10所示。

▼图8-10 在舞台上放置蓝色的Ball

再放置一个Ball，选择角色列表中的Ball并右击，在快捷菜单中选择“复制”命令，如图8-11所示。

▼图8-11 复制一个Ball

于是，同样是蓝色的Ball也被放置在舞台上，从角色列表中选择Ball2，切换至“造型”选项卡，可以为Ball选择各种颜色的造型，此处选择粉紫色的造型3，即ball-c，如图8-12所示。

▼图8-12 选择ball-c

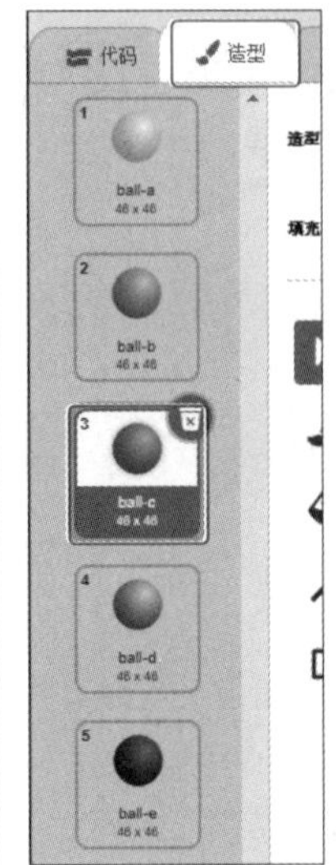

舞台上的蓝色Ball就变成了粉紫色的Ball2，像图8-13那样放置2个Ball。从角色列表选择“角色1”，将“角色1”的“方向”设置为75，稍微向上一点，如图8-13所示。

▼图8-13 在舞台上放置角色

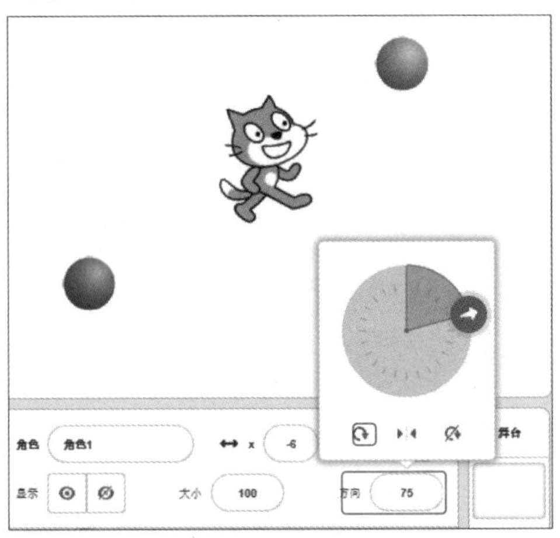

选择角色列表中的“角色1”，在“角色1”的代码区域拼接脚本。

将“事件”分类内的“当⚑被点击”积木块拖放到代码区域内。在下面拼接“控制”分类内的“重复执行”积木块。在“重复执行”积木块中拼接“角色1”行走的脚本，详情请参照图7-2。继续拼接“控制”分类内的“如果⬬那么……”积木块，在⬬中嵌入“碰到颜色●？”积木块，单击●会显示图8-14的面板，单击蓝色边框围起来的图标，选取颜色，鼠标指针移动到蓝色Ball上会放大图像，如图8-15所示。单击蓝色，●就变成了●。

▼图8-14 选取颜色

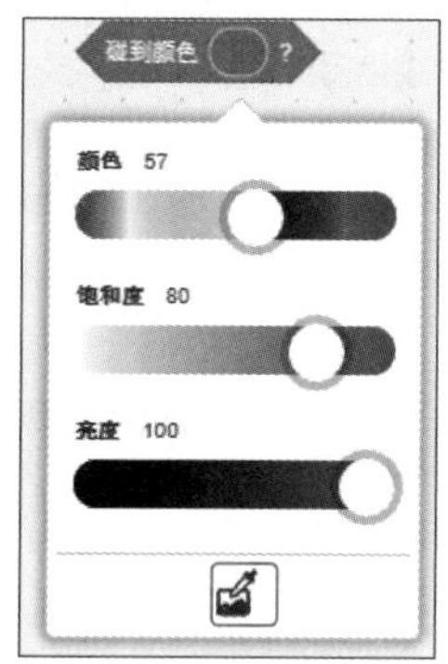

▼图8-15 选取的图像变大了

如果碰到了蓝色●，那么颜色就会改变，所以要拼接“将（颜色▼）特效增加（25）”积木块，同样，如果碰到了粉紫色●，那么就会恢复原来的颜色，所以要再拼接一个“如果⬬那么……”积木块，在⬬中嵌入“碰到颜色●？”积木块，将颜色指定为粉紫色●，继续拼接“清除图形特效”积木块，拼接完成后如图8-16所示。

▼图8-16 拼接了“角色1”碰到两个颜色会发生变化的脚本

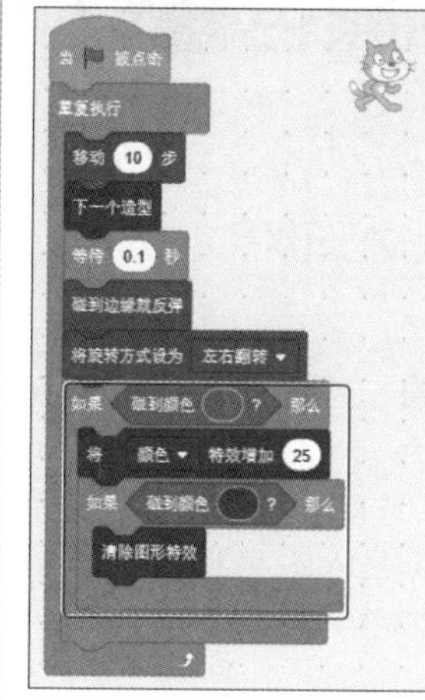

单击“运行”⚑按钮，“角色1”在舞台上左右行走，碰到蓝色的Ball颜色会变化，如图8-17所示。碰到粉紫色的Ball颜色会恢复原来的颜色，如图8-18所示。

▼图8-17 碰到蓝色Ball颜色发生变化

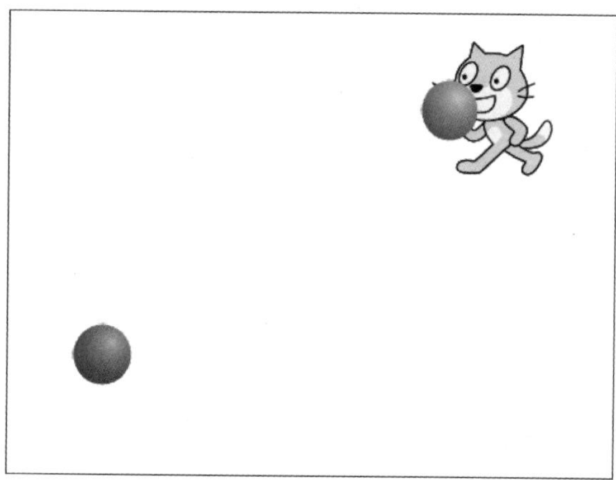

▼图8-18 碰到粉紫色Ball恢复颜色

秘技143 “碰到颜色●？”积木块应用示例

对应 2.0 3.0 难易程度 ●

重点！ 这是角色碰到颜色时的应用1。

新建一个作品文件，在舞台上左右行走的角色碰到粉紫色Ball就会变成另一个角色。

如秘技142那样，从“选择一个角色”中选择Ball，然后从造型中选择粉紫色Ball。再从“奇幻”中选择Wizard-toad，如图8-19所示。

▼图8-19 选择Wizard-toad

将Wizard-toad的“大小”指定为50。另外“角色1”和Wizard-toad的“方向”指定为75，如图8-20所示。

▼图8-20 角色放置的位置

从角色列表里选择“角色1”，显示代码区域。

将“事件”分类内的“当🏴被点击”积木块拖放到代码区域内。在下面拼接“外观”分类内的“显示”积木块和“控制”分类内的“重复执行”积木块。在“重复执行”积木块中拼接“角色1”行走的脚本，详情请参照图7-2。继续拼接“控制”分类内的“如果◆那么……”积木块，在◆中嵌入“碰到颜色●？”积木块，单击●出现图8-14的面板，单击下面蓝色边框围起来的选取颜色图标，将颜色指定为粉紫色Ball的颜色。如果“角色1”碰到颜色粉紫色●，那么就会发送消息隐藏“角色1”，所以要在“碰到颜色●？”积木块下面拼接“事件”分类内的“广播（消息1▼）”和“外观”分类内的“隐藏”积木块，拼接完成后如图8-21所示。

▼图8-21 拼接“角色1”碰到粉紫色Ball就会隐藏的积木块

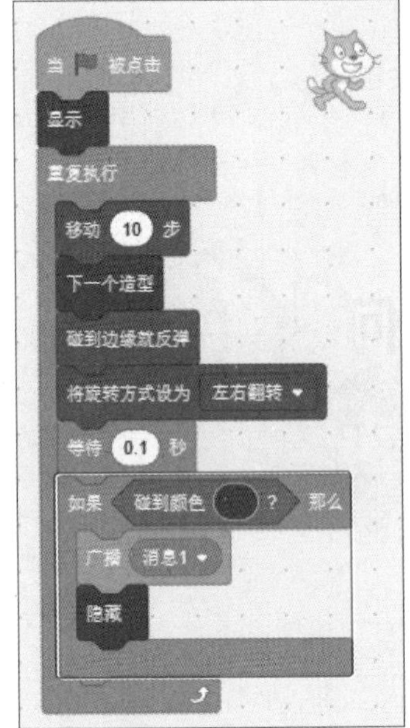

从角色列表里选择Wizard-toad，显示代码区域。

将“事件”分类内的“当🏴被点击”积木块拖放到代码区域内。在下面拼接“外观”分类内的“隐藏”积木块和“运动”分类内的“移到（随机位置▼）”积木块，单击下拉按钮并选择“角色”选项。

接着拼接Wizard-toad的脚本，当Wizard-toad收到“消息1”时会显示出来，Wizard-toad就会变身为“角色1”。

将“事件”分类内的“当接收到（消息1▼）”积木块拖放到代码区域内，在下面拼接“外观”分类内的

“显示”积木块和“控制”分类内的“重复执行”积木块。在“重复执行”积木块中拼接Wizard-toad行走的脚本，详情请参照图7-2。拼接完成后如图8-22所示。

▼图8-22 拼接了Wizard-toad的脚本

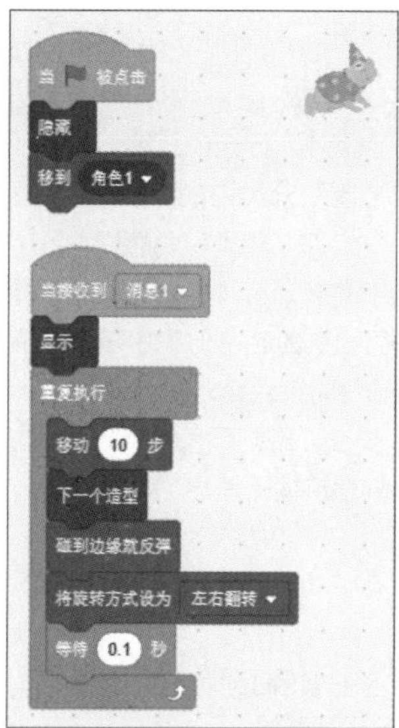

单击“运行”按钮，“角色1”在舞台上左右行走，碰到粉紫色的Ball时会变身为Wizard-toad，如图8-23所示。

▼图8-23 “角色1”碰到粉紫色Ball变身为Wizard-toad

秘技 144

如何应用“颜色■碰到□？”积木块

扫码看视频

对应 2.0 3.0

难易程度 ●

重点！ 该积木块是与秘技143几乎相似的积木块，只不过它是处理两种颜色的积木块，也是使用频率很高的积木块。

新建一个作品文件，一个角色碰到另一个角色就会切换背景。

如秘技142那样选择一个Ball，再从造型中选择蓝色的Ball。复制一个Ball，从造型中选择粉紫色Ball，将两个Ball放置在舞台上，如图8-24。将蓝色Ball的“方向”设置在56度左右，粉紫色Ball的“方向”设置在120度左右。

►图8-24 在舞台上放置两个Ball

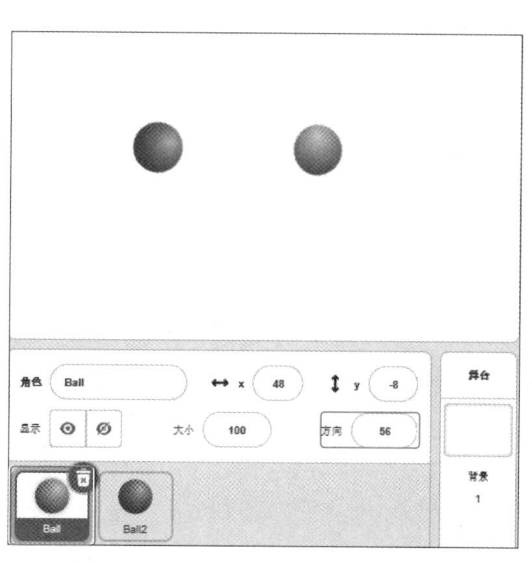

为舞台选择一个背景，从“选择一背景”中切换至“水下”选项卡，然后选择Underwater 2选项，如图8-25所示。

▼图8-25 选择背景Underwater 2

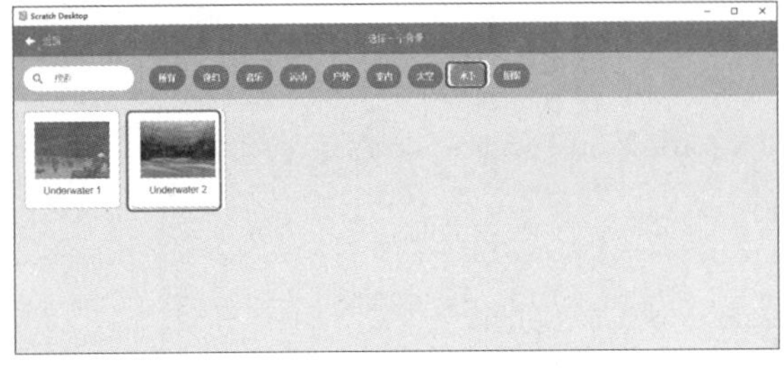

单击右下角的“舞台”，从“背景”选项卡中选择白色背景的“背景1”，如图8-26所示。

▼图8-26 选择“背景1”

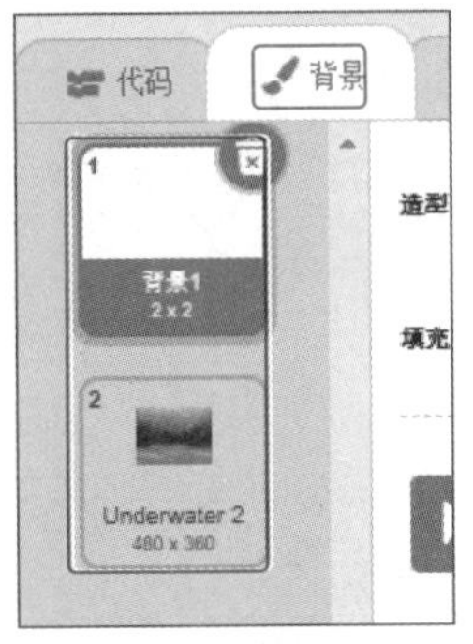

从角色列表中选择蓝色的Ball，并在代码区域拼接脚本。

将“事件”分类内的“当被点击”积木块拖放到代码区域内。在下面拼接“外观”分类内的“显示”积木块和“控制”分类内的“重复执行”积木块。在“重复执行”积木块中拼接Ball移动的脚本，但是不要拼接“下一个造型”和“等待（0.1）秒”积木块。如果蓝色碰到了粉紫色，那么就会切换下一个背景，所以要在下面拼接“控制”分类内的“如果那么……”积木块，在中嵌入“颜色碰到颜色?”积木块，单击出现图8-14那样的面板，单击下面选取颜色图标，选取蓝色Ball的颜色。同样的操作应用与粉紫色Ball上，继续拼接“外观”分类中的“下一个背景”积木块，拼接完成后如图8-27所示。

▼图8-27 拼接了蓝色碰到了粉紫色的脚本

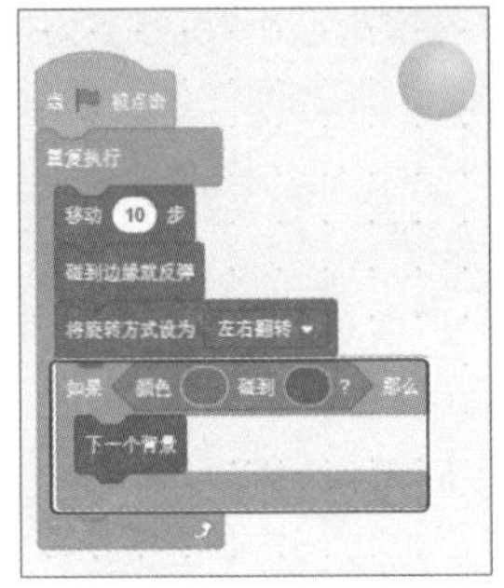

再从角色列表中选择粉紫色Ball，拼接与图8-27相同的脚本，但是要删除蓝色边框围起来的积木块，拼接完成后如图8-28所示。

▼图8-28 拼接了粉紫色Ball的脚本

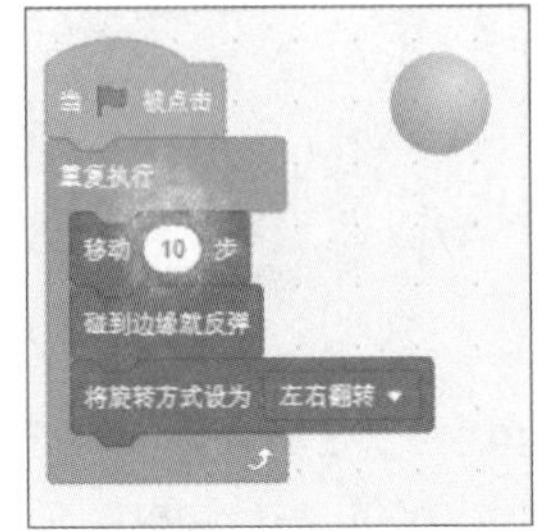

单击“运行”按钮，蓝色Ball在舞台上左右移动，碰到粉紫色Ball时背景会切换到下一个背景，也就是背景Underwater 2，如图8-29所示。

▼图8-29 蓝色Ball碰到粉紫色Ball时背景切换到Underwater 2

秘技145 “颜色■碰到□？”积木块应用示例1

对应 2.0 3.0

难易程度 ●

重点！ 颜色■碰到□？的应用事件1。

新建一个作品文件，在舞台上移动的角色，碰到紫色的Ball，就会出现很多蝴蝶。

如秘技142那样，从“选择一个角色”中选择Ball，然后从造型中选择紫色Ball。再从“动物”的类别中选择Butterfly 1，如图8-30所示。

▼图8-30 选择Butterfly 1

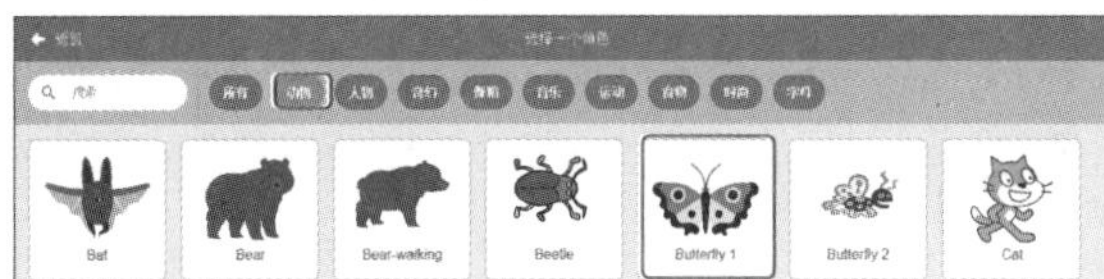

然后从角色列表中选择“角色1”，将“方向”设为75，稍稍向上倾斜。Ball的“大小”设置为90。然后将Butterfly 1的“大小”值指定为50，所有的角色放置位置如图8-31所示。

▼图8-31 放置角色位置

从角色列表中选择“角色1”，并在代码区域拼接脚本。

将“事件”分类内的“当▶被点击”积木块拖放到代码区域内。在下面拼接“外观”分类内的“显示”积木块和“控制”分类内的“重复执行”积木块。在“重复执行”积木块中拼接“角色1”移动的脚本。

如果橘色■碰到紫色，就会广播消息1，所以继续拼接“控制”分类内的“如果◆那么……”积木块，在◆中嵌入“颜色■碰到颜色□？”，单击■出现图8-14的面板，单击下面选取颜色图标，选取“角色1”身上的橘色■。同样的操作，单击□，选取紫色Ball的颜色。最后拼接“事件”分类内的“广播（消息1▼）”积木块，拼接完成后如图8-32所示。

▼图8-32 “角色1”脚本拼接完成

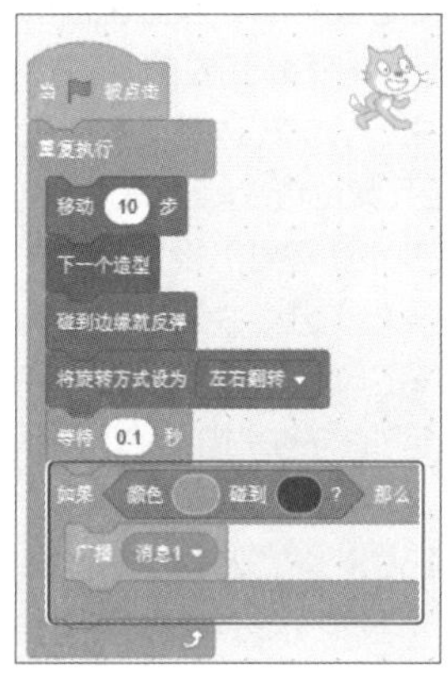

从角色列表中选择Butterfly 1，并在代码区域拼接脚本。

将“事件”分类内的“当▶被点击”积木块拖放到代码区域内。在下面拼接“运动”分类内的“移到（随机位置▼）”积木块，单击下拉按钮并选择Ball选项。因为“角色1”碰到紫色Ball才会出现Butterfly 1，所以要先把Butterfly 1隐藏，再拼接“外观”内的“隐藏”积木块。

接着，将“事件”内的“接收到（消息1▼）”积木块拖放到代码区域，再将“控制”内的“克隆（自己▼）”积木块拼接起来，如图8-33所示。

▼图8-33 Butterfly 1脚本的拼接过程

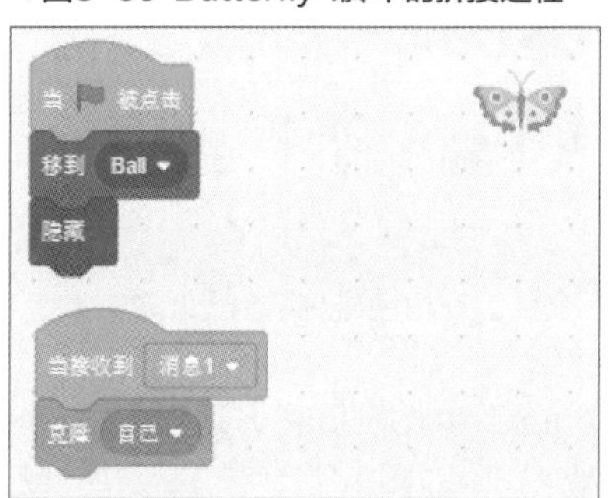

继续拼接Butterfly 1的脚本，将“控制”分类内的“当作为克隆体启动时”积木块拖放到屏幕区域内。克隆开始时，需要显示Butterfly 1，因此需要拼接“外观”分类中的“显示”积木块。

“角色1”碰到紫色Ball时，会克隆很多Butterfly 1，如果Butterfly 1都朝一个方向飞就不太美观了，这时拼接一个控制方向的积木块就能解决了。那么，拼接“运动”分类内的“面向（90）方向”积木块，将90处嵌入“运算”内的“在（1）和（10）之间取随机数”，将1修改为-20，10修改为-140，指定负值的话Butterfly 1可以向左飞，正值时向右飞，我们也可以将Butterfly 1设置喜欢的方向。

那么克隆了很多Butterfly 1，就要设置它们要在什么地方消失，所以拼接“控制”分类内的“重复执行直到⬣”积木块。在⬣中嵌入“侦测”内的“碰到（鼠标指针▼）？”积木块，单击下拉按钮选择“舞台边缘”选项，克隆的Butterfly 1碰到舞台边缘就会消失。

克隆的Butterfly 1想要往外飞就需要拼接“运动”分类内的“移动（10）步”、“外观”分类内的“下一个造型”和“控制”分类内的“等待（1）秒”积木块，将1修改为0.01。这样Butterfly 1飞的方向是向左的。

想飞出各种各样的角度，就要拼接“运动”内的“右转（15）度”积木块，在15处嵌入“运算”分类内的“在（1）和（10）之间取随机数”积木块，将1指定为90，10指定为-90，这样克隆的Butterfly 1就会飞出90至-90度之间随机的角度。我们也可以设置喜欢的角度。

最后，在最下面拼接“控制”分类“删除此克隆体”积木块。

这样Butterfly 1的脚本就拼接完成了，如图8-34所示。

单击“运行”⚑按钮，“角色1”在舞台上左右行走，碰到紫色Ball就会出现很多的Butterfly 1，如图8-35所示。

▼图8-34 Butterfly 1的脚本拼接完成

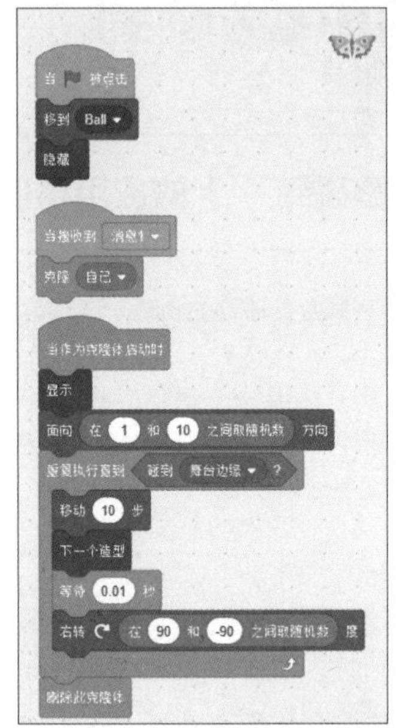

▼图8-35 “角色1”碰到紫色Ball会出现很多Butterfly 1

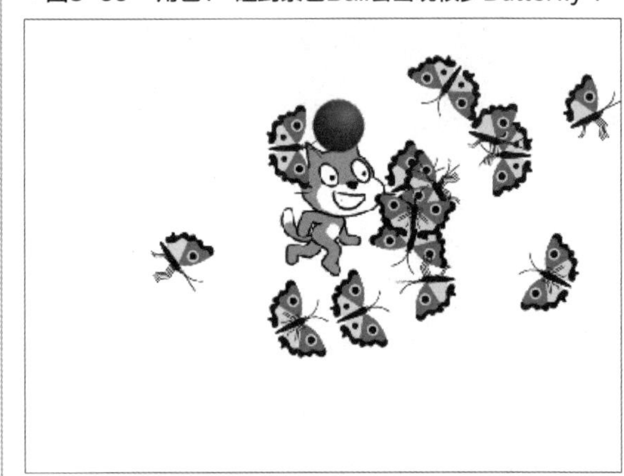

秘技146 “颜色⬤碰到◯？”积木块应用示例2

扫码看视频　对应 2.0 3.0　难易程度 ●

重点！ 颜色⬤碰到◯？的应用事件2。

新建一个作品文件，在角色碰到舞台上移动的粉紫色Ball时就开始跳舞。

从“选择一个角色”中选择Ball，从造型中选择粉紫色Ball。将“大小”指定为30，“方向”指定76，向斜右上方移动。

继续选择角色，在“舞蹈”类别中选择Champ99，如图8-36所示。

▼图8-36 选择角色Champ99

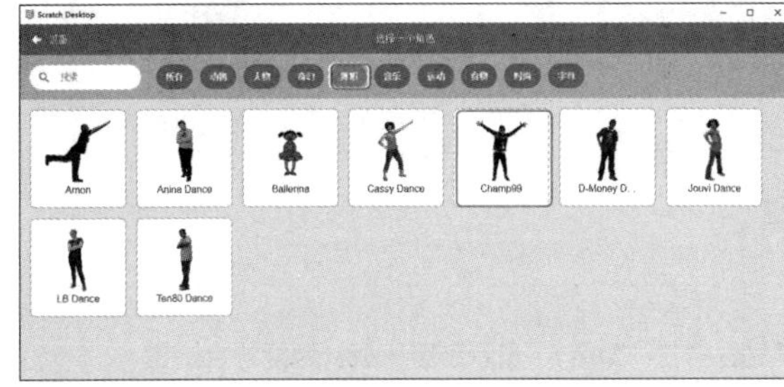

从Champ99的造型中，选择最上面Champ99-a，然后将“大小”设为70，稍微减小一点尺寸，如图8-37所示。

▼图8-37 放置Champ99-a

从角色列表中选择Ball，在代码区域拼接脚本。

将“事件”分类内的“当 被点击”积木块拖放到代码区域内。在下面拼接“控制”分类内的“重复执行”积木块，在“重复执行”积木块里拼接“运动”分类内的“移动（10）步”“碰到边缘就反弹”积木块，接着拼接“控制”分类内的“等待（1）秒” 积木块，将1修改为0.1。

在下面拼接“控制”分类内的“如果 那么……”积木块，在 中嵌入“侦测”分类内的“颜色 碰到颜色 ？”积木块，单击 出现图8-14的面板，单击下面选取颜色图标，选取粉紫色Ball的颜色。同样的操作应用于Champ99上，继续拼接“事件”分类中的“广播（消息1▼）”积木块，如图8-38所示。

从角色列表中选择Champ99，并在代码区域拼接脚本。

首先，将“事件”内的“当接收到（消息1▼）”积木块拖放到代码区域内，消息1是Ball广播的。继续拼接“控制”分类内的“重复执行”积木块，在“重复执行”中拼接“外观”分类内的“下一个造型”积木块，最后拼接“控制”分类中的“等待（1）秒”积木块，拼接完成后如图8-39所示。

▼图8-38 拼接Ball的脚本

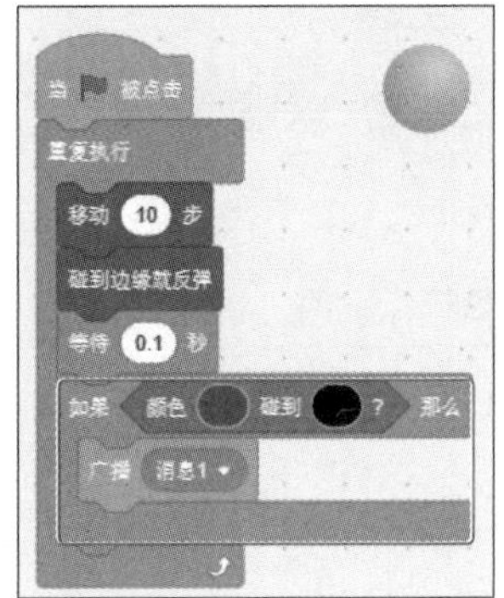

▼图8-39 拼接Champ99的脚本

单击“运行” 按钮，Ball在舞台上移动，碰到指定Champ99的颜色时，Champ99开始跳舞，直到脚本结束，只有粉紫色Ball碰到图8-38指定的Champ99的颜色时才开始跳舞，如图8-40所示。

▼图8-40 Champ99开始跳舞

秘技147 如何应用"到（鼠标指针▼）的距离"积木块

扫码看视频

对应 2.0 3.0

难易程度 ●

重点！ 到鼠标指针或到指定角色的距离。

新建一个作品文件，将"角色1"放置在舞台上，如图8-41所示。

▼图8-41 在舞台上放置"角色1"

"角色1"能说出到鼠标指针的距离。

从角色列表里选择"角色1"，显示代码区域。将"事件"分类内的"当⚑被点击"积木块拖放到代码区域内。在下面拼接"控制"分类内的"重复执行"积木块，在"重复执行"积木块里拼接"外观"分类内的"说（你好！）"积木块，在（你好！）的地方嵌入"侦测"分类内的"到（鼠标指针▼）的距离"积木块，如图8-42所示。

▼图8-42 显示到鼠标指针的距离的脚本

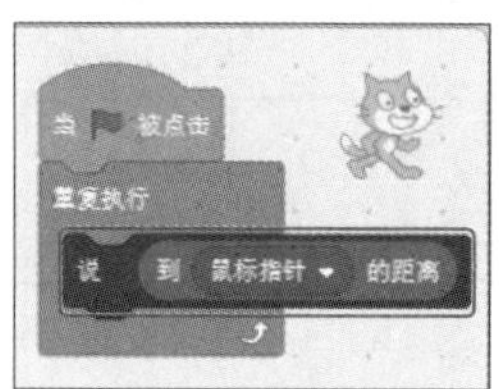

单击"运行"⚑按钮，角色会显示到鼠标指针距离的会话框，如图8-43所示。

▼图8-43 "角色1"显示到鼠标指针距离的会话框

秘技148 “到（鼠标指针▼）的距离”积木块应用示例

扫码看视频

对应 2.0 3.0
难易程度 ●

重点！ 到鼠标指针或到指定角色的距离的应用事件1。

新建一个作品文件，如果“角色1”到达Apple的距离是指定的距离，Apple就会消失，否则显示Apple。

从“食物”类别中选择Apple，如图8-44所示。

▼图8-44 选择Apple

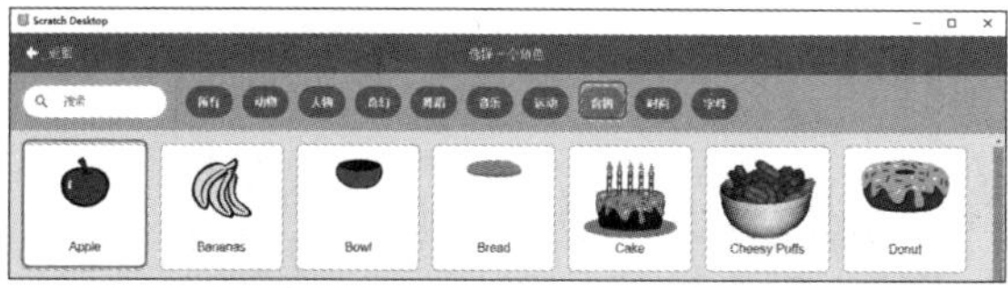

“角色1”和Apple放置在舞台上，如图8-45所示。

▼图8-45 放置“角色1”和Apple

从角色列表里选择“角色1”，显示代码区域。

将“事件”分类内的“当🏴被点击”积木块拖放到代码区域内。在下面拼接“控制”分类内的“重复执行”积木块，在“重复执行”积木块里拼接“角色1”行走的脚本，在行走脚本的“等待（0.1）秒”积木块上面拼接“说（你好！）”积木块，在（你好！）处嵌入“侦测”分类内的“到（鼠标指针▼）的距离”积木块，并单击下拉按钮并选择“Apple”选项。

接着在“等待（0.1）秒”积木块下面拼接“如果⬢那么……否则……”积木块，在⬢中嵌入“运算”分类内的“（▢>（50））”积木块，将50指定为200，继续在▢里嵌入“到（Apple▼）的距离”积木块，如图8-46所示。

▼图8-46 拼接了“到（Apple▼）的距离>（200）”的积木块

如果到Apple的距离>200，那么广播“消息1”，否则广播“消息2”，所以还需要在下面拼接“广播（消息1▼）”和“广播（消息2▼）”积木块，单击下拉按钮并选择“新消息”，单击“新消息”创建“消息2”，拼接完成后如图8-47所示。

▼图8-47 “角色1”的脚本拼接完成

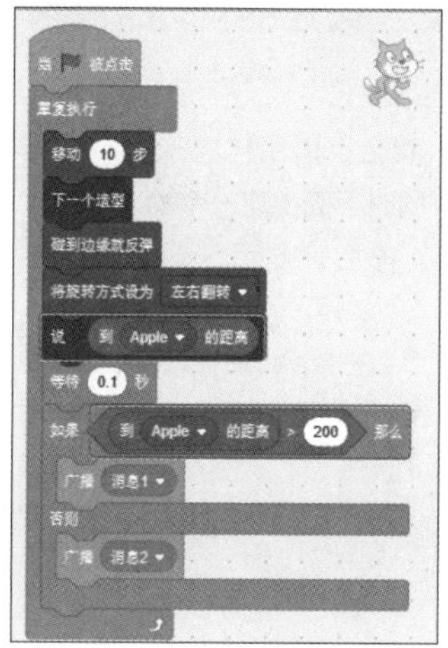

从角色列表里选择Apple，显示代码区域。

将“事件”分类内的“当🏴被点击”积木块拖放到代码区域内。在下面拼接“外观”分类内的“显示”积木块，因为Apple最开始是要显示出来的。

接着，将“事件”内的“当接收到（消息1▼）”积木块拖放到代码区域，这个“消息1”是“角色1”到Apple的距离>200的情况下发送的消息，再拼接“外观”内的“隐藏”积木块，使Apple接收到消息1时隐藏。

再接着，将“事件”内的“当接收到（消息1▼）”积木块拖放到代码区域，单击下拉按钮并选择“消息2”选项。这个“消息2”是“角色1”到Apple的距离<200的情况下发送的消息，再拼接“外观”内的“显示”积木块，使Apple接收到消息2时显示。

单击“运行”按钮，“角色1”到Apple的距离>200时，Apple会隐藏，如图8-48所示。

▼图8-48 “角色1”到Apple的距离>200时Apple会隐藏

“角色1”到Apple的距离<200时Apple显示，如图8-49所示。

▼图8-49 “角色1”到Apple的距离<200时Apple显示

秘技 149 如何应用“询问（What’s your name?）并等待”积木块

扫码看视频

对应 2.0 3.0

难易程度 ●●

重点！ 显示输入指定的问题和答案的积木块。

新建一个作品文件，舞台上的角色显示What’s your name? 的会话框，同时下面出现一个输入栏，在输入栏中输入你的名字，角色会显示“初次见面！先生！”。

将“事件”分类内的“当被点击”积木块拖放到代码区域内。在下面拼接“侦测”分类内的“询问（What’s your name?）并等待”积木块。继续拼接“外观”分类内的“说（你好！）”积木块，在“你好！”的位置嵌入图8-50的公式。

▼图8-50 嵌入如下公式

那么，解说图8-50的公式，将“运算”中的“连接（apple）和（banana）”积木块嵌入，在apple处继续嵌入一个“连接（apple）和（banana）”积木块，如图8-51所示。

▼图8-51 再次嵌入一个积木块

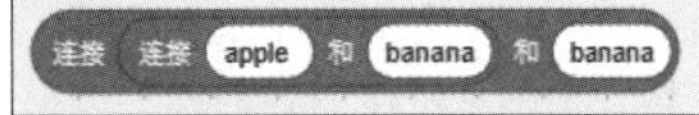

在apple处输入“初次见面”，在第一个banana处嵌入“侦测”分类内的“回答”积木块，在第二个banana处输入“先生！”，拼接完成后如图8-52所示。

▼图8-52 脚本拼接完成

单击“运行”按钮，角色显示What’s your name? 的会话框，同时舞台下面出现一个输入框，输入你的名字，然后单击按钮，如图8-53所示。

▼图8-53 输入框会显示出来

“角色1”会显示“初次见面！大卫先生！”会话框，如图8-54所示。

▼图8-54 “角色1”会显示“初次见面！大卫先生！”会话框

秘技150 “询问（What's your name?）并等待”积木块应用示例1

扫码看视频

对应 2.0 3.0

难易程度 ●

重点！ 显示输入指定问题和答案的积木块的应用事件1。

新建一个作品文件，询问角色喜欢Baseball、Soccer Ball还是Tennis Ball，在输入框中输入角色喜欢的运动，单击✔按钮。

选择角色，从“运动”类别中选择Baseball、Soccer Ball和Tennis Ball，如图8-55所示。

▼图8-55 选择Baseball、Soccer Ball和Tennis Ball

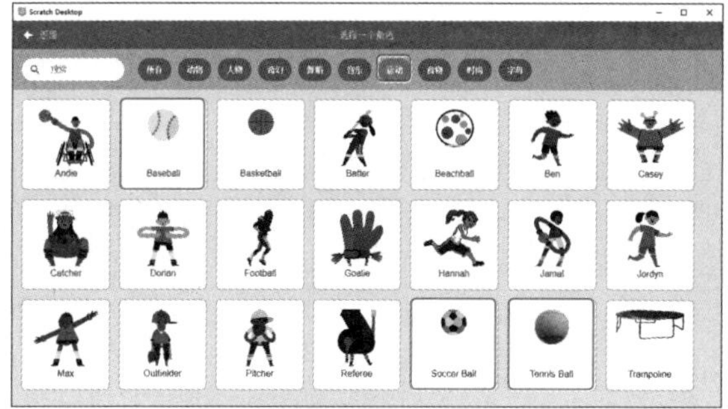

将三个球放置在舞台上，如图8-56所示。

▼图8-56 将三个球放置在舞台上

从角色列表里选择“角色1”，显示代码区域。

将“事件”分类内的“当🏴被点击”积木块拖放到代码区域内。在下面拼接“侦测”分类内的“询问（What's your name?）并等待”积木块，在What's your name? 处输入“你喜欢的运动是Baseball、Soccer Ball还是Tennis Ball?”。继续拼接“外观”分类内的“说（你好！）”积木块，“你好！”的地方嵌入“运算”中的“连接（apple）和（banana）”积木块，在apple处输入“喜欢的运动是”，在banana处嵌入“侦测”内的“回答”积木块。接着拼接“控制”分类内的“如果⬣那么……”积木块，在⬣中嵌入“运算”分类内的“（apple）包含（a）”积木块，在apple处嵌入“侦测”内的“回答”积木块，在a处输入Baseball。“如果回答包含（Baseball）那么广播（消息1▼）”积木块，所以在“如果⬣那么……”中拼接“广播（消息1▼）”积木块。同样的操作完成“如果回答包含（Soccer Ball）那么广播（消息2▼）”与“如果回答包含（Tennis Ball）那么广播（消息3▼）”积木块，拼接完成如图8-57所示。

▼图8-57 “角色1”的脚本拼接完成

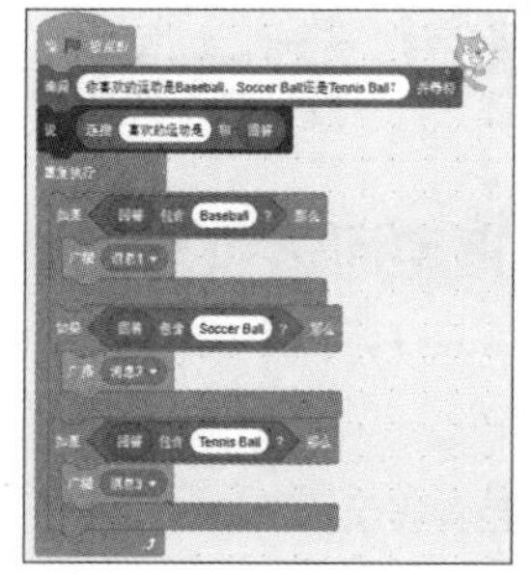

从角色列表里选择Baseball，显示代码区域，拼接图8-58的脚本。

▼图8-58 拼接Baseball的脚本

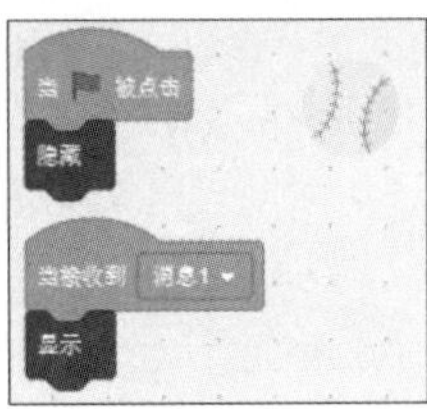

单击“运行”按钮时，Baseball隐藏，当“角色1”发出的消息1被接收时显示Baseball。

从角色列表里选择Soccer Ball，显示代码区域。拼接图8-59的脚本。

▼图8-59 拼接Soccer Ball的脚本

单击“运行”按钮时，Soccer Ball隐藏，当“角色1”发出的消息2被接收时Soccer Ball显示。

从角色列表里选择Tennis Ball，显示代码区域。拼接图8-60的脚本。

▼图8-60 拼接Tennis Ball的脚本

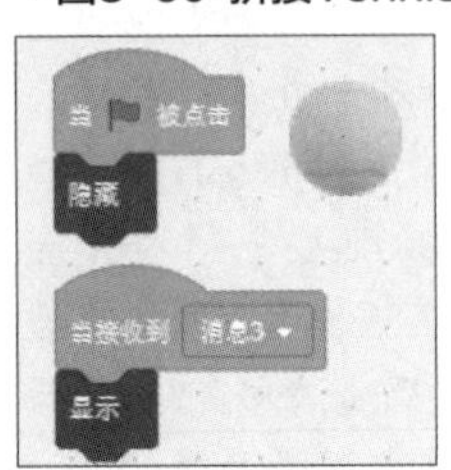

单击“运行”按钮时，Tennis Ball隐藏，当“角色1”发出的消息3被接收时Tennis Ball显示。

单击“运行”按钮，输入你喜欢的运动，会显示相应的球，如图8-61所示。

▼图8-61 显示喜欢的运动球类

“询问（What’s your name?）并等待”积木块应用示例2

扫码看视频

对应 2.0 3.0

难易程度 ●●

重点！ 显示输入指定问题和答案的积木块的应用事件2。

新建一个作品文件，随机显示“（□+□=?）”，如果有输入的答案是正确的角色会显示“正确”的会话框，如果是错误的则显示“错误”的会话框。

这里需要在“变量”内的“建立一个变量”来制作

变量。关于这个“变量”，在后面的变量的秘诀中会解说。

在“变量”分类内，单击“建立一个变量”图标在对话框中新建变量“数值1”，单击按钮，如图8-62所示。

▼图8-62 新建变量“数值1”

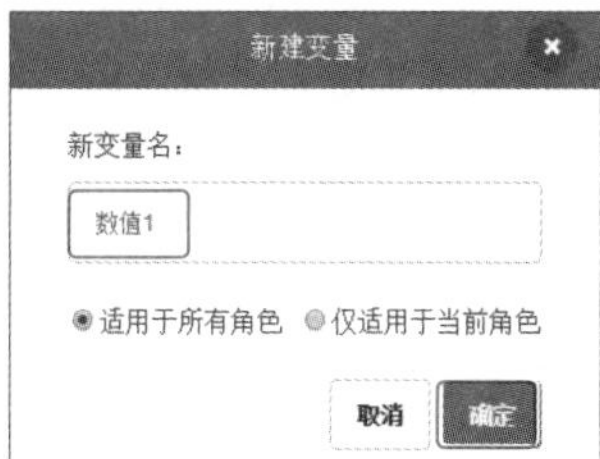

同样的方法，建立“数值2”和“回答”两个变量，如图8-63所示。

▼图8-63 建立了变量“数值1”“数值2”和“回答”

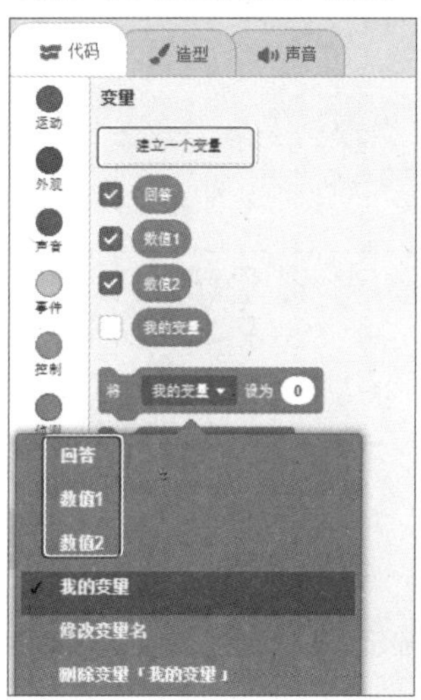

将“事件”分类内的“当 被点击”积木块拖放到代码区域内。在下面拼接“变量”分类内的“将（我的变量▼）设为（0）”积木块，单击下拉按钮并选择“数值1”选项，在0处嵌入“运算”分类内的“在（1）和（10）之间取随机数”积木块，同样的操作拼接“将（数值2▼）设为在（10）和（20）之间取随机数”积木块，再拼接“将（回答▼）设为（0）”积木块，在0处嵌入“运算”中的“（ ＋ ）”，分别在 处嵌入“变量”内的“数值1”和“数值2”，如图8-64所示。

▼图8-64 将值嵌入各个变量的脚本

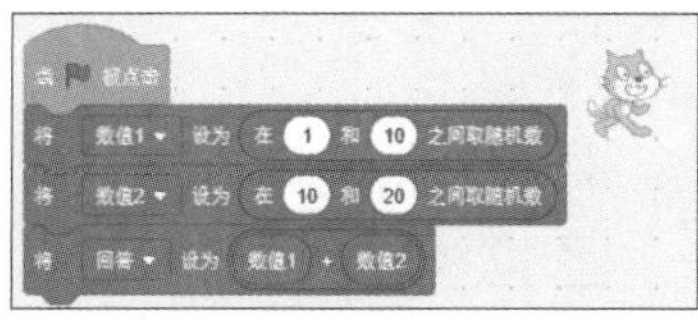

在下面拼接“侦测”分类内的“询问（What's your name?）并等待”积木块，在What's your name?处嵌入“运算”中的“连接（apple）和（banana）”积木块，最终拼接成用蓝色边框围起来的公式，如图8-65所示。

▼图8-65 用3个“连接（apple）和（banana）”积木块拼接的公式

将第1个apple处嵌入“数值1”，第2个apple处输入“＋”，第3个apple处嵌入“数值2”，最后一个banana输入“=”，如图8-66所示。

▼图8-66 拼接了运算步骤

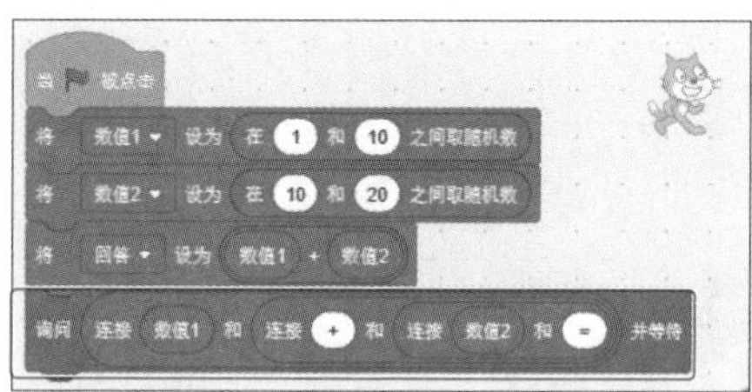

在下面继续拼接“如果 那么……否则……”积木块，在 处嵌入“运算”分类内的“（ ）=（50）”积木块，在 处嵌入“侦测”内的“回答”积木块，50处嵌入“变量”内的“回答”。如果“侦测”内的“回答”与“变量”内的“回答”结果一致，那么角色会显示“正确！”的会话框2秒，需要拼接“外观”内的“说（你好！）（2）秒”积木块，将“你好！”指定为“正确！”。如果答案不一致，角色则显示“错误！”会话框2秒，需要拼接“说（错误）（2）秒”积木块，拼接完成后如图8-67所示。

▼图8-67 脚本拼接完成

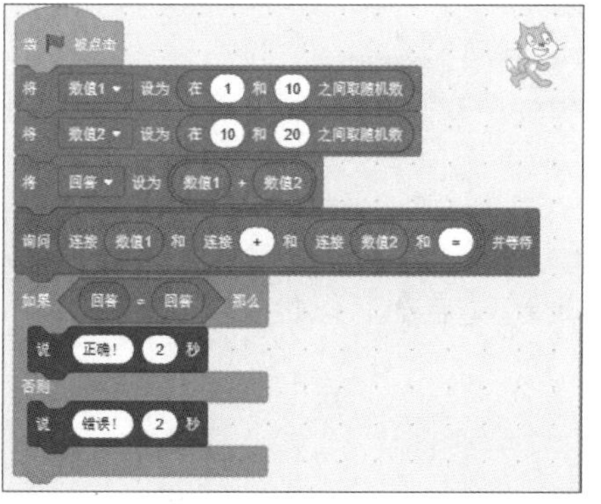

单击“运行”按钮，如果计算正常，那么显示“正确！”会话框，如图8-68所示。否则显示“错误！”会话框，如图8-69所示。

▼图8-68 计算正确显示“正确!”会话框

▼图8-69 计算错误显示“错误!”会话框

秘技152 如何应用“回答”积木块

重点! 这是回答What's your name? 的脚本。

新建一个作品文件，虽然问题的内容不同，但是拼接积木块的方法和秘技149几乎一样。

当问到“你喜欢的观光地是哪里？”时，拼接“回答”积木块，回答这个问题，如图8-70所示。

▼图8-70 拼接“回答”积木块回答问题的脚本

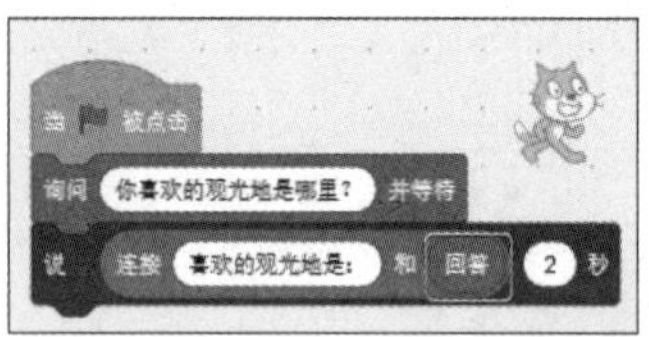

单击“运行”按钮，当被问到“你喜欢的观光地是哪里？”时，输入“道后温泉”，“角色1”就会显示“喜欢的观光地是：道后温泉”，如图8-71所示。

▼图8-71 “角色1”就会显示“喜欢的观光地是：道后温泉”会话框

秘技 153 如何应用“按下（空格▼）键”积木块

扫码看视频

对应 2.0 3.0

难易程度 ●

重点！ 空格键或者其他按键被按下时会发生的事件，这个积木块的使用频率也很高。

新建一个作品文件，每次按下键盘上的空格键，角色的颜色就会发生变化。

将“事件”分类内的“当⚑被点击”积木块拖放到代码区域内。接着拼接“控制”分类内的“重复执行”积木块，在“重复执行”积木块中拼接“如果⬣那么……”积木块，在⬣中嵌入“侦测”分类内的“按下（空格▼）键”积木块，继续拼接“外观”分类内的“将（颜色▼）特效增加（25）”积木块，如图8-72所示。

▼图8-72 拼接按下空格键“角色1”的颜色特效增加25的脚本

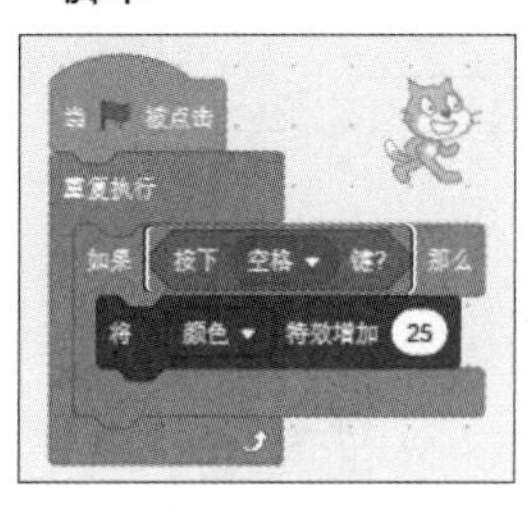

单击“运行”⚑按钮，每次按下键盘上的空格键，“角色1”的颜色就会发生变化

▼图8-73 “角色1”的颜色变化（变成蓝、红、青色的颜色）

秘技 154 “按下（空格▼）键”积木块应用示例

扫码看视频

对应 2.0 3.0

难易程度 ●

重点！ 空格键或者其他按键被按下时会发生的事件1。

新建一个作品文件，试着用键盘上的↑键让角色跳跃。请将“角色1”放在如图8-74所示的位置。

▼图8-74 舞台上放置“角色1”

将“事件”分类内的“当⚑被点击”积木块拖放到代码区域内。接着拼接“控制”分类内的“重复执行”积木块，在“重复执行”积木块中拼接“如果⬣那么……”积木块，在⬣中嵌入“侦测”分类内的“按下（空格▼）键”积木块，单击下拉按钮并选择“↑”选项。继续拼接“运动”分类内的“将y坐标增加（10）”积木块，将10指定为100。拼接“控制”内的“等待（1）秒”积木块，将1指定为0.5，再拼接“运动”分类内的“移动到x:（12）y:（-128）”积木块，这里的x与y坐标值是“角色1”在舞台上的位置，如图8-75所示。

▼图8-75 拼接用↑键控制角色跳跃的脚本

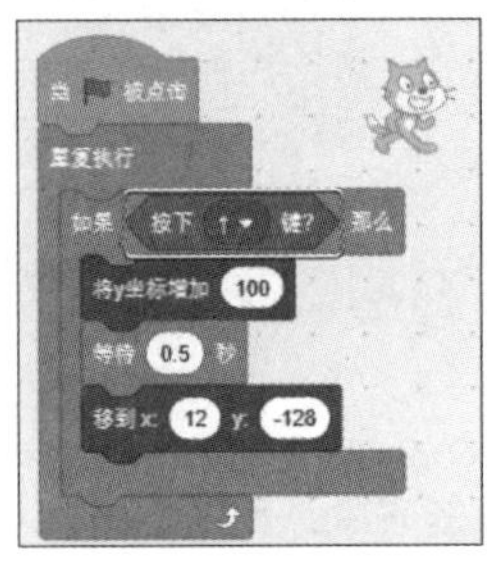

单击“运行”按钮，按下↑键“角色1”会跳起来，0.5秒后落回到原来的位置，如图8-76所示。

▼图8-76 “角色1”跳起来了

秘技 155

如何应用“按下鼠标？”积木块

扫码看视频

对应 2.0 3.0

难易程度 ●

重点！ 像文字说的那样，是按下鼠标会发生的事件。

新建一个作品文件，当按下鼠标时角色隐藏，松开时角色显示。

将“事件”分类内的“当被点击”积木块拖放到代码区域内。接着拼接“控制”分类内的“重复执行”积木块，在“重复执行”积木块中拼接“如果那么……否则……”积木块，在中嵌入“侦测”分类内的“按下鼠标？”积木块。在如果按下了鼠标角色会隐藏，否则显示，还需要拼接“外观”分类内的“隐藏”和“显示”积木块，拼接完成后如图8-77所示。

单击“运行”按钮，当鼠标按下时“角色1”隐藏，松开时显示，如图8-78所示。

▼图8-77 拼接按下鼠标时角色隐藏否则显示的脚本

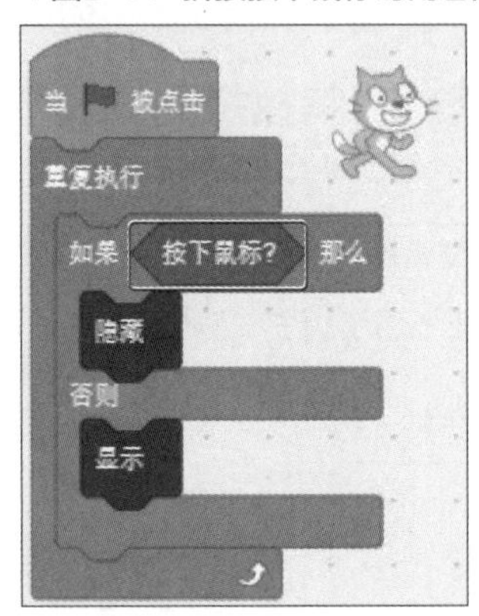

▼图8-78 “角色1”在显示和隐藏中切换

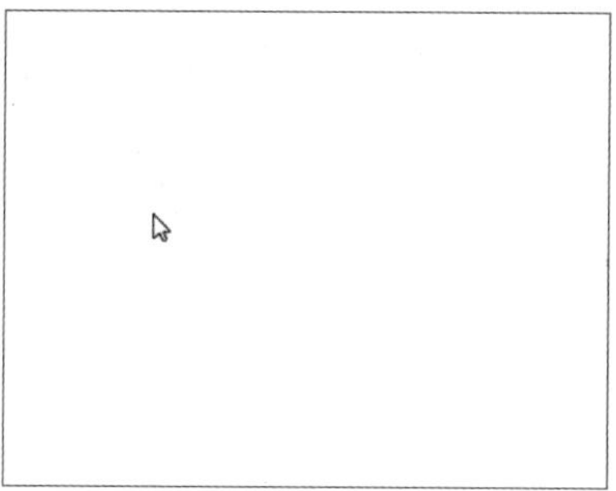

秘技156 “按下鼠标？”积木块应用示例

扫码看视频

对应 2.0 3.0 难易程度

重点！ 按下鼠标时会发生的应用。

新建一个作品文件，如果用鼠标在舞台上按住，1到5的数字每隔0.5秒显示一次，如果松开鼠标，数字的变化就会停止。首先，在“选择一个角色”的“所有”类别中选择数字1，如图8-79所示。

▼图8-79 选择数字1

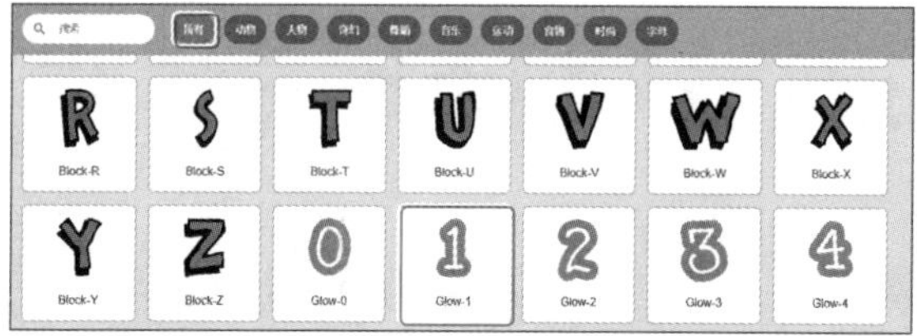

将数字1放置在舞台上，如图8-80所示。

▼图8-80 将数字1放置在舞台上

切换至“造型”选项卡，从显示的界面中选择“选择一个造型”选项，如图8-81所示。

▼图8-81 从“造型”界面中选择“选择一个造型”选项

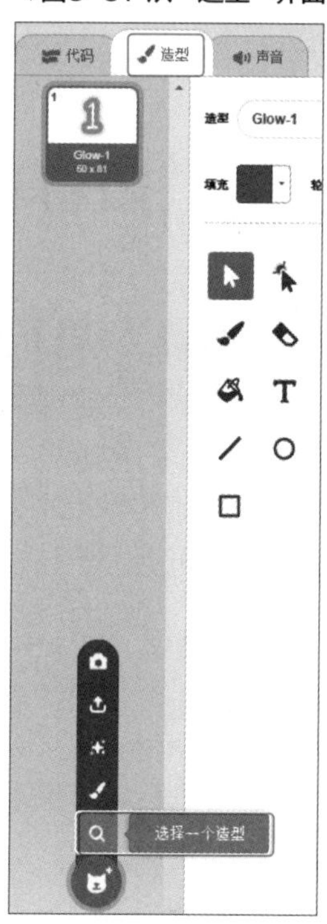

“选择一个角色”和“选择一个造型”除了标题其他都是一样的，按照顺序继续选择造型2、3、4和5。在图8-81中加入了5个造型，如图8-82所示。选择“造型1”。

▼图8-82 “造型”中加入了5个造型

切换至“代码”选项卡，显示代码区域，组成积木块。

将“事件”分类内的“当⚑被点击”积木块拖放到代码区域内。接着拼接“控制”分类内的“重复执行”积木块，在“重复执行”积木块中拼接“如果⬢那么……”积木块，在⬢中嵌入“侦测”分类内的“按下鼠标？”积木块，继续在“如果⬢那么……”积木块中拼接“外观”分类内的“下一个造型”和“控制”分类内的“等待（1）秒”积木块，将1指定为0.1，如图8-83所示。当按下鼠标时，会以0.1秒的间隔切换数字1~5。

▼图8-83 拼接以0.1秒的间隔切换数字1~5

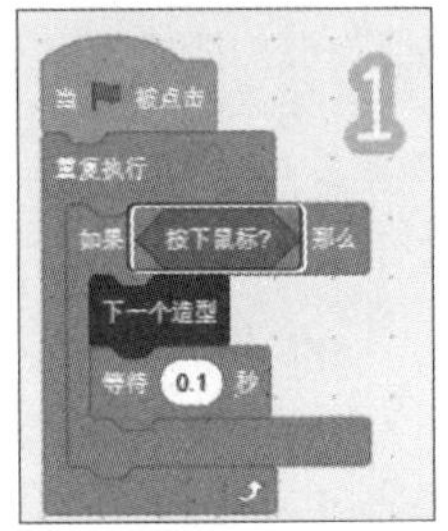

单击“运行”⚑按钮，当按下鼠标时，会以0.1秒的间隔切换数字1~5。

▼图8-84 按下鼠标会切换数字1~5

秘技 157 如何应用“鼠标的x坐标”积木块

扫码看视频

对应 2.0 3.0

难易程度

重点！ 鼠标的x坐标的值，与接下来要讲解的“鼠标的y坐标”组合使用。

新建一个作品文件，角色会跟着鼠标指针移动。

将“事件”分类内的“当⚑被点击”积木块拖放到代码区域内。接着拼接“控制”分类内的“重复执行”积木块，在“重复执行”积木块中拼接“运动”分类内的“将x坐标设为（0）”积木块，在0处嵌入“鼠标的x坐标”积木块，继续拼接“将y坐标设为（0）”，在0处嵌入“鼠标的y坐标”积木块，如图8-85所示。

▼图8-85 拼接角色会跟着鼠标指针移动的脚本

单击“运行”⚑按钮，角色会跟着鼠标指针移动，如图8-86所示。

▼图8-86 角色会跟着鼠标指针移动

秘技158 如何应用“鼠标的y坐标”积木块

对应 2.0 3.0 难易程度 ●

重点！ 鼠标的y坐标的值。

新建一个作品文件，在舞台上移动光标，角色会显示光标y坐标值的会话框。

将“事件”分类内的“当🏴被点击”积木块拖放到代码区域内。接着拼接“控制”分类内的“重复执行”积木块，在“重复执行”积木块中拼接“外观”分类内的“说（你好！）”积木块，在“你好！”处嵌入“鼠标的y坐标”积木块，如图8-87所示。

▼图8-87 拼接显示鼠标y坐标的脚本

单击“运行”🏴按钮，当移动鼠标时，“角色1”会显示y坐标值的会话框，如图8-88所示。

▼图8-88 显示鼠标的y坐标

秘技159 如何应用“将拖动模式设为（可拖动▼）”积木块

对应 2.0 3.0 难易程度 ●

重点！ 可以拖动角色，也可以设为不可拖动（只在全屏情况下使用）。

新建一个作品文件，为了能够拖动角色，需要单击图8-89的“全屏模式”⛶按钮。

▼图8-89“全屏模式”⛶按钮

通常在“全屏模式”下，是不能拖动角色的。因此，需要拼接脚本，拼接脚本后在“全屏模式”下按下空格键，就可以拖动角色。

将“事件”分类内的“当🏴被点击”积木块拖放到代码区域内。接着拼接“控制”分类内的“重复执行”积木块，在“重复执行”积木块中拼接“如果⬣那么……否则……”积木块，在⬣中嵌入“侦测”分类内的“按下（空格▼）键”积木块。如果按下空格键，就可以拖动角色，否则不可以拖动角色。继续在“如果⬣那么……否则……”积木块中拼接“侦测”分类内的“将拖动模式设为（可拖动▼）”和“将拖动模式设为（不可拖动▼）”积木块，如图8-90所示。

▼图8-90 拼接在“全屏模式”下按下空格键时可以拖动角色的脚本

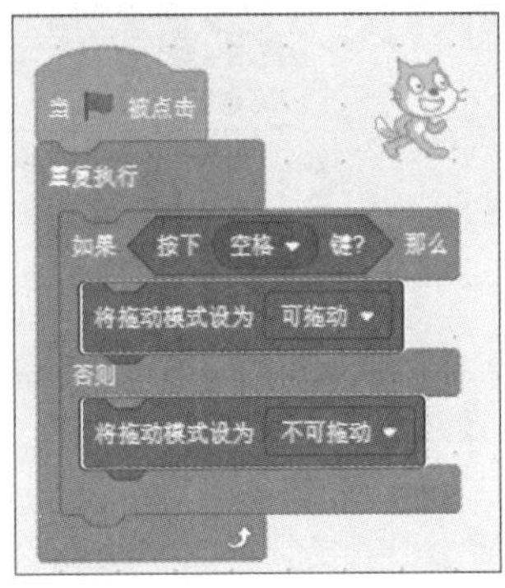

运行脚本之前，先单击图8-89的“全屏模式”按钮。

单击“运行”按钮，在没有其他操作时拖动角色，会发现角色不能被拖动，如图8-91所示。

但是，当按下空格键时拖动角色，角色是可以被拖动的，如图8-92所示。

▼图8-91 角色不能被拖动

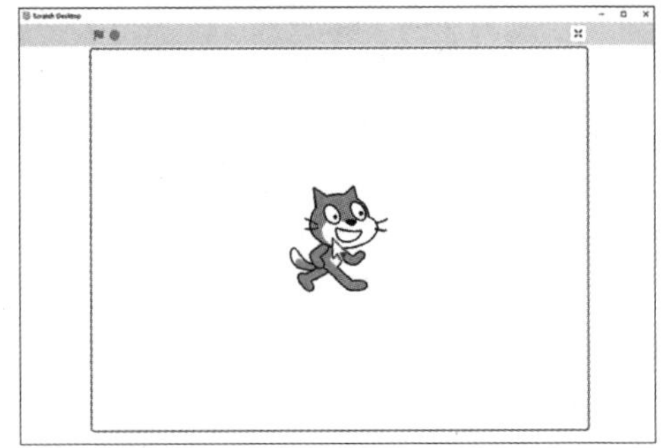

▼图8-92 按下空格键时可以拖动角色

秘技160 “将拖动模式设为（可拖动▼）”积木块应用

▶对应 2.0 3.0 ▶难易程度

重点！ 可以拖动角色，也可以设为不可拖动的应用事件。

新建一个作品文件，在“全屏模式”下，按下键盘上的任意按键都可以拖动角色。

首先删除“角色1”，然后从角色列表里选择“选择一个角色”选项，从“食物”分类中选择Apple，如图8-93所示。

▼图8-93 选择角色Apple

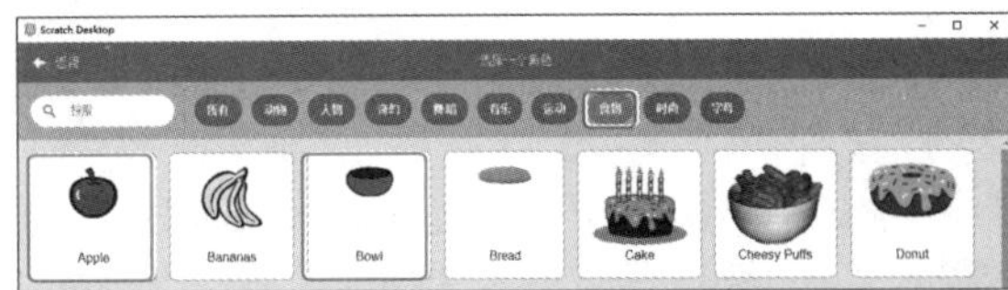

选择Apple后，再次选择用蓝色边框围起来的Bowl。

将Apple的大小设置为50，使其缩小，再将Bowl的大小设置为200，使其变大。

然后在角色列表里选择Apple，通过右击角色复制三个Apple，这样就变成了4个Apple，像图8-94那样放置角色。

▼图8-94 放置角色

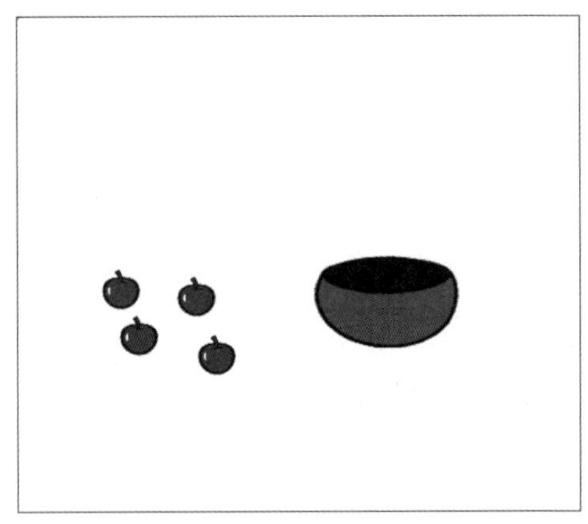

从角色列表中选择Apple，拼接脚本。

拼接的脚本与图8-90完全相同，然后单击“当按下（空格▼）键”积木块的下拉按钮，选择“任意”选项，表示当按下任意按键时，都可拖动角色，如图8-95所示。

▼图8-95 拼接在“全屏模式”下按下任意按键都可拖动角色的脚本

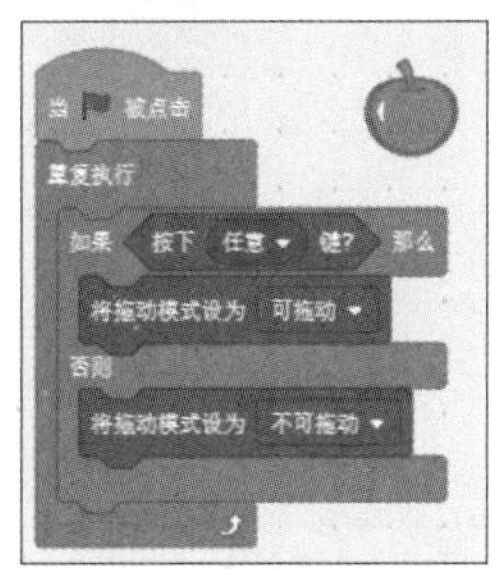

将图8-95的脚本分别复制到Apple2、Apple3和Apple4的代码区域中。

先单击图8-89的“全屏模式”按钮。然后，单击“运行”按钮，按下键盘上的任意一个按键，将4个Apple放入Bowl中，如图8-96所示。

▼图8-96 按下键盘的任意一个按键，将Apple放在Bowl中

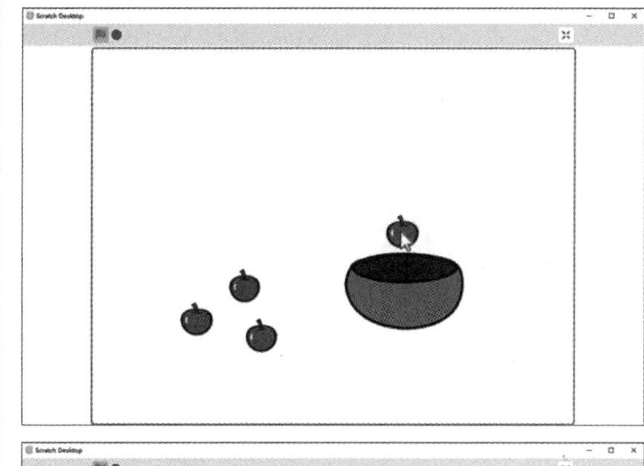

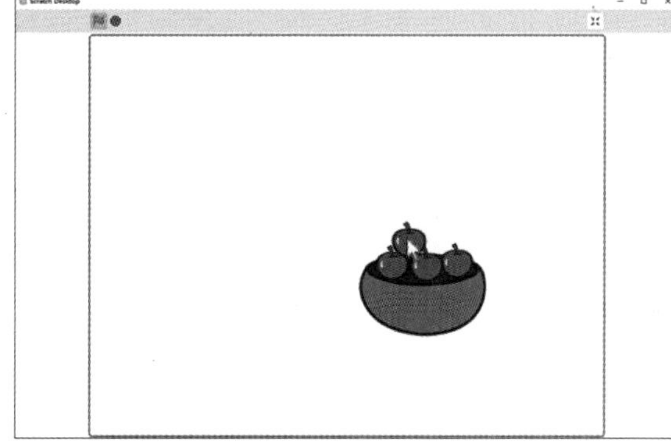

秘技 161

如何设置响度

扫码看视频

对应 2.0 3.0

难易程度

重点！ 麦克风输入响度的值。

新建一个作品文件，当“响度”的值大于50时，就会改变角色的颜色。

首先，请在“侦测”分类中勾选“响度”复选框，如图8-97所示。然后在舞台上会显示“响度”的值，如图8-98所示。

▼图8-97 勾选“响度”复选框

从角色列表中选择“角色1”，拼接脚本。

将“事件”分类内的“当被点击”积木块拖放到代码区域内。接着拼接“控制”分类内的“重复执行”积木块，在“重复执行”积木块中拼接“如果那么……”积木块，在中嵌入“运算”分类内的“(>(50))”积木块，在中嵌入“响度”，继续在“如果那么……”积木块中拼接“外观”分类内的“将(颜色▼)特效增加(25)”积木块，如图8-99所示。

▼图8-98 舞台上显示了“响度”的值

▼图8-99 拼接如果响度大于50时会增加角色颜色特效脚本

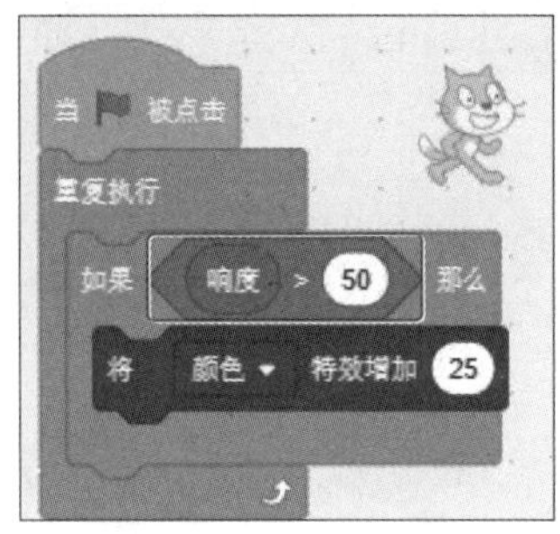

单击“运行”按钮，对着麦克风说“啊~~”，响度达到50以上的话，“角色1”的颜色就会发生变化，如图8-100所示。

▼图8-100 响度达到50以上“角色1”的颜色就会发生变化

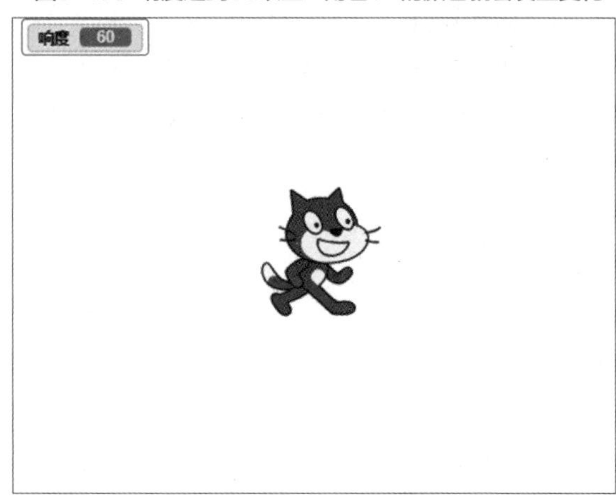

秘技 162

计时器

扫码看视频

对应 2.0 3.0 难易程度

重点！ 表示时间的经过。

新建一个作品文件，当“计时器”的值大于60时，角色会显示Game Over会话框。

首先，在“侦测”分类中勾选“计时器”复选框，如图8-101所示。然后舞台上会显示“计时器”的值，如图8-102所示。

▼图8-101 勾选“计时器”复选框

▼图8-102 舞台上显示了“计时器”的值

从角色列表中选择“角色1”，拼接脚本。

将“事件”分类内的“当被点击”积木块拖放到代码区域内。接着拼接“侦测”分类内的“计时器归零”积木块，之后会介绍这个积木块，使用计时器的时候，需要先将计时器重置一次，所以这里会使用到。

接着拼接“控制”分类内的“重复执行”积木块，在“重复执行”积木块中拼接“如果　那么……”积木块，在　中嵌入“运算”分类内的“（　>（50））”积木块，在　中嵌入“计时器”，将50指定为60。继续拼接“外观”分类内的“说（你好！）（2）秒”积木块，将“你好！”指定为Game Over，再拼接“广播（消息1▼）”积木块。

将“事件”分类内的“当接收到（消息1▼）”积木块拖放到代码区域内。

在下面拼接“侦测”分类内的“计时器归零”积木块，如图8-103所示。

如果计时器的值在60（1分钟）以上，“角色1”会显示2秒的Game Over会话框，而且计时器归零，重复执行脚本。要结束脚本，单击“停止”按钮，但单击此按钮不会停止计时器的进度。

▼图8-103 拼接计时器的值超过60时角色会显示Game Over会话框的脚本

单击“运行”⚑按钮，计时器的值在60（1分钟）以上，“角色1”会显示2秒的Game Over会话框，如图8-104所示。

▼图8-104 计时器的值超过60时角色会显示Game Over会话框

秘技

163 计时器的应用

扫码看视频

对应 2.0 3.0

难易程度 ●

重点！ 计时器的应用事件。

新建一个作品文件，从10开始倒计时。

首先，在“变量”分类中制作一个变量，单击“建立一个变量”按钮制作计时器变量，如图8-105所示。

▼图8-105 建立计时器的变量

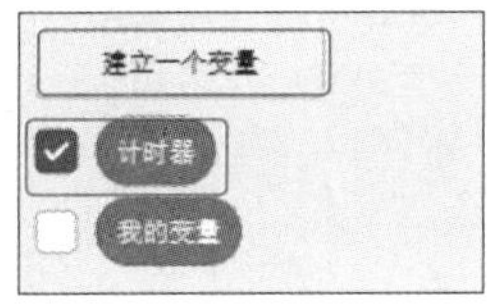

从角色列表中选择“角色1”，拼接脚本。

首先，将“事件”分类内的“当⚑被点击”积木块拖放到代码区域内。接着拼接“侦测”分类内的“计时器归零”积木块。

然后，拼接“变量”分类中的“将（计时器▼）设为（0）”积木块，因为要从10开始计时，所以将0指定为10。继续拼接“控制”分类中的“重复执行直到⬣”积木块，在⬣处嵌入“运算”分类内的“（▢<（50））”积木块，在▢处嵌入“变量”分类内的“计时器”积木块，将50指定为0.001。

在“重复执行直到⬣”积木块中拼接“变量”分类中的“将（计时器▼）设为（0）”积木块，在0处嵌入“运算”分类内的“（▢-▢）”，在第一个▢处指定为10，第二个▢处嵌入“侦测”分类内的“计时器”积木块。继续拼接“外观”分类内的“说（你好！）”积木块，在“你好！”处嵌入“变量”分类内的“计时器”积木块，这样角色就会显示倒计时的会话框了。

接着拼接“控制”分类内的“如果⬣那么……”积木块，在⬣中嵌入“运算”分类内的“▢=（50）”，在第一个▢处嵌入“变量”分类内的“计时器”，将50指定为0.001。在“如果⬣那么……”积木块中拼接“侦测”分类内的“计时器归零”积木块，最后拼接“控制”分类内的“停止（全部脚本▼）”积木块，拼接完成后如图8-106所示。

▼图8-106 拼接倒计时的脚本

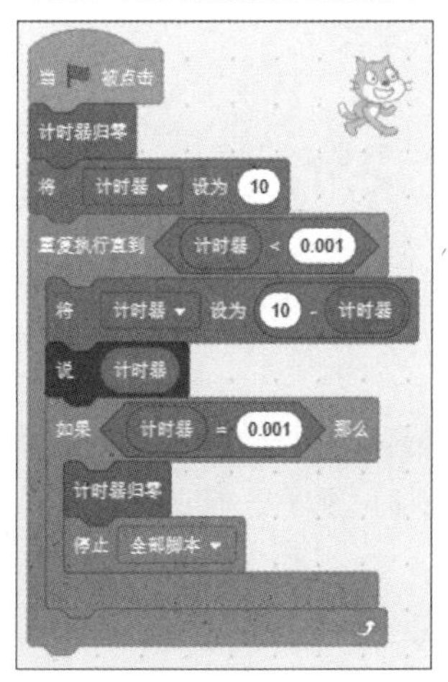

单击“运行”按钮，从10开始倒计时，变成0时脚本停止，如图8-107所示。

▼图8-107 从10开始倒计时

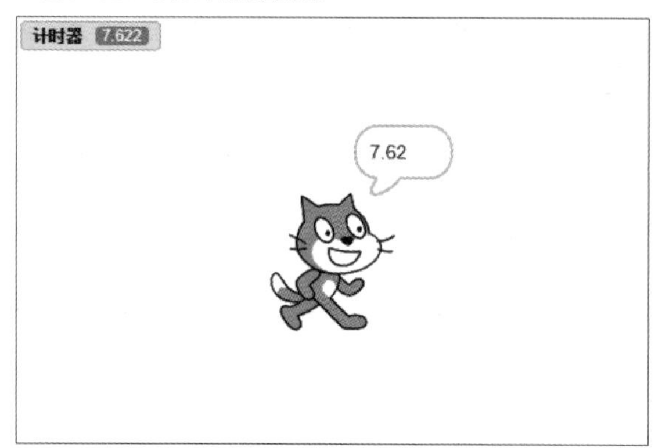

秘技

164 计时器归零

扫码看视频

对应 2.0 3.0

难易程度 ●

重点！ 重置计时器的积木块。

新建一个作品文件，“计时器归零”积木块在秘技162和秘技163已经使用过了，我们已经理解其应用了，下面再次简单解说一下。

图8-101在“侦测”分类中勾选“计时器”复选框，舞台上会显示计时器。此时，计时器已经启动，计时器的值一直在增加，当按下键盘上的空格键时，计时器的值再次从0开始。

首先，将“事件”分类中的“当按下（空格▼）键”积木块拖放到代码区域，然后在下面拼接“侦测”分类中的“计时器归零”积木块，如图8-108所示。

▼图8-108 拼接计时器归零的脚本

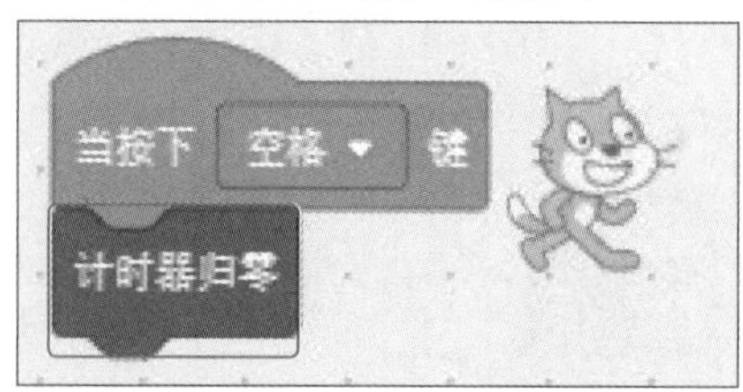

舞台上计时器的值会一直增加，按下空格键时，计时器会归零，再次从0开始计时，如图8-109所示。

▼图8-109 计时器的值不断增加时按下空格键归零

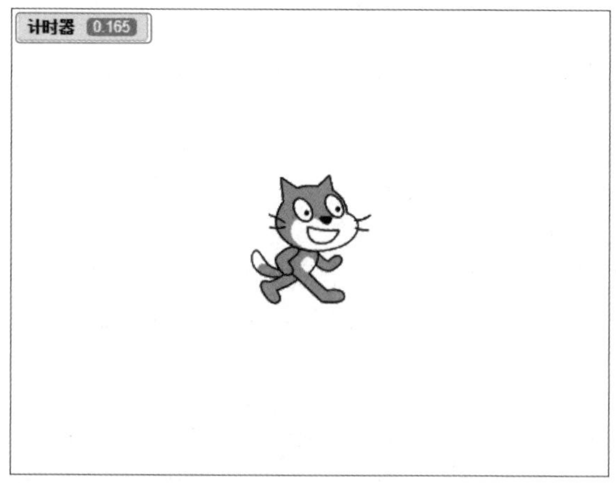

秘技165　如何应用“（舞台▼）的（背景编号▼）”积木块

重点！ 显示与舞台背景相关的值。

新建一个作品文件，首先选择空白的“背景1”和其他3张背景，当按下鼠标时，角色会显示当前背景名称的会话框，并切换到下一个背景。

从“选择一个背景”面板的“户外”选项卡中选择3个背景，如图8-110所示。

▼图8-110 选择背景Mountain

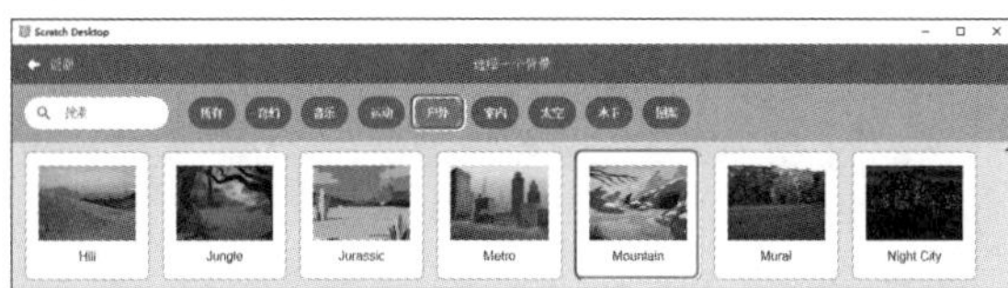

另外，再选择背景Pool与Savanna，首先选择“背景1”，如图8-111所示。

▼图8-111 选择了4个背景

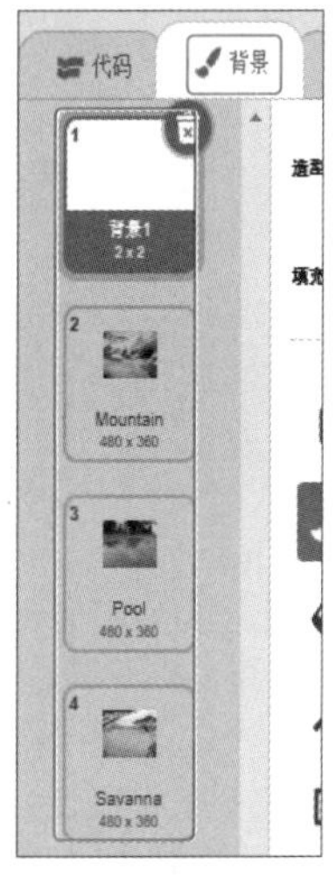

切换至“代码”选项卡，从角色列表中选择“角色1”，拼接积木块。

将“事件”分类内的“当🏴被点击”积木块拖放到代码区域内。接着拼接“控制”分类内的“重复执行”积木块，在“重复执行”积木块中拼接“如果⬢那么……”积木块，在⬢中嵌入“侦测”分类内的“按下鼠标？”积木块。继续在“如果⬢那么……”脚本中拼接“外观”分类内的“说（你好！）（2）秒”积木块，在“你好！”处嵌入“（舞台▼）的（背景编号▼）”积木块，单击下拉按钮并选择“背景名称”选项。最后拼接“下一个背景”积木块，拼接完成后如图8-112所示。

▼图8-112 拼接按下鼠标后角色会显示背景名称的脚本

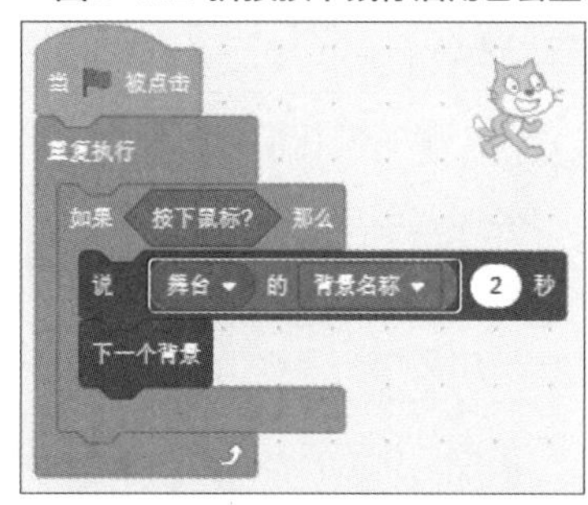

单击“运行”🏴按钮，按下鼠标时，“角色1”会显示2秒背景名称的会话框，然后切换到下一个背景，再次单击背景“角色”会再次显示背景名称的会话框，如图8-113所示。

▼图8-113 单击当前显示的背景就会显示背景的名称

秘技 166 如何应用“当前时间的（年▼）”积木块

▶对应 2.0 3.0
▶难易程度 ●

重点！ 显示当前的年、月、日、星期、时、分、秒。

新建一个作品文件，在舞台上放置3个角色，分别显示当前的日期、星期和时间。

首先，从角色列表中复制两个“角色1”，如图8-114所示。

▼图8-114 舞台上放置三个角色

首先选择“角色1”，拼接显示当前的年月日的脚本。

将“事件”分类内的“当⚑被点击”积木块拖放到代码区域内。接着拼接“外观”分类内的“说（你好！）”积木块，在“你好！”处嵌入“运算”分类内的“连接（apple）和（banana）”积木块，最终拼接出图8-115中用蓝色边框围起来的公式。

▼图8-115 拼接积木块

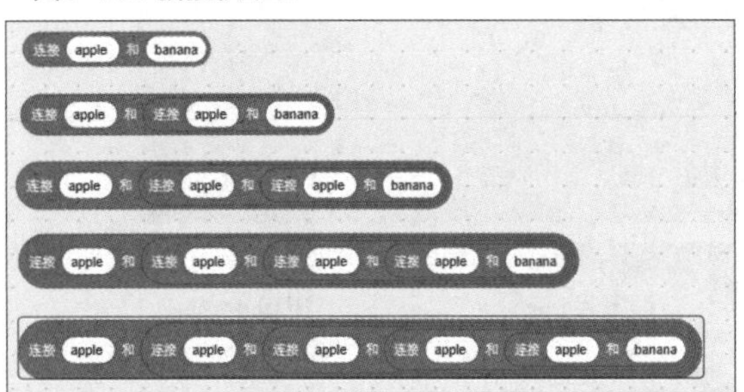

在第一个apple处嵌入“侦测”分类内的“当前时间的（年▼）”积木块，在第二个apple处输入“年”。第三个apple嵌入“当前时间的（年▼）” 积木块，单击下拉按钮选择“月”选项，第四个apple处输入“月”。第五个apple嵌入“当前时间的（年▼）”积木块，单击下拉按钮选择“日”选项，最后在banana处输入“日”，如图8-116所示。

▼图8-116 显示当前年、月和日的脚本

选择“角色2”，拼接显示当前是星期几的脚本。

首先，在“变量”分类内建立“星期”变量，如图8-117所示。

▼图8-117 建立“星期”变量

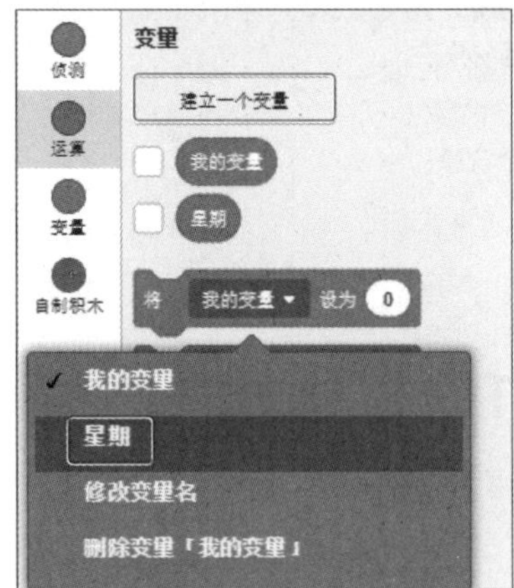

将“事件”分类内“当⚑被点击”积木块拖至代码区域。接着拼接“控制”分类内“重复执行”积木块，在“重复执行”积木块中拼接“如果⬣那么……”积木块，在⬣中嵌入“运算”分类内的“（▢=（50））”积木块，在▢处嵌入“侦测”分类内的“当前时间的（年▼）”积木块，单击下拉按钮选择“星期”选项，这个星期用数字1到7表示，所以将50指定为1，在“如果⬣那么……”脚本中拼接“变量”分类内的“将（我的变量▼）设为（0）”积木块，单击下拉按钮选择“星期”选项，将0指定为“星期日”。

接下来，复制这个积木块，制作星期一到星期六的积木块，最后制作“外观”分类中的“说（你好！）”积木块，在“你好！”处嵌入“变量”分类内的“星期”积木块，如图8-118所示。

▼图8-118 显示星期几的脚本

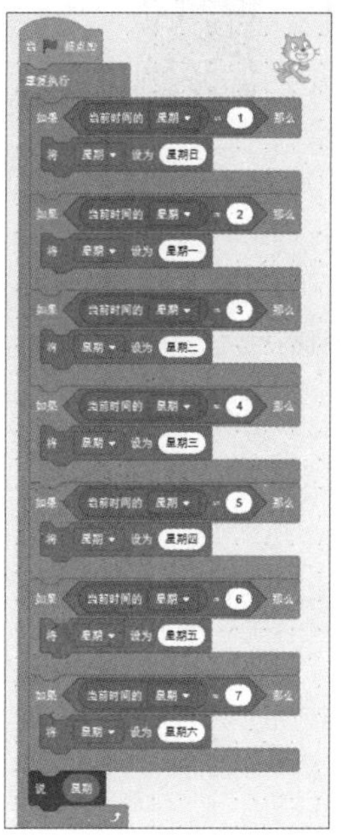

选择“角色3”，拼接显示现在时间的脚本。

将“事件”分类内的“当🏴被点击”积木块拖放到代码区域内。接着拼接“控制”分类内的“重复执行”积木块，在“重复执行”积木块中拼接“外观”分类内的“说（你好！）”积木块，在“你好！”处嵌入图8-115蓝色边框围起来的积木块。

在第一个apple处嵌入“侦测”分类内的“当前时间的（年▼）”积木块，单击下拉按钮选择“时”选项，第二个apple处输入“时”。第三个apple嵌入“当前时间的（年▼）”积木块，单击下拉按钮选择“分”，第四个apple处输入“分”。第五个apple嵌入“当前时间的（年▼）”积木块，单击下拉按钮选择“秒”，最后在banana处输入“秒”，拼接完成后如图8-119所示

▼图8-119 拼接显示时、分、秒的脚本

单击“运行”🏴按钮，从上到下依次显示当前的年月日、星期和时间，如图8-120所示。

▼图8-120 显示当前的年月日、星期和时间

秘技167 如何应用“2000年至今的天数”积木块

扫码看视频

对应 2.0 3.0

难易程度 ●

重点！ 显示从公历2000年1月1日到现在的天数。

新建一个作品文件，这本书的原稿是在2019年4月18日写的（本书在翻译时的日期是2020年12月17日，所以是按照翻译日期来算2000年至今的天数）。下面试着显示从2000年1月1日到今天的天数吧。

将“事件”分类内的“当🏴被点击”积木块拖放到代码区域内。继续拼接“外观”分类内的“说（你好！）”积木块，在“你好！”处嵌入“侦测”分类内的“2000年至今的天数”积木块，如图8-121所示。

▼图8-121 拼接了2000年1月1日至今的天数的脚本

单击“运行”🏴按钮，显示2000年1月1日至今的天数，如图8-122所示。

▼图8-122 显示2000年1月1日至今的天数

秘技 168 如何应用“用户名”积木块

对应 2.0 3.0
难易程度 ●

重点！ 显示用户名。

这个“用户名”积木块在Desktop版中不会显示，需要使用Web版的Scratch 3.0。

在这里可以显示用户登录时输入的“用户名”。只有秘技168中会使用Web版的Scratch 3.0。

首先，将“事件”分类内的“当被点击”积木块拖放到代码区域内。继续拼接“外观”分类内的“说（你好！）”积木块，在“你好！”处嵌入“侦测”分类内的“用户名”积木块，如图8-123所示。

单击“运行”按钮，在会话框中显示用户名，如图8-124所示。

▼图8-123 拼接了显示用户名的脚本

▼图8-124 显示用户名

专栏 Scratch的UI变迁

Scratch有三个版本，图8-125的Scratch 1.4、图8-126的Scratch 2.0与图8-127的Scratch 3.0。

▼图8-125 Scratch 1.4

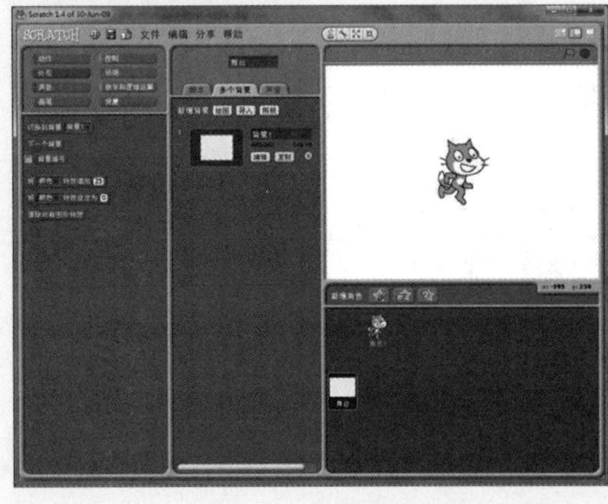

▼图8-126 Scratch 2.0

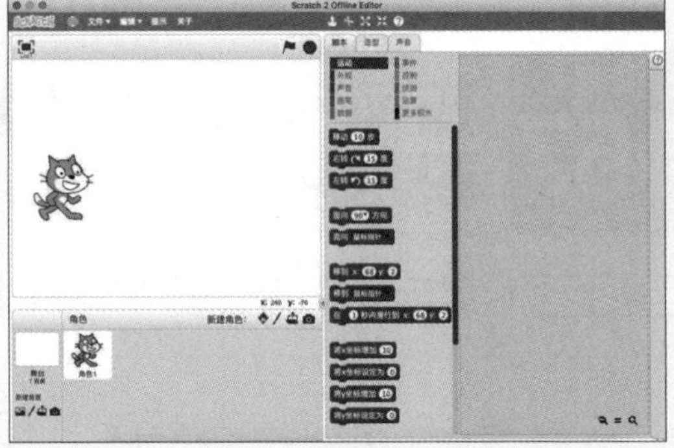

▼图8-127 Scratch 3.0

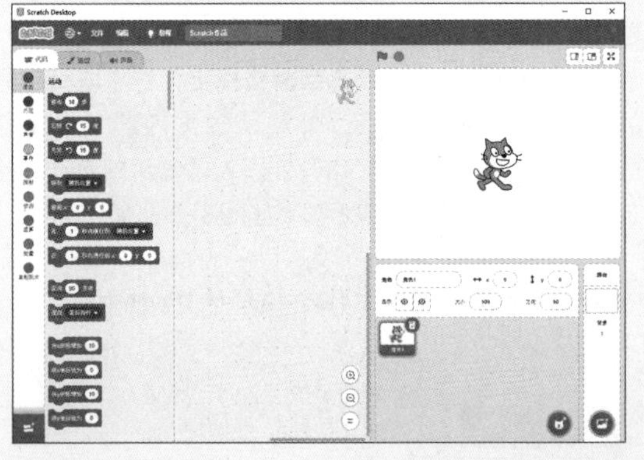

运算类积木块的应用秘技

秘技 169 如何应用“(○+○)”积木块

扫码看视频

对应 2.0 3.0 难易程度 ●

重点！ 这是某个数值和某个数值相加的脚本。

“运算”分类内的积木块，单独使用时没有任何作用的，需要与“控制”和“侦测”分类内的积木块组合使用。

新建一个作品文件，试着让角色每过1秒就变大一点，先将“角色1”的大小设置为50。

将“事件”分类内的“当⚑被点击”积木块拖放到代码区域内。在下面拼接“控制”分类内的“重复执行”。在“重复执行”积木块中拼接“外观”分类内的“将大小增加（10）”积木块，在10处嵌入“(○+○)”积木块，在第一个○处嵌入“外观”分类内的“大小”积木块，第二个○处输入1，最后拼接“控制”分类中的“等待（1秒）”积木块，如图9-1所示。

▼图9-1 拼接了让角色变大的脚本

也可以使用“外观”内的“将大小增加（10）”积木块，这里为了说明“运算”分类内“(○+○)”积木块的使用方法，所以未采用这个方法。

单击“运行”⚑按钮，角色每过1秒就变大一点，如图9-2所示。

▼图9-2 “角色1”的大小在变化

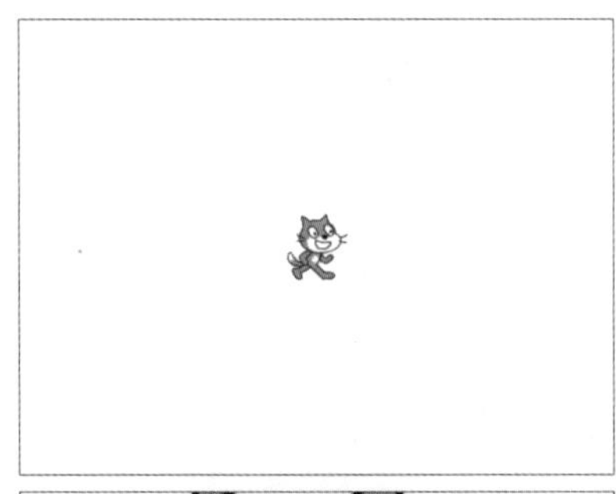

秘技 170 “(○+○)”积木块应用示例

扫码看视频

对应 2.0 3.0 难易程度 ●

重点！ 这是某个数值和某个数值相加的应用。

“(○+○)”积木块可以将输入的数值合计后显示出来。首先，从“变量”分类内建立变量“数值1”“数值2”与“合计”，如图9-3所示。

▶图9-3 建立变量“数值1”“数值2”与“合计”

从角色列表里选择“角色1”，拼接脚本。首先，将“事件”分类内的“当⚑被点击”积木块拖放到代码区域内。在下面拼接“变量”分类内的“将（数值1▼）设为（0）”、“将（数值2▼）设为（0）”和“将（合计▼）设为（0）”积木块，可以通过单击下拉按钮选择以上项目，这里将各变量的初始值都指定为0。

接着拼接“控制”分类内的“重复执行（10）次”积木块，将10指定为1。在“重复执行（1）次”积木块中拼接“侦测”分类内的“询问（What’s your name?）并等待?”积木块，在What’s your name?处输入“请输入数值1”，在这个积木块下面拼接“变量”分类内的“将（数值1▼）设为（0）”积木块，在0处嵌入“侦测”分类内的“回答”。

接着拼接“询问（请输入数值2）并等待?”和“将（数值2▼）设为（0）”，在0处嵌入“侦测”分类内的“回答”积木块。继续拼接“将（合计▼）设为（0）”积木块，在0处嵌入“运算”分类内的“(◯+◯)”积木块，在第一个◯处嵌入“变量”分类内的“数值1”，第二个◯处嵌入“变量”分类内的“数值2”。

最后在“重复执行（1）次”积木块下拼接“外观”分类内的“说（你好!）”积木块，在“你好!”处嵌入“变量”分类内的“合计”积木块，拼接完成后如图9-4所示。

▼图9-4 求输入的两个数值之和的脚本

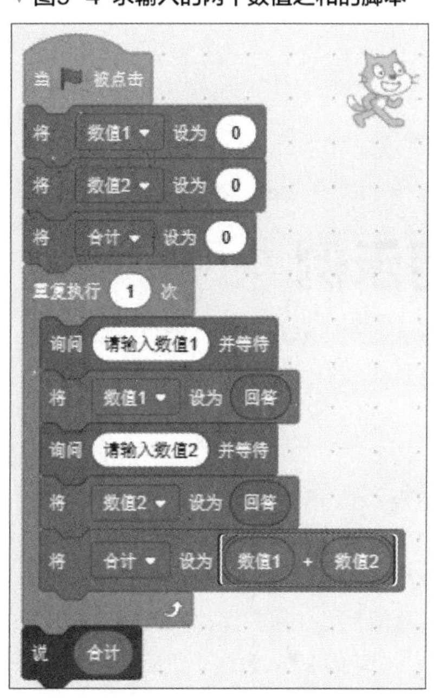

单击“运行”⚑按钮，在输入框中输入数值1，如图9-5所示。

▼图9-5 输入102568

单击✔按钮，然后输入数值2，如图9-6所示。

▼图9-6 输入3271516

再次单击✔按钮，就会显示输入两个数值的合计之和，如图9-7所示。

▼图9-7 显示“合计”的值

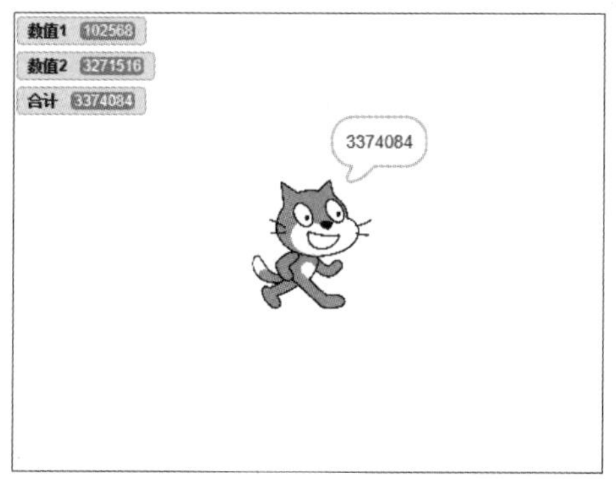

秘技 171 如何应用“(-)”积木块

扫码看视频

对应 2.0 3.0

难易程度 ●

重点! 这是某个数值减去某个数值时的脚本。

新建一个作品文件，试着让角色每过0.1秒就缩小一点。先将“角色1”的大小设置为300。

将“事件”分类内的“当⚑被点击”积木块拖入代码区。在下面拼接“控制”分类内的“重复执行”积木块。在“重复执行”积木块中拼接“外观”分类内的“将大小增加（10）”积木块，在10处嵌入“（ - ）”积木块，在第一个处输入0、第二个处输入10。最后拼接“控制”分类中的“等待（1秒）”积木块，将1指定为0.1秒，如图9-8所示。

▼图9-8 拼接了让角色缩小的脚本

单击“运行”⚑按钮，“角色1”每0.1秒缩小10像素，如图9-9所示。

▼图9-9 角色缩小了

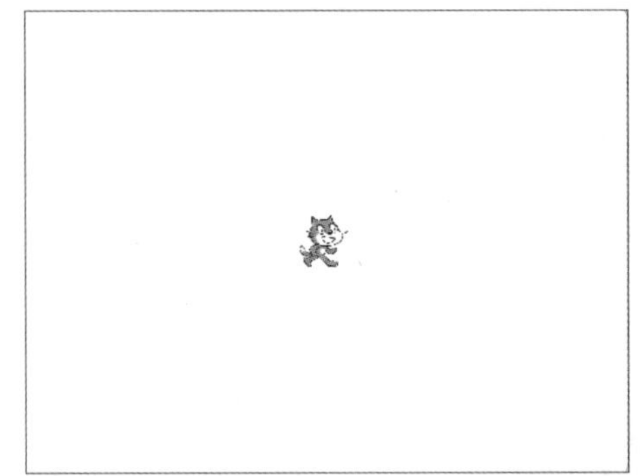

秘技 172 “(-)”积木块应用示例

扫码看视频

对应 2.0 3.0

难易程度 ●

重点! 这是某个数值减去某个数值时的应用事件。

新建一个作品文件，计算出“数值1”减去“数值2”的值。

首先，和秘技170的图9-3一样，建立变量“数值1”“数值2”与“差”，选择“角色1”，拼接脚本。

将“事件”分类内的“当⚑被点击”积木块拖放到代码区域内。在下面拼接“变量”分类内的“将（数值1▼）设为（0）”“将（数值2▼）设为（0）”与“将（差▼）设为（0）”积木块，可以通过单击下拉按钮选择以上项目，这里将各变量的初始值都指定为0。

然后拼接“控制”分类内的“重复执行（10）次”积木块，将10指定为1。在“重复执行（1）次”积木块中拼接“侦测”分类内的“询问（What's your name?）并等待?”积木块，在What's your name?处输入“请输入数值1”，在这个积木块下面拼接“变量”分类内的“将（数值1▼）设为（0）”积木块，在0处嵌入“侦测”分类内的“回答”积木块。

接着拼接“询问（请输入数值2）并等待?”和“将（数值2▼）设为（0）”积木块，在0处嵌入“侦测”分类内的“回答”积木块。

继续拼接“将（差▼）设为（0）”积木块，在0处嵌入“运算”分类内的“（ - ）”积木块，在第一个处嵌入“变量”分类内的“数值1”、第二个处嵌入“变量”分类内的“数值2”。

最后在“重复执行（1）次”积木块下面拼接“外观”分类内的“说（你好！）”积木块，在“你好！”处嵌入“变量”分类内的“差”积木块，拼接完成后如图9-10所示。

▼图9-10 拼接两个数值求差的脚本

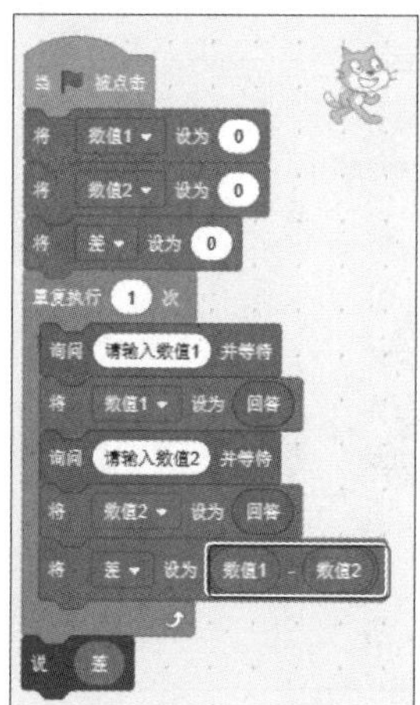

单击“运行”按钮，输入“数值1”为123456，如图9-11所示。

单击”按钮，继续输入“数值2”为12345，如图9-12所示。

再次单击按钮，就会显示输入两个数值的差值，如图9-13所示。

▼图9-11 输入“数值1”为123456

▼图9-12 输入“数值2”为12345

▼图9-13 显示“差”的值

秘技173 如何应用“（ * ）”积木块

扫码看视频

对应 2.0 3.0

难易程度 ●

重点！ 这是某个数值乘以某个数值时的脚本。

新建一个作品文件，慢慢地将扬声器的音量增加到100。在“变量”分类中建立“值”这个变量，如图9-14所示。

▼图9-14 建立变量“值”

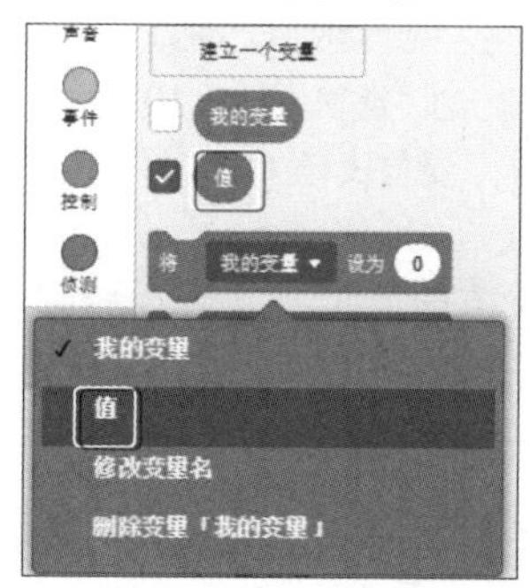

将“事件”分类内的“当⚑被点击”积木块拖放到代码区域内。在下面拼接“变量”分类内的“将（值▼）设为（0）”积木块，将变量的初始值指定为0。

接着拼接“声音”分类内的“将音量设为（100）%”积木块，将100指定为0。继续拼接“控制”分类内的“重复执行（10）次”积木块，在“重复执行（10）次”积木块中拼接“声音”分类内的“播放声音（喵▼）等待播完”积木块，在这个积木块下面拼接“变量”分类内的“将（值▼）增加（0）”积木块，将0指定为5。

▼图9-15 拼接了求值的脚本

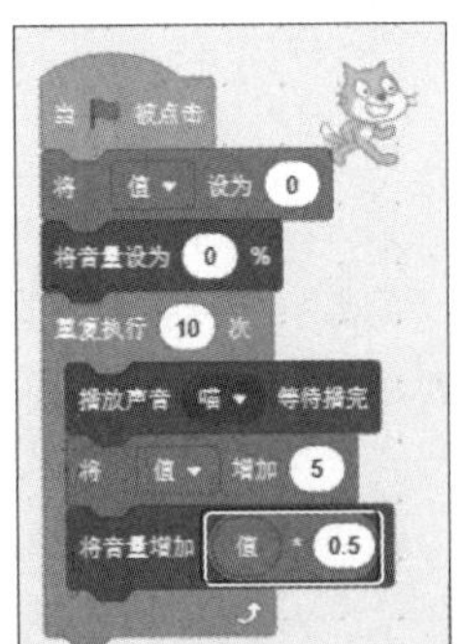

接着拼接“声音”分类内的“将音量增加（-10）”积木块，在-10处嵌入“运算”分类内的“（ * ）”积木块，在第一个 处嵌入“变量”分类内的“值”、第二个 输入0.5，拼接完成后如图9-15所示。

为了方便观察“角色1”的音量变化，可以勾选“声音”分类内的“音量”复选框。单击“运行”⚑按钮，“喵”的声音逐渐变大，如图9-16所示。

▼图9-16 音量逐渐变大

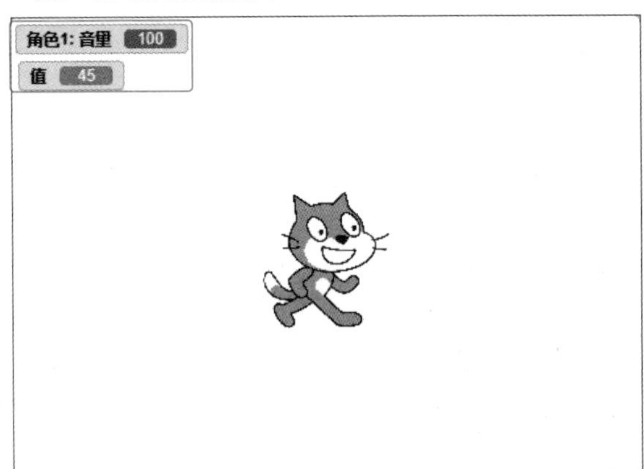

秘技 174

“（ * ）”积木块应用示例

扫码看视频

对应 2.0 3.0

难易程度

重点！ 这是某个数值乘以某个数值时的应用事件。

新建一个作品文件，计算出“数值1”乘以“数值2”的值。

首先，和秘技170的图9-3一样，建立变量“数值1”“数值2”与“积”，选择“角色1”，拼接脚本。

将“事件”分类内的“当⚑被点击”积木块拖放到代码区域内。在下面拼接“变量”分类内的“将（数值1▼）设为（0）”“将（数值2▼）设为（0）”与“将（积▼）设为（0）”积木块，可以通过单击下拉按钮选择以上项目，这里将各变量的初始值都指定为0。

然后拼接“控制”分类内的“重复执行（10）次”积木块，将10指定为1。在“重复执行（1）次”积木块中拼接“侦测”分类内的“询问（What’s your name?）并等待?”积木块，在What’s your name?处输入“请输入数值1”。在这个积木块下面拼接“变量”分类内的“将（数值1▼）设为（0）”积木块，在0处嵌入“侦测”分类内的“回答”积木块。

接着拼接“询问（请输入数值2）并等待?”和“将（数值2▼）设为（0）”积木块，在0处嵌入“侦测”分类内的“回答”积木块。

继续拼接“将（积▼）设为（0）”积木块，在0处嵌入“运算”分类内的“（ * ）”积木块，在第一个 处嵌入“变量”分类内的“数值1”，第二个 处嵌入“变量”分类内的“数值2”。

最后在“重复执行（1）次”积木块下面拼接“外观”分类内的“说（你好!）”积木块，在“你好!”处嵌入“变量”分类内的“积”积木块，拼接完成后如图9-17所示。

▼图9-17 拼接了求积的脚本

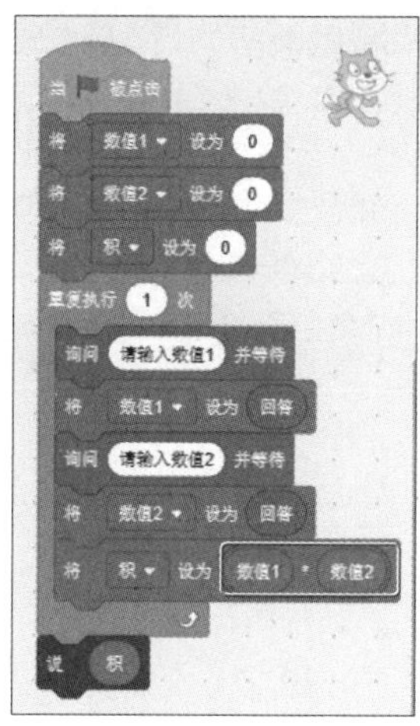

单击"运行"按钮，输入"数值1"为252525，如图9-18所示。

▼图9-18 输入"数值1"为252525

单击按钮，继续输入"数值2"为464646，如图9-19所示。

▼图9-19 输入"数值2"为464646

再次单击按钮，就会显示输入两个数值的积，如图9-20所示。

▼图9-20 显示"积"的值

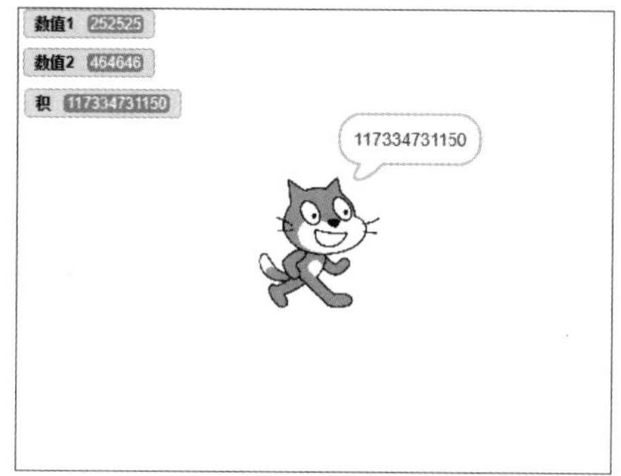

秘技 175 如何应用"(/)"积木块

扫码看视频

对应 2.0 3.0

难易程度

重点！ 某个数值除以某个数值时的脚本。

新建一个作品文件，试着比较两个角色移动的速度。

首先，从角色列表中选择"角色1"，复制一个"角色2"，并放置在舞台上，如图9-21所示。x坐标必须相同，这样才能保证两个角色的起点是相同的。

▶图9-21 放置两个角色

在角色列表中选择“角色1”并拼接行走的脚本。

将“事件”分类内的“当▶被点击”积木块拖放到代码区域内。在下面拼接“运动”分类内的“移到x:（-190）y:（50）”积木块，即“角色1”在舞台上的位置。接着拼接“控制”分类内的“重复执行”积木块，在“重复执行”积木块中拼接“运动”分类内的“移动（10）步”积木块，在10处嵌入“（ / ）”积木块，在第一个 处输入10，第二个 处嵌入“运算”分类内的“在（1）和（10）之间取随机数”积木块，并将10指定为5。接下来就是拼接行走的积木块了，即“下一个造型”“碰到边缘就反弹”“将旋转方式设为（左右翻转▼）”和“等待（0.1）秒”，拼接完成后如图9-22所示。

▼图9-22 拼接了“角色1”0.1秒移动随机步数的脚本

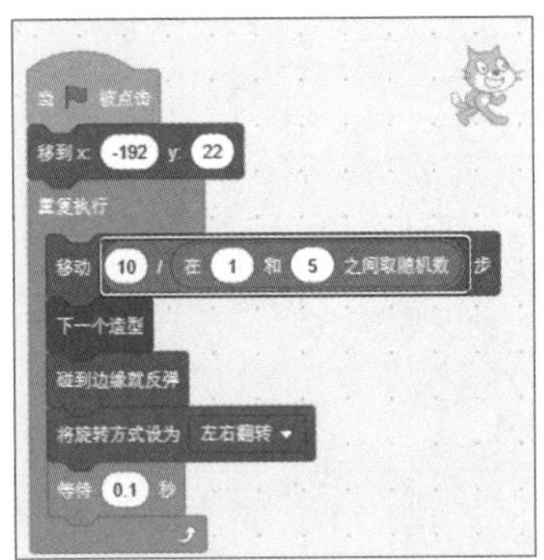

复制图9-22的脚本放在“角色2”的代码区域，但是要将y坐标改为“角色2”所在的坐标值。

单击“运行”▶按钮，两个角色开始比赛跑步，如图9-23所示。

▼图9-23 两个角色比赛跑步

秘技 176 “（ / ）”积木块应用示例

扫码看视频

对应 2.0 3.0

难易程度 ●

重点！ 这是某个数值除以某个数值时的应用事件。

新建一个作品文件，计算出“数值1”除以“数值2”的值。

首先，和秘技170的图9-3一样，建立变量“数值1”“数值2”与“商”，选择“角色1”，拼接脚本。

将“事件”分类内的“当▶被点击”积木块拖放到代码区域内。在下面拼接“变量”分类内的“将（数值1▼）设为（0）”“将（数值2▼）设为（0）”与“将（商▼）设为（0）”，可以通过单击下拉按钮选择以上项目，这里将各变量的初始值都指定为0。

然后拼接“控制”分类内的“重复执行（10）次”积木块，将10指定为1。在“重复执行（1）次”积木块中拼接“侦测”分类内的“询问（What’s your name?）并等待?”积木块，在What’s your name?处输入“请输入数值1”。在这个积木块下面拼接“变量”分类内的“将（数值1▼）设为（0）”积木块，在0处嵌入“侦测”分类内的“回答”。

接着拼接“询问（请输入数值2）并等待?”和“将（数值2▼）设为（0）”积木块，在0处嵌入“侦测”分类内的“回答”积木块。

继续拼接“将（商▼）设为（0）”积木块，在0处嵌入“运算”分类内的“（ / ）”积木块，在第一个 处嵌入“变量”分类内的“数值1”，第二个 处嵌入“变量”分类内的“数值2”。

最后在“重复执行（1）次”积木块下面拼接“外观”分类内的“说（你好!）”积木块，在“你好!”处嵌入“变量”分类内的“商”积木块，拼接完成后如图9-24所示。

▼图9-24 拼接了求商的脚本

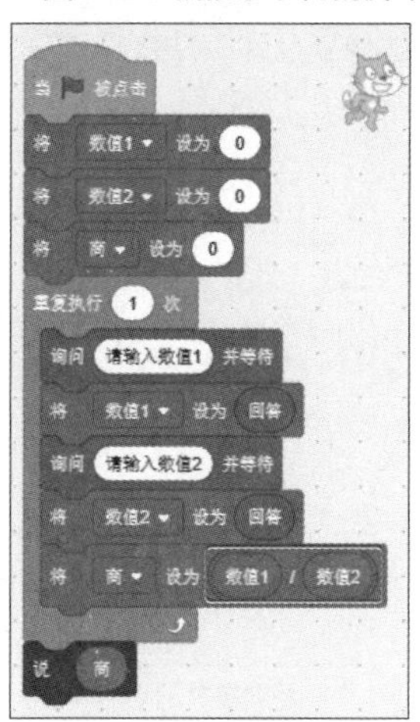

单击“运行”按钮，输入“数值1”为12530000，如图9-25所示。

▼图9-25 输入“数值1”为12530000

单击按钮，继续输入“数值2”为20，如图9-26所示。

▼图9-26 输入“数值2”为20

再次单击按钮，就会显示输入两个数值的商，如图9-27所示。

▼图9-27 显示“商”的值

秘技177 如何应用“在（1）和（10）之间取随机数”积木块

扫码看视频

对应 2.0 3.0

难易程度 ●

重点！ 生成两个指定的值之间的随机数值，这个积木块使用频率很高。

新建一个作品文件，让角色1显示从1到100的随机数值。

将“事件”分类内的“当被点击”积木块拖入代码区。在下面拼接“控制”分类内的“重复执行”积木块。在“重复执行”中拼接“外观”分类内的“说（你好！）”积木块，在“你好！”处嵌入“运算”分类内的“在（1）和（10）之间取随机数”积木块，将10指定为100。继续拼接“控制”分类内的“等待（1）秒”积木块，将1指定为0.5，拼接完成后如图9-28所示。

▼图9-28 拼接取1和100之间的随机数的脚本

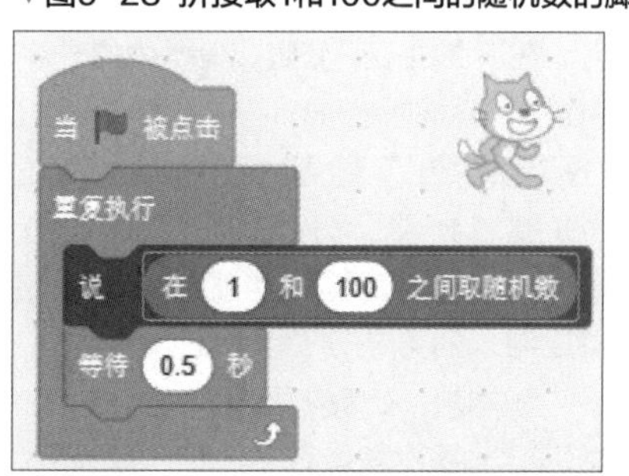

单击“运行”按钮，“角色1”每隔0.5秒就显示1到100的随机数，如图9-29所示。

▼图9-29 显示从1到100的随机数

秘技 178

“在（1）和（10）之间取随机数”积木块应用示例1

扫码看视频

对应 2.0 3.0

难易程度

重点！ 生成两个指定的值之间的随机数值的应用事件1。

新建一个作品文件，让2个角色分别显示从1到10的随机数，数值大的一方胜利。首先，从“变量”分类内建立“数值1”和“数值2”的变量。从角色列表中选择“角色1”进行复制，如图9-30所示。

▼图9-30 两个角色放置在舞台上

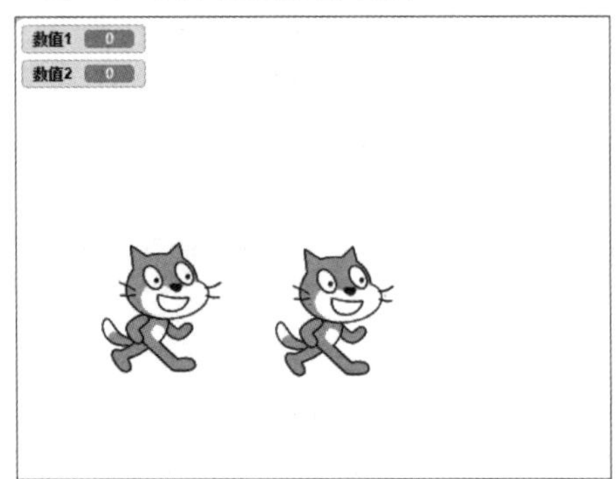

选择“角色1”，在代码区域拼接脚本。

首先，将“事件”分类内的“当被点击”积木块拖放到代码区域内。在下面拼接“变量”分类内的“将（数值1▼）设为（0）”，再次拼接一个“将（数值1▼）设为（0）”，在0处嵌入“在（1）和（10）之间取随机数”。在下面拼接“外观”分类内的“说（你好！）”，在“你好！”处嵌入“变量”内的“数值1”。

接下来拼接“控制”分类内的“等待（1）秒”和“如果那么……”积木块，在里嵌入“运算”分类内的“（>(50））”积木块，在第一个处嵌入“变量”分类内的“数值1”，50处嵌入“变量”分类内的“数值2”，最后在“如果那么……”中拼接“说（你好！）（2）秒”，将“你好！”指定为“胜利！”，拼接完成后如图9-312所示。

▼图9-31 拼接如果“角色1”的数值大于“角色2”则会说“胜利！”的脚本

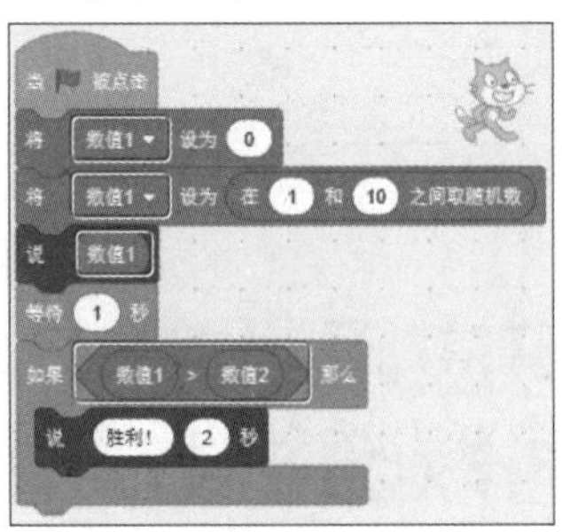

复制图9-31的脚本到“角色2”的代码区域，并修改图9-32蓝色边框围起来的地方。

▼图9-32 拼接如果“角色2”的数值大于“角色1”则会说“胜利！”的脚本

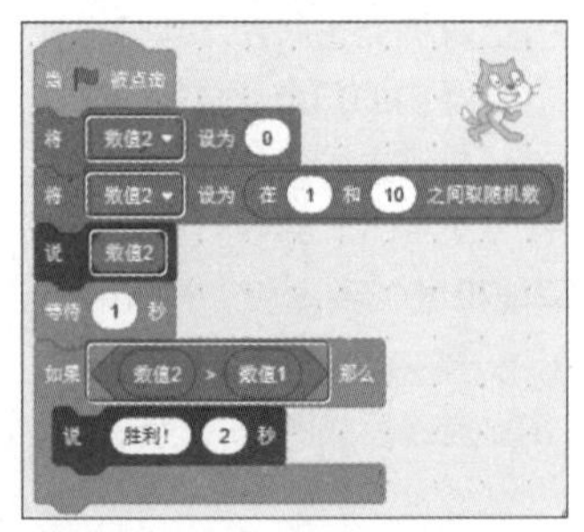

每次单击“运行”按钮，就会显示两个角色的数值，数值大的一方则会显示“胜利”，如图9-33所示。

▼图9-33 数值大的一方显示“胜利”

秘技 179 “在（1）和（10）之间取随机数”积木块应用示例2

扫码看视频

对应 2.0 3.0

难易程度 ●

重点！ 生成两个值之间的随机数值的应用事件2。

新建一个作品文件，试着让角色出现在舞台上的随机位置。

首先，将“事件”分类内的“当被点击”拖放到代码区域内。在下面拼接“外观”分类内的“隐藏”积木块，刚开始让“角色1”先隐藏。继续拼接“控制”分类内的“重复执行”，在“重复执行”积木块中拼接“外观”分类内的“显示”积木块。接着拼接“运动”分类内的“移到x:（0）y:（0）”，在两个0处分别嵌入“在（1）和（10）之间取随机数”，将x指定为-200到200之间，y指定为-150到150之间。继续拼接“移动（10）步”和“等待（1）秒”，将1指定为0.5。这样，每隔0.5秒，“角色1”会出现在舞台上的随机位置，拼接完成后如图9-34所示。

▼图9-34 拼接了角色随机出现在舞台上的脚本

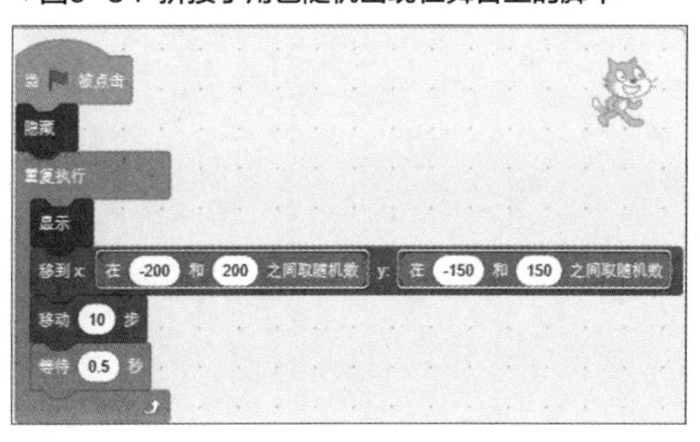

单击“运行”按钮，每隔0.5秒，“角色1”会出现在舞台上的随机位置，如图9-35所示。

▼图9-35 每隔0.5秒，角色就会出现在随机的位置

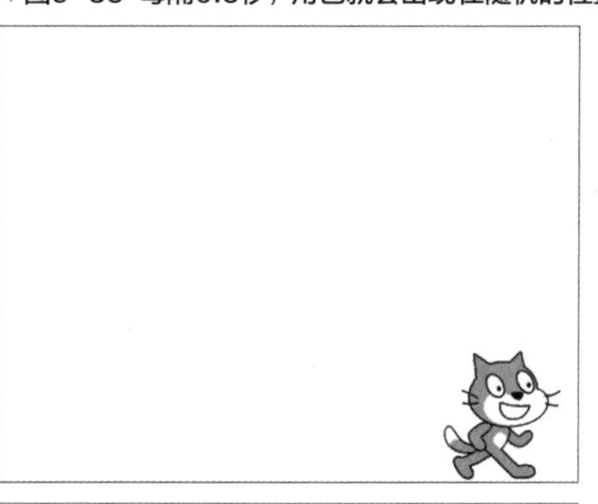

秘技180 “在（1）和（10）之间取随机数”积木块应用示例3

对应 2.0 3.0
难易程度 ●

重点！ 生成两个值之间的随机数值的应用事件3。

新建一个作品文件，试着把Ball从舞台上的随机位置扔下来。

首先，从“选择一个角色”的“所有”类别中选择Ball，如图9-36所示。

▼图9-36 选择Ball

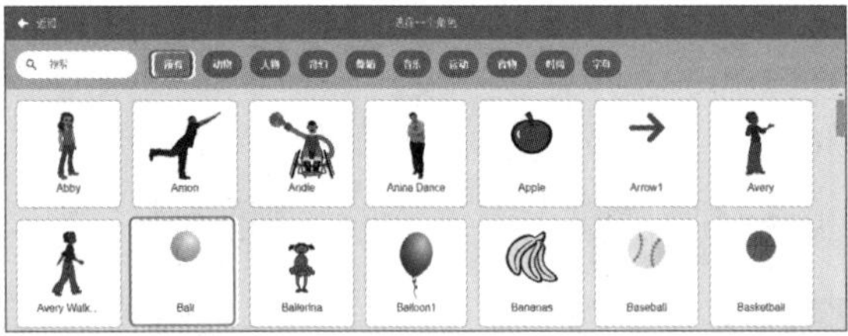

从角色列表中删除“角色1”，将Ball置于顶部，如图9-37所示。

▼图9-37 将Ball置于顶部

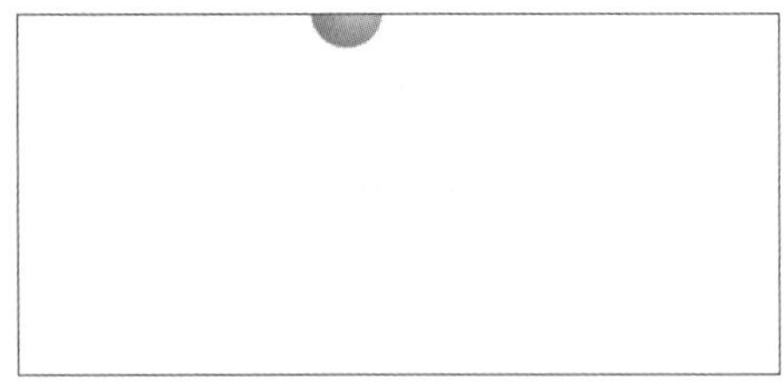

选择Ball，在代码区域拼接脚本。

首先，将“事件”分类内的“当🏴被点击”拖放到代码区域内。在下面拼接“外观”分类内的“隐藏”积木块，刚开始让“角色1”先隐藏。接着拼接“运动”分类内的“移到x:(-35)y:(180)”，这个坐标是指Ball现在所在的位置。

然后拼接“控制”分类内的“重复执行”，在“重复执行”积木块中拼接“外观”分类内的“显示”积木块。接着拼接“运动”分类内的“在（1）秒内滑行到x:(0)y:(0)”，将1指定为0.5，并在两个0处分别嵌入“在（1）和（10）之间取随机数”，将x指定为-240到240之间，这表示x轴的任意位置，y指定为-180到180之间，这表示y轴的任意位置。

继续拼接“控制”分类内的“重复执行直到⬣”，在⬣处嵌入“侦测”分类内的“碰到（鼠标指针▼）？”，单击下拉按钮选择“舞台边缘”选项，在这个积木块中拼接“运动”分类内的“将y坐标增加（10）”，将10指定为-10。在“重复执行直到⬣”积木块下面拼接“事件”分类内的“广播（消息1▼）”。

再将“事件”分类内的“当接收到（消息1▼）”拖放到代码区域内，最后拼接“运动”分类内的“移到x:(-35)y:(180)”，使Ball回到初始位置，拼接完成后如图9-38所示。

▼图9-38 拼接Ball从舞台的随机位置掉落的脚本

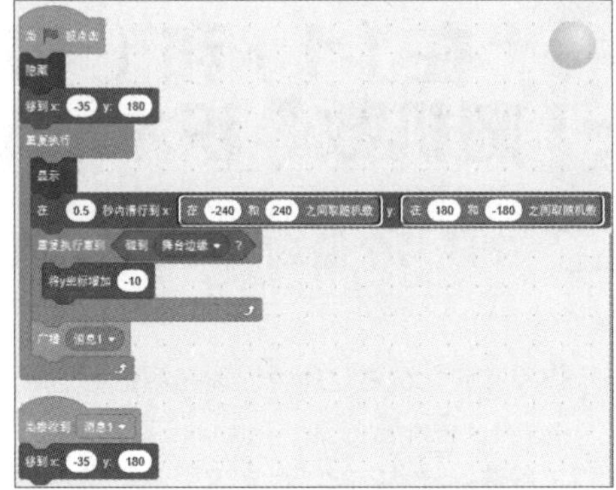

单击“运行”🏴按钮，Ball从一个随机的位置往下掉，如图9-39所示。

▼图9-39 Ball从一个随机的位置往下掉

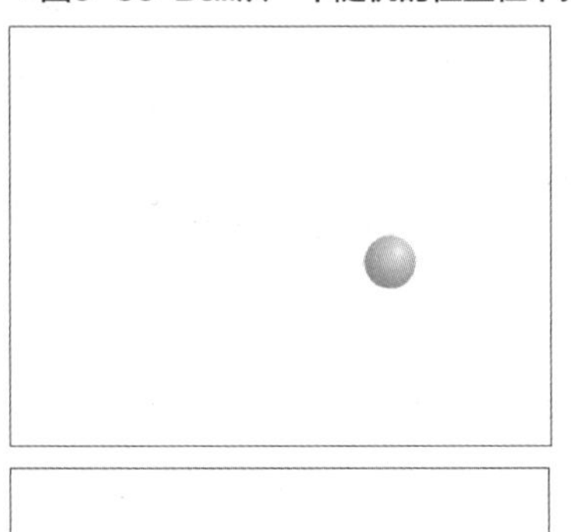

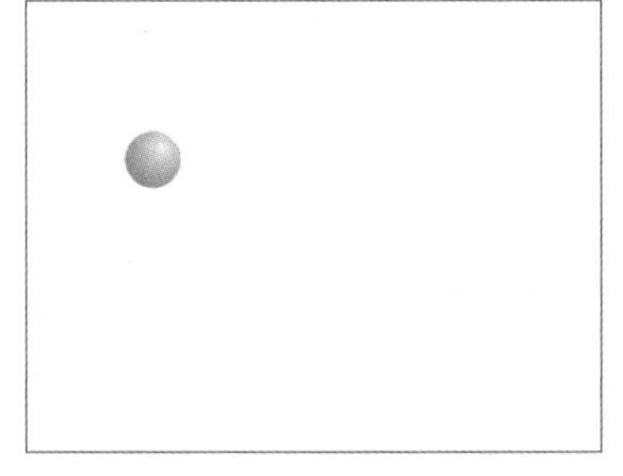

秘技181 如何应用“（ ）>（50））”积木块

扫码看视频

对应 2.0 3.0

难易程度 ●

重点！ 这是某个数值大于某个数值时的脚本。

新建一个作品文件，在舞台上往右走的角色的x坐标值大于150时，角色停止行走。首先，请把“角色1”放在图9-40的位置。

▼图9-40 放置“角色1”

选择“角色1”，在代码区域拼接脚本。

首先，将“事件”分类内的“当⚑被点击”拖放到代码区域内。

接着拼接“运动”分类内的“移到x:（-190）y:（0）”，这个坐标是指“角色1”初始的位置。继续拼接“控制”分类内的“重复执行”，在“重复执行”积木块中拼接“运动”分类内的“移到（10）步”积木块、“外观”分类内的“下一个造型”积木块和“控制”分类内的“等待（1）秒”与“如果⬢那么……”积木块，并将“等待（1）秒”的1指定为0.1，在⬢处嵌入“运算”分类内的“（ ）>（50））”，在 处嵌入“运动”分类内的“x坐标”，50指定为150。

最后在“如果⬢那么……”积木块中拼接“控制”分类内的“停止（全部脚本▼）”，单击下拉按钮选择“这个脚本”选项，拼接完成后如图9-41所示。

▼图9-41 拼接当角色x坐标的值大于150时停止行走的脚本

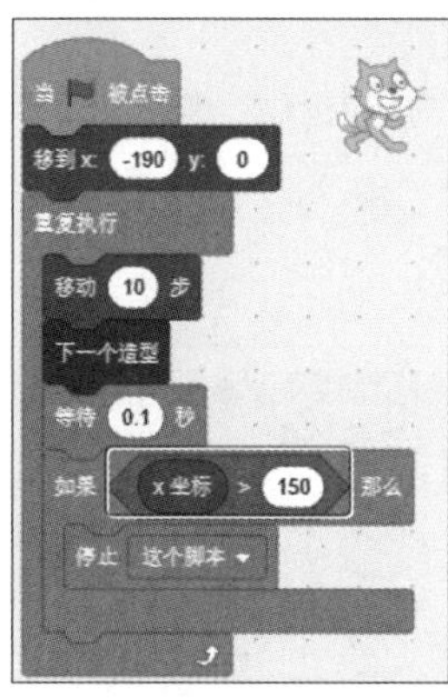

单击“运行”⚑按钮，“角色1”向右行走，当x坐标的值大于150时停止行走，如图9-42所示。

▼图9-42 当“角色1”x坐标的值大于150时停止行走

秘技 182

"(( )>(50))"积木块应用示例

对应 2.0 3.0

难易程度 ●

重点！ 某个数值大于某个数值时的应用。

新建一个作品文件，在舞台上往上升的Soccer Ball的y坐标值大于120时，停止往上升。

首先，从"选择一个角色"的"运动"类别中选择Soccer Ball，如图9-43所示。

▼图9-43 选择Soccer Ball

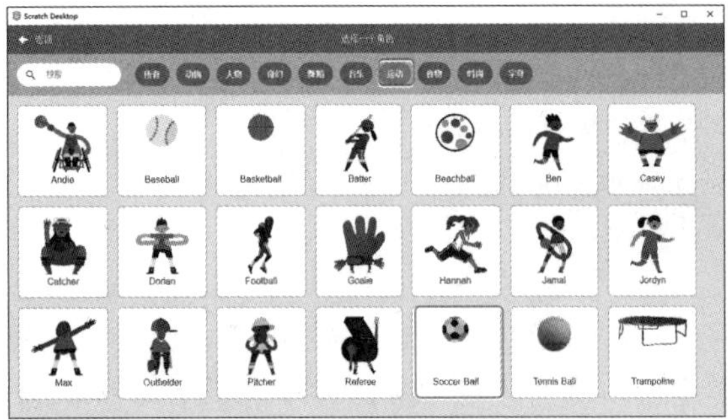

在舞台上放置Soccer Ball，如图9-44所示。

▼图9-44 在舞台上放置Soccer Ball

选择Soccer Ball，在代码区域拼接脚本。

首先，将"事件"分类内的"当⚑被点击"拖放到代码区域内。

接着拼接"运动"分类内的"移到x:(0)y:(-155)"，这个坐标是指Soccer Ball1初始的位置。继续拼接"控制"分类内的"重复执行"，在"重复执行"积木块中拼接"运动"分类内的"将y坐标增加(10)"积木块和"控制"分类内的"如果 那么……"积木块，在 处嵌入"运算"分类内的"(( )>(50))"，在 处嵌入"运动"分类内的"y坐标"，50指定为120。

最后在"如果 那么……"积木块中拼接"控制"分类内的"停止(全部脚本▼)"，单击下拉按钮选择"这个脚本"，拼接完成后如图9-45所示。

▼图9-45 拼接Soccer Ball上升时y坐标的值大于120时停止的脚本

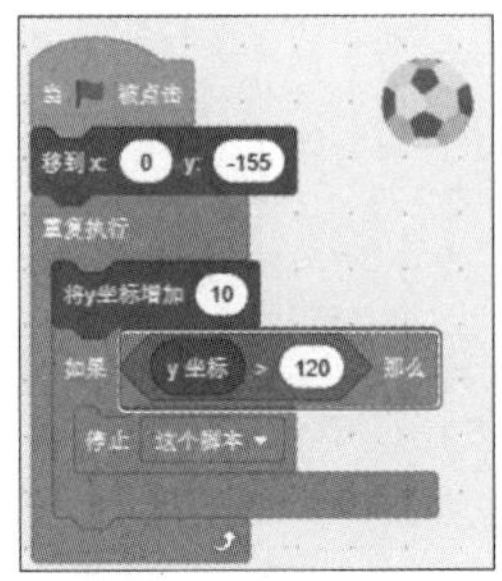

单击"运行"⚑按钮，Soccer Ball向上升，当y坐标的值大于120时停止上升，如图9-46所示。

▼图9-46 当Soccer Ball的y坐标的值大于120时停止上升

秘技183 如何应用“（ ＜（50））”积木块

对应 2.0 3.0

难易程度 ●

重点！ 这是某个数值小于某个数值时的脚本。

新建一个作品文件，舞台上的角色向左边行走，当角色x坐标大于-150的时候向左移动，当x坐标小于-150时，停止行走。

首先，通过调整“方向”将“角色1”转向左边，如图9-47所示。

▼图9-47 将“角色1”的“方向”设为-90且只“左右翻转”

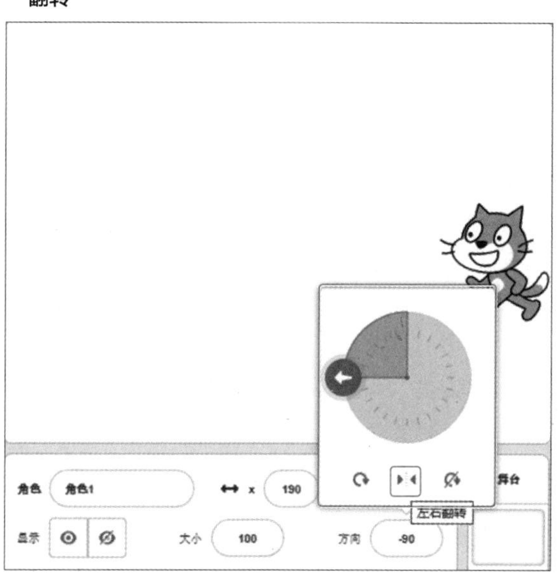

将“事件”分类内的“当⚑被点击”拖放到代码区域内。

接着拼接“运动”分类内的“移到x:（190）y:（-25）”积木块，这个坐标是“角色1”初始的位置。继续拼接“控制”分类内的“重复执行直到⬢”积木块，在⬢处嵌入“运算”分类内的“（ ＜（50））”积木块，在 处嵌入“运动”分类内的“x坐标”积木块，将50指定为-150。

接着在“重复执行直到⬢”积木块中拼接“运动”分类内的“移到（10）步”积木块、“外观”分类内的“下一个造型”积木块，“控制”分类内的“等待（1）秒”与“外观”分类内的“说（你好！）”积木块，并将“等待（1）秒”的1指定为0.1，“你好”处嵌入“运动”分类内的“x坐标”积木块。拼接完成后如图9-48所示。

▼图9-48 拼接角色的x坐标的值小于-150时停止向左走的脚本

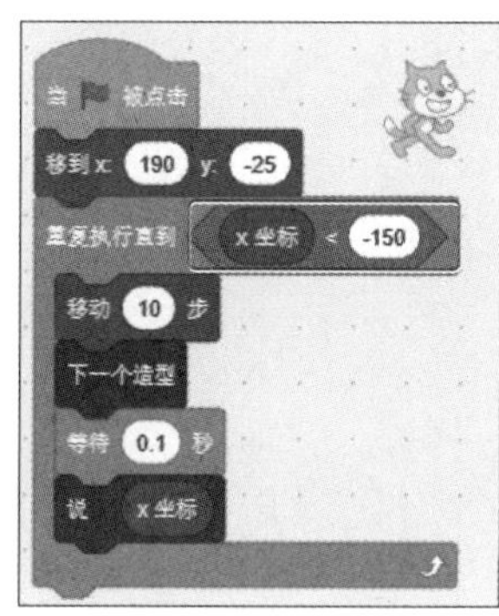

单击“运行”⚑按钮，向左移动的“角色1”x坐标的值小于-150时停止向左走，如图9-49所示

▼图9-49 “角色1”的x坐标的值小于-150时停止行走

秘技 184 “(◯< (50))”积木块应用示例

扫码看视频

对应 2.0 3.0
难易程度 ●

重点！ 这是某个数值小于某个数值时的应用事件。

新建一个作品文件，当舞台上下落的Soccer Ball的y坐标值大于-100时会往下掉，小于-100时会停止下落。

请从秘技182的图9-43中选择Soccer Ball，此处不需要“角色1”，将其删除。

将Soccer Bal放置在舞台上，l如图9-50所示。

▼图9-50 舞台上放置Soccer Ball

首先，将“事件”分类内的“当⚑被点击”拖放到代码区域内。

然后拼接“运动”分类内的“移到x:(0) y:(160)”，这个坐标是Soccer Ball初始的位置。继续拼接“控制”分类内的“重复执行直到◆”，在◆处嵌入“运算”分类内的“(◯< (50))”，在◯处嵌入“运动”分类内的“y坐标”，将50指定为-100。

接着在“重复执行直到◆”积木块中拼接“运动”分类内的“将y坐标增加 (10)”，将10指定为-10。最后拼接“外观”分类内的“说 (你好!)”，在“你好”处嵌入“运动”分类内的“y坐标”。拼接完成后如图9-51所示。

▼图9-51 拼接当Soccer Ball的y坐标值小于-100时停止向下落的脚本

单击“运行”⚑按钮，当Soccer Ball的y坐标值小于-100时，停止下落，如图9-52所示。

▼图9-52 当Soccer Ball的y坐标值小于-100时会停止向下落

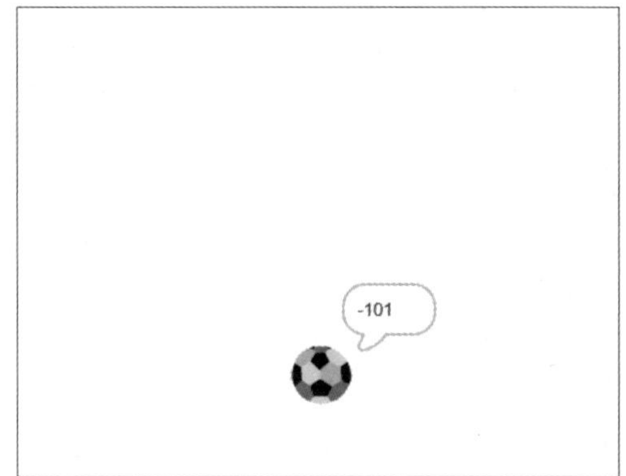

秘技185 如何应用“( )=(50)”积木块

对应 2.0 3.0
难易程度 ●

重点！ 这是某个数值等于某个数值时的积木块。

新建一个作品文件，角色在舞台上来回移动，当碰到舞台边缘的次数达到4次时，脚本停止。

首先，从“变量”内建立“次数”变量，如图9-53所示。

▼图9-53 建立“次数”变量

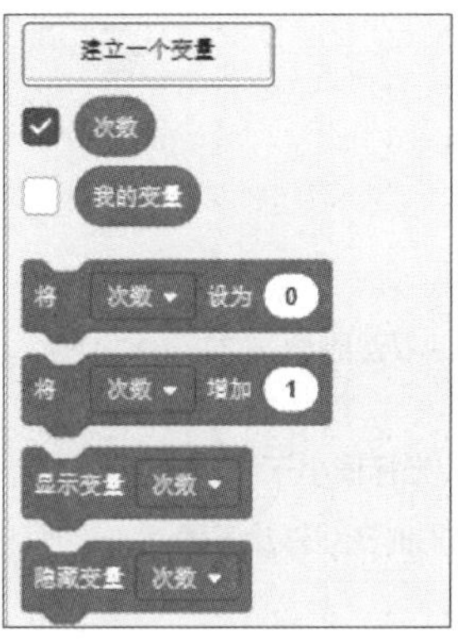

将“事件”分类内的“当⚑被点击”拖放到代码区域内。

然后拼接“运动”分类内的“移到x:(0) y:(0)”和“变量”分类内的“将(次数▼)设为(0)”积木块。

继续拼接“控制”分类内的“重复执行”积木块，在“重复执行”中拼接角色行走的脚本：“移动(10)步”、“下一个造型”、“碰到边缘就反弹”、“将旋转方式设为(左右翻转▼)”和“等待(1)秒”，将1指定为0.05。

接着在“等待(0.05)秒”积木块下面拼接“控制”分类内的“如果⬢那么……”积木块，在⬢处嵌入“侦测”分类内的“碰到(鼠标指针▼)”，单击下拉按钮选择“舞台边缘”选项，在“如果⬢那么……”积木块中拼接“将(次数▼)增加(1)”。再次拼接一个“如果⬢那么……”积木块，在⬢处嵌入“运算”分类内的“( )=(50)”，在 处嵌入“变量”分类内的“次数”，将50指定为4，最后在第二个“如果⬢那么……”积木块中拼接“控制”分类内的“停止(全部脚本▼)”，单击下拉按钮选择“这个脚本”选项，拼接完成后如图9-54所示。

▼图9-54 角色碰到舞台边缘4次后停止运行脚本

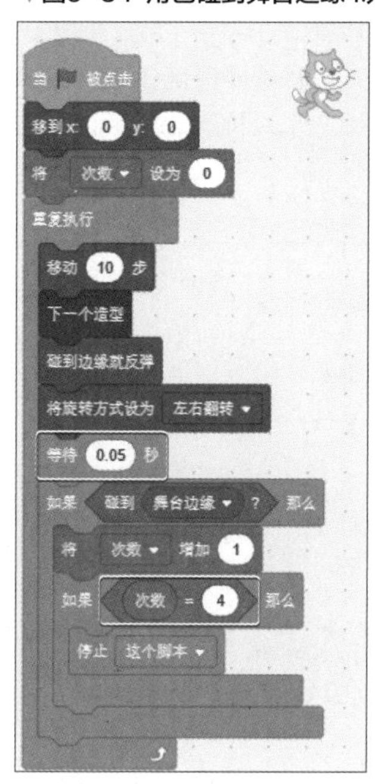

单击“运行”⚑按钮，“角色1”碰到舞台边缘4次后停止运行脚本。如图9-55所示。

▼图9-55 “角色1”碰到舞台边缘4次后停止运行脚本

秘技

186

“(=(50))”积木块应用示例

扫码看视频

对应

2.0

3.0

难易程度

重点！ 这是某个数值等于某个数值时的应用事件。

新建一个作品文件，Ball从舞台上从上往下落，y坐标为-100时停止下落。

像秘技180的图9-36那样选择角色Ball。删除“角色1”，将Ball放置在舞台上，如图9-56所示。

▼图9-56 放置Ball

首先，将“事件”分类内的“当⚑被点击”拖放到代码区域内。

接着拼接“运动”分类内的“移到x:(-30)y:(160)”，这是Ball在舞台的初始位置。

继续拼接“控制”分类内的“重复执行”积木块，在“重复执行”中拼接“运动”分类内的“将y坐标增加(10)”，将10指定为-10。接着拼接“外观”分类内的“说(你好!)”，在“你好”处嵌入“运动”分类内的“y坐标”。

接着拼接“控制”分类内的“如果 那么……”积木块，在 处嵌入“运算”分类内的“(=(50))”，在 处嵌入“运动”分类内的“y坐标”，将50指定为-100，最后在“如果 那么……”积木块中拼接“控制”分类内的“停止(全部脚本▼)”，单击下拉按钮选择“这个脚本”选项，拼接完成后如图9-57所示。

▼图9-57 拼接y坐标值等于-100时Ball停止下落的脚本

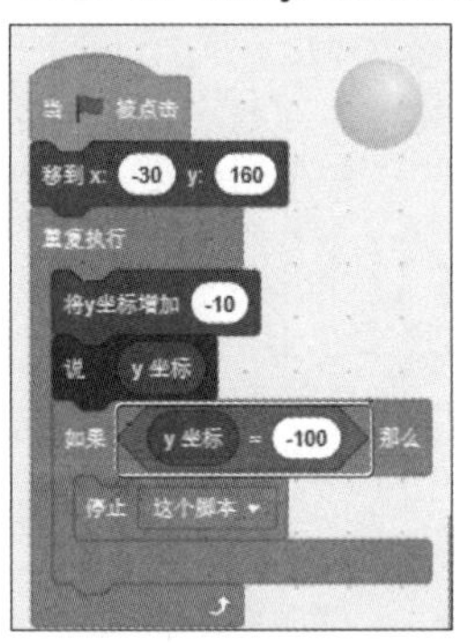

单击“运行”⚑按钮，当y坐标值等于-100时Ball停止下落，如图9-58所示。

▼图9-58 当y坐标值等于-100时Ball停止下落

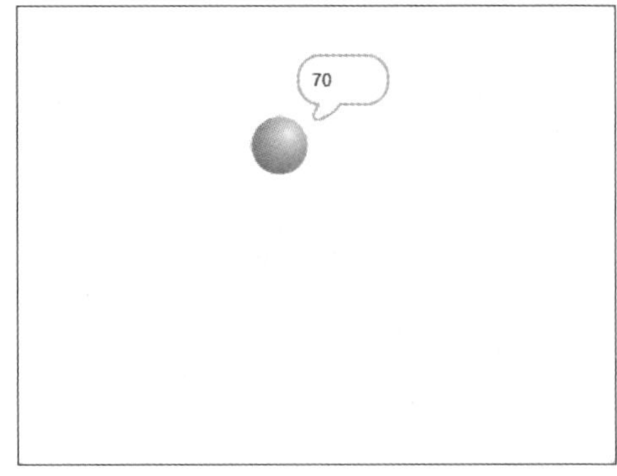

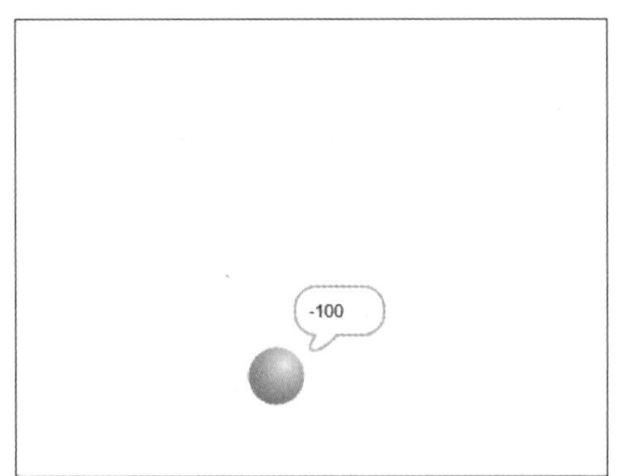

秘技187 如何应用“（ 与 ）”积木块

对应 2.0 3.0

难易程度 ●

重点！ 判断是否同时满足两个条件的积木块。

新建一个作品文件，如果在舞台上行走的角色的x坐标值大于150，y坐标值大于100，则角色停止行走。

首先，通过“任意旋转”设定角色的“方向”在74度左右，稍微向上一点，如图9-59所示。

▼图9-59 “角色1”的“方向”指定为74

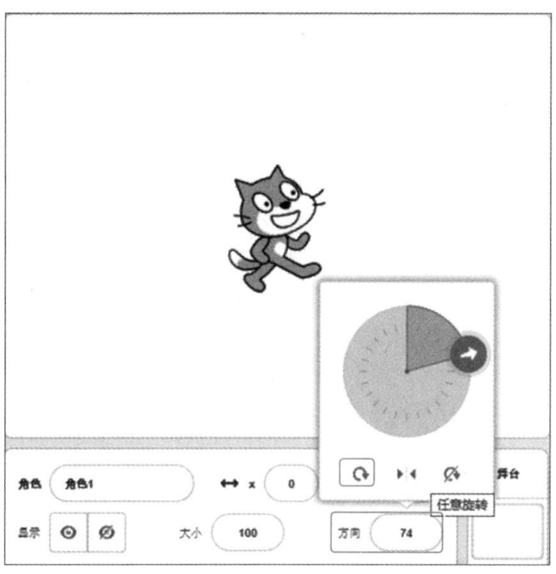

将“事件”分类内的“当🏴被点击”拖放到代码区域内。

接着拼接“运动”分类内的“移到x:（0） y:（0）”，这是“角色1”在舞台上的初始位置。

继续拼接“控制”分类内的“重复执行”积木块，在“重复执行”中拼接角色行走的脚本：“移动（10）步”“下一个造型”“碰到边缘就反弹”“将旋转方式设为（左右翻转▼）”和“等待（1）秒”，将1指定为0.1。

接着拼接“控制”分类内的“如果⬢那么……”积木块，在⬢处嵌入“运算”分类内的“（⬢与⬢）”，在第一个⬢处嵌入“运算”分类内的“（▢>（50））”，在▢处嵌入“运动”分类内的“x坐标”，将50指定为150，在第二个⬢处同样嵌入“运算”分类内的“（▢>（50））”，在▢处嵌入“运动”分类内的“y坐标”，将50指定为100，最后在“如果⬢那么……”积木块中拼接“控制”分类内的“停止（全部脚本▼）”，单击下拉按钮选择“这个脚本”选项，拼接完成后如图9-60所示。

▼图9-60 拼接角色的x坐标值大于150与y坐标值大于100时会停止运动的脚本

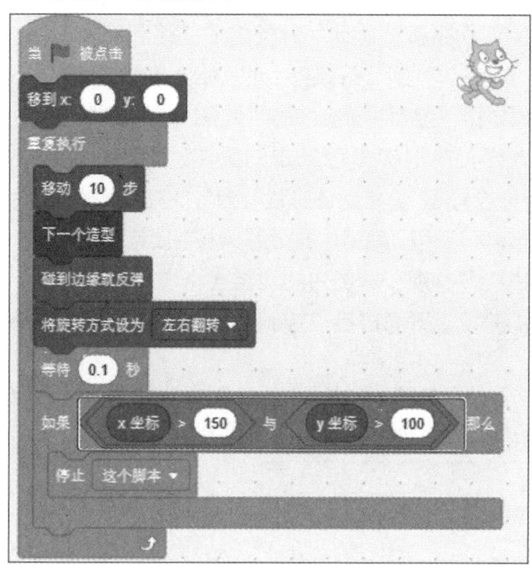

单击“运行”🏴按钮，当“角色1”的x坐标值大于150与y坐标值大于100时会停止运动，如图9-61所示。

▼图9-61 “角色1”的x坐标值大于150与y坐标值大于100时停止运动

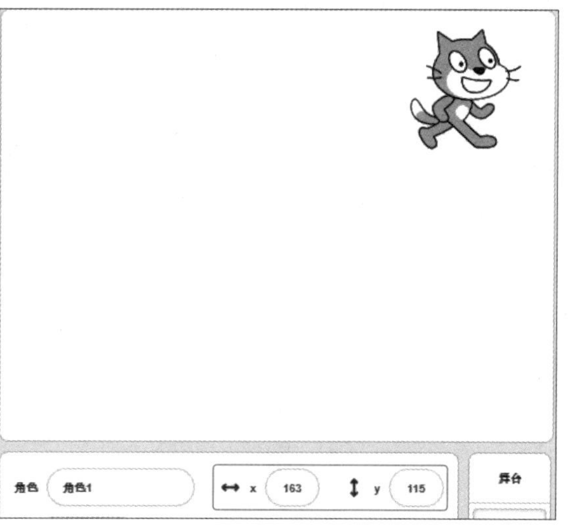

秘技 **188**

“(⬢与⬢)”积木块应用示例

扫码看视频

▶对应 2.0 3.0

▶难易程度 ●

重点! 判断是否同时满足两个条件的应用事件。

新建一个作品文件，当角色的“大小”大于150且x坐标值小于-100时，角色停止行走。

首先，将“事件”分类内的“当⚑被点击”拖放到代码区域内。

接着拼接“外观”分类内的“将大小设为(100)”，再拼接“运动”分类内的“移到x:(0) y:(0)”，这是“角色1”在舞台上的初始大小和位置。

继续拼接“控制”分类内的“重复执行”积木块，在“重复执行”中拼接角色行走的脚本：“移动(10)步”“下一个造型”“碰到边缘就反弹”“将旋转方式设为(左右翻转▼)”和“等待(1)秒”，将1指定为0.1。

再拼接“外观”分类内的“将大小增加(10)”，将10指定为2。下面拼接“控制”分类内的“如果⬢那么……”积木块，在⬢处嵌入“运算”分类内的“(⬢与⬢)”，在第一个⬢处嵌入“运算”分类内的“(▢>(50))”，在▢处嵌入“外观”分类内的“大小”，将50指定为150，在第二个⬢处同样嵌入“运算”分类内的“(▢<(50))”，在▢处嵌入“运动”分类内的“x坐标”，将50指定为-100，最后在“如果⬢那么……”积木块中拼接“控制”分类内的“停止(全部脚本▼)”，单击下拉按钮选择“这个脚本”选项，拼接完成后如图9-62所示。

▼图9-62 当角色的“大小”大于150与x坐标值小于-100时角色停止行走的脚本

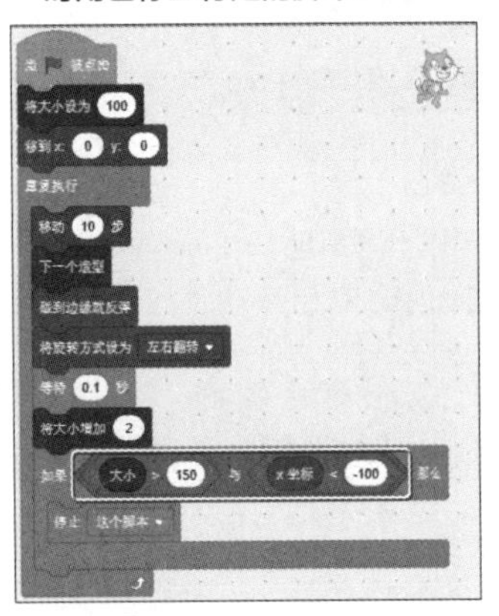

单击“运行”⚑按钮，当角色的“大小”大于150且x坐标值小于-100时角色停止行走，如图9-63所示。

▼图9-63 当角色的“大小”大于150且x坐标值小于-100时角色停止行走

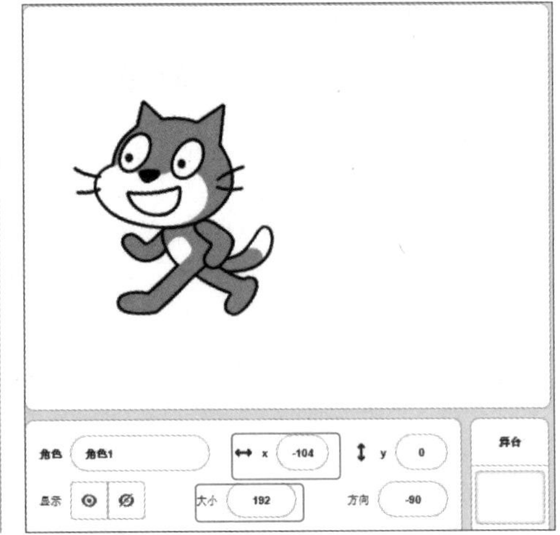

秘技 **189**

如何应用“(⬢或⬢)”积木块

扫码看视频

▶对应 2.0 3.0

▶难易程度 ●

重点! 判断是否满足两个条件的其中之一的积木块。

新建一个作品文件，如果角色的x坐标值小于-150或者y坐标值大于100时，角色停止行走。

如秘技187所示，请将“角色1”的“方向”指定为74。

首先，将“事件”分类内的“当⚑被点击”拖放到代码区域内。继续拼接“控制”分类内的“重复执行”积木块，在“重复执行”中拼接角色行走的脚本：“移动(10)步”“下一个造型”“碰到边缘就反弹”“将旋转方式设为（左右翻转▼）”和“等待（1）秒”，将1指定为0.1。

接着拼接“控制”分类内的“如果⬢那么……”积木块，在⬢处嵌入“运算”分类内的“（⬢或⬢）”，在第一个⬢处嵌入“运算”分类内的“（▢<（50））”，在▢处嵌入“运动”分类内的“x坐标”，将50指定为-150，在第二个⬢处同样嵌入“运算”分类内的“（▢>（50））”，在▢处嵌入“运动”分类内的“y坐标”，将50指定为100，最后在“如果⬢那么……”积木块中拼接“控制”分类内的“停止（全部脚本▼）”，单击下拉按钮选择“这个脚本”选项，拼接完成后如图9-64所示。

▼图9-64 当角色的x坐标值小于-150或y坐标值大于100时角色停止行走的脚本

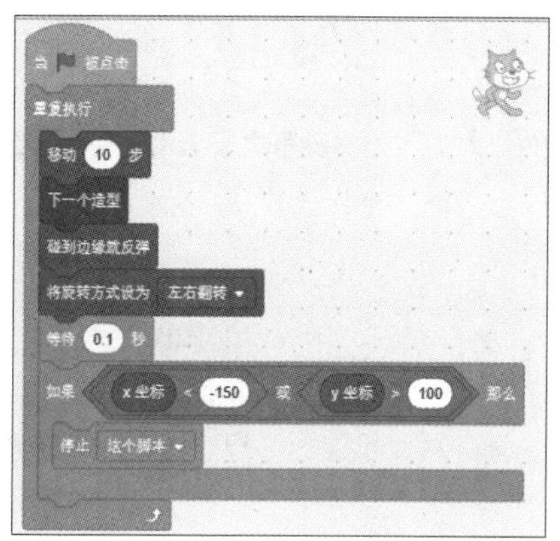

单击“运行”按钮，当角色的x坐标值小于-150或y坐标值大于100时角色停止行走，如图9-65所示。

▼图9-65 角色的x坐标值小于-150或y坐标值大于100时角色停止行走

因为y坐标值大于100，满足其中一个条件，所以角色停止行走。

秘技 190 “（⬢或⬢）”积木块应用示例

扫码看视频

对应 2.0 3.0

难易程度 ●

重点！ 判断是否满足两个条件的其中之一的应用事件。

新建一个作品文件，当角色的“大小”大于150或x坐标值小于-100时，角色停止行走。

首先，将“事件”分类内的“当被点击”拖放到代码区域内。

接着拼接“外观”分类内的“将大小设为（100）”，再拼接“运动”分类内的“移到x:（0）y:（0）”，这是“角色1”在舞台上的初始大小和位置。

继续拼接“控制”分类内的“重复执行”积木块，在“重复执行”中拼接角色行走的脚本：“移动（10）步”“下一个造型”“碰到边缘就反弹”“将旋转方式设为（左右翻转▼）”和“等待（1）秒”，将1指定为0.1。

再拼接“外观”分类内的“将大小增加（10）”，将10指定为2。下面拼接“控制”分类内的“如果⬢那么……”积木块，在⬢处嵌入“运算”分类内的“（⬢或⬢）”，在第一个⬢处嵌入“运算”分类内的“（▢>（50））”，在▢处嵌入“外观”分类内的“大小”，将50指定为150，在第二个⬢处同样嵌入“运算”分类内的“（▢<（50））”，在▢处嵌入“运动”分类内的“x坐标”，将50指定为-100，最后在“如果⬢那么……”积木块中拼接“控制”分类内的“停止（全部脚本▼）”，单击下拉按钮选择“这个脚本”选项，拼接完成后如图9-66所示。

▼图9-66 当角色的“大小”大于150或x坐标值小于-100时角色停止行走的脚本

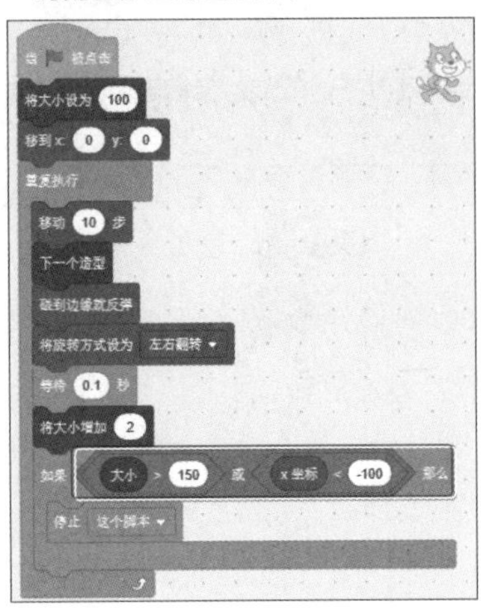

单击“运行”按钮，当角色的“大小”大于150或x坐标值小于-100时，角色停止行走，如图9-67所示。

▼图9-67 当角色的“大小”大于150或x坐标值小于-100时角色停止行走

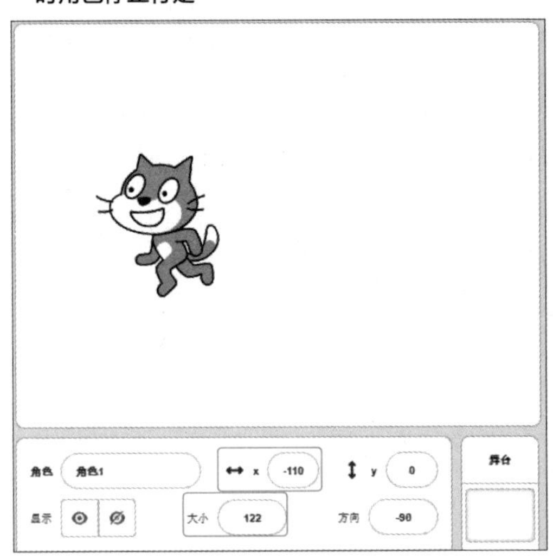

“角色1”的“大小”虽然没有大于150，但是x坐标值小于-100了，所以“角色1”停止行走。

秘技 191

如何应用“（ 不成立）”积木块

扫码看视频

对应 2.0 3.0

难易程度 ●

重点! 当满足某个条件时使之无效的积木块。

新建一个作品文件，角色朝着Bananas的方向行走，碰到Bananas后停止行走。

首先，请从“选择一个角色”的“食物”类别中选择Bananas，如图9-68所示。将“角色1”和Bananas放置在舞台上，如图9-69所示。

▼图9-68 选择Bananas

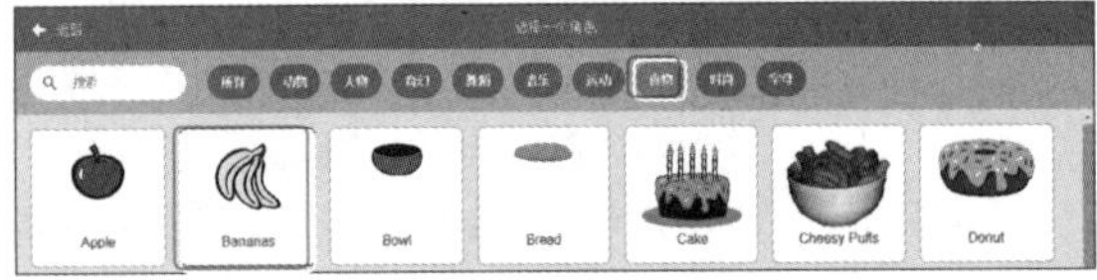

将“事件”分类内的“当被点击”拖放到代码区域内。

接着拼接“运动”分类内的“移到x:（0）y:（0）”，这是“角色1”在舞台上的初始位置。

继续拼接“控制”分类内的“重复执行”积木块，在“重复执行”中拼接“控制”分类内的“如果那么……”积木块，在处嵌入“运算”分类内的“（不成立）”，在处嵌入“侦测”分类内的“碰到（鼠标指针▼）?”，单击下拉按钮选择Bananas选项。继续在“如果那么……”积木块中拼接“运动”分类内的“面向（鼠标指针▼）”，单击下拉按钮选择Bananas选项。接着拼接“移动（10）步”和“下一个造型”，最后拼接“控制”分类内的“等待（1）秒”，将1指定为0.1。拼接完成后如图9-70所示。

▼图9-69 放置“角色1”和Bananas

▼图9-70 拼接“角色1”碰到Bananas时行走无效的脚本

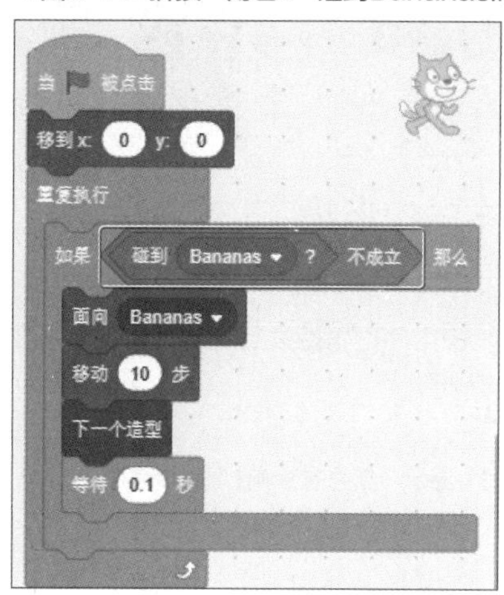

单击“运行”按钮，当“角色1”碰到Bananas时行走脚本无效，如图9-71所示。

▼图9-71 “角色1”碰到Bananas时行走脚本无效

秘技 192

“(不成立)”积木块应用示例

扫码看视频

对应 2.0 3.0

难易程度

重点！ 当满足某个条件时使之无效的应用事件。

新建一个作品文件，增加角色的“大小”，大于400时停止。

首先，将“事件”分类内的“当被点击”拖放到代码区域内。

接着拼接“外观”分类内的“将大小设为(100)”，这是“角色1”在舞台上的初始大小。继续拼接“控制”分类内的“重复执行”积木块，在“重复执行”中拼接“控制”分类内的“如果那么……”积木块，在处嵌入“运算”分类内的“(不成立)”，在处嵌入“运算”分类内的“(>(50))”，在处嵌入“外观”分类内的“大小”，将50指定为400，最后在“如果那么……”积木块中拼接“外观”分类内的“将大小增加(10)”，将10指定为2。拼接完成后如图9-72所示。

单击“运行”按钮，当“角色1”的大小增加到400时，增加“角色1”大小的脚本失效，如图9-73所示。

▼图9-72 拼接将“角色1”的大小增加到400时使增加角色大小无效的脚本

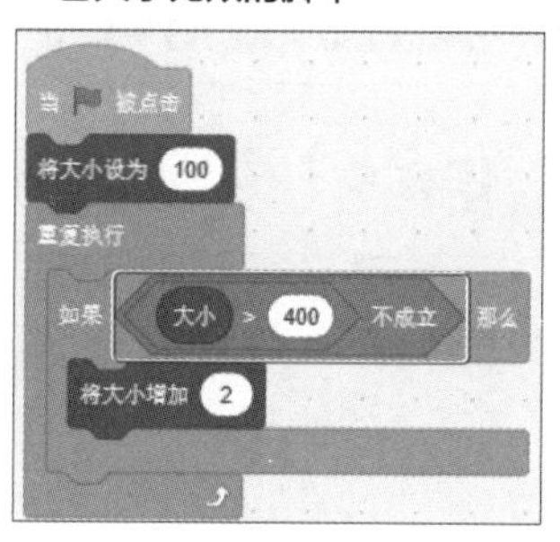

▼图9-73 “角色1”的“大小”超过400

秘技193 如何应用“连接（apple）和（banana）”积木块

扫码看视频

对应 2.0 3.0

难易程度

重点！ 这是将两个条件拼接使用的脚本，这个脚本的使用频率非常高。

新建一个作品文件，让角色说出“年号是令和！”。

首先，将“事件”分类内的“当⚑被点击”拖放到代码区域内。

接着拼接“外观”分类内的“说（你好！）”。在“你好！”处嵌入“运算”内的“连接（apple）和（banana）”。在apple的位置输入“年号是”，在banana的位置输入“令和！”，拼接完成后如图9-74所示。

▼图9-74 拼接让“角色1”说出“年号是令和！”的脚本

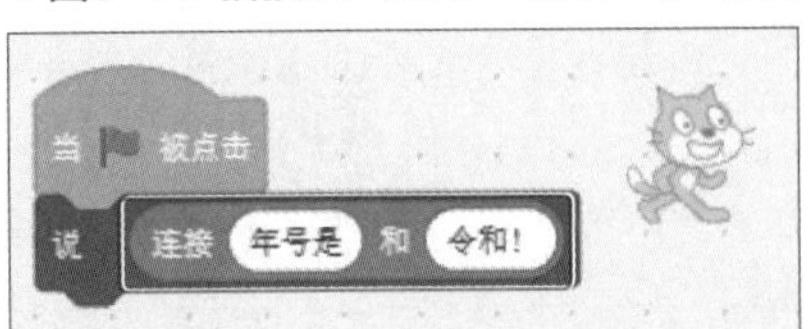

单击“运行”按钮⚑，“角色1”会说出“年号是令和！”，如图9-75所示。

▼图9-75 “角色1”显示“年号是令和！”的会话框

秘技194 “连接（apple）和（banana）”积木块应用示例

扫码看视频

对应 2.0 3.0

难易程度

重点！ 连接（apple）和（banana）的应用事件。

新建一个作品文件，角色显示“我生活在昭和、平成和令和这三个时代。”这样的会话框。

拼接“运算”内的“连接（apple）和（banana）”，如图9-76所示。

▼图9-76 拼接“连接（apple）和（banana）”

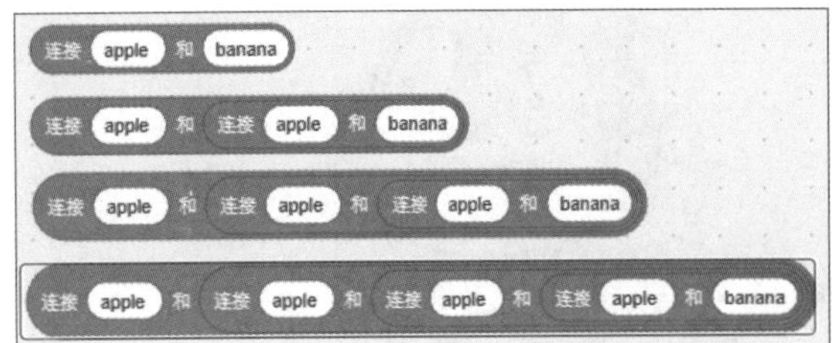

将“事件”分类内的“当⚑被点击”拖放到代码区域内。

接着拼接“外观”分类内的“说（你好！）”，在“你好！”处嵌入图9-76中蓝色边框围起来的积木块。在第一个apple处输入“我生活在”，第二个apple处输入“昭和、”，第三个apple处输入“平成和”，第四个apple处输入“令和”，最后的banana输入“这三个年代。”，拼接完成后如图9-77所示。

▼图9-77 拼接了一段话的脚本

单击“运行”⚑按钮，角色显示“我生活在昭和、平成和令和这三个时代。”的会话框，如图9-78所示。

▶图9-78　角色说“我生活在昭和、平成和令和这三个时代。”

秘技 195　如何应用“（apple）的第（1）个字符”积木块

扫码看视频

▶对应 2.0 3.0
▶难易程度

重点！　获取指定的字符串的第一个字符的脚本。

新建一个作品文件，“新年号是令和。”试着从这段字符串中取出“令”字。

首先，将“事件”分类内的“当⚑被点击”拖放到代码区域内。接着拼接“外观”分类内的“说（你好！）”，在“（你好！）”处嵌入“（apple）的第（1）个字符”，在apple处输入“新年号是令和。”，将1指定为5。拼接完成后如图9-79所示。

▼图9-79　拼接了从字符串中提取字符的脚本

单击“运行”⚑按钮，角色显示“令”的会话框，如图9-80所示。

▼图9-80　角色显示“令”的会话框

秘技 196　如何应用“（apple）的字符数”积木块

扫码看视频

▶对应 2.0 3.0
▶难易程度

重点！　获取字符串的字符数的脚本。

新建一个作品文件，让角色逐个显示“你好吗？”的文字。首先，从“变量”分类内建立“编号”变量，如图9-81所示。

▼图9-81　建立“编号”变量

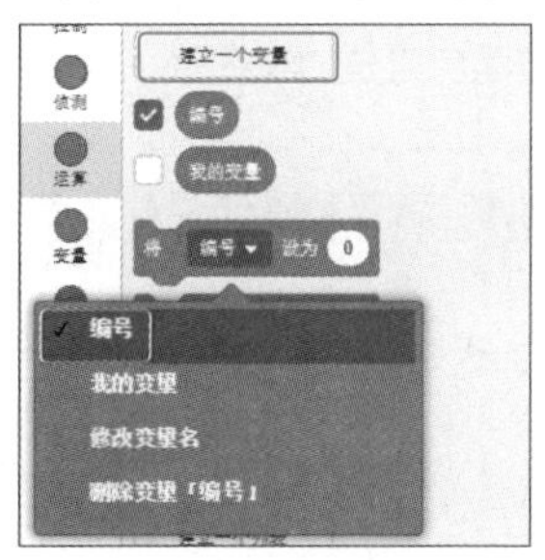

将“事件”分类内的“当⚑被点击”拖放到代码区域内。

接着拼接“变量”分类内的“将（编号▼）设为（0）”。在下面拼接“控制”分类内的“重复执行（10）次”，在10处嵌入“运算”分类内的“（apple）的字符数”，在apple处输入“你好吗？”。接着在“重复执行（（apple）的字符数）次”积木块中拼接“变量”分类内的“将（编号▼）增加（1）”，最后拼接“外观”分类内的“说（你好！）（2）秒”，将2指定为0.5，在“你好！”处嵌入“运算”分类内的“（apple）的第（1）个字符”，在apple处输入“你好吗？”，在1处嵌入“变量”分类内的“编号”。拼接完成后如图9-82所示。

▼图9-82 拼接让角色挨个显示“你好吗？”的文字的脚本

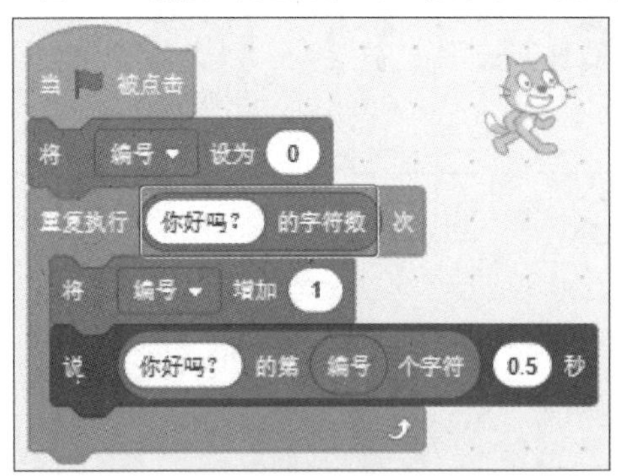

单击“运行”⚑按钮，角色逐个显示“你好吗？”的文字，如图9-83所示。

▼图9-83 角色逐个显示“你好吗？”的文字

秘技197 如何应用“（apple）包含（a）”积木块

扫码看视频

▶对应 2.0 3.0

▶难易程度

重点！ 这是判定指定的字符串中是否包含指定文字的脚本。

“新年号是什么？”，如果回答中含有“令”字的话，就让角色在舞台上行走。

首先，将“事件”分类内的“当⚑被点击”拖放到代码区域内。

接着拼接“侦测”分类内的“询问（What’s your name?）并等待”，在What’s your name?处输入“新年号是什么？”，继续拼接“控制”分类内的“如果⬣那么……”积木块，在⬣处嵌入“运算”分类内的“（apple）包含（a）”积木块，apple处嵌入“侦测”分类内的“回答”，在a处输入“令”，在“如果⬣那么……”积木块中拼接角色行走的积木块，拼接完成后如图9-84所示。

单击“运行”⚑按钮，询问“新年号是什么?”，回答“令和”，如图9-85所示。

单击✔按钮，“角色1”开始行走，如图9-86所示。

▼图9-84 拼接如果回答中含有“令”字“角色1”就会开始行走积木块

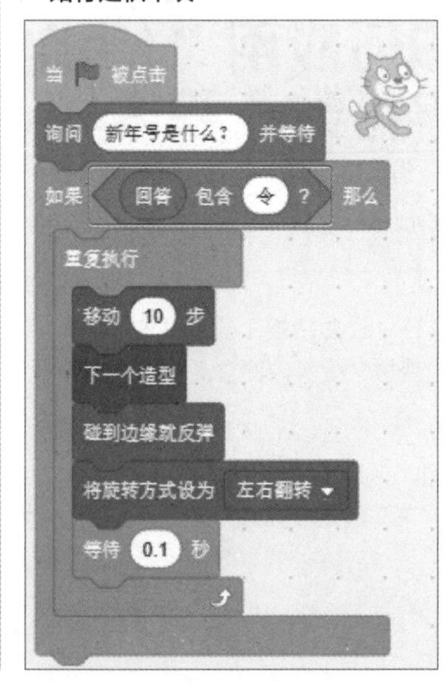

▼图9-85 回答“令和”

▼图9-86 “角色1”开始行走

秘技198 如何应用“ 除以 的余数”积木块

扫码看视频

对应 2.0 3.0

难易程度 ●

重点！ 这是一个数除以另一个数的余数的脚本。

新建一个作品文件，x坐标值除以5，余数不是0的情况下，角色会跳起来。角色每次移动4步，所以x坐标是4、8、12、16、20、24、28、32、36、40……其中，能被5整除的余数为0的是20和40，这时候角色就会跳起来。在“运动”分类内勾选的“x坐标”复选框，舞台上出现“x坐标”的值，如图9-87所示。

▼图9-87 舞台上显示“x坐标”

首先，将“事件”分类内的“当▶被点击”拖放到代码区域内。

接着拼接“运动”分类内的“移到x:（0）y:（0）”，这是“角色1”在舞台上的初始位置。

继续拼接“控制”分类内的“重复执行”积木块，在“重复执行”中拼接“角色1”行走的积木块，这里需要修改“移动（10）步”积木块，将10指定为4。在角色行走的脚本下面拼接“控制”分类内的“如果◆那么……否则……”积木块，在◆处嵌入“运算”分类内的“（◯=（50））”，将50指定为0，在◯处嵌入“◯除以◯的余数”，在这个积木块的第一个◯处嵌入“运动”分类内的“x坐标”，第二个◯输入5。

“如果X坐标除以5=0，那么y坐标增加10，否则增加-10”，所以要拼接“y坐标增加（10）”与“y坐标增加（-10）”。拼接完成后如图9-88所示。

▼图9-88 拼接如果x坐标值除以5等于0时“角色1”就会跳起来的脚本

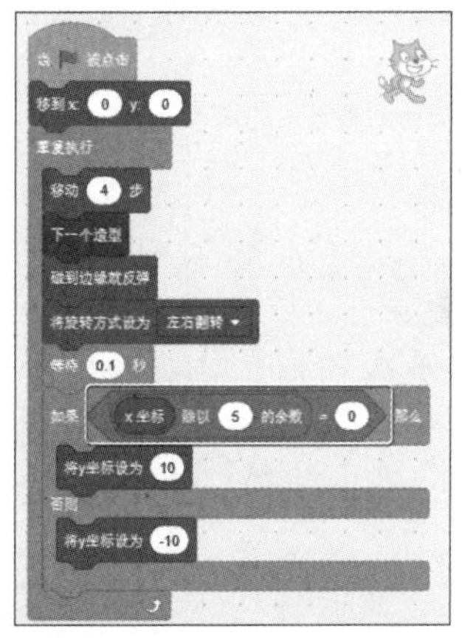

单击“运行”▶按钮，“角色1”开始行走，当x坐标值除以5等于0时“角色1”就会跳起来，如图9-89所示。

▼图9-89 如果x坐标值除以5等于0时“角色1”就会跳起来

秘技 199

如何应用“四舍五入 ”积木块

扫码看视频

对应 2.0 3.0

难易程度

重点！ 对指定的值进行四舍五入的积木块。

新建一个作品文件，把输入的数值四舍五入后显示出来。

首先，将“事件”分类内的“当 被点击”拖放到代码区域内。

接着拼接“侦测”分类内的“询问（What's your name?）并等待”，在What's your name?处输入“请输入带小数点的值”。

最后拼接“外观”分类内的“说（你好！）”，在“你好！”处嵌入“四舍五入 ”，在 处嵌入“侦测”分类内的“回答”，拼接完成后如图9-90所示。

▼图9-90 拼接对输入的值进行四舍五入的脚本

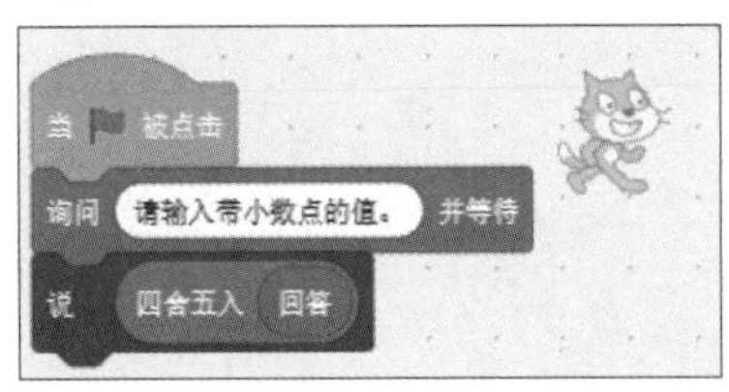

单击“运行” 按钮，输入的值为22.5的话，四舍五入后显示为23，输入的值为12.32的话，显示为12，如图9-91所示。

▼图9-91 对输入的值四舍五入

秘技 200

如何应用“（绝对值▼）（ ）”积木块

扫码看视频

对应 2.0 3.0

难易程度 ●

重点！ 将指定的值用表1的公式取得结果。

▼表1

公式	说明
绝对值	获得除去正负符号的数值
向下取整	舍弃小数点以下的所有数值，取整数部分
向上取整	小数点以下大于0时加+1，小数点以下全部舍去，取整数部分
平方根	获得平方得到指定的值
sin	获得三角函数的“正弦”
cos	获得三角函数的“余弦”
tan	获得三角函数的“正切”
asin	获得三角函数的“反正弦”
acos	获得三角函数的“反余弦”
atan	获得三角函数的“反正切”
ln	获得自然对数
log	获得对数
e^	将e与指定的值相乘
10^	将10与指定的值相乘

下面试着使用“向下舍入”。

计算2000年至2020年12月24日的天数了。

从西历2000年开始的天数加上8天，其值为7671，则表示为“令和2年”。

首先，将“事件”分类内的“当🏴被点击”拖放到代码区域内。

接着拼接“控制”分类内的“如果◆那么……”积木块，在◆处嵌入“运算”分类内的“（ ）=（50））”，在 处嵌入“运算”分类内的“（绝对值▼）（ ）”，单击下拉按钮选择“向下取整”选项。“（ ）+（ ）”。在“（向下取整▼）（ ）”的 处嵌入“运算”分类内的并在“（ ）+（ ）”的第一个 处嵌入“侦测”分类内的“2000年至今的天数”，第二个 输入8，因为今天是12月24日，到2021年1月1日还有8天，所以把8加起来，这个脚本拼接完成后如图9-92所示。

▼图9-92 拼接部分脚本

将图9-92的脚本嵌入“（ ）=（50））”的 中，将50指定为7671。因为从2000年到2021年1月1日有7671天，所以输入7060。最后在“如果◆那么……”积木块中拼接“外观”内的“说（你好！）”，将“你好！”指定为“令和2年”，如图9-93所示。

▼图9-93 拼接完成的脚本

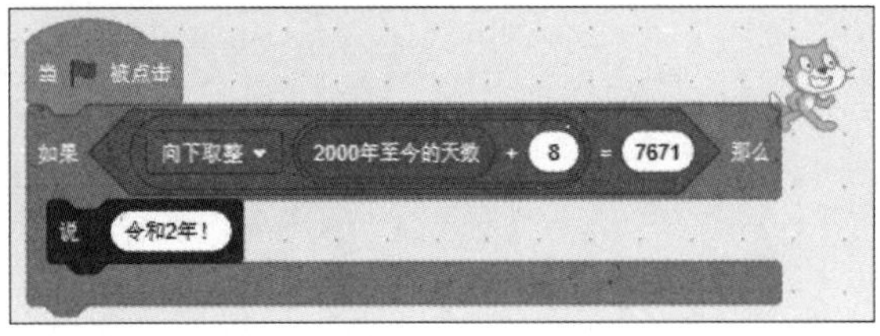

单击“运行”按钮，从2000年到平成32（2020年12月24日）的天数加上8天的天数是7671（到2021年1月1日）的话就表示“令和2年”，如图9-94所示。

▼图9-94 显示为“令和2年”

专栏 Scratch 3.0的语音合成和翻译功能

Scratch 3.0追加的扩展功能“文字朗读”和“翻译功能”，在英语对话中也能使用，非常方便。从Scratch 3.0开始，这些功能在iPad上也能运行了，所以我想利用这些功能，制作出在海外旅行时使用的翻译软件。本书的样本中也收录了这些翻译软件，请参考。制作一款适合自己的翻译软件，和外国友人一起享受对话的乐趣。

变量类积木块的应用秘技

如何建立一个变量

扫码看视频

对应 2.0 3.0

难易程度

重点！　可以建立任意变量。

新建一个作品文件，单击“变量”分类中选择“建立一个变量”按钮，就会弹出“新建变量”对话框，在“新变量名”文本框中输入“数据”。默认情况下，会选择“适用于所有角色”单选按钮，单击“确定”按钮，如图10-1所示。

▼图10-1 建立“数据”变量

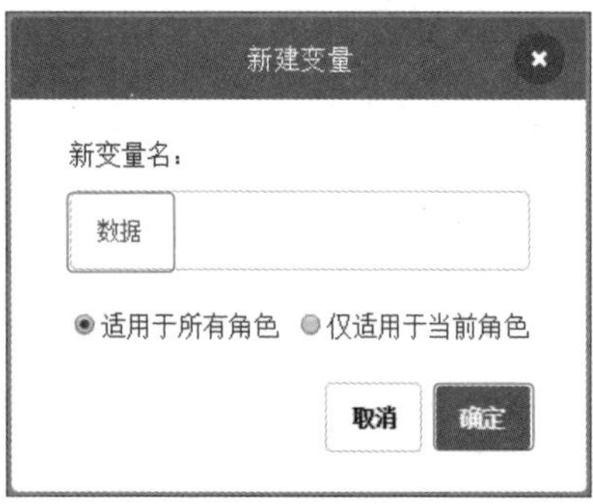

在“变量”分类中勾选“数据”积木块前的复选框，如图10-2所示。

▼图10-2 勾选“数据”积木块前的复选框

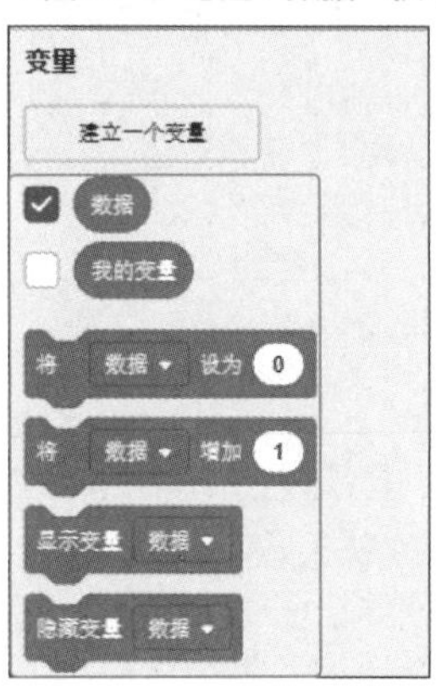

选择“角色1”制作脚本。将“事件”分类内的“当🏴被点击”积木块拖至代码区。

接着拼接两个“变量”分类内的“将（数据▼）设为（0）”积木块，在第二个积木块的0处输入“令和元年。”。最后拼接“变量”分类内建立的“数据”变量，拼接完成后如图10-3所示。

▼图10-3 拼接显示“令和元年。”的脚本

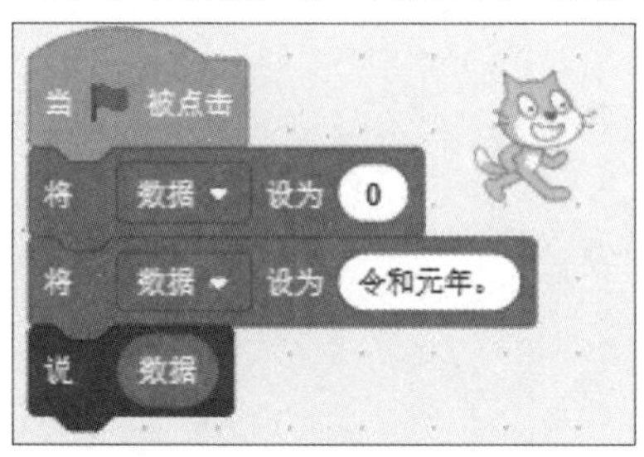

单击“运行”🏴按钮，角色显示“令和元年。”会话框，如图10-4所示。

▼图10-4 显示“令和元年。”会话框

秘技202 如何建立一个变量的全部变量与部分变量

对应 2.0 3.0
难易程度 ●

重点！ 对变量的全局变量和局部变量进行说明。

1 2 3 4 5 6 7 8 9 10 11 12 13 14 15 16 17

新建一个作品文件，与图10-1一样的操作，将新变量命名为“全部角色”或“部分角色”。默认情况下，会选择“适用于所有角色”单选按钮。

首先，从“选择一个角色”面板中选择需要的角色，这里选择“动物”选项卡中Duck角色，如图10-5所示。

▼图10-5 舞台上有“角色1”（猫）和Duck角色

首先，从角色列表中选择“角色1”，然后选择“变量”分类中的“建立一个变量”选项，建立变量名为“全部”的变量，然后选择“适用于所有角色”单选按钮，如图10-6所示。

▼图10-6 建立“全部”变量并选择“适用于所有角色”单选按钮

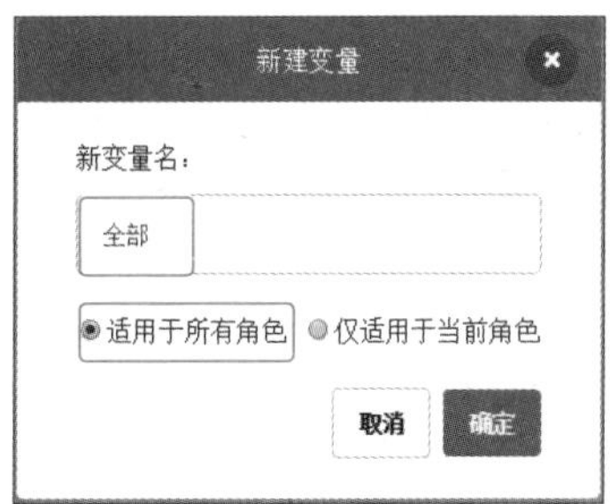

因为在建立的“全部”变量时，选择了“适用于所有角色”，所以从角色列表中选择Duck角色，在Duck的“变量”分类内也会显示“全部”的积木块，如图10-7所示。

▼图10-7 Duck也有“全部”变量

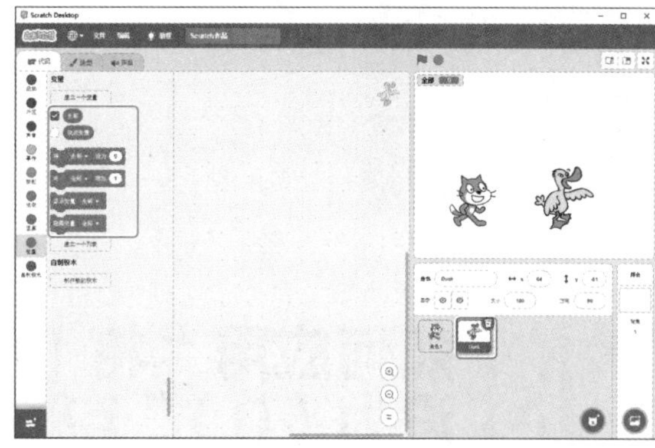

接下来，从角色列表中选择Duck，然后选择“变量”分类中的“建立一个变量”选项，建立变量名为“部分”的变量，然后选择“仅适用于当前角色”单选按钮，如图10-8所示。

▼图10-8 建立“部分”变量并选择“仅适用于当前角色”单选按钮

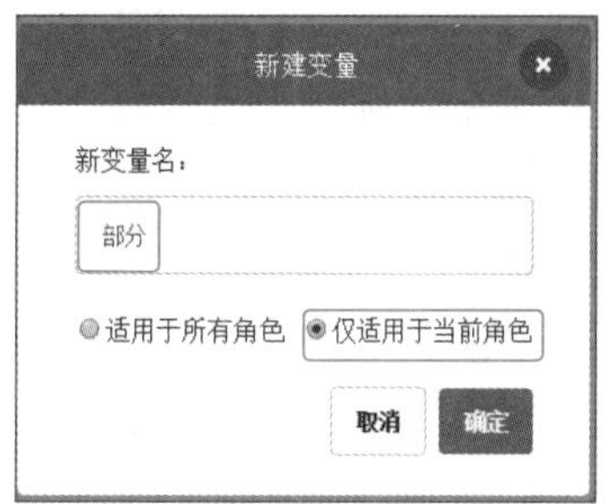

从角色列表中选择Duck角色，在“变量”分类中显示“全部”和“部分”，如图10-9所示。

现在，从角色列表中选择“角色1”，“角色1”的“变量”分类中是看不到Duck建立的“部分”变量的，如图10-10所示。这是因为在“角色1”的“变量”分类中建立的“全部”变量是“适用于所有角色”的，所有的角色都可以使用这个变量，但在Duck中建立的“部分”变量是“仅适用于当前角色”，只有Duck这个角色才可以使用。

▼图10-9 Duck的“变量”分类中存在“全部”和“部分”变量

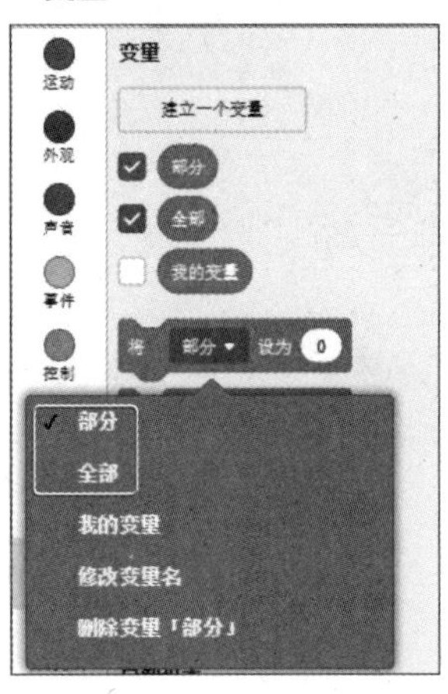

▼图10-10 “角色1”的“变量”分类中看不到Duck建立的“部分”变量

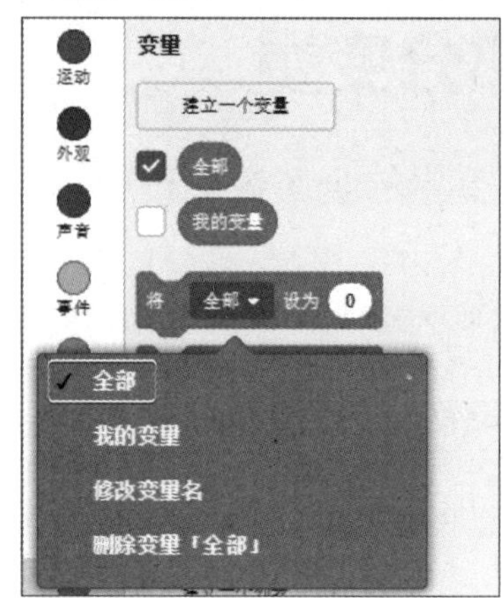

秘技 203

如何应用“将（我的变量▼）设为（0）”积木块

扫码看视频

对应 2.0 3.0

难易程度 ●

重点！ 初始化建立的任意变量。

新建一个作品文件，选择“变量”分类中的“建立一个变量”选项，建立“数值1”“数值2”和“合计”的变量，默认选择“适用于所有角色”单选按钮，如图10-11所示。

▼图10-11 建立“数值1”“数值2”和“合计”的变量

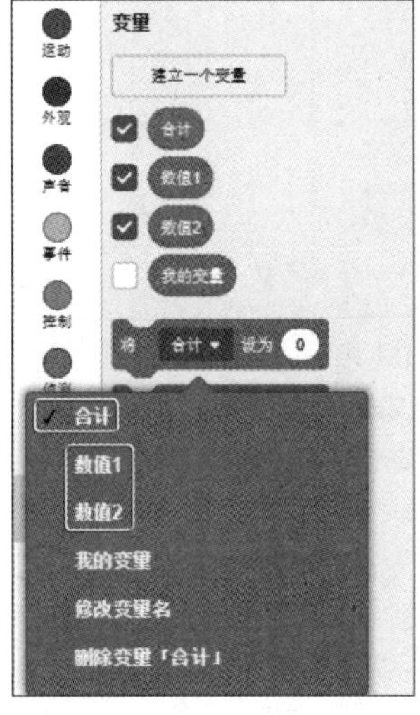

计算输入的“数值1”和“数值2”的合计。

将“事件”分类内的“当🏴被点击”积木块拖放到代码区域内。在下面拼接“变量”分类内的“将（数值1▼）设为（0）”“将（数值2▼）设为（0）”和“将（合计▼）设为（0）”积木块，可以单击下拉按钮选择以上项目，这里将各变量的初始值都指定为0。

接着拼接“控制”分类内的“重复执行（10）次”积木块，将10指定为1。在“重复执行（1）次”积木块中拼接“侦测”分类内的“询问（What's your name?）并等待?”积木块，在What's your name?处输入“请输入数值1”，在这个积木块下面拼接“变量”分类内的“将（数值1▼）设为（0）”积木块，在0处嵌入“侦测”分类内的“回答”积木块。

接着拼接“询问（请输入数值2）并等待?”和“将（数值2▼）设为（0）”积木块，在0处嵌入“侦测”分类内的“回答”积木块。

继续拼接“将（合计▼）设为（0）”积木块，在0处嵌入“运算”分类内的“（▢+▢）”积木块，在第一个▢处嵌入“变量”分类内的“数值1”，第二个▢处嵌入“变量”分类内的“数值2”。

最后在“重复执行（1）次”积木块下面拼接“外观”分类内的“说（你好!）”积木块，在“你好!”处嵌入“变量”分类内的“合计”积木块，如图10-12所示。

单击“运行”🏴按钮，输入“数值1”和“数值2”求“合计”，如图10-13所示。

▼图10-12 求“数值1”与“数值2”的合计

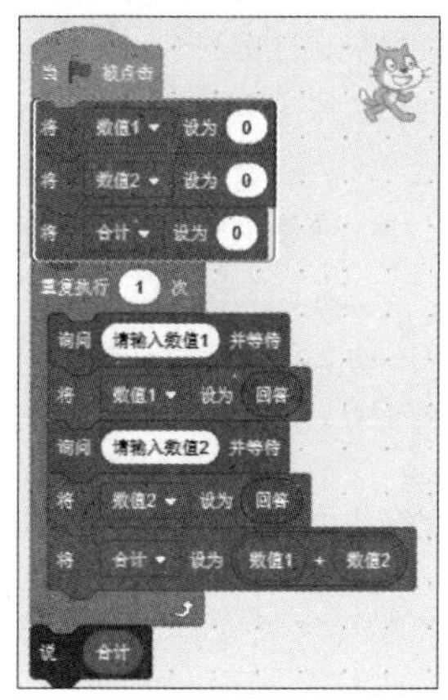

▼图10-13 输入“数值1”和“数值2”求“合计”

秘技 204

“将（我的变量▼）设为（0）”积木块应用示例

扫码看视频

对应 2.0 3.0

难易程度

重点! 积木块“将（我的变量▼）设为（0）”的应用事件。

每次单击“执行”按钮，角色就会出现在舞台的随机位置，并显示x坐标值和y坐标值。首先，建立变量x和y，如图10-14所示。

不勾选图10-14蓝色边框中x和y左侧的复选框，这样变量x和y就不显示在舞台上。

将“事件”分类内的“当被点击”积木块拖放到代码区域内。在下面拼接“变量”分类内的“将（x▼）设为（0）”，在0处嵌入“运算”分类内的“在（1）和（10）之间取随机数”，将1指定为-240，10指定为240。接着拼接“将（y▼）设为（0）”，在0处嵌入“运算”分类内的“在（1）和（10）之间取随机数”，将1指定为-180，10指定为180。

▼图10-14 建立变量x和y

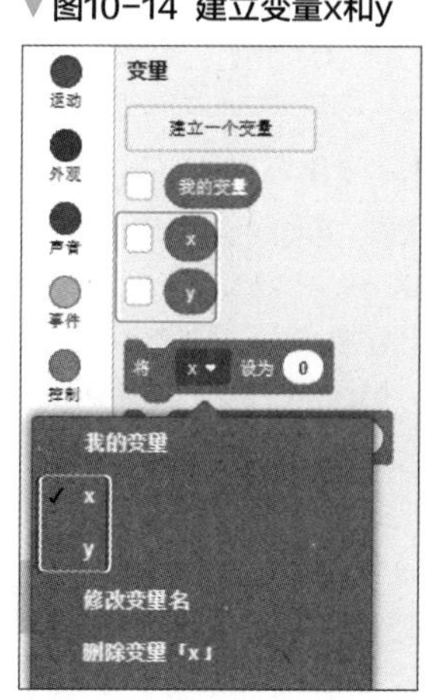

继续拼接“控制”分类内的“重复执行”积木块，在这个积木块中拼接“运动”分类内的“将x坐标设为(10)?”，在10的位置嵌入“变量”分类内的x变量。继续拼接“运动”分类内的“将y坐标设为(10)?”，在10的位置嵌入“变量”分类内的y变量，再拼接“控制”分类内的“等待(1)秒”积木块，将1指定为0.1。

接下来用“运算”分类内的“连接(apple)和(banana)”拼接如图10-15的脚本。

▼图10-15 用“连接(apple)和(banana)”拼接的积木块

▼图10-16 拼接角色会出现在舞台的随机位置同时会显示出x与y的坐标

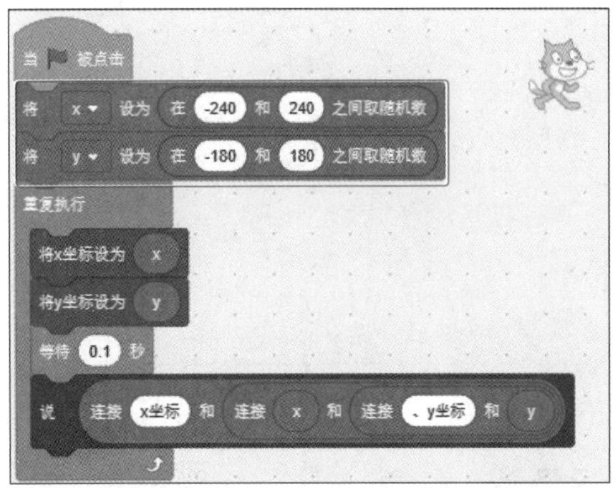

最后拼接“外观”分类内的“说(你好!)”，在“你好!”处嵌入图10-15的积木块，在第一个apple处输入“x坐标”，第二个apple嵌入“变量”分类内的x变量，第三个apple处输入“、y坐标”，在最后的banana处嵌入“变量”分类内的y变量，拼接完成后如图10-16所示。

单击“运行”按钮，角色会出现在舞台的随机位置同时会显示x与y的坐标，如图10-17所示。

▼图10-17 角色会出现在舞台的随机位置同时会显示出x与y的坐标

秘技205 如何应用“将(我的变量▼)增加(1)”积木块

扫码看视频

对应 2.0 3.0

难易程度 ●

重点! 将建立的任意变量的值增加1。

新建一个作品文件，单击“变量”内的“建立一个变量”按钮，建立“编号”变量，如图10-18所示。变量“编号”每过一秒就会增加。

将“事件”分类内的“当被点击”拖放到代码区域内。在下面拼接“变量”分类内的“将(编号▼)设为(0)”，继续拼接“控制”分类内的“重复执行”积木块，在这个积木块中拼接“变量”分类内的“将(编号▼)增加(1)”，“外观”分类内的“说(你好!)”，在“你好!”处嵌入“变量”分类内的“编号”变量，

▼图10-18 建立“编号”变量

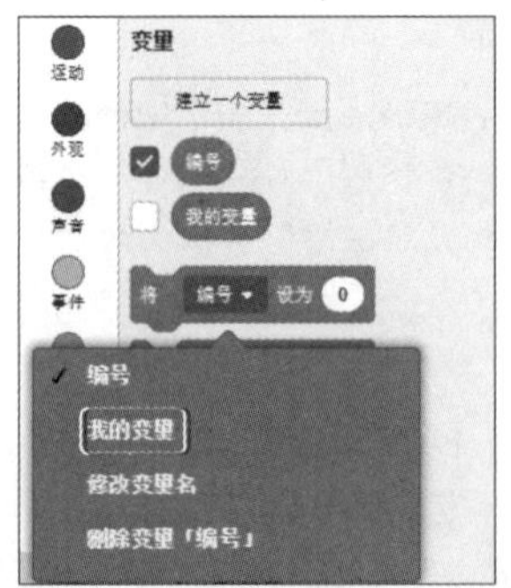

最后拼接“控制”分类内的“等待（1）秒”积木块，拼接完成后如图10-19所示。

▼图10-19 变量“编号”的值每隔1秒就会增加

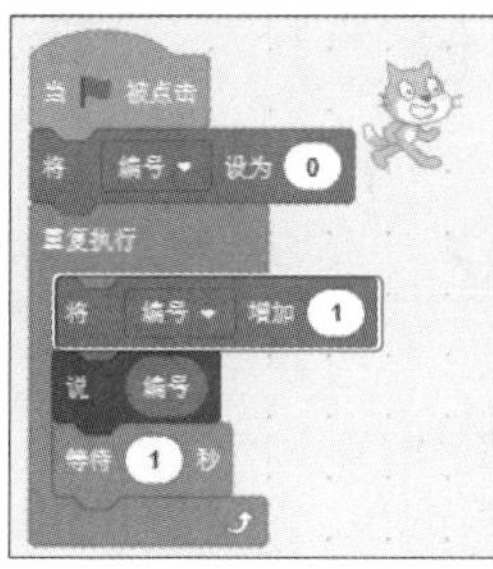

单击“运行”按钮，变量“编号”的值每1秒增加1，角色会显示值的会话框，如图10-20所示。

▼图10-20 显示增加的变量“编号”的值

秘技206 “将（我的变量▼）增加（1）”积木块应用示例

扫码看视频

对应 2.0 3.0

难易程度 ●

重点！ 将建立的任意变量的值增加1的应用事件。

新建一个作品文件，和图10-18一样，建立“编号”变量。从10开始倒计时，当变成0时显示Game Over！的会话框。

将“事件”分类内的“当被点击”拖放到代码区域内。在下面拼接“变量”分类内的“将（编号▼）设为（0）”，将0指定为10。继续拼接“控制”分类内的“重复执行”积木块，在这个积木块中拼接“变量”分类内的“将（编号▼）增加（1）”，将1指定为-1。继续拼接“外观”分类内的“说（你好！）”，在“你好！”处嵌入“变量”分类内的“编号”变量，接着拼接“控制”分类内的“等待（1）秒”和“如果 那么……”积木块，在 中嵌入“运算”分类内的“ =（50）”，在 处嵌入“变量”分类内的“编号”变量，将50指定为0。

继续在“如果 那么……”积木块中拼接“外观”分类内的“说（你好！）”，在“你好！”处输入Game Over，最后拼接“控制”分类内的“停止（全部脚本▼）”，单击下拉按钮选择“这个脚本”选项。拼接完成后如图10-21所示。

单击“运行”按钮，“编号”从10开始倒计时，“编号”变成0时角色会显示出Game Over！的会话框，如图10-22所示。

▼图10-21 拼接了“编号”从10开始倒计时的脚本

▼ 图10-22 开始倒计时“编号”变成0时会显示Game Over! 的会话框

秘技 207 如何应用“显示变量（我的变量▼）”积木块

扫码看视频

对应 2.0 3.0　难易程度

重点! 在舞台上显示变量，与在“变量”分类中勾选其复选框的效果一样。

新建一个作品文件，和图10-18一样，建立“编号”变量。默认情况下，勾选“编号”左侧的复选框，在舞台上就会显示“编号”变量和值，如图10-23所示。

▼ 图10-23 默认情况下，当建立变量时舞台上会显示建立的变量

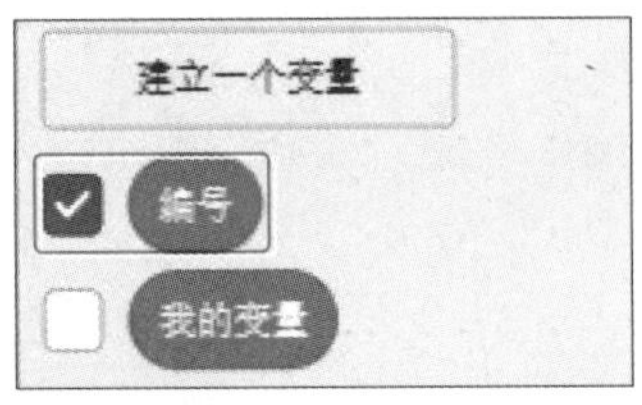

取消勾选“编号”左侧的复选框，舞台上显示的“编号”变量也消失了，如图10-24所示。

▼ 图10-24 取消勾选“编号”左侧的复选框，舞台上显示的“编号”变量也消失了

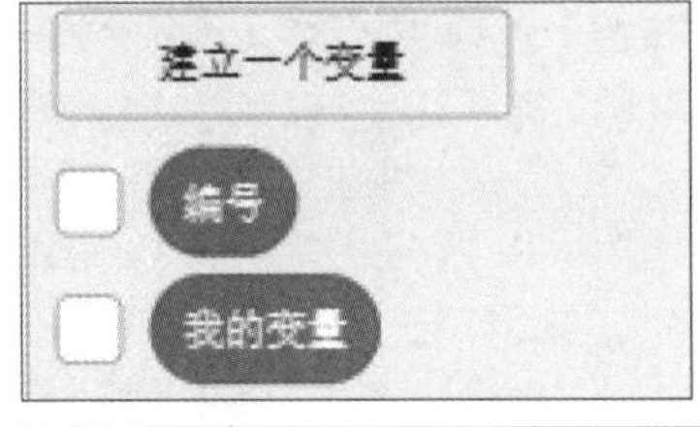

从图10-24的状态运行脚本，在舞台上会如图10-23所示显示变量名和值。

将“事件”分类内的“当⚑被点击”拖放到代码区域内。在下面拼接“变量”分类内的“显示变量（编号▼）”，如图10-25所示。

▼图10-25 在舞台上显示变量名和值的脚本

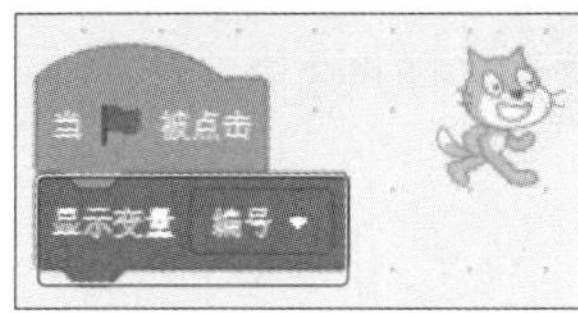

单击“运行”⚑按钮，什么都没有显示的舞台，显示了变量名和值，如图10-26所示。

▼图10-26 显示变量名和值

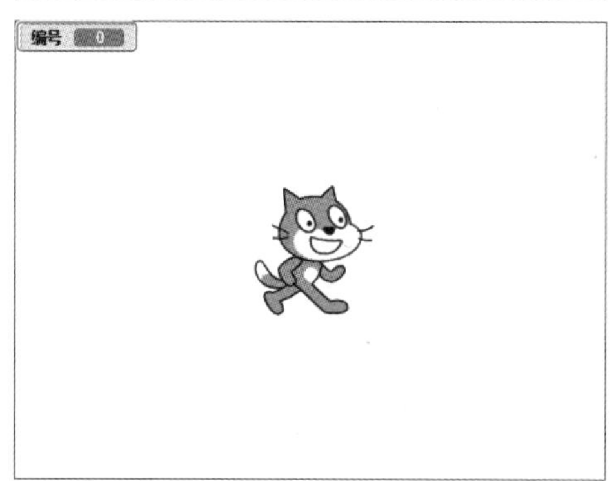

秘技 208 如何应用“隐藏变量（我的变量▼）”积木块

扫码看视频

▶对应 2.0 3.0

▶难易程度

重点！ 隐藏舞台上显示的变量和不勾选“变量”分类中开头的复选框一样的意思。

按下空格键后舞台上显示的变量被隐藏。使用秘技207的积木块。

再拼接一个脚本，将“事件”分类内的“当按下（空格▼）键”拖放到代码区域内。在下面拼接“变量”分类内的“隐藏变量（编号▼）”，如图10-27所示。

▼图10-27 在舞台上拼接了显示变量名与值和隐藏变量名与值的脚本

试着按下键盘上的空格键，在舞台上显示的变量名和值被隐藏，如图10-28所示。

▼图10-28 按下空格键时隐藏变量名与值

秘技209 如何建立一个列表

扫码看视频

对应 2.0 3.0

难易程度 ●

重点！ 列表里面有很多变量。

新建作品文件，试着建立“猜拳”的列表。

单击“变量”分类中的“建立一个列表”按钮，就会出现“新的列表名：”的界面，在“新变量名：”中输入“猜拳”。如图10-29所示。

▼图10-29 新建“猜拳”列表

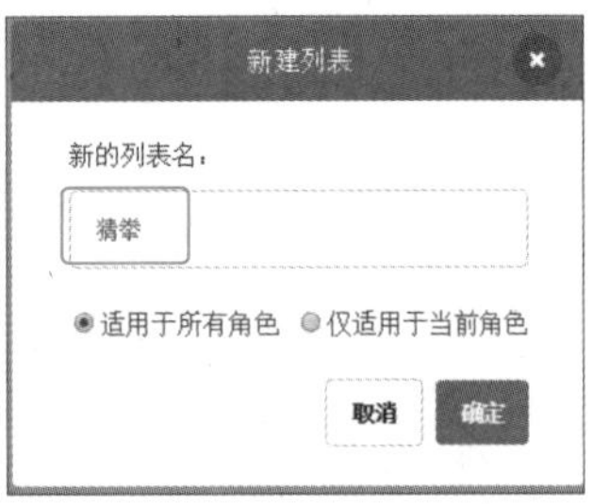

单击确定按钮，就会生成关于“猜拳”的列表的积木块，如图10-30所示。另外，在舞台上也会显示关于“猜拳”的列表框，如图10-31所示。

▼图10-31 舞台上显示关于“猜拳”的列表框

▼图10-30 生成关于“猜拳”的列表的积木块

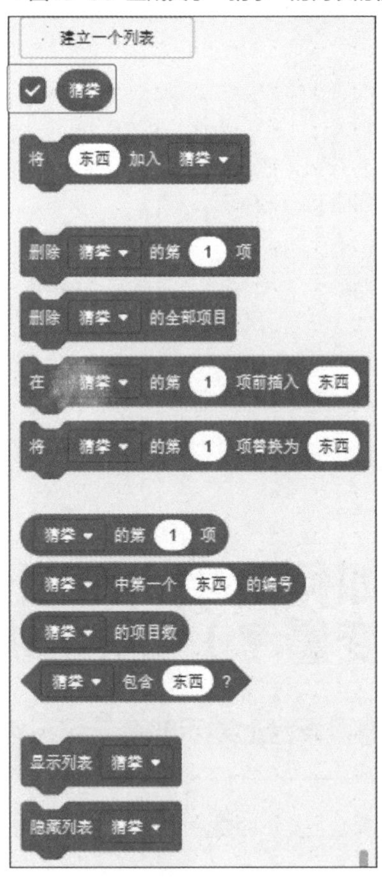

如果想要隐藏舞台上显示的列表框，则取消勾选图10-30中“猜拳”复选框即可。

秘技210 建立一个列表的应用示例1

扫码看视频

对应 2.0 3.0

难易程度 ●

重点！ 建立一个列表的应用事件1。

这里用到秘技209所建立的变量“猜拳”列表，还需要建立一个“值”变量。

角色随机显示“石头”“剪刀”和“布”会话框。

将“事件”分类内的“当⚑被点击”拖放到代码区

域内。在下面拼接“变量”分类内的“删除（猜拳▼）的全部项目”，如果不拼接这个积木块的话，每次单击“运行”⚑按钮，舞台上的列表框里就会重复添加变量“石头”“剪刀”和“布”。

接着拼接3个“将（东西）加入（猜拳▼）”，在3个“东西”处分别输入“石头”“剪刀”和“布”。

继续拼接“将（编号▼）设为（0）”，单击下拉按钮选择“值”变量，在0处嵌入列表里的“（猜拳▼）的第（1）项”，在1处嵌入“运算”分类内的“在（1）和（10）之间取随机数”，因为只有“石头”“剪刀”和“布”这3个选项，所以将10指定为3。

最后拼接“外观”分类内的“说（你好！）”，在“你好！”处嵌入“变量”分类内的“值”变量，拼接完成后如图10-32所示。

▼图10-32 拼接随机显示“石头”“剪刀”和“布”的脚本

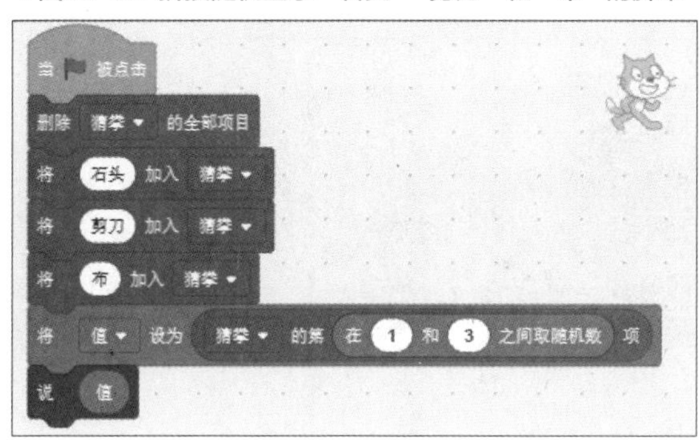

每次单击“运行”⚑按钮，舞台上都会随机显示“石头”“剪刀”和“布”，如图10-33所示。

▼图10-33 舞台上会随机显示“石头”“剪刀”和“布”

秘技

211 建立一个列表的应用示例2

扫码看视频

对应 2.0 3.0

难易程度

重点！ 建立一个列表的应用事件2。

新建一个作品文件，拼接一个抽签的脚本。与秘技210的概念完全相同，建立变量“抽签”列表，如图10-34所示。另外，再建立一个“结果”变量。

将“事件”分类内的“当⚑被点击”拖放到代码区域内。在下面拼接“变量”分类内的“删除（抽签▼）的全部项目”，如果不拼接这个积木块的话，每次单击“运行”⚑按钮，舞台上的列表框里就会重复添加变量“大吉”“中吉”“吉”“凶”和“大凶”。

接着拼接5个“将（东西）加入（抽签▼）”，在5个“东西”处分别输入“大吉”“中吉”“吉””凶”和“大凶”。

继续拼接“将（编号▼）设为（0）”，单击下拉按钮选择“值”变量，在0处嵌入列表里的“（猜拳▼）的第（1）项”，在1处嵌入“运算”分类内的“在（1）和（10）之间取随机数”，因为只有“大吉”“中吉”“吉”“凶”和“大凶”这5个选项，所以将10指定为5。

最后拼接“外观”分类内的“说（你好！）”，在“你好！”处嵌入“变量”分类内的“结果”变量，拼接完成后如图10-35所示。

▼图10-34　建立名为“抽签”的列表

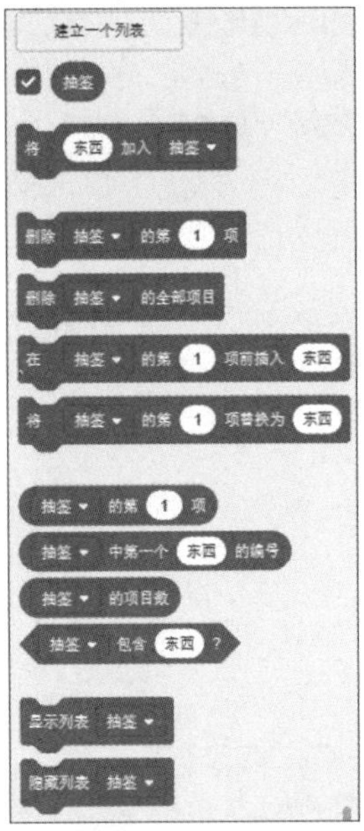

▼图10-35　拼接随机显示“大吉”“中吉”“吉”“凶”和“大凶”的脚本

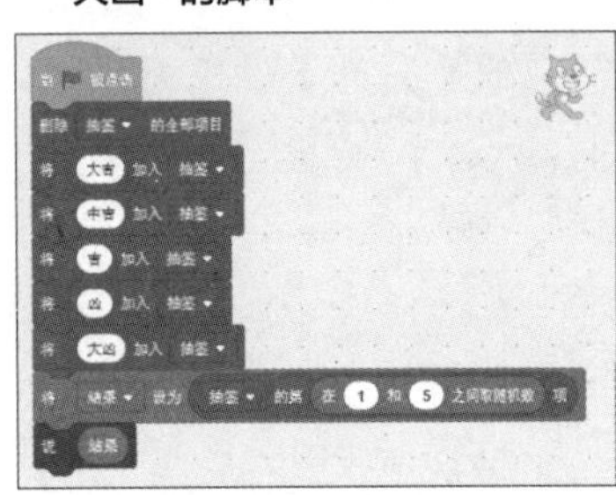

每次单击“运行”按钮，舞台上都会随机显示“大吉”、“中吉”、“吉”、“凶”、“大凶”，如图10-36所示。

▼图10-36　舞台上会随机显示“大吉”、“中吉”、“吉”、“凶”、“大凶”

秘技 212

建立一个列表的应用示例3

▶对应 2.0 3.0
▶难易程度 ●

重点！　建立一个列表的应用事件3。

新建一个作品文件，让两个角色登场，一人问“(地名)的县花是什么?”，另一个人就会回答那个县花的名字。

建立“都道府县”和“县花”的列表，如图10-37所示。

接着建立一个“编号”变量，这里取消勾选“编号”复选框，也取消勾选“都道府县”和“县花”复选框，否则舞台上的空间就会很小。

这里不需要“角色1”，所以从角色列表中删除。

首先从“选择一个角色”的“人物”类别中选择Abby，用同样的方法，选择Avery角色，如图10-38所示。

▼图10-37 建立了“都道府县”和“县花”的列表

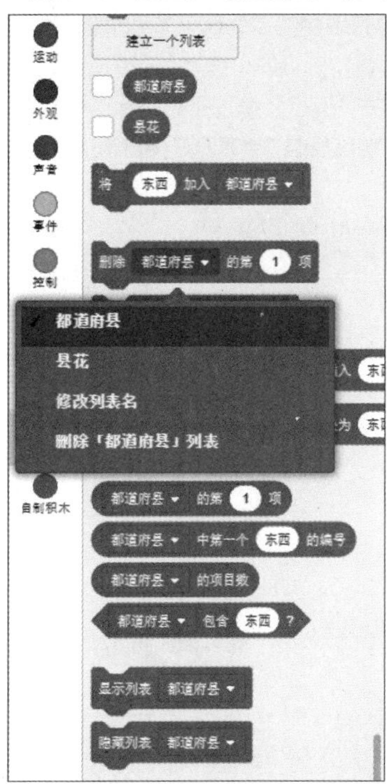

▼图10-38 选择角色Abby和Avery

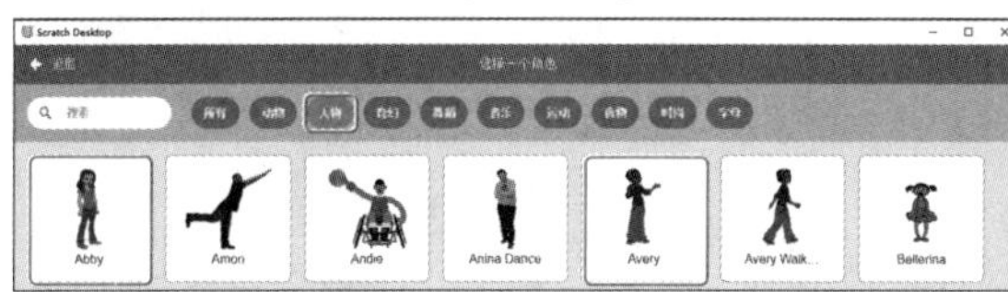

在舞台上放置两个角色，如图10-39所示。

▼图10-39 在舞台上放置两个角色

右边的Abby没有面向Avery，接下来拼接的脚本会让Abby面向Avery，所以此处不需要调整。

首先，从角色列表中选择Avery，拼接询问都道府县县花的脚本。

将“事件”分类内的“当🏴被点击”拖放到代码区域内。在下面拼接“变量”分类内的“删除（都道府县▼）的全部项目”和“删除（县花▼）的全部项目”。如果不拼接这两个积木块的话，每次单击“运行”🏴按钮，舞台上的列表框里就会重复添加变量。

然后拼接5个“将（东西）加入（都道府县▼）”，在5个“东西”处分别输入“北海道”“神奈川县”“京都府”“爱媛县”和“冲绳县”。

接着拼接5个“将（东西）加入（县花▼）”，在5个“东西”处分别输入“玫瑰”“天香百合”“垂枝樱”“蜜柑花”和“刺桐”。

继续拼接“将（编号▼）设为（0）”，在0处嵌入“运算”分类内的“在（1）和（10）之间取随机数”，因为只有5种城市和县花，所以将10指定为5。

拼接“外观”分类内的“说（你好！）”，在“你好！”处嵌入“运算”分类内的“连接（apple）和（banana）”，在apple处插入变量列表中的“（都道府县▼）的第（1）项”，在1处嵌入“变量”分类内的“编号”，在banana处输入“的县花是？”。

最后拼接“控制”分类内的“等待（1）秒”和“事件”分类内的“广播（消息1▼）”，拼接完成后如图10-40所示。

▼图10-40 拼接Avery问Abby都道府县的县花的脚本

从角色列表中选择Abby。

将“事件”分类内的“当⚑被点击”拖放到代码区域内。

在下面拼接“运动”分类内的“将旋转方式设为（左右翻转▼）”和“面向（90）度”，因为Abby要面向Avery，所以要将90指定为-90。

再将“事件”分类内的“当接收到（消息1▼）”拖放到代码区域内。

▼图10-41 Abby回答被问到的都道府县的县花是什么的脚本

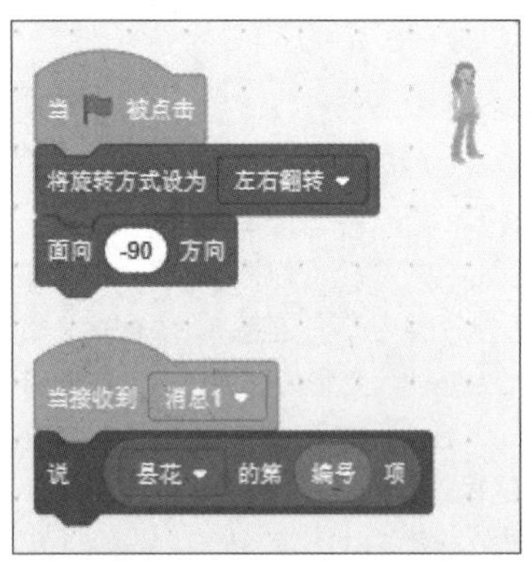

在下面拼接“外观”分类内的“说（你好！）”，在“你好！”处嵌入变量列表中的“（县花▼）的第（1）项”，在1处嵌入“变量”分类的“编号”，拼接完成后如图10-41所示。单击“运行”⚑按钮，Avery问都道府县的县花是什么？Abby回答，如图10-42所示。

▼图10-42 Abby回答Avery的问题

秘技

213 如何制作新的积木

扫码看视频
对应
2.0
3.0
难易程度

重点！ 将积木块组合起来，制作成新的块，在任何场合都可以使用。

新建一个作品文件，来了解一下“积木”的制作方法吧。

单击“变量”分类中的“制作新的积木块”图标，在弹出的对话框的“积木名称”处输入“跳转”，不特别指定参数，如图10-43所示。

▼图10-43 制作“跳跃”积木块

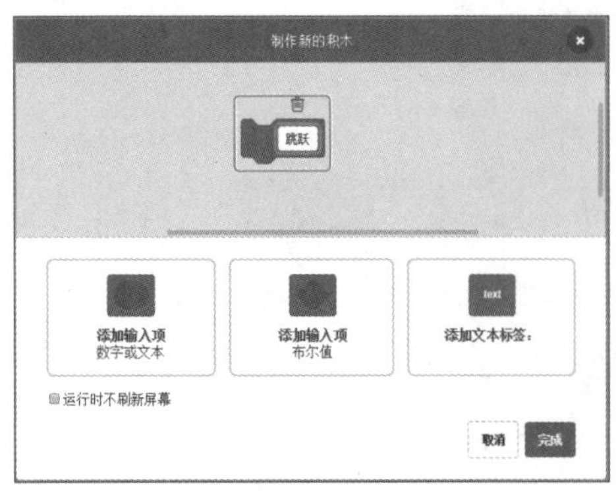

单击完成按钮，制作了“跳跃”定义块与“定义跳跃”定义块，如图10-44所示。

▼图10-44 建立“跳跃”积木块以及“定义跳跃”定义块

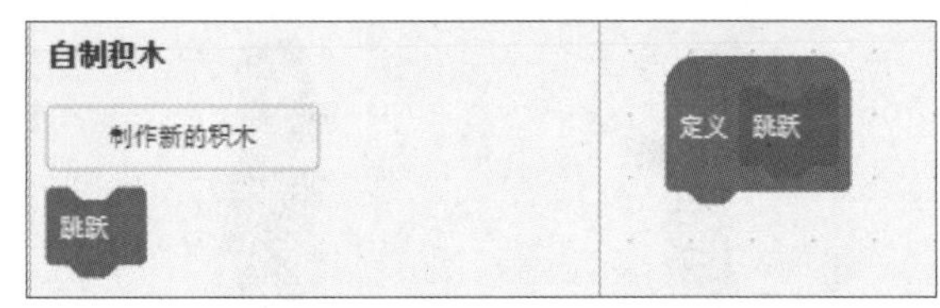

接下来，创建一个使用图10-43中的“添加输入项（数字或文本）”的块。

创建一个名为“结束◯”的积木块，并将“添加输入项”指定为“数字或文本”，如图10-45所示。

▼图10-45 指定“数值或文本”作为“结束◯”块的参数

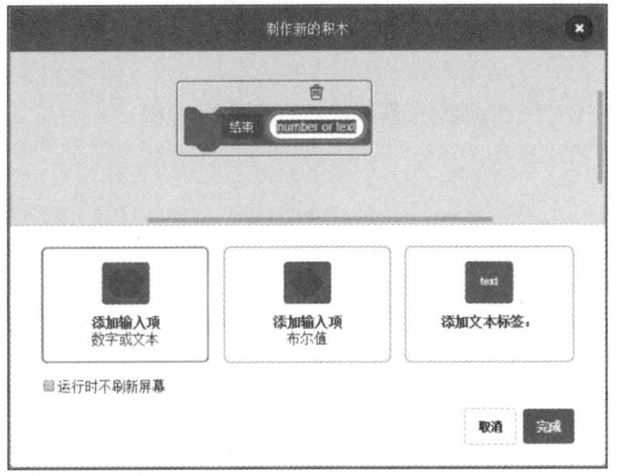

单击完成按钮，创建“结束◯”定义块与“定义（结束（number or text））”定义块，如图10-46所示。

▼图10-46 创建“结束◯”定义块与“定义（结束（number or text））”定义块

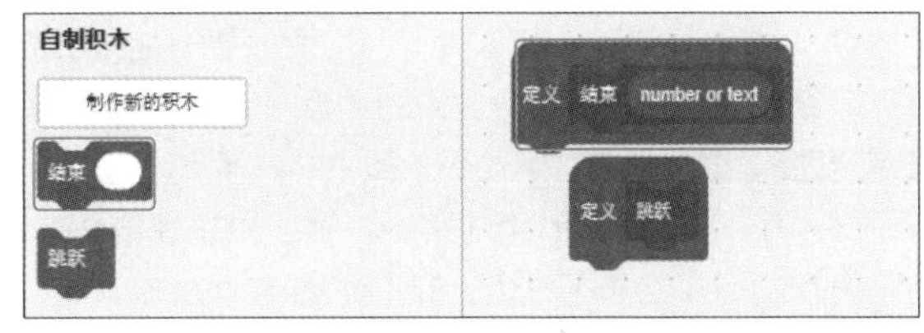

这两个积木块的使用方法，将在秘技214和215中解说。

秘技 214

制作新的积木的应用示例1

扫码看视频

对应 2.0 3.0

难易程度 ●

重点！ 制作新的积木的应用事件1。

使用秘技213制作的“跳跃”积木块，制作“角色1”在舞台上左右移动时做避开Frog的动作。首先，从“选择一个角色”的“动物”类别中选择Frog，如图10-47所示。

▼图10-47 选择角色Frog

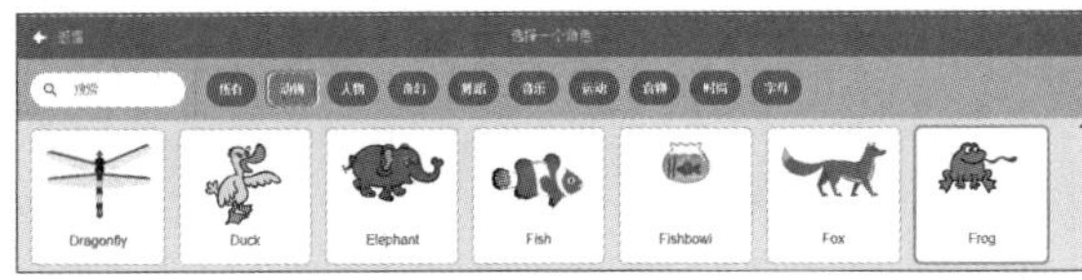

“角色1”和Frog放置在舞台上，如图10-48所示。

▼图10-48 在舞台上放置“角色1”和Frog

秘技213中“跳跃”这个积木块是在“角色1”中制作的，所以把“跳跃”积木块和“定义跳跃”复制到Frog里。

首先，从角色列表中选择“角色1”，将代码区域内的“定义（结束（number or text））”和“定义跳跃”放在一边。将“事件”分类内的“当🏴被点击”拖放到代码区域内。

在下面拼接“运动”分类内的“移到x:（-176）y:（-125）”，这是“角色1”最初的位置。继续拼接“控制”分类内的“重复执行”积木块，在“重复执行”里拼接角色行走的积木块，拼接完成后如图10-49所示。

▼图10-49 拼接角色在舞台上左右行走的脚本

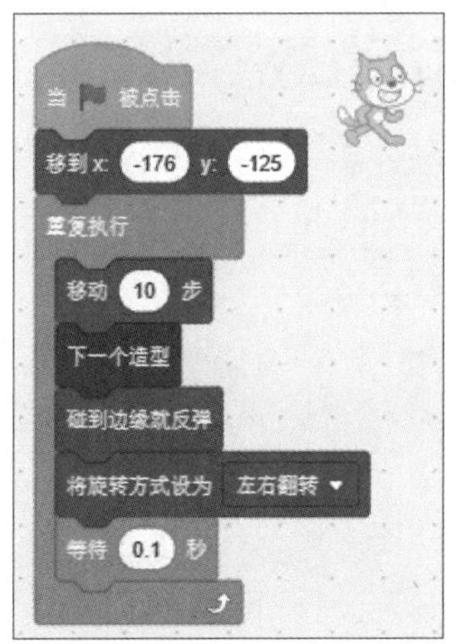

然后，从角色列表中选择Frog，将“事件”分类内的“当按下（空格▼）键”拖放到代码区域内，单击下拉按钮选择“↑”选项，继续拼接制作的新的积木“跳跃”。

接下来，对“定义跳跃”的内容进行拼接。拼接“运动”中的“将y坐标增加（10）”，将10指定为120。继续拼接“控制”分类中的“等待（1）秒”，将1指定为2。最后拼接“运动”分类中的“移到x:（57）y:（-146）”，这是Frog的初始位置。拼接完成后如图10-50所示。当按下键盘上的↑键时Frog会跳起来，在上空等待2秒，落到原来的位置，这是块的定义方法之一。

▼图10-50 Frog跳跃的块的定义

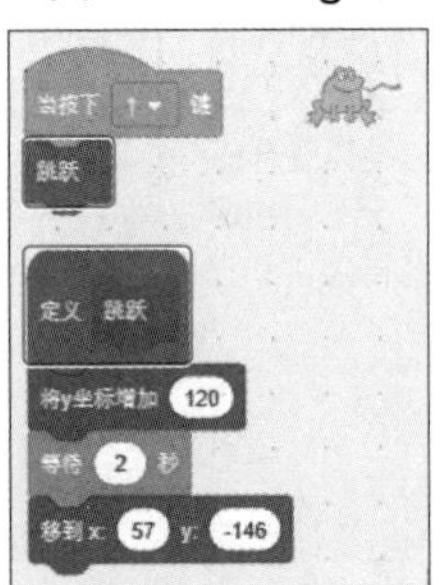

单击“运行”按钮，当“角色1”遇到Frog时，按下↑键，Frog向上跳跃避免碰撞，如图10-51所示。

▼图10-51 Frog跳起来避开与“角色1”的碰撞

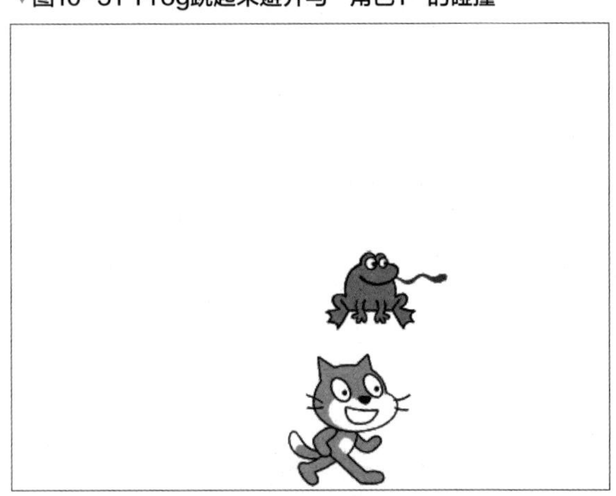

秘技 215

制作新的积木的应用示例2

扫码看视频

对应 2.0 3.0

难易程度 ●

重点！ 制作新的积木的应用事件2。

新建一个作品文件，制作新的“搜索”积木块，“数值或文本”作为参数，如图10-52所示。

▼图10-52 创建“搜索”以“数值和文本”为参数的块

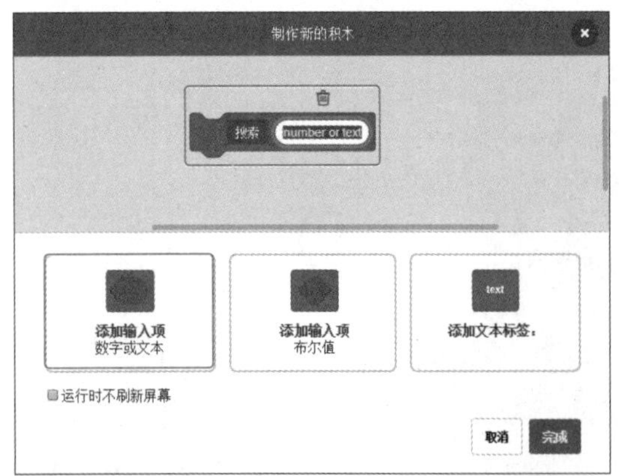

单击“完成”按钮，创建了“搜索◯”积木块与“定义（搜索（number or text））”定义块，如图10-53所示。

▼图10-53 创建“搜索◯”的积木块和定义块

首先，用“变量”分类中的“建立一个变量”建立“位置”和“回答”两个变量，如图10-54所示。

接下来，从“变量”分类中的“建立一个列表”建立“食物”列表，如图10-55所示。

▼图10-54 建立“位置”和“回答”这两个变量

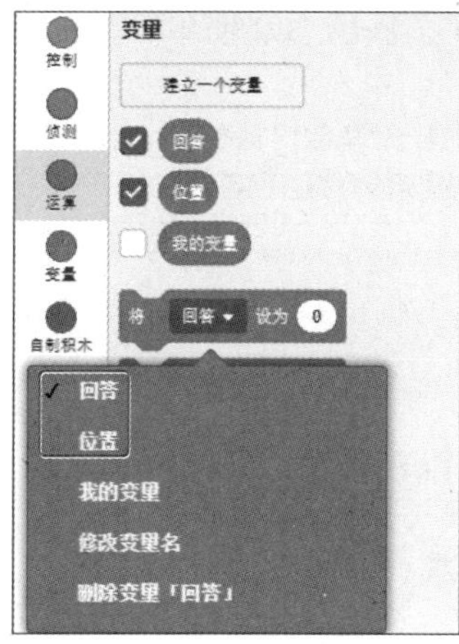

▼图10-55 建立“食物”列表

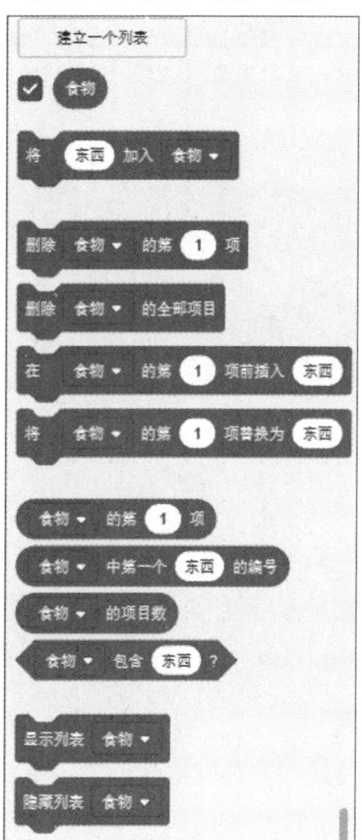

在代码区域拼接“搜索（ ）”的脚本。

将“事件”分类内的“当⚑被点击”拖放到代码区域内。接着在下面拼接“食物”列表里的“删除（食物▼）的全部项目”，再拼接3个“将（东西）加入（食物▼）”，分别在“东西”处输入“烤肉”“拉面”和“寿司”。

再将“事件”分类内的“当⚑被点击”拖放到代码区域内。接着在下面拼接“侦测”分类内的“询问（What's your name?）并等待”，在What's your name?处输入“你想要搜索什么食物？”，继续拼接“变量”分类内的“将（回答▼）设为（0）”，在0处嵌入“侦测”分类内的“回答”。

继续拼接新创建的“搜索（ ）”积木块，在（ ）处嵌入“变量”分类内的“回答”。继续拼接“控制”分类内的“重复执行”积木块，在“重复执行”积木块中拼接“如果◆那么……否则……”，在◆里嵌入“运算”分类内的“（( )=(50)）”，在( )处嵌入“变量”分类内的“位置”，将50指定为-1。

如果食物的位置在-1，角色会说找不到，否则就说出食物的位置。这样的话就需要在“如果◆那么……否则……”中“那么”后面拼接“外观”分类内的“说（你好！）”，在“你好！”处输入“找不到！”，在“否则”后也拼接“外观”分类内的“说（你好！）”，在“你好！”嵌入“运算”分类内的“连接（apple）和（banana）”，在banana处继续嵌入一个“连接（apple）和（banana）”。这样就拼接了“连接（apple）和（banana）和（banana）”，在第一个apple处嵌入“变量”分类内的“回答”，在第二个apple处输入“的位置”，在banana处嵌入“变量”分类内的“位置”，这样找到食物，例如找到“烤肉”的时候，“角色1”会说“烤肉的位置是1”，拼接完成后如图10-56所示。

▼图10-56 拼接其中搜索的脚本

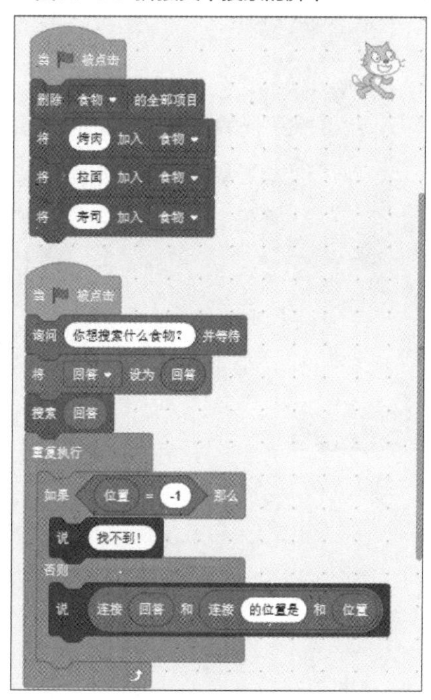

在代码区域拼接“定义（搜索（number or text））”定义块的脚本。

在新创建的“定义（搜索（number or text））”定义块下面拼接积木。

将“变量”分类内的“将（位置▼）设为0”拼接起

来，将0指定为1。接着，拼接"控制"中的"重复执行（10）次"，在10处嵌入"食物"列表里的"（食物▼）的项目数"，重复执行输入的食物个数。

在"重复执行（10）次"积木块中拼接"如果⬣那么……"，在⬣里嵌入"运算"分类内的"（▢=(50)）"，在▢处嵌入"变量"分类内的"（食物▼）的第（1）项"，在1处嵌入"变量"分类内的"位置"，在50处将"定义（搜索（number or text））"的"（number or text）"拖放进去。因为前面拼接了"搜索（回答）"的脚本，所以在"定义（搜索（number or text））"中拼接"回答"。找到食物的位置后，将"控制"分类内的"停止（全部脚本▼）"拼接起来，单击下拉按钮选择"这个脚本"选项。

在"如果⬣那么……"的下面，拼接"变量"内的"将（位置▼）增加（1）"，在"食物"列表内按顺序进行搜索。最后，在"重复执行（食物▼）的项目数）次"的下面拼接"变量"内的"将（位置▼）设为（0）"，将0指定为-1，-1的意思是返回到没有找到搜索的食物的状态。至此所有的脚本都拼接完成了，如图10-57所示。

▼图10-57 拼接搜索食物并显示位置的脚本

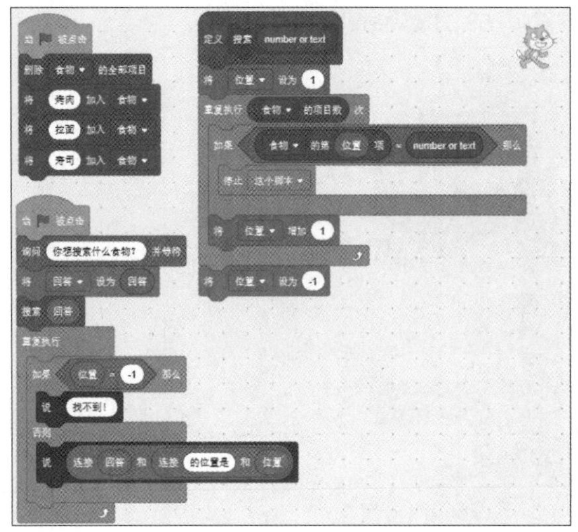

单击"运行"⚑按钮，"角色1"询问"你想搜索什么食物？"，输入"拉面"，回答"拉面的位置2"，如图10-58所示。

▼图10-58 "角色1"搜索指定的食物并回答位置

扩展功能之音乐类积木块的应用秘技

秘技216 如何应用“击打（(1)小军鼓▼）（0.25）拍”积木块

扫码看视频

对应 2.0 3.0
难易程度 ●

重点！ 选择的乐器按指定的节拍演奏。

新建一个作品文件，接下来要使用Scratch的扩展功能。单击图11-1的“添加扩展”图标，从显示的“选择一个扩展”面板中选择“音乐”选项，如图11-2所示。

▼图11-1 单击“添加扩展”图标

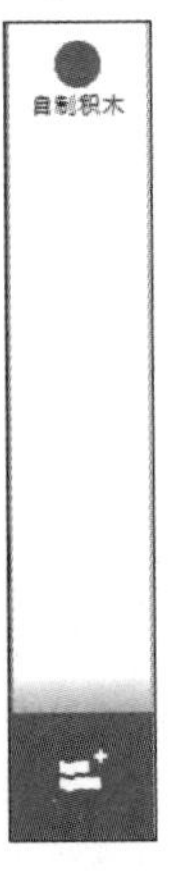

▼图11-2 选择“音乐”选项

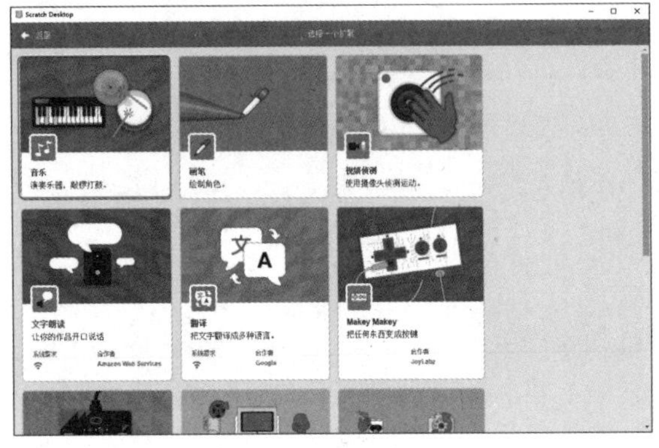

选择“音乐”的分类选项后，就添加了关于“音乐”类积木块的列表，如图11-3所示。

▼图11-3 添加关于“音乐”的积木块

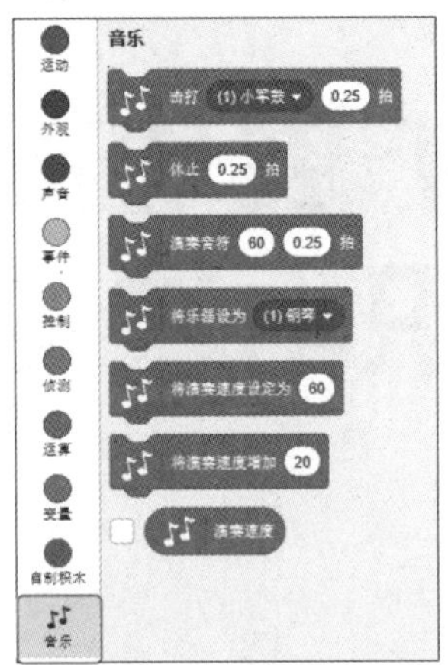

要选择一种0.25个节拍的乐器，则首先将“事件”分类内的“当▶被点击”积木块拖放到代码区域内。接着拼接“控制”分类内的“重复执行”积木块，在该积木块中拼接“音乐”分类内的“击打（(1)小军鼓▼）（0.25）拍”积木块，单击下拉按钮选择“(13)邦戈鼓”选项。再拼接一个“击打（(1)小军鼓▼）（0.25）拍”积木块，将0.25指定为1。拼接完成后的脚本如图11-4所示。

▼图11-4 拼接乐器的脚本

单击“运行”按钮▶，从扬声器中可以听到两种乐器交替的声音。

秘技 217

"击打（(1)小军鼓▼）（0.25）拍"积木块应用示例

扫码看视频

对应 2.0 3.0
难易程度 ●

重点！

"击打（(1)小军鼓▼）（0.25）拍"积木块的应用：让角色跟着拍子走。

新建一个作品文件，让角色跟着拍子走。

首先选择"变量"类别中的"建立一个变量"选项，创建一个"声音的大小"变量。

将"事件"分类内的"当⚑被点击"积木块拖放到代码区域内。接着拼接"运动"中的"移到x:（0）y:（0）"积木块，即"角色1"在舞台上的初始位置。

然后拼接"控制"分类内的"重复执行"积木块，在"重复执行"积木块中拼接"音乐"分类内的"击打（(1)小军鼓▼）（0.25）拍"积木块，单击下拉按钮选择"(8)手掌"选项，也可以选择喜欢的乐器。继续拼接"变量"中的"将（声音的大小▼）设为（0）"积木块。在0的位置嵌入"运算"内的"（▢/▢）"积木块，在第一个▢处嵌入"侦测"内的"响度"积木块，第二个▢处嵌入"运算"内的"在（1）和（10）之间取随机数"积木块，将1指定为0.5、10指定为1。"响度"除以"随机数"，是为了根据"音量"的变化，让角色行走或停止。

这里的除法值会根据各自的环境而变化，因为作者在台式电脑上使用带麦克风的耳机，很难听到声音，所以用很小的随机数进行除法。

继续拼接"控制"内的"如果⬢那么……否则……"积木块，在⬢处嵌入"运算"内的"（▢>（50））"积木块，在▢处嵌入"变量"内的"声音的大小"积木块，将50指定为3。如果舞台上的"声音的大小"值大于3，角色会行走，所以要拼接角色行走的积木块，让角色行走的脚本已经讲解过很多次了，这里就省略解说了。要停止行走，拼接"运动"分类中的"移动（10）步"积木块，将10指定为0。拼接完成后的脚本如图11-5所示。

变量"声音的大小"大于3时，角色开始在舞台上行走，如图11-6所示。

▼图11-5 拼接根据拍子音量的大小让角色行走的脚本

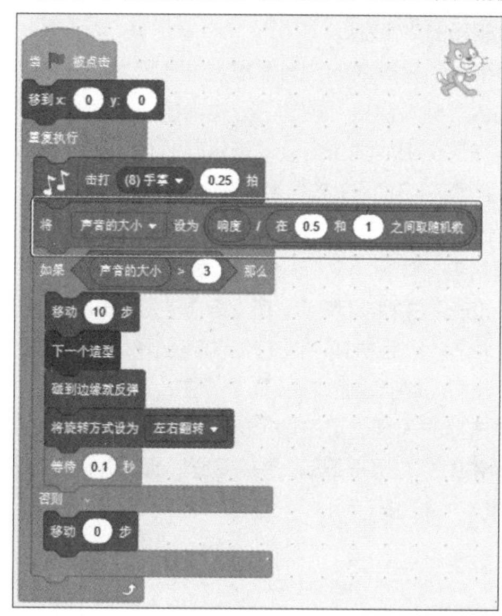

▼图11-6 变量"声音的大小"大于3时角色在舞台上行走

秘技 218 如何应用“休止（0.25）拍”积木块

对应 2.0 3.0

难易程度 ●

重点！ 暂停指定的拍数的积木块。

新建一个作品文件，搭配各种乐器，中途休止0.25拍，播放乐器的声音。

将“事件”分类内的“当⚑被点击”积木块拖放到代码区域内。继续拼接“控制”分类内的“重复执行”积木块，在这个积木块中拼接“音乐”分类内的“击打（(1)小军鼓▼）（0.25）拍”和“击打（(2)低音鼓▼）（0.25）拍”，可以通过单击下拉按钮选择“(2)低音鼓”选项。再拼接“休止（0.25）拍”，按同样的方法制作“击打（(5)开击踩镲▼）（0.25）拍”和“休止（0.25）拍”。最后拼接“击打（(7)钟鼓▼）（0.25）拍”和“击打（(13)邦戈鼓▼）（0.25）拍”。

这里选择的乐器是自由选择的，重要的是在关键位置拼接“休止（0.25）拍”，拼接完成后脚本如图11-7所示。

▼图11-7 拼接演奏各种乐器时中间休息0.25拍的脚本

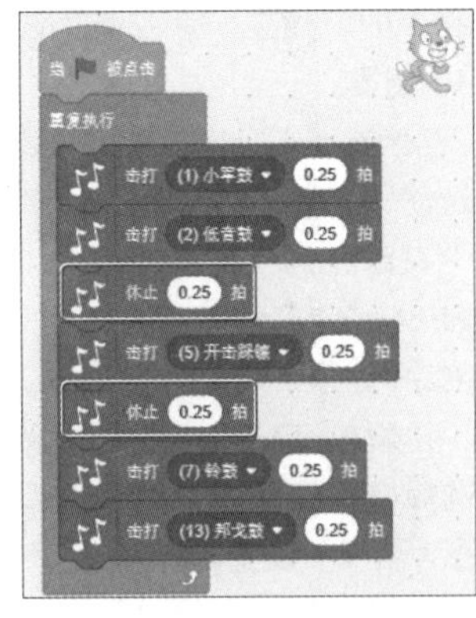

单击“运行”⚑按钮，会有乐器的声音响起。

秘技 219 如何应用“演奏音符（60）（0.25）拍”积木块

对应 2.0 3.0

难易程度 ●

重点！ 以指定的节拍发出指定音符的积木块。

将“事件”分类内的“当⚑被点击”拖放到代码区域内。继续拼接“控制”分类内的“重复执行”积木块，在这个积木块中拼接“音乐”分类内的“演奏音符（60）（0.25）拍”。单击60处，钢琴的琴键就会显示出来，如图11-8所示。单击琴键可以听到哪个琴键是什么样的声音，试着拼接这些音符，如图11-9所示。

▼图11-8 显示钢琴的琴键也可以听声音

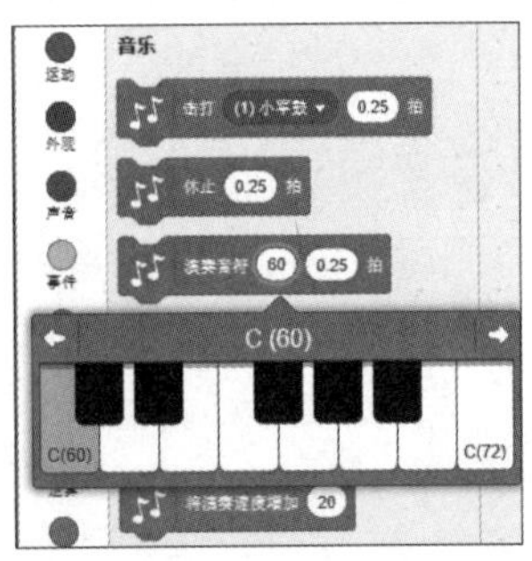

▼图11-9 把各种声音以各种节拍连接起来

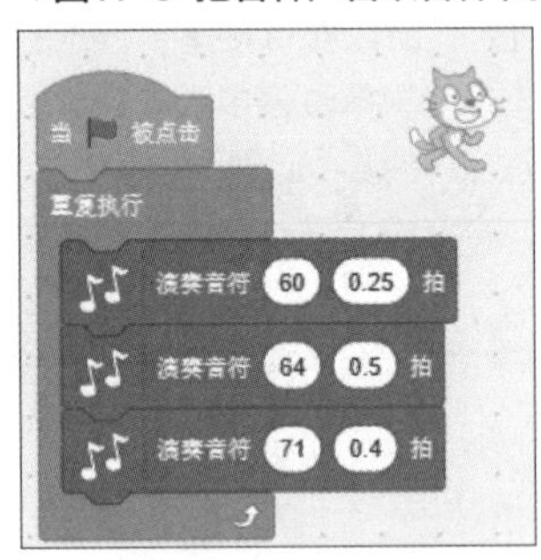

单击“运行”⚑按钮，会有钢琴的声音响起。

秘技 220

如何应用“将乐器设为((1)钢琴▼)”积木块

扫码看视频

对应 2.0 3.0

难易程度 ●

重点！ 指定乐器，默认是钢琴。这个块单独使用的话，不会发出声音，需要和其他音乐块组合使用。

新建一个作品文件，将“事件”分类内的“当🏴被点击”拖放到代码区域内。继续拼接“控制”分类内的“重复执行”积木块，在这个积木块中拼接“音乐”分类内的“将乐器设为((1)钢琴▼)”，单击下拉按钮选择“(9)长号”选项，这样还是不会发出声音，需要拼接“演奏音符(60)(0.25)拍”，单击60处，选择你喜欢的钢琴键，这里拼接了“演奏音符(71)(0.25)拍”。

继续拼接“休止(0.25)拍”，将0.25指定为1。

▼图11-10 选择乐器

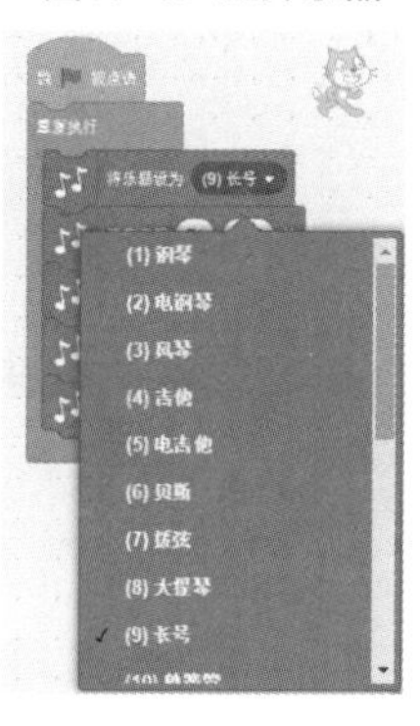

接着拼接“将乐器设为((5)电吉他▼)”，最后拼接“演奏音符(60)(0.25)拍”，这里选择了琴键为69，我们也可以拼接其他琴键或则乐器，如图11-10所示。

试着拼接图11-11那样的脚本。

▼图11-11 拼接完成

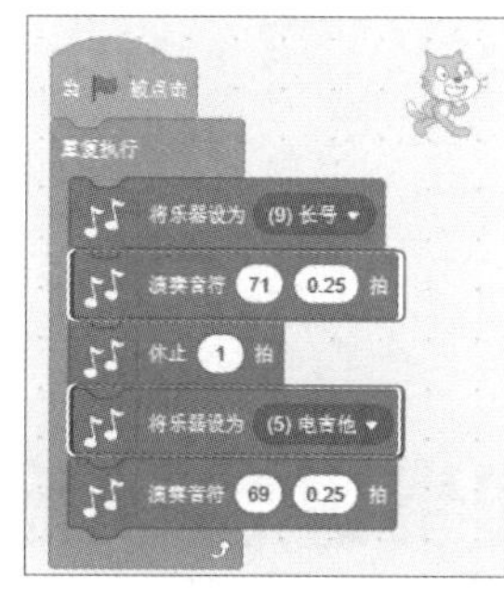

单击“运行”🏴按钮，会有声音响起。

秘技 221

如何应用“将演奏速度设定为(60)”积木块

扫码看视频

对应 2.0 3.0

难易程度 ●

重点！ 将演奏乐器的速度设定为指定的速度。这个块单独使用的话，不会发出声音，需要和其他音乐块组合使用。

新建一个作品文件，单击“变量”分类内的“建立一个变量”按钮，建立“值”变量。勾选“音乐”分类内的“演奏速度”复选框，在舞台上就会显示演奏速度，如图11-12所示。

▼图11-12 在舞台上显示“演奏速度”的值

将“事件”分类内的“当🏴被点击”拖放到代码区域内。接着拼接“变量”分类内的“将(值▼)设为(0)”，将0指定为10。继续拼接“控制”分类内的

“重复执行”积木块，在这个积木块中拼接“音乐”分类内的“将乐器设为（⑴钢琴▼）”，单击下拉按钮选择“⒂唱诗班”选项。接着拼接“演奏音符（60）（0.25）拍”，将音符60指定为音符71，下面拼接“将演奏速度设定为（60）”，在60处嵌入“变量”分类内的“值”，最后拼接“变量”内的“将（值▼）增加（1）”，将1指定为5，拼接完成后如图11-13所示。

▼图11-13 拼接使唱诗班的声音逐渐加快的脚本

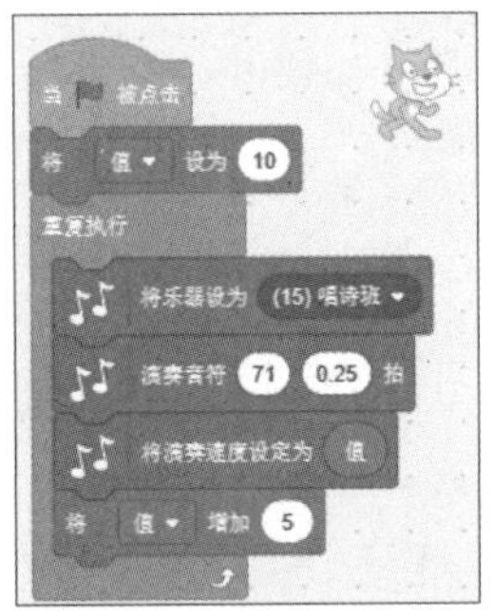

单击“运行”按钮，舞台上的“演奏速度”和“值”的数值发生变化，如图11-14所示。唱诗班的声音逐渐加快。

▼图11-14 “演奏速度”和“值”的数值发生变化

秘技 222

“将演奏速度设定为（60）”积木块应用示例

扫码看视频

对应 2.0 3.0

难易程度

重点！ 将演奏速度设定为（60）的应用事件1。

新建一个作品文件，在秘技221中只处理了声音，本秘技将配合着声音的节奏，让“角色1”在舞台上行走。

单击“变量”分类内的“建立一个变量”按钮，建立“速度”变量。

首先，将“事件”分类内的“当被点击”拖放到代码区域内。

在下面拼接“运动”分类内的“移到x:（0）y:（0）”，这是“角色1”最初的位置。继续拼接“变量”分类内的“将（速度▼）设为（0）”，再拼接“将演奏速度设定为（60）”，将60指定为0。

在下面拼接“控制”分类内的“重复执行”积木块，在这个积木块中拼接“音乐”分类内的“击打（⑴小军鼓▼）（0.25）拍”，单击下拉按钮选择“⑻手掌”选项。

接着拼接“演奏音符（60）（0.25）拍”。再拼接一个“将演奏速度设定为（60）”积木块，在60处嵌入“变量”分类内建立的“速度”变量。

继续拼接“变量”分类内的“将（速度▼）增加（1）”，将1指定为5。最后拼接“角色1”行走的脚本，既“移动（10）步”“下一个造型”“碰到边缘就反弹”和“将旋转方式设为（左右翻转▼）”，这里不需要拼接“等待（1）秒”积木块，因为“角色1”的走路速度与节拍相对应。拼接完成后如图11-15所示。

▼图11-15 拼接“角色1”的走路速度会随着节拍变化的脚本

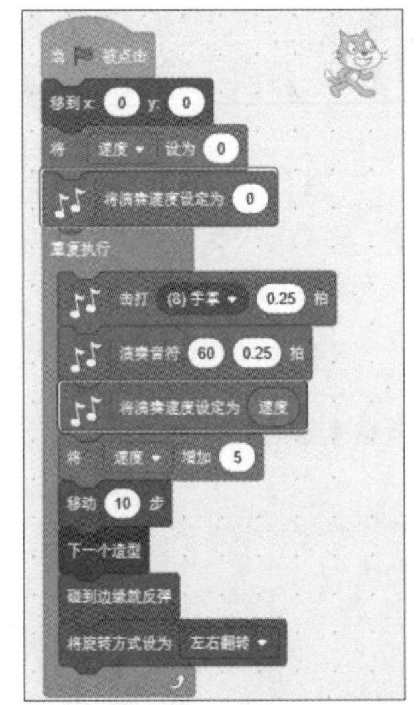

单击“运行”按钮，“角色1”的走路速度随着拍手的节奏变化，如图11-16所示。

▼图11-16 “角色1”的走路速度随着拍手的节奏变化

秘技 223

如何应用“将演奏速度增加（20）”积木块

扫码看视频

对应 2.0 3.0

难易程度

重点！ 指定演奏乐器的速度。这个块单独使用的话，不会发出声音，需要和其他音乐块组合使用。

新建一个作品文件，慢慢加快乐器的节奏。

首先，将“事件”分类内的“当被点击”拖放到代码区域内。继续拼接“控制”分类内的“重复执行”积木块，在这个积木块中拼接“音乐”分类内的“将乐器设为（(1)钢琴▼）”，单击下拉按钮选择“(19)马林巴琴”选项。接着拼接“演奏音符（60）（0.25）拍”，将0.25指定为1。最后拼接“将演奏速度增加（20）”，将20指定为5。拼接完成如图11-17所示。

单击“运行”按钮，可以听到马林巴琴的节奏逐渐增加。

▼图11-17 将马林巴琴的节奏逐渐增加5个节拍

秘技 224

“将演奏速度增加（20）”积木块应用示例

扫码看视频

对应 2.0 3.0

难易程度

重点！ 将演奏速度增加（20）应用事件1。

新建一个作品文件，在角色列表里删除“角色1”，再从“选择一个角色”的“舞蹈”类别中选择Champ99，如图11-18所示。

▼图11-18 选择Champ99

角色Champ99配合着电吉他的节奏跳舞，节奏以5为单位逐渐变快，所以Champ99也快速地跳舞。

首先，将“事件”分类内的“当被点击”拖放到代码区域内。接着拼接“将演奏速度设定为（60）”，将60指定为0。继续拼接“控制”分类内的“重复执行”积木块，在这个积木块中拼接“音乐”分类内的“将乐器设为（(1)钢琴▼）”，单击下拉按钮选择“(5)电吉他”选项，接着拼接“演奏音符（60）（0.25）拍”与“将演奏速度增加（20）”，将20指定为5。最后拼接“外观”分类内的“下一个造型”。拼接完成后如图11-19所示。

▼图11-19 拼接Champ99跟着电吉他跳舞的脚本

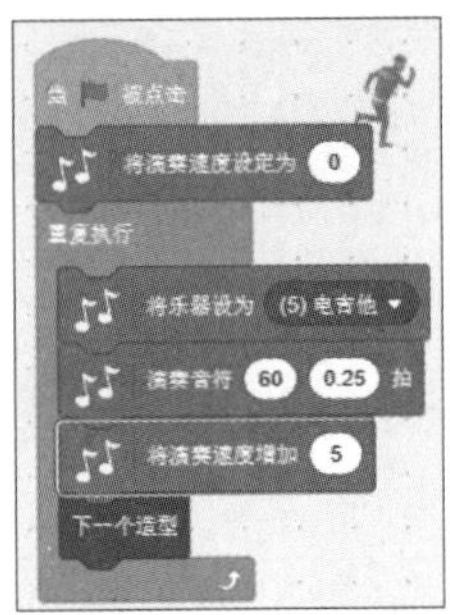

单击“运行”按钮，电吉他的节奏从0逐渐增加，Champ99跳舞的速度也逐渐变快了，如图11-20所示。

▼图11-20 电吉他加快节奏时Champ99的舞蹈速度也会加快

秘技 225

如何设置演奏速度

扫码看视频

对应 2.0 3.0

难易程度

重点！ 这个积木块到现在为止已经出现过很多次了，表示音乐的速度。

新建一个作品文件，勾选“演奏速度”复选框，在舞台上显示演奏速度。

下面让“角色1”配合节奏右转15度。

首先，将“事件”分类内的“当被点击”拖放到代码区域内。接着拼接“将演奏速度设定为（60）”，将60指定为0。再拼接“运动”分类内的“面向（90）方向”。继续拼接“控制”分类内的“重复执行”积木块，在这个积木块中拼接“音乐”分类内的“击打（(1)小军鼓▼）（0.25）拍”。接着拼接“将演奏速度增加（20）”，将20指定为5。最后拼接“运动”分类内的“右转（15）度”。拼接完成后如图11-21所示。“角色1”旋转的速度跟着节奏而变化。

▼图11-21 拼接“角色1”的旋转速度跟着节奏的速度一起变快的脚本

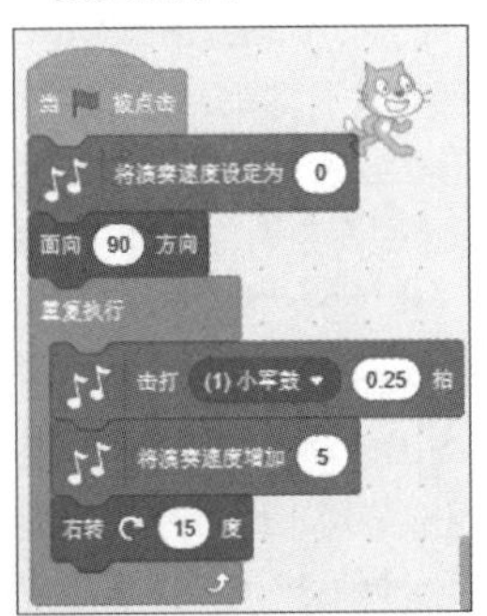

单击“运行”按钮，舞台上“演奏速度”的值发生变化，“角色1”的旋转也变快了，节奏的速度不会超过500，如图11-22所示。

▼图11-22“角色1”的旋转速度跟着节奏的速度一起变快

扩展功能之画笔类积木块的应用秘技

如何应用“全部擦除”积木块

重点！ 删除使用钢笔和印章功能的所有绘图。

新建一个作品文件，接下来要使用“扩展功能”，单击图12-1的“添加扩展”图标。从显示“选择一个扩展”的界面中选择“画笔”，如图12-2所示。

▼图12-1 单击“添加扩展”图标

▼图12-2 从显示“选择一个扩展”的界面中选择“画笔”

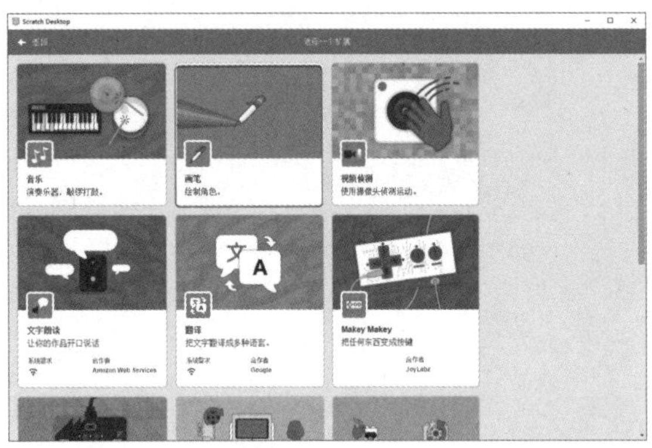

选择“画笔”的分类后，就添加了关于“画笔”的积木块，如图12-3所示。

▼图12-3 添加关于“画笔”的积木块

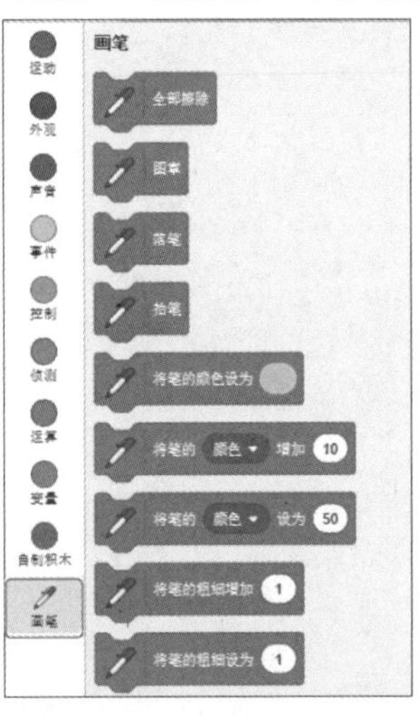

“角色1”在舞台上来回行走，行走时画红线，要删除这条线就要使用“全部擦除”。首先，请将“角色1”的方向指定为78，稍微向上一点，如图12-4所示。

▼图12-4 将“角色1”的方向指定为78

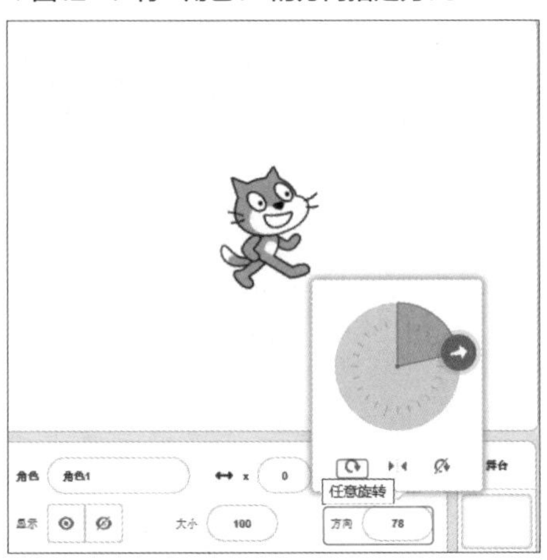

首先，将“事件”分类内的“当 被点击”拖放到代码区域内。

下面拼接“画笔”分类内的“全部擦除”。如果没有拼接这个积木块的话，每次执行时角色画的线都会被保存，舞台上会非常乱，所以每次执行的时候都需要把前面画的线擦掉。接着拼接“运动”中的“移到x:(0) y:(0)”，这是“角色1”在舞台上的初始位置。继续拼接“控制”分类内的“重复执行”积木块，在“重复执行”积木块中拼接角色行走的积木块。接下来，拼接“画笔”内的“落笔”，准备画线。继续拼接“将画笔的颜色设为●”，单击●会显示图12-5所示的面板，将颜色●指定为●红色。

▼图12-5 将颜色指定为●红色

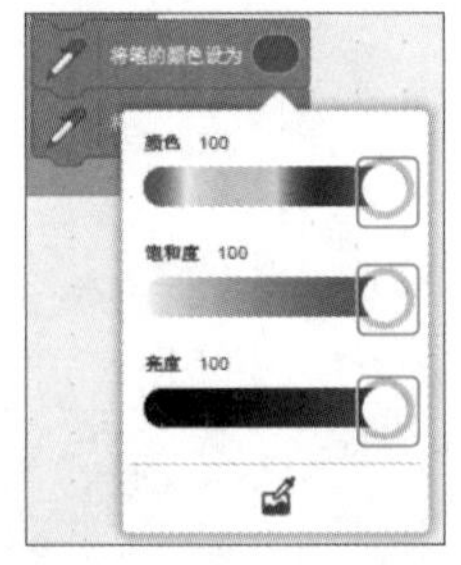

颜色确定后，再确定画笔的粗细。最后拼接“画笔”内的“将笔的粗细设为（1）”，将1指定为2，如图12-6所示。

▼图12-6 拼接角色行走并用红色画出粗细为2的线的脚本

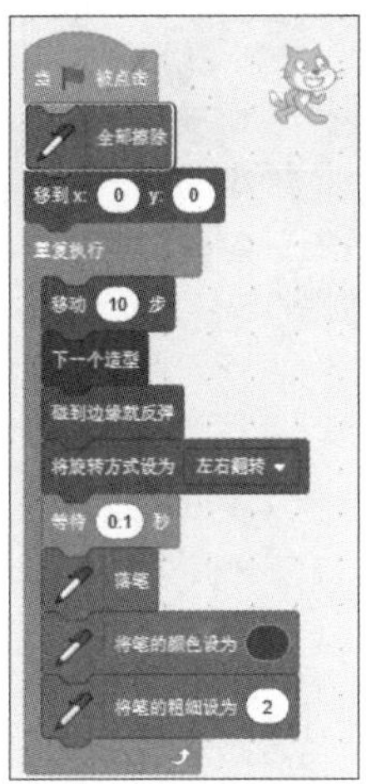

单击“运行”按钮，角色开始行走并画出粗细为2的红色线，如图12-7所示。

在此状态下，再次单击“运行”按钮，因为图12-6中的拼接了“全部擦除”，所以之前画的线全部消失。如果没有拼接“全部擦除”，则在前面画好的线上再画一条线，如图12-8所示。

▼图12-7 角色开始行走并画出红色的线

▼图12-8 如果没有拼接“全部擦除”就会在前面画的线上再画一条新的线

秘技 227 如何应用“图章”积木块

扫码看视频

对应 2.0 3.0

难易程度

重点！ 图章是复制角色的印章。

首先，从角色列表中删除“角色1”，再从“选择一个角色”的“奇幻”类别中选择Snowman，如图12-9所示。我们也可以选择自己喜欢的角色。

▼图12-9 从“奇幻”类别中选择角色Snowman

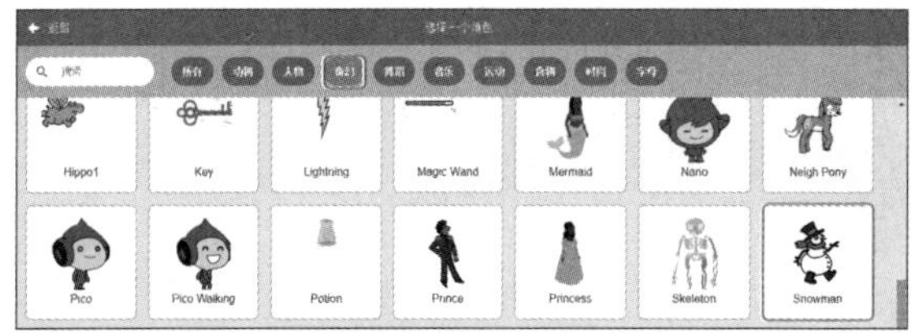

要制作Snowman图章，首先将“事件”分类内的“当被点击”拖放到代码区域内。接着拼接“画笔”分类内的“全部擦除”。继续拼接“控制”分类内的“重复执行”积木块，在“重复执行”积木块中拼接“运动”中的“移到（随机位置▼）”，单击下拉按钮选择“鼠标指针”选项。接着在下面拼接“控制”内的“如果那么……”，在处嵌入“侦测”内的“按下鼠标?”。在“如果那么……”中，拼接“画笔”内的“图章”，如图12-10所示。最后，单击Snowman，就可以创建Snowman的图章了。

▼图12-10 拼接单击Snowman就可以创建Snowman的图章的脚本

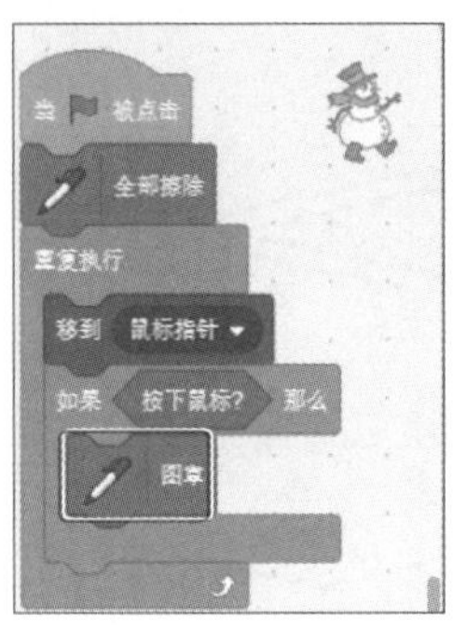

单击“运行”⚑按钮，单击Snowman就可以创建Snowman的图章，如图12-11所示。

▼图12-11 Snowman的图章被制作出来了

秘技228

如何应用“落笔”积木块

扫码看视频

对应 2.0 3.0

难易程度 ●

重点！ 这指的是进入画线的准备阶段。

新建一个作品文件，试着让角色画一个八边形。

首先，将“事件”分类内的“当⚑被点击”拖放到代码区域内。下面拼接“运动”分类内的“面向（90）度”，如果不拼接这个积木块，在多次执行的情况下，角色会撞到舞台的边缘。接着拼接“画笔”分类内的“全部擦除”，让舞台上干净整洁。

接着，将“运动”中的“将x坐标为设（0）”和“将x坐标为设（0）”拼接起来，将0处指定为-100，这是角色绘制八边形的出发点。继续拼接“画笔”内的“落笔”。接着，将“控制”中的“重复执行（10）次”拼接起来，因为画的是八边形，所以将10指定为8。再将“画笔”内的“将笔的颜色设为●”，将●指定为●蓝色，如图12-12所示。

▼图12-12 将颜色指定为●

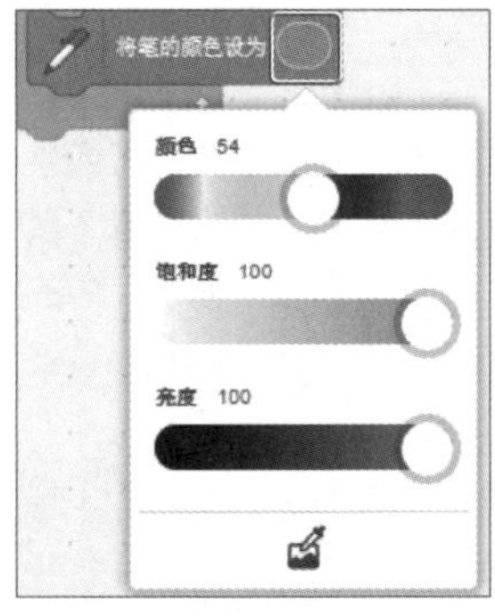

接下来，将“画笔”中的“将笔的粗细设为（1）”拼接起来，将1指定为3。在其下面拼接“运动”中的“移动（10）步”，将10指定为100，这个值决定了八边形的大小。接着，将“运动”中的“左转（15）度”拼接起来，将15指定为45。如果这里指定为90度，就绘制正方形了。在“重复执行（8）次”下面，拼接“画笔”中的“抬笔”停止绘制，如图12-13所示。

▼图12-13 拼接画八边形的脚本

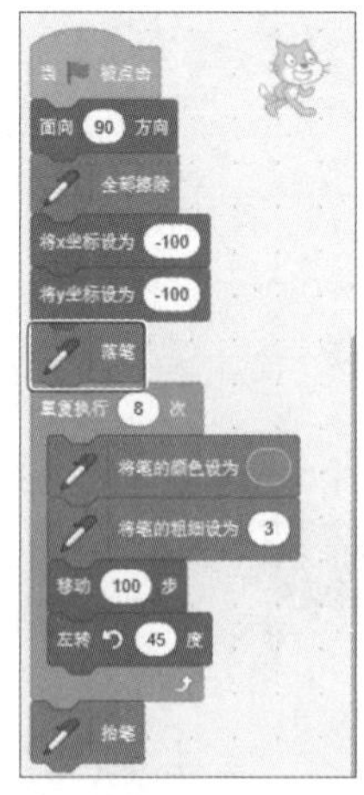

单击“运行”⚑按钮，角色在舞台上移动，绘制一个八边形的图形，如图12-14所示。

▶图12-14 绘制一个八边形的图形

秘技 229

如何应用“抬笔”积木块

扫码看视频

▶对应 2.0 3.0

▶难易程度

重点！ 结束画线。

新建一个作品文件，试着画一条逐渐变粗的线。

首先从角色列表中删除“角色1”，再从“选择一个角色”的“所有”类别中选择Ball，如图12-15所示。

▼图12-15 选择Ball

请将Ball放置在舞台上合适的位置，如图12-16所示。

▼图12-16 放置Ball

在Ball的代码区域拼接脚本。“抬笔”在秘技228中也有使用，所以其使用方法，我们大概都明白了，在这里将用其他的脚本再次解说。

首先，将“事件”分类内的“当▶被点击”拖放到代码区域内。

接着拼接“运动”分类内的“移到x:(－200) y:(－20)”，这是Ball在舞台的初始位置。再拼接“面向(90)方向”，这样Ball就会向右移动。继续拼接“画笔”分类内的“全部擦除”，让舞台上干净整洁。接着拼接“将笔的粗细设为(1)”和“落笔”，进入画图的准备阶段。

然后将“控制”中的“重复执行(10)次”拼接起来，将10指定为90，这里最多指定到100，再多的话Ball就会撞到舞台的边缘。

在“重复执行(90)次”积木块中拼接“移动(10)步”，将10指定为4，这个值太大的话角色也会撞到舞台边缘。然后拼接“将笔的颜色设为●”，单击●，将颜色指定为○黄色，也可以选择自己喜欢的颜色。继续拼接“将笔的粗细增加(1)”。

最后在“重复执行(90)次”积木块下面拼接“抬笔”，这样，画出逐渐变粗的线的脚本就拼接完成了，如图12-17所示。

▼图12-17 拼接画出逐渐变粗的线的脚本

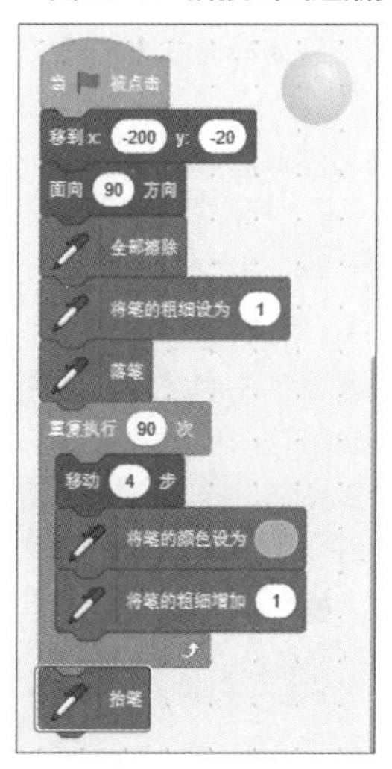

单击“运行”按钮，Ball向右移动，画的线也逐渐变粗，看起来就像彗星一样，如图12-18所示。

▼图12-18 Ball画出逐渐变粗的线

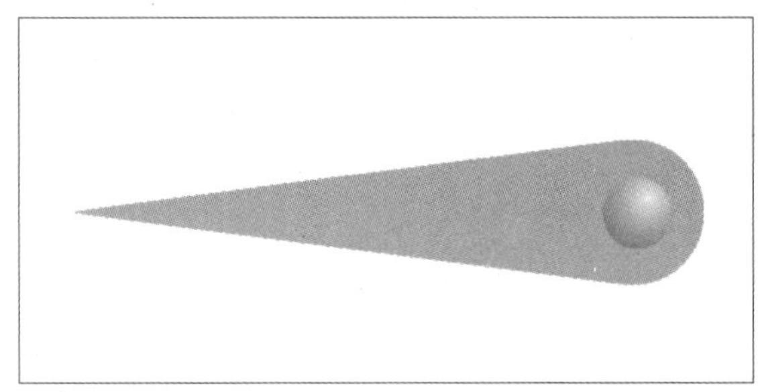

秘技 230 如何应用“将笔的颜色设为●”积木块

扫码看视频

对应 2.0 3.0 难易程度 ●

重点！ 将笔的颜色指定为某种颜色。

这里设定旋涡的颜色，画一个旋涡。

从“变量”内的“建立一个变量”开始建立“旋涡的大小”变量。因为不需要“角色1”，所以从角色列表中删除。

从“选择一个角色”的“所有”类别中选择Pencil，如图12-19所示。

▼图12-19 选择角色Pencil

把舞台上的Pencil的“大小”设定为50，将x坐标值和y坐标值都设为0，如图11-20所示。

▼图12-20 放置Pencil

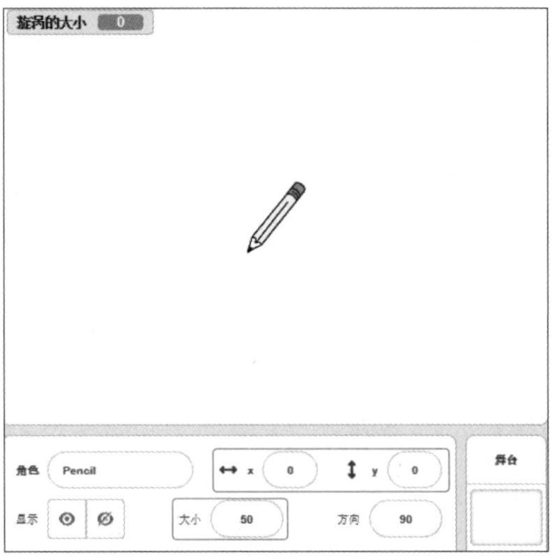

在Pencil的代码区域拼接脚本。“将笔的颜色设为●”在秘技228中也使用过，在这里用其他的脚本再次解说。

首先，将“事件”分类内的“当被点击”拖放到代码区域内。

接着拼接“变量”分类内的“将（旋涡的大小▼）设为（0）”，接着拼接“运动”分类内的“移到x:(0) y:(0)”，将Pencil放置在舞台的中心位置。再拼接“面向（90）方向”，如果不拼接这个积木块的话，在执行的时候，Pencil的方向会改变。继续拼接“画笔”分类内的“全部擦除”，让舞台上干净整洁。接着拼接“落笔”和“将笔的颜色设为●”，单击●指定为●绿色，如图12-21所示。

▼图12-21 将颜色指定为绿色

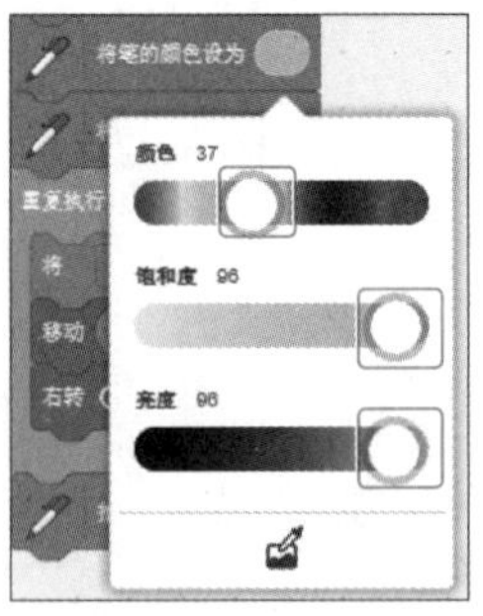

继续拼接“将笔的粗细增加（1）”，将1指定为2。在下面拼接“控制”中的“重复执行（10）次”，将10指定为200，在“重复执行（200）次”积木块中拼接

“变量”分类内的“将（旋涡的大小▼）增加（1）”，将1指定为0.1。继续拼接“运动”分类内的“移动（10）步”，在10处嵌入变量“旋涡的大小”。继续拼接“右转（15）度”，将15指定为12，这里的值越小，旋涡的间隔就越大。

▼图12-22 拼接画一个绿色的旋涡的脚本

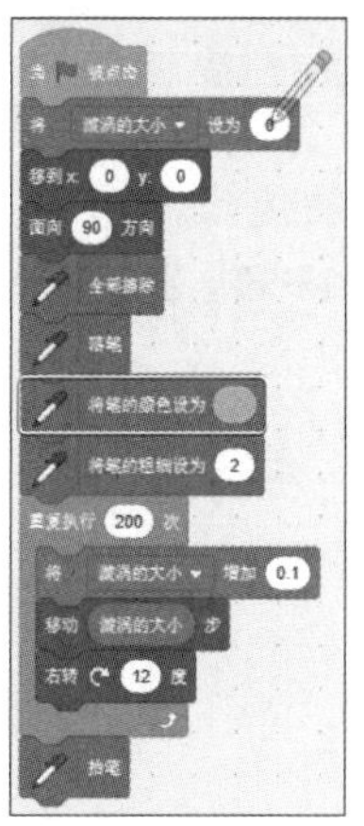

最后在“重复执行（200）次”积木块下面拼接“抬笔”，这样画一个旋涡的脚本就拼接完成了，如图12-22所示。

单击“运行”按钮，Pencil旋转画出一个绿色的旋涡，如图12-23所示。

▼图12-23 Pencil旋转画出一个绿色的旋涡

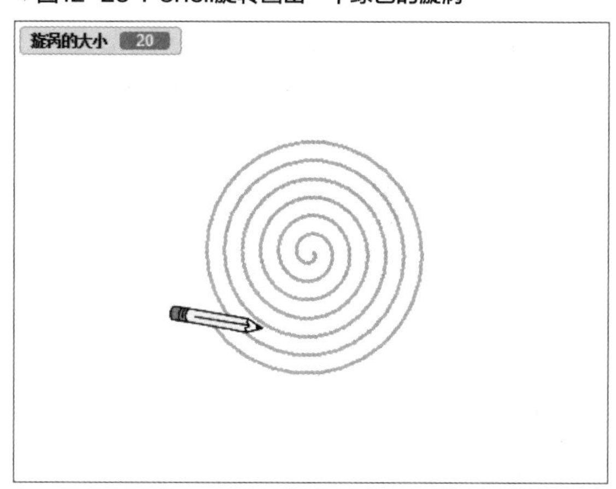

1 2 3 4 5 6 7 8 9 10 11 12 13 14 15 16 17

秘技 231 如何应用“将笔的（颜色▼）增加（10）”积木块

对应 2.0 3.0

难易程度 ●

重点！ 改变笔的颜色的值，值可以指定在0~199之间，共有200种颜色可以使用。

继续使用秘技230的画旋涡的脚本，稍微改变一下内容。

删除脚本中“将笔的颜色设为”的积木块，并在“右转（12）度”下面拼接“将笔的（颜色▼）增加（10）”，拼接完成后如图12-24所示。

▼图12-24 将画旋涡笔的颜色增加10

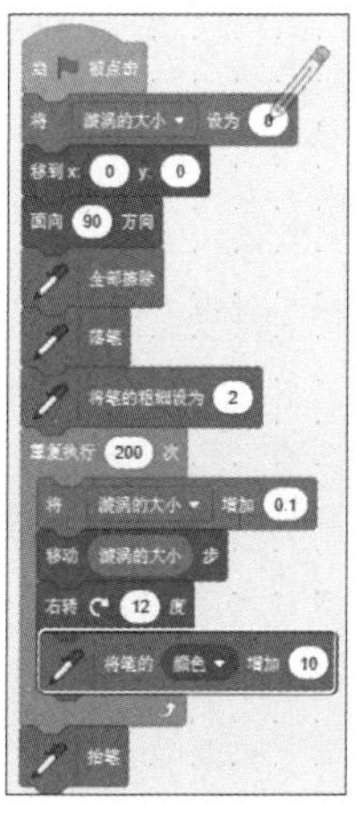

我们比较与图12-22的不同之处。

单击“运行”按钮，Pencil会旋转着，画出一个颜色会变化10的旋涡，如图12-25所示。

▼图12-25 Pencil会画出一个颜色会变化10的旋涡

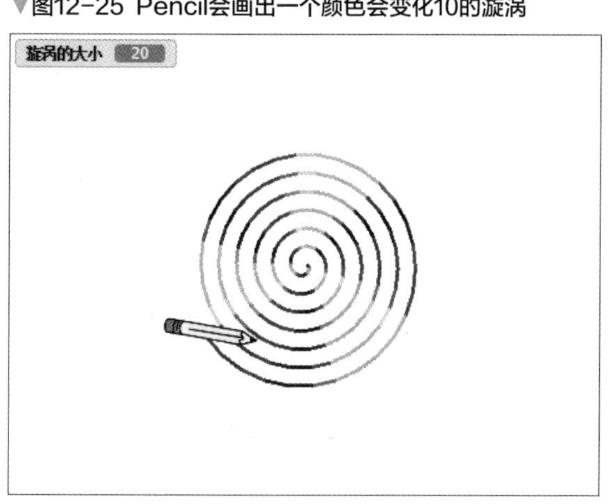

秘技
232 如何应用“将笔的（颜色▼）设为（50）”积木块

扫码看视频

对应 2.0 3.0 难易程度 ●

重点！ 指定笔的颜色的值，值可以指定在0~199之间。

继续使用秘技231的旋涡脚本，稍微改变一下内容。

将脚本中“将笔的（颜色▼）增加（10）”的积木块替换成“将笔的（颜色▼）设为（50）”，将50指定为75，这里可以指定0~199之间的值。拼接完成后如图12-26所示。

▼图12-26 将画旋涡笔的颜色设为75

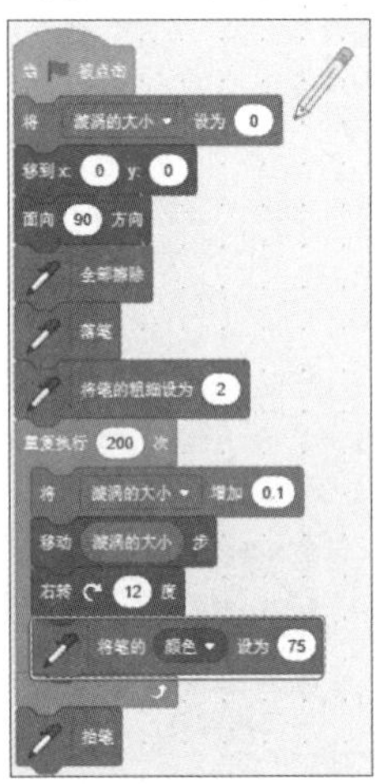

我们可以比较图12-24与图12-26的差异。

单击“运行”按钮，Pencil会旋转着，画出指定颜色为75的旋涡，如图12-27所示。

▼图12-27 Pencil会画出一个颜色为75（紫色）的旋涡

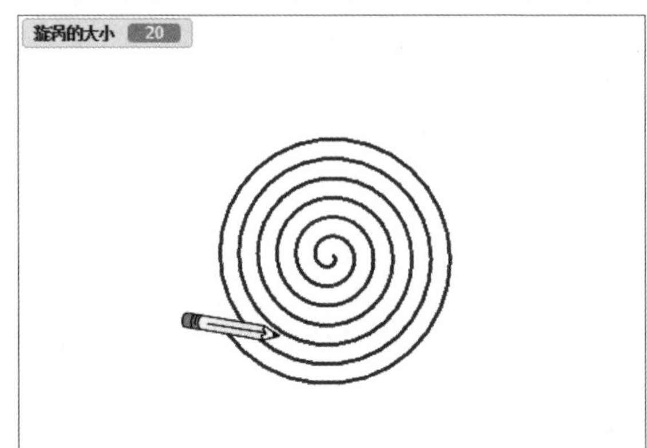

秘技
233 如何应用“将笔的粗细增加（1）”积木块

扫码看视频

对应 2.0 3.0 难易程度 ●

重点！ 用指定的值来改变笔的粗细。

继续使用秘技232的旋涡脚本，稍微改变一下内容。

将图12-26中“将笔的粗细设为（2）”移到“面向（90）度”下面，并将2指定为0。在“将笔的（颜色▼）设为（75）”下面拼接“将笔的粗细增加（1）”，将1指定为0.1，如果这里的值指定为0.5的话，Pencil刚开始画旋涡时笔的粗细就会很粗，请注意，但是这里小于0.1是没有问题的，拼接完成后如图12-28所示。

▼图12-28 拼接使笔的粗细增加0.1来画旋涡的脚本

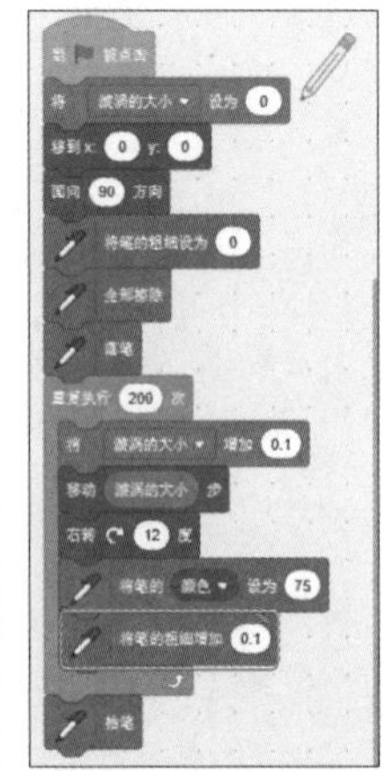

我们可以比较图12-28与图12-26的差异。

单击“运行”按钮，Pencil会画出线条逐渐变粗的旋涡，如图12-29所示。

▼图12-29 Pencil会画出线条逐渐变粗的旋涡

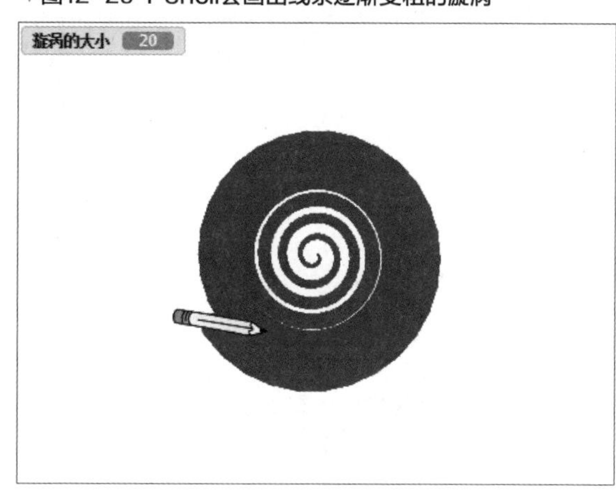

秘技 234

如何应用“将笔的粗细设为（1）”积木块

扫码看视频

对应 2.0 3.0

难易程度

重点！ 将笔的粗细设为指定的值。

继续使用秘技233的旋涡脚本，稍微改变一下内容。

将图12-28中的“将笔的粗细增加（0.1）”的0.1指定为10，并删除“将笔的粗细增加（0.1）”，如图12-30所示。也可以设置不同数值，了解一下最后出来的效果。

▼图12-30 拼接“将笔的粗细增加（10）”的脚本

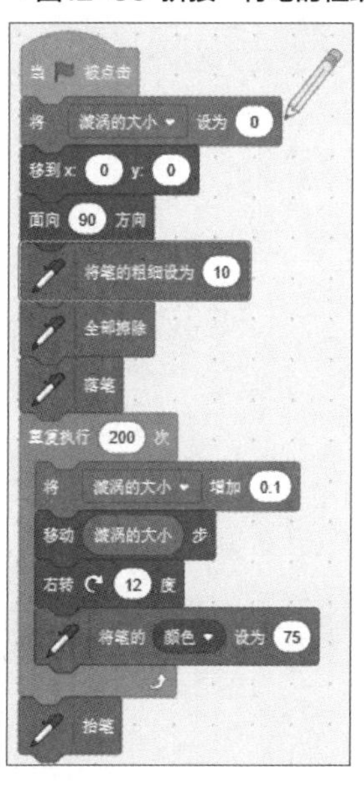

我们可以比较图12-30与图12-28的差异。

单击“运行”按钮，Pencil会画出一条粗细为10的旋涡，如图12-31所示。

▼图12-31 Pencil画出一条粗细为10的旋涡

扩展功能之视频侦测类积木块的应用秘技

秘技 235

如何应用“当视频运动>（10）”积木块

扫码看视频

对应 2.0 3.0

难易程度

重点！

当网络摄像头的影像运动值大于10时的积木块。使用本章积木块的功能需要网络摄像头。

新建一个作品文件，接下来要使用“扩展功能”，单击图13-1的“添加扩展”图标。从显示“选择一个扩展”的界面中选择“视频侦测”，如图13-2所示。

▼图13-1 单击“添加扩展”图标

▼图13-2 从显示“选择一个扩展”的界面中选择“视频侦测”

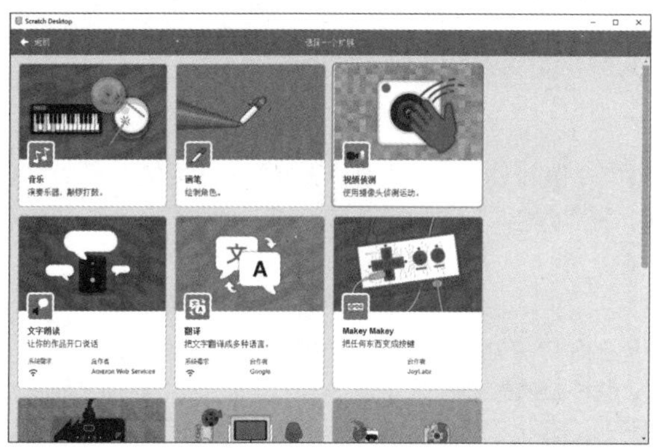

选择“视频侦测”的分类后，就添加了关于“视频侦测”的积木块，如图13-3所示。

▼图13-3 添加关于“视频侦测”的积木块

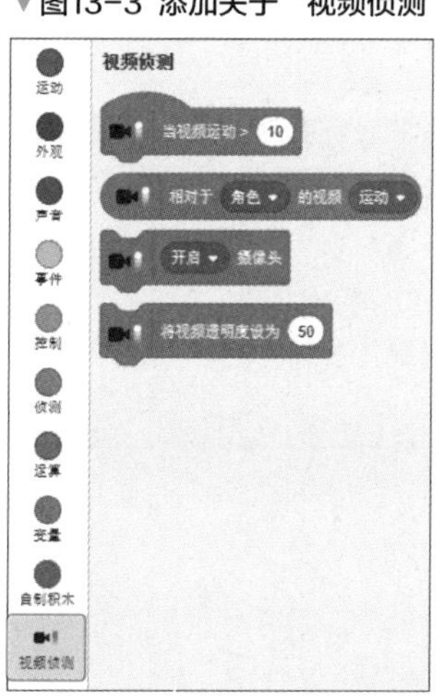

将“角色1”放置在舞台的右上角，如图13-4所示。添加了“视频侦测”积木块后，可以看到来自网络摄像头的影像。网络摄像头的视频默认显示为半透明，关于透明度的变更，稍后解说。

▼图13-4 将“角色1”放置在舞台的右上角

从网络摄像头上显示了作者，当作者触摸“角色1”时，“角色1”就会说“不要碰！”。

将“视频侦测”分类中的“当视频运动>（10）”拖到代码区域。将10指定为20。如果设置的值小的话，网络摄像头中的作者稍微接触一下角色，角色马上就会有反应，反之，如果值大，反应就会迟钝，20左右的数值刚刚好。下面拼接“外观”内的“说（你好！）（2）秒”，在“你好！”处输入“不要碰！”，拼接完成后如图13-5所示。

▼图13-5 拼接网络摄像头中“角色1”被作者触摸时会说“不要碰！”的脚本

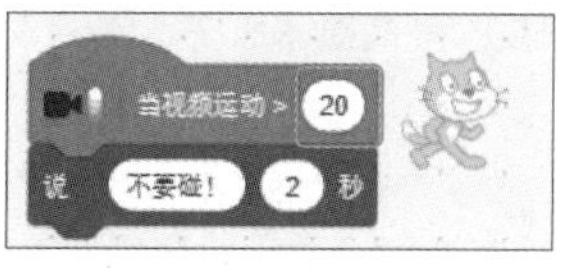

那么，让我们来触摸一下舞台上的“角色1”吧。如果碰到“角色1”，“角色1”会显示出“不要碰！”的会话框，如图13-6所示。

▼图13-6　在网络摄像头中作者触摸“角色1”时“角色1”会说“不要碰！”

※可能仅限于作者的环境，暂且不明白是否因为桌面版的Scratch 3.0的问题。
从Desktop版的Scratch 3.0“添加扩展”中添加“视频侦测”拼接的脚本，运行1次之后就没有反应了，再次新建一个作品文件，重新拼接脚本才可以运行。一旦拼接了脚本，将其保存，再次运行，在作者的环境中就无法运行，原因不明。虽然大家的环境下可能不会是这样，但是还是要和大家说明一下。
Web版的Scratch 3.0没有任何问题，如果使用“视频侦测”分类内的积木块，请用Web版的Scratch 3.0打开。

秘技 236 如何应用“相对于（角色）的视频（运动）”积木块

扫码看视频

对应 2.0 3.0

难易程度 ●●

重点！ 获取在舞台上放置的网络摄像头中出现的人的运动值。

新建一个作品文件，请将“角色1”放置在图13-4的位置。在“变量”分类中的建立变量“运动”。当网络摄像头中的作者，触摸“角色1”时，“角色1”向右旋转。接下来组成脚本吧。

首先，将“事件”分类内的“当⚑被点击”拖放到代码区域内。

然后拼接“变量”分类内的“将（运动▼）设为（0）”，下面拼接“运动”中的“移到x:（188）y:（123）”，即“角色1”在舞台上的初始位置。继续拼接“运动”内的“面向（90）度”，当角色停止旋转时，会面向90度方向。

接着拼接“控制”分类内的“重复执行”积木块，在“重复执行”积木块中拼接“变量”分类内的“将（运动▼）设为（0）”，在0处嵌入“视频侦测”分类内的“相对于（角色▼）的视频（运动▼）”。这样变量“运动”就会获取在舞台上放置的网络摄像头中出现的人的运动值。

继续拼接“控制”内的“如果◆那么……”，在◆处嵌入“运算”内的“（▢>（50））”，在▢处嵌入“变量”内的“运动”，将50指定为30。在“如果◆那么……”积木块中，拼接“运动”中的“右转（15）度”，如图13-7所示。当作者从网络摄像头中触摸到“角色1”时的运动值大于30时，“角色1”就会旋转。

▼图13-7　拼接当网络摄像头中的作者触摸“角色1”时“角色1”旋转的脚本

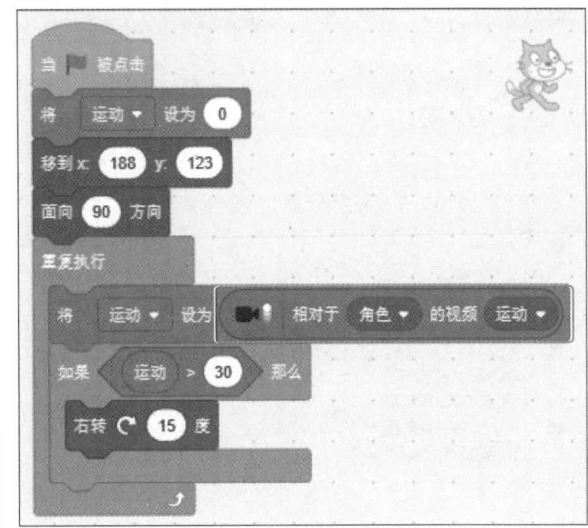

单击“运行”按钮，当作者从网络摄像头中触摸到“角色1”时的运动值大于30时，“角色1”就会开始旋转，如图13-8所示。

▼图13-8 “角色1”开始旋转

秘技237 如何应用“(开启▼)摄像头”积木块

扫码看视频

对应　2.0　3.0

难易程度 ●●

重点! 开关摄像头，舞台上能否从网络摄像头获取影像。

新建一个作品文件，因为初始是开启摄像头的，所以舞台上能从网络摄像头显示影像。

当单击“运行”按钮的时候，视频就会关闭，在舞台上不显示来自网络摄像头的影像。按键盘上的空格键就能进入视频，在舞台上显示来自网络摄像头的影像。

将“事件”分类内的“当被点击”拖放到代码区域内。接着拼接“(开启▼)摄像头”，单击下拉按钮选择“关闭”选项。

再将“事件”分类内的“当按下(空格▼)键”拖放到代码区域内。接着拼接“(开启▼)摄像头”。拼接完成如图13-9所示。

▼图13-9 拼接开关摄像头的脚本

那么，单击“运行”按钮，舞台上不显示来自网络摄像头的影像，如图13-10所示。按下键盘上的空格键，舞台上显示来自网络摄像头的影像，如图13-11所示。

▼图13-10 舞台上不显示摄像头的影像

▼图13-11 舞台上显示摄像头的影像

如何应用“将视频透明度设为（50）”积木块

扫码看视频

对应 2.0 3.0

难易程度 ●●

重点！ 可以指定网络摄像头的影像的透明度。

新建一个作品文件，默认透明度为50，网络摄像头的影像以半透明的方式显示。

按下空格键，使透明度为0，显示清晰的影像。

将“事件”分类内的“当按下（空格▼）键”拖放到代码区域内。接着拼接“将视频透明度设为（50）”，将50指定为0，拼接完成后如图13-12所示。

▼图13-12 拼接按下空格键时透明度变为0的脚本

按下键盘上的空格键，舞台上从网络摄像头传来的影像清晰地显示出来，如图13-13所示。如果想要半透明的影像，将0指定为50即可。如果指定为100，则影像完全透明，就像图13-10所示那样。

▼图13-13 按下空格键从网络摄像头传来的影像清晰地显示在舞台上

专栏 为什么Scratch 3.0的积木块块变大了？

使用过Scratch 1.4和Scratch 2.0的人应该知道，从Scratch 3.0开始，积木块比以前版本的积木块大了很多。

为什么积木会变大呢？大家知道它的意义吗?其实这都是有充分理由的。

Scratch 3.0开始能在iPad等平板电脑上使用了，主要的原因是因为以前版本的积木块太小难以操作。的确，平板电脑的屏幕要比笔记本电脑和台式电脑小，如果显示的积木块也很小的话，操作起来就会变得非常困难。为了避免这种情况，从Scratch 3.0开始，积木块就变大了。

扩展功能之文字朗读与翻译积木块的应用秘技

秘技 239

如何应用“朗读（你好）”积木块

扫码看视频

对应 2.0 3.0

难易程度 ●

重点！ 从扬声器里说出指定的话。

新建一个作品文件，接下来要使用“扩展功能”，单击图14-1的“添加扩展”图标。从显示“选择一个扩展”的界面中选择“文字朗读”和“翻译”，如图14-2所示。

▼图14-1 单击“添加扩展”图标

▼图14-2 从显示“选择一个扩展”的界面中选择“文字朗读”和“翻译”

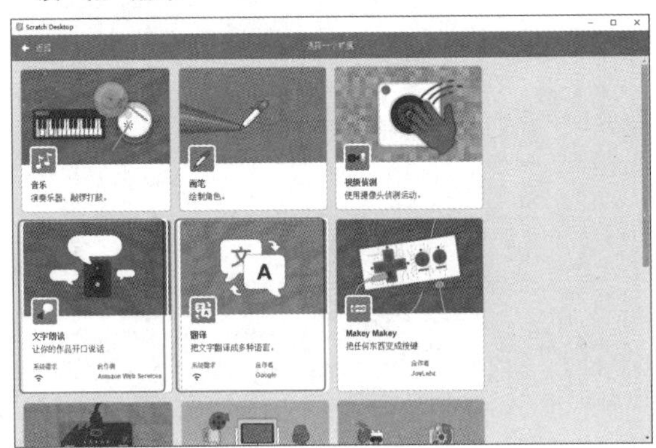

选择“文字朗读”的分类后，就添加了关于“文字朗读”的积木块，如图14-3所示。选择了“翻译”分类后，就添加了关于“翻译”的积木块，如图14-4所示。

试着让角色说出How are you吧！

首先，将“事件”分类内的“当🏴被点击”拖放到代码区域内。接着拼接“文字朗读”分类内的“朗读（你好）”，在“你好”处输入How are you，如图14-5所示。

单击“运行”🏴按钮，会从扬声器里传出How are you的声音。但是，朗读的发音却不是英式发音，这是因为还没有指定语言，如果指定语言的话，就会变成英式发音，语言的设定将在后面解说。

▼图14-3 添加“文字朗读”的积木块

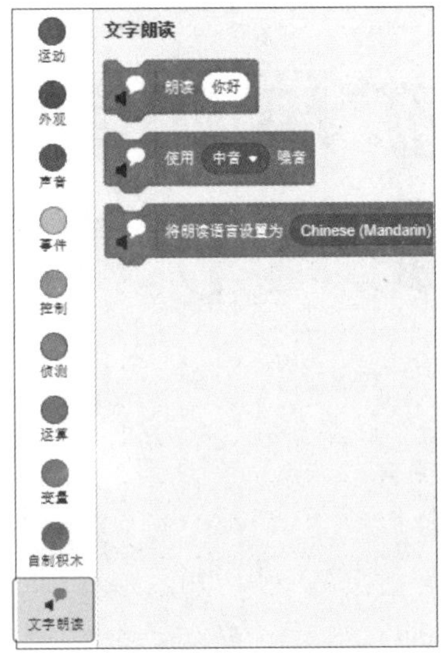

▼图14-4 添加“翻译”的积木块

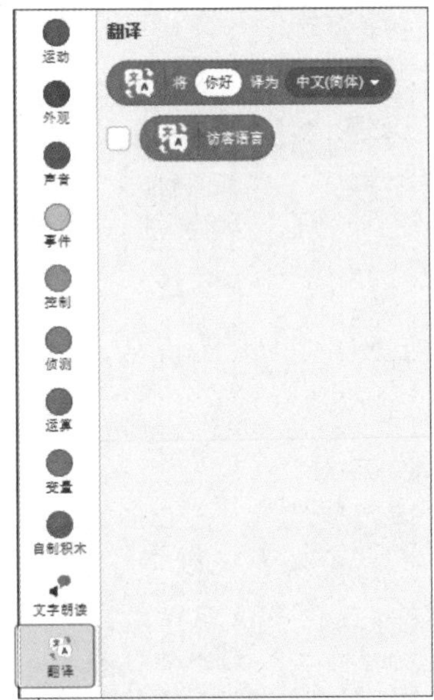

▼图14-5 拼接角色说How are you的脚本

秘技240 如何应用“使用（中音▼）嗓音”积木块

对应 2.0 3.0 难易程度 ●

重点！ 选择说话的嗓音，中音为女性，男高音为男性。

新建一个作品文件，选择“文字朗读”中的“使用（中音▼）嗓音”，单击下拉按钮选择可以选择说话的嗓音，如图14-6所示。

▼图14-6 可选择嗓音的种类

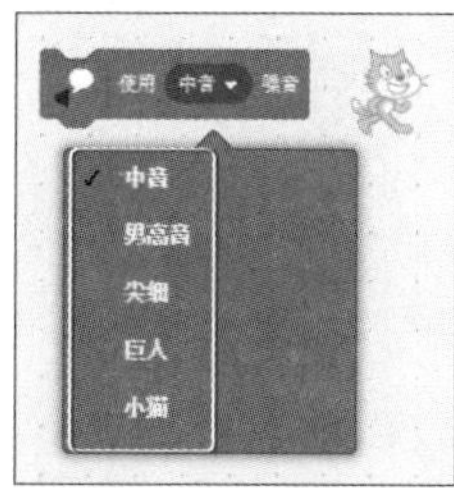

在嗓音的列表中选择“巨人”选项，试着说“What's your name?”。在这里必须注意的是，嗓音的列表中选择了“小猫”选项，是不会说话的，只能会发出声音，因为“小猫”本身是不会说话的。

首先，将“事件”分类内的“当🏴被点击”拖放到代码区域内。接着拼接“文字朗读”分类内的“朗读（你好）”，在“你好”处输入“What's your name?”。最后拼接“使用（中音▼）嗓音”，单击下拉按钮选择“巨人”选项，拼接完成后如图14-7所示。

▼图14-7 拼接了用巨人的嗓音说“What's your name?”的脚本

单击“运行”🏴按钮，会从扬声器里传来“What's your name?”的声音。但是，朗读的发音却不是英式发音，这是因为还没有指定语言，如果指定语言的话，就会变成英式发音，语言的设定将在后面解说。

需要注意的是，选择一次嗓音种类后，即使删除嗓音种类的积木块，说其他语言时也会用选择的嗓音说话。如果想用原来的嗓音说话，就把“使用（中音▼）嗓音”拼接起来，就会恢复原来的嗓音。

秘技241 如何应用“将朗读语言设置为（Chinese（Mandarin）▼）”积木块

扫码看视频

对应 2.0 3.0 难易程度 ●

重点！ 用选择的语言说话。

新建一个作品文件，选择“文字朗读”中的“将朗读语言设置为（Chinese（Mandarin）▼）”，单击下拉按钮可以选择说话的语言，如图14-8所示。

▼图14-8 选择语言的种类

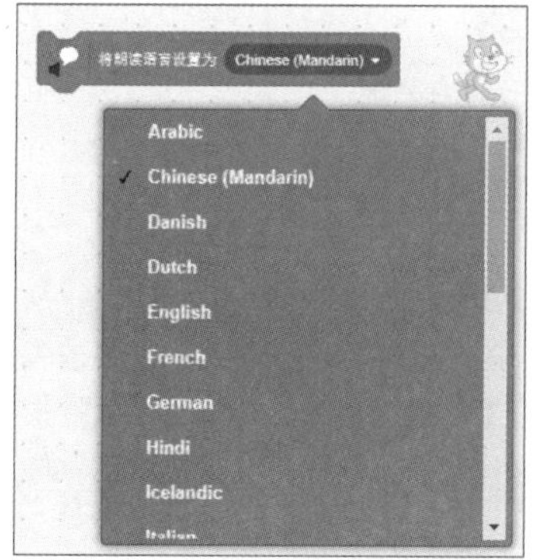

将语言设置为English，并用巨人的嗓音说“What's can i do for you?”。

首先，将“事件”分类内的“当🏴被点击”拖放到代码区域内。接着拼接“将朗读语言设置为（Chinese（Mandarin）▼）”，单击下拉按钮选择English选项。再拼接“使用（中音▼）嗓音”，单击下拉按钮选择“巨人”选项，最后拼接“朗读（你好）”，将“你好”指定为“What's can i do for you?”。拼接完成后如图14-9所示。

单击“运行”🏴按钮，会从扬声器里传出用巨人的嗓音说出“What's can i do for you?”的声音。这里指定的语言是English，所以会用英语发音说话，我们可以尝试着用各种语言说话。

▼图14-9　拼接了用English的语言和用巨人的嗓音说“What's can i do for you?”的脚本

秘技 242

如何应用“将（你好）译为（阿拉伯语▼）”积木块

扫码看视频

对应 2.0 3.0
难易程度

重点！ 将指定的文字翻译成指定的语言。

试着把输入的中文文章翻译成英语。

首先，将“事件”分类内的“当🏴被点击”拖放到代码区域内。接着拼接“侦测”分类内的“询问（What's your name?）并等待”，在What's your name?处输入“请输入中文的文章”。接着拼接“外观”内的“说（你好!）”，在“你好!”处嵌入“翻译”内的“将（你好）译为（阿拉伯语▼）”，并在“你好!”处嵌入“侦测”内的“回答”，单击下拉按钮选择“英语”选项。

最后拼接“文字朗读”分类内的“朗读（你好）”，在“你好”处嵌入“将（回答）译为（英语▼）”，如图14-10所示。

▼图14-10　拼接将输入的中文文章翻译成英语的脚本

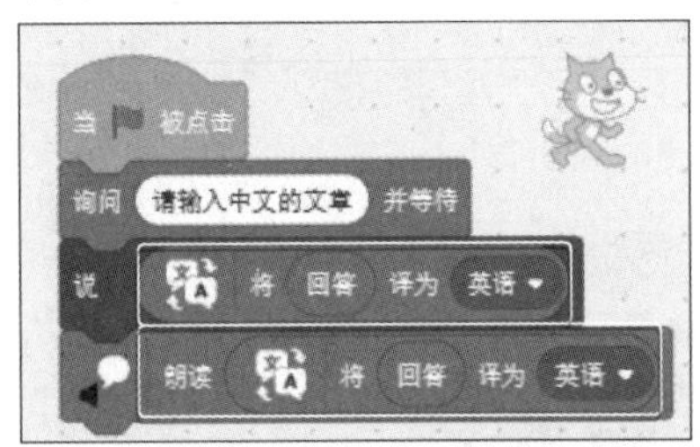

单击“运行”🏴按钮，在显示的输入框中输入“从松山车站到松山机场，搭出租车要花几分钟?”，单击✔按钮，角色就会把这篇文章翻译成英语并以会话框的形式显示，同时，麦克风也会读出翻译成英语的文章，如图14-11所示。

▼图14-11　将输入的中文文章翻译成英语，但朗读不能用文字表达出来

秘技 243

如何应用“访客语言”积木块

对应 2.0 3.0
难易程度 ●

重点！ 显示当前Scratch 3.0中设置的语言。

新建一个作品文件，勾选“翻译”内的“访客语言”积木块左侧复选框，如图14-12所示。就会在舞台上显示在Scratch 3.0中设定的“语言”，这里选择的是“中文（简体）”，如图14-13所示。

▼图14-12 勾选“访客语言”复选框

▼图14-13 舞台上显示当前设定的“语言”

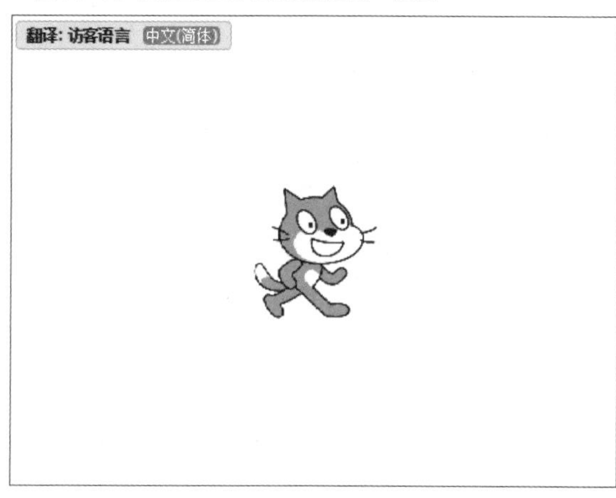

改变“语言”可以从Scratch 3.0左上角的地球仪图标中改变，如图14-14所示。

这里作者使用的是“中文（简体）”，也可以试一下“English（英语）”语言，全部用英语表示时，舞台上的“语言”部分也变成了English，如图14-15所示。

▼图14-14 改变“语言”可以从Scratch 3.0左上角的地球仪图标中改变

▼图14-15 选择English语言后全部用英语表示了

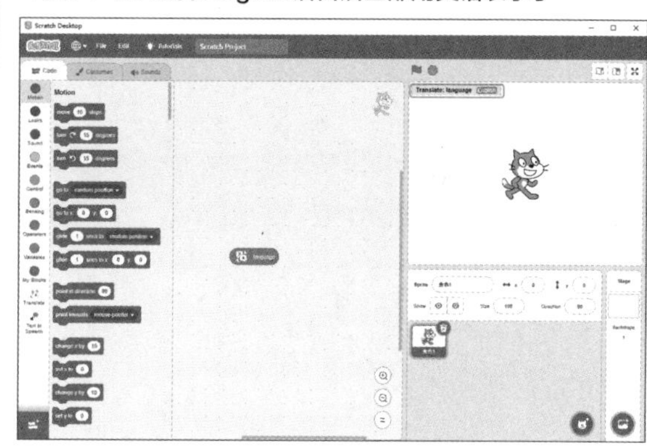

扩展功能之micro:bit的应用秘技

micro:bit使用前的准备

扫码看视频

对应 2.0 3.0

难易程度

重点！ 介绍如何启用Scratch 3.0的micro:bit。

micro:bit（微比特是以英国BBC（英国广播公司））为中心开发的小型计算机。

图15-1中，在小小的底板上，分别配备了可控制的25个LED、2个按钮、加速度传感器、亮度传感器、磁传感器和温度传感器，还支持无线通信功能（蓝牙）。但是，Scratch 3.0不能使用温度传感器和亮度传感器。

由图15-1就知道了，作者使用的是“保护壳亚克力透明壳”以及“AAA电池盒”，“电池盒”可容纳两节七号电池使用。

▼图15-1 micro:bit和电池盒

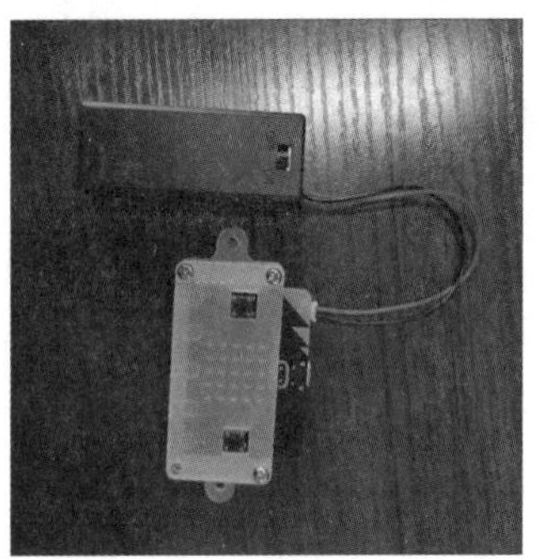

首先，下载Scratch Link。请从下面的URL下载，https://downloads.scratch.mit.edu/link/windows.zip

下载完成后，保存到适当的文件夹并解压。解压缩后会显示“Scratch Link Setup.msi”文件，双击执行安装。

显示ScratchLinkSetup对话框，如图15-2所示。

▼图15-2 Scratch Link Setup对话框

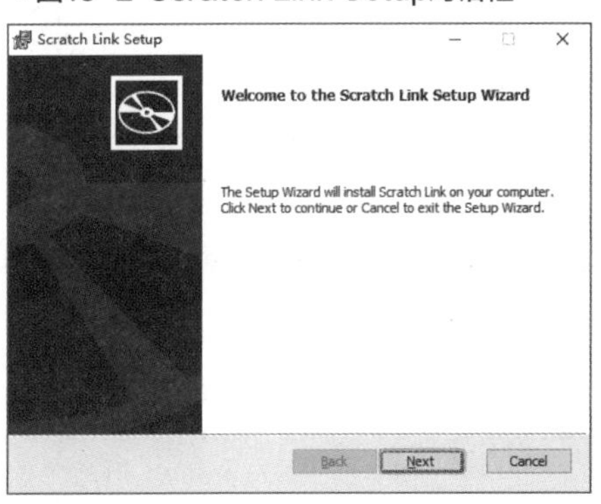

单击Next按钮，开始安装，如图15-3所示。

▼图15-3 开始安装

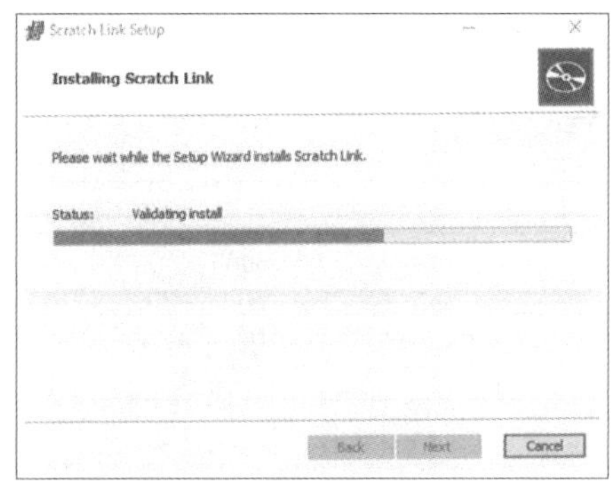

安装结束，单击Finish按钮，如图15-4所示。

▼图15-4 安装完成

从Windows的开始菜单中将Scratch Link添加到任务栏，如图15-5所示。

▼图15-5 将Scratch Link添加到任务栏

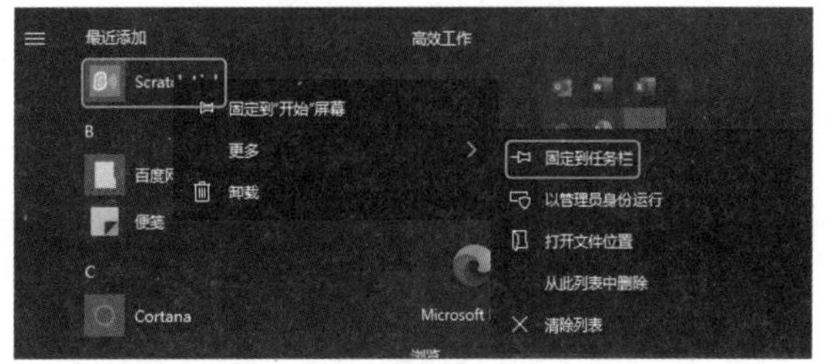

要配对Scratch 3.0和micro:bit，一定要单击任务栏的Scratch Link来启动。启动后在指示符中追加显示，如图15-6所示。

▼图15-6 Scratch Link启动了

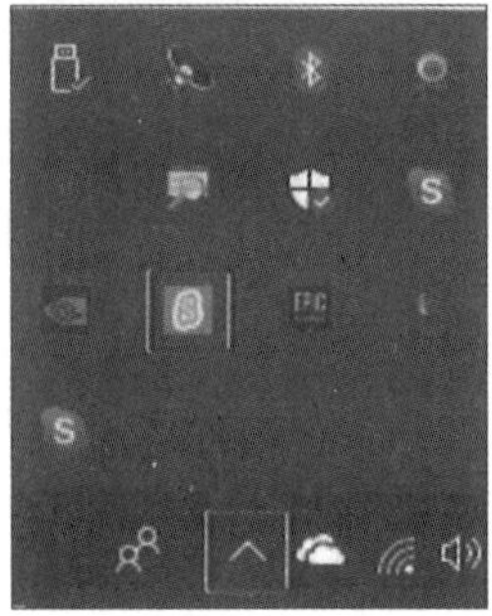

至此，Scratch 3.0和micro:bit配对的准备已经完成了。

新建一个作品文件，这里也要使用“扩展功能”，单击图15-7的“添加扩展”图标，显示“选择一个扩展”，如图15-8所示。打开图15-1的电池开关，让micro:bit工作，需要在工作状态下，添加micro:bit的积木块。

▼图15-7 单击“添加扩展”图标

▼图15-8 从显示“选择一个扩展”的界面中选择micro:bit

接着Scratch 3.0和micro:bit的连接界面会显示出来，单击“连接”按钮，如图15-9所示。

▼图15-9 单击“连接”按钮

连接成功后就会显示“已连接”，单击“进入编辑器”按钮，如图15-10所示。

▼图15-10 连接设备micro:bit

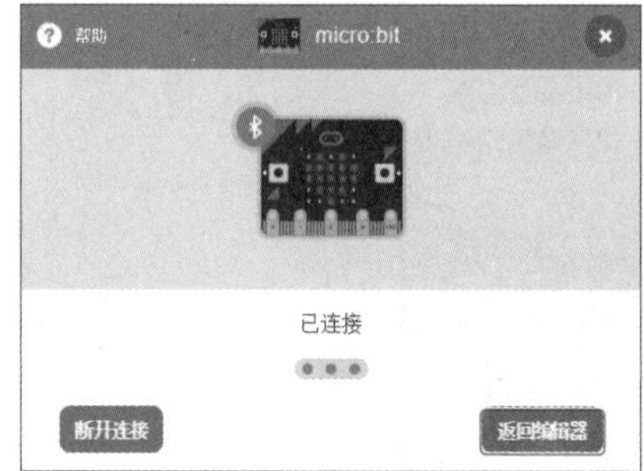

添加了micro:bit的积木块，如图15-11所示。

▼图15-11 添加micro:bit的积木块

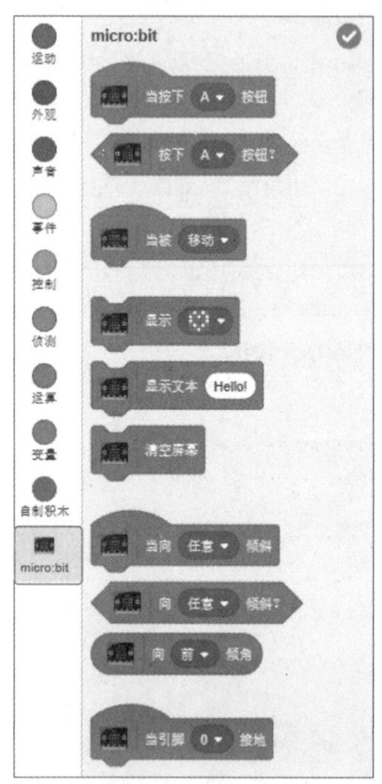

秘技 245

如何应用"当按下（A▼）按钮"积木块

对应 2.0 3.0
难易程度 ●

重点！ micro:bit的A按钮被按下时的处理。

新建一个作品文件，按下micro:bit的A键后，使角色跳跃，另外按下B键时旋转角色。

首先，将micro:bit分类内的"当按下（A）按钮"拖放到代码区域内。接着拼接"运动"中的"面向（90）度"。拼接"面向（90）度"是因为按下B按钮的时候，角色会旋转，旋转完之后，不知道面向哪个方向。

接下来，拼接"运动"中的"将y坐标增加（10）"，将10指定为100，这是角色跳跃的高度。继续拼接"控制"内的"等待（1）秒"，角色在上空停留1秒。继续拼接"运动"中的"移到x:（0）y:（0）"，角色跳跃后回到原来的位置。这样micro:bit的A键按下的时候角色就会跳跃。

接着，将micro:bit分类内的"当按下（A▼）按钮"拖放到代码区域内，单击下拉按钮选择B，接着拼接"控制"中的"重复执行（10）次"，将10指定为100，在这个积木块中，拼接"运动"中的"右转（15）度"。这样的话，micro:bit的B键被按下时角色开始旋转。拼接完成后如图15-12所示。

▼图15-12 拼接micro: bit的A和B按钮被按下时的脚本

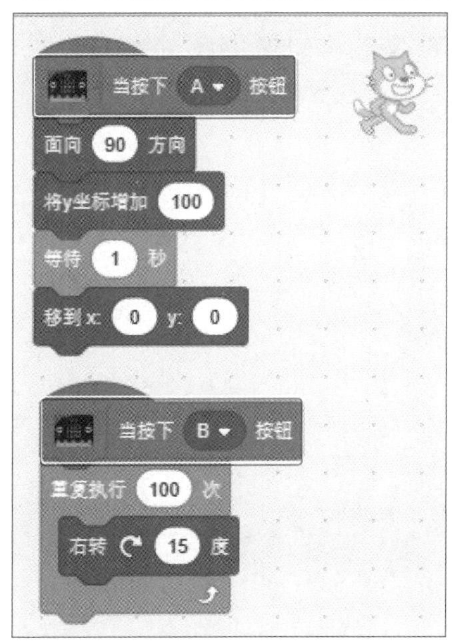

按下micro:bit的A按钮，角色就会跳跃，如图15-13所示。

▼图15-13 用A键跳跃

按下micro:bit的B按钮，角色就会旋转，如图15-14所示。

▼图15-14 按B按钮旋转

“当按下（A▼）按钮？”积木块应用示例

扫码看视频

对应 2.0 3.0

难易程度

重点！ 当按下micro:bit的A按钮或B按钮被作为条件时的处理。

新建一个作品文件，角色在舞台上左右行走，按下micro:bit的A按钮，角色的颜色会变化，按下B按钮，角色适用于“漩涡”特效。

首先，将“事件”分类内的“当⚑被点击”拖放到代码区域内。在下面拼接“运动”分类内的“移到x:（0）y:（0）”，即“角色1”在舞台上的初始位置，接着拼接“控制”分类内的“重复执行”积木块，在“重复执行”积木块中拼接角色行走的脚本，角色行走的脚本已经解说过很多次了，这里就不详细解说了。

继续在角色行走的脚本下拼接“控制”分类内的“如果⬢那么……”，在⬢里嵌入micro:bit分类内的“按下（A▼）按钮？”，在“如果⬢那么……”脚本块中拼接“外观”分类内的“将（颜色▼）特效增加（25）”。

继续拼接“控制”分类内的“如果⬢那么……”，在⬢里嵌入micro:bit分类内的“按下（A▼）按钮？”，单击下拉按钮选择B▼选项，在“如果⬢那么……”脚本块中拼接“外观”分类内的“将（颜色▼）特效增加（25）”，单击下拉按钮选择“漩涡”选项。拼接完成后如图15-15所示。

▼图15-15 用micro:bit的A按钮改变角色的颜色，用B按钮让角色生成漩涡特效

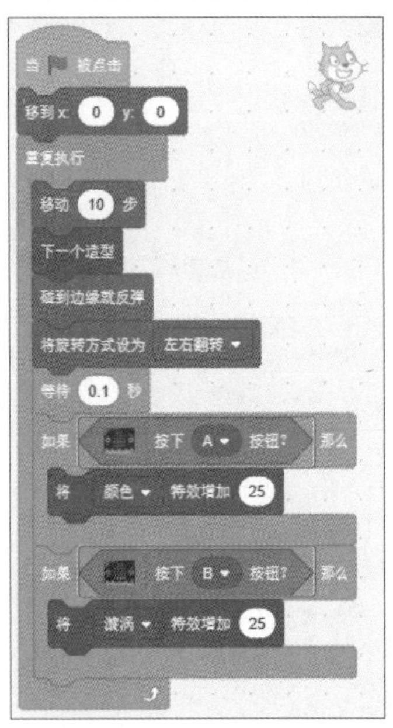

单击“运行”⚑按钮，按下micro:bit的A按钮，角色的颜色就会变化，如图15-16所示。按下B按钮，就会出现“漩涡”特效，如图15-17所示。

▼图15-16 按下A按钮，角色的颜色会变化

▼图15-17 按下B按钮，角色出现“漩涡”特效

秘技247　如何应用"当被（移动▼）"积木块

扫码看视频

对应 2.0 3.0
难易程度 ●

重点！ 移动micro:bit设备时的处理。

新建一个作品文件，单击"当被（移动▼）"的下拉按钮，会显示图15-18所示的列表。

▼图15-18 单击"当被（移动▼）"的下拉按钮，显示以下列表

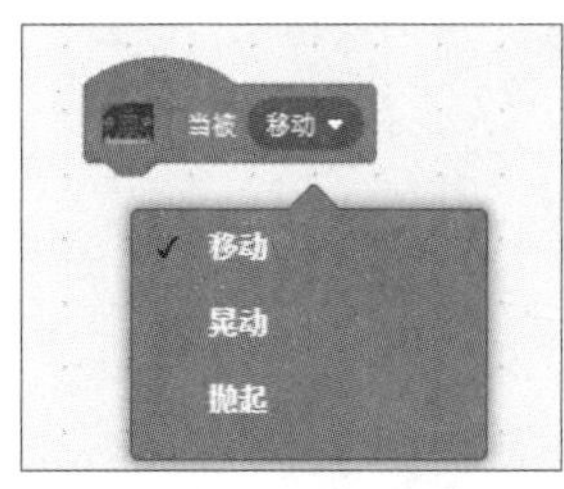

移动micro:bit的时候，让角色显示2秒的"你好！"会话框。

首先，将micro:bit分类内的"当被（移动▼）"拖放到代码区域内。下面拼接"外观"分类内的"说（你好！）（2）秒"。拼接完成后如图15-19所示。

那么，移动micro:bit，角色显示了2秒的"你好！"会话框，如图15-20所示。

▼图15-19 拼接移动micro:bit的时候角色说2秒的"你好！"的脚本

▼图15-20 移动micro:bit的时候角色说了2秒的"你好！"

秘技248　如何应用"显示（▼）"积木块

扫码看视频

对应 2.0 3.0
难易程度 ●

重点！ 用micro:bit设备的LED显示心形标志。

新建一个作品文件，如果从麦克风输入的声音的音量达到30以上的话，micro:bit的LED就会显示心形♥，30以下的话就会清除屏幕。

首先，将"事件"分类内的"当⚑被点击"拖放到代码区域内。继续拼接"控制"分类内的"重复执行"，在"重复执行"积木块中拼接"如果⬣那么……否则……"积木块，在⬣处嵌入"运算"分类内的"（　>（50））"，在　处嵌入"声音"分类内的"音量"，将50指定为30。如果音量大于30，那么LED显示心形♥，否则清空屏幕，所以要在"如果⬣那么……否则……"积木块中拼接micro:bit分类内的"显示（♥▼）"与"清空屏幕"，拼接完成后如图15-21所示。

▼图15-21 拼接音量大于30时micro:bit设备上会显示心形♥的脚本

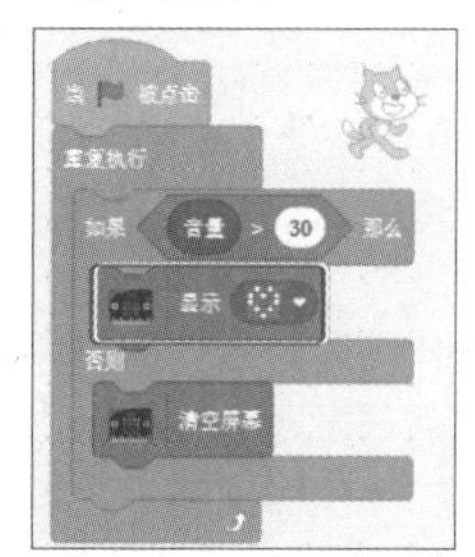

单击“运行”按钮，如果从麦克风输入的声音的音量在30以上，micro:bit设备上会显示心形❤，如图15-22所示。

▼图15-22 音量在30以上，micro:bit设备上会显示心形❤

单击下拉按钮，出现图15-23所示的列表，可以选择自己喜欢的图形。

就以图15-23中图形为例，音量大于30的话，micro:bit设备上就会显示相应的图形，如图15-24所示。

▼图15-23 单击下拉按钮就可以选择喜欢的图形

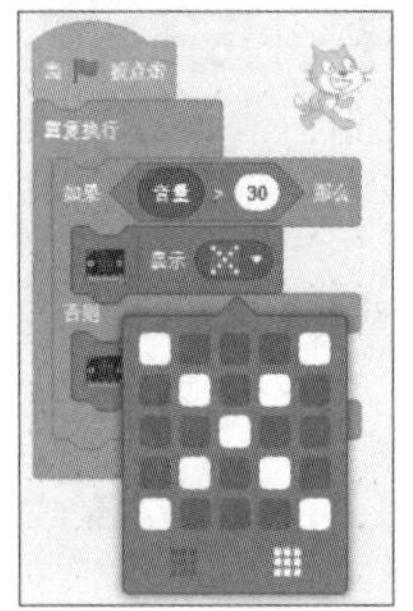

▼图15-24 显示图15-23所示的图形

秘技249 如何应用“显示文本(Hello!)”积木块

扫码看视频

对应 2.0 3.0

难易程度

重点！ 用micro:bit的LED显示指定的字符串，以流动的方式显示出来。

新建一个作品文件，如果两个角色在舞台上相撞，用micro:bit显示Hello！来打招呼吧。

首先，从“选择一个角色”的“奇幻”类别中选择Pico Walking，如图15-25所示。

▼图15-25 选择Pico Walking

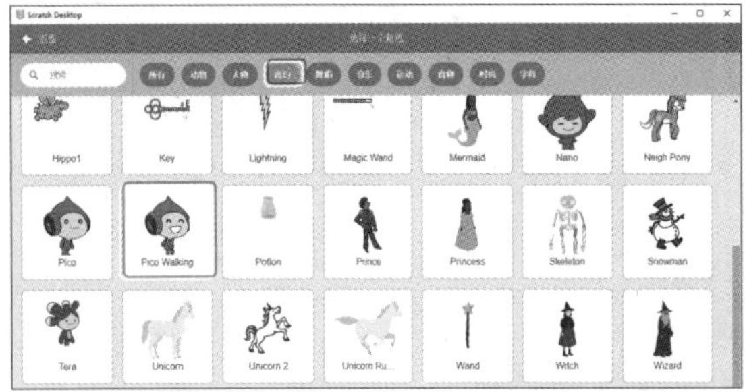

请将“角色1”和Pico Walking放置在舞台上如图15-26所示。将“角色1”的方向指定为99，稍微朝下。Pico Walking的方向指定为75，稍微向上，如图15-26所示。

▼图15-26 放置“角色1”和Pico Walking

首先，在角色列表中选择“角色1”，在显示的代码区域中拼接脚本。将“事件”分类内的“当被点击”拖放到代码区域内。继续拼接“控制”分类内的“重复执行”，在“重复执行”积木块中拼接角色行走的固定脚本，如图15-27所示。

▼图15-27 拼接“角色1”在舞台上左右行走的脚本

请将图15-27的脚本复制到角色列表的Pico Walking中，就是Pico Walking脚本。接着在“角色1”的代码区域拼接脚本。在“等待（0.1）秒”积木块下面拼接“控制”内的“如果⬬那么……否则……”积木块，在⬬处嵌入“侦测”内的“碰到颜色●？”，单击颜色●会显示图15-28的图标，指定Pico Walking的●红褐色。

▼图15-28 指定Pico Walking的红褐色

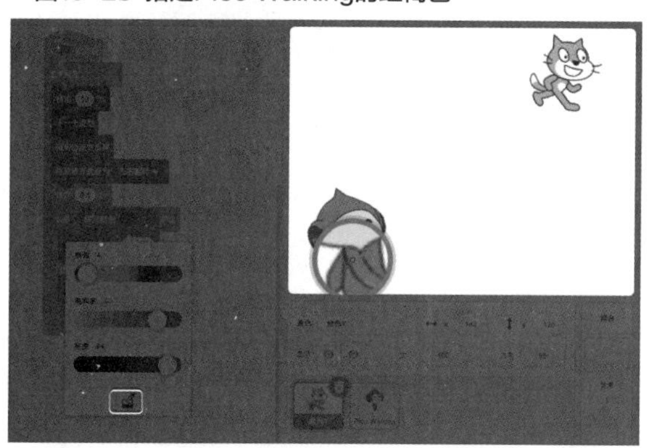

继续在“如果碰到颜色●那么……否则……”积木块中拼接micro:bit 分类内的“显示文本（Hello!）”与“清空屏幕”积木块，拼接完成后如图15-29所示。

▼图15-29 拼接当“角色1”碰到Pico Walking时micro:bit上会显示Hello! 的脚本

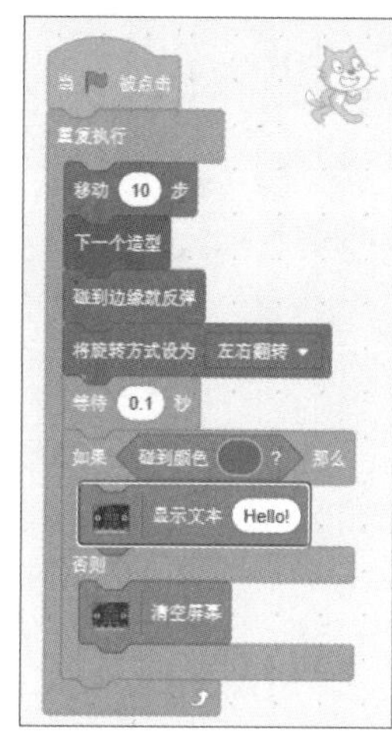

单击“运行”⚑按钮，当舞台上移动的两个角色相撞时，micro:bit就会显示Hello!，如图15-30所示。

▼图15-30 当舞台上移动的两个角色相撞时，micro:bit上就会显示Hello!

秘技 250 如何应用“清空屏幕”积木块

扫码看视频

▶对应 2.0 3.0

▶难易程度 ●

重点！ 清空micro:bit上的LED屏幕。

新建一个作品文件，按下micro:bit的A按钮，LED显示心形♥，按B按钮消除心形♥。

首先，将micro:bit分类内的“当按下（A▼）按钮”拖放到脚本区域内。接着拼接“显示（♥▼）”，再将micro:bit分类内的“当按下（A▼）按钮”拖放到代码区域内，单击下拉按钮选择B选项，接着拼接“清空屏幕”。拼接完成后如图15-31所示。

▼图15-31 拼接按下micro:bit的A按钮显示心形♥，按B按钮消除心形♥的脚本

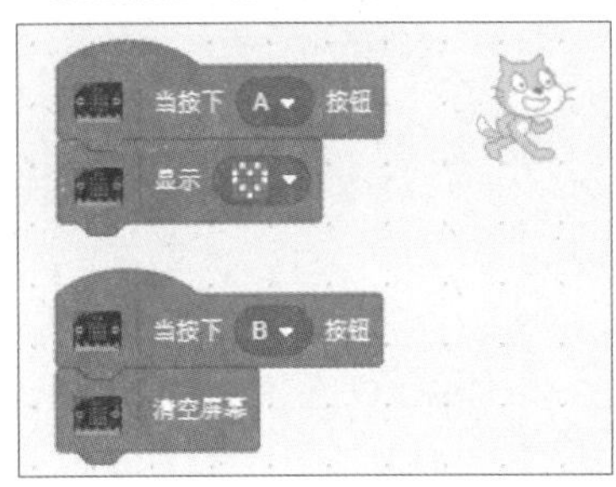

按下micro:bit的A按钮显示心形♥，如图15-32所示。

▼图15-32 按下micro:bit的A按钮显示心形♥

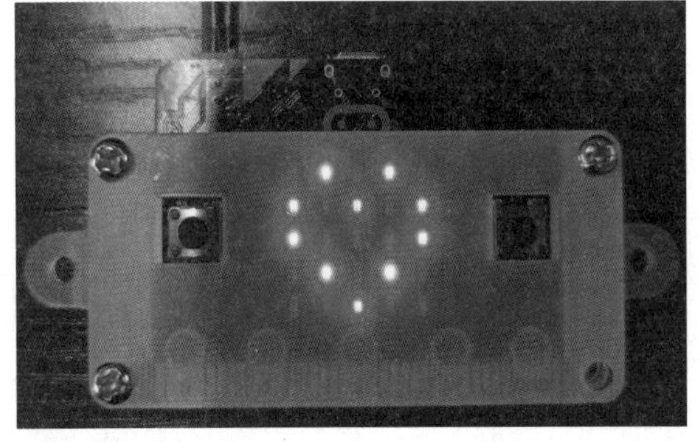

按下micro:bit的B按钮清空LED屏幕，如图15-33所示。

▼图15-33 按下micro:bit的B按钮清空LED屏幕

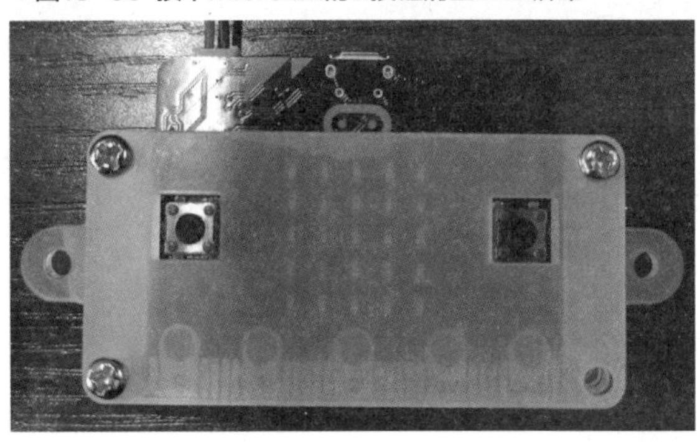

秘技251 如何应用“当向（任意▼）倾斜”积木块

扫码看视频

对应 2.0 3.0

难易程度

重点！ 倾斜设备micro:bit的方向执行角色的处理。

让角色沿着倾斜micro:bit的方向行走。单击“当向（任意▼）倾斜”的下拉按钮，就会显示图15-34所示的列表。

▼图15-34 micro:bit上可选择倾斜的选项

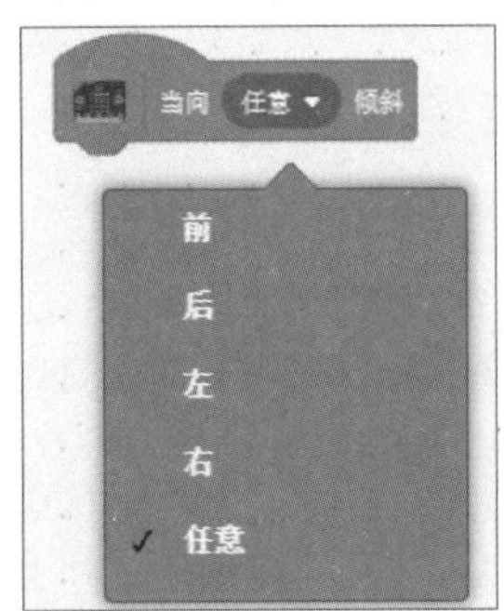

下面我们试着控制角色向左和向右倾斜时的行走。我们还可以自己尝试其他倾斜的效果。

首先，将“当向（任意▼）倾斜”拖放到代码区域内，单击下拉按钮选择“右”选项。在下面拼接“运动”中的“移到x:（192）y:（-1）”和“面向（90）度”，将90指定为-90。在图15-35的位置放置角色时，将角色的“方向”设置为“左右翻转”，如图15-36所示。

▼图15-35 角色最初的位置

▼图15-36 “方向”设为-90度时，选择“左右翻转”选项

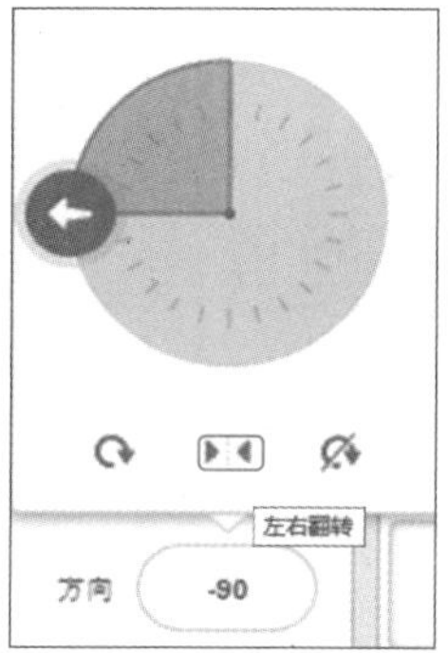

接着，拼接“控制”中的“重复执行（10）次”，在这个积木块中拼接“运动”中的“将x坐标增加（10）”，将10指定为-30，这样角色向左移动。接着，将“外观”中的“下一个造型”拼接起来，最后将“控制”中的“等待（1）秒”拼接起来，将1指定为0.1，如图15-37所示。

▼图15-37 拼接如果把micro:bit向右倾斜，角色就会向左行走的脚本

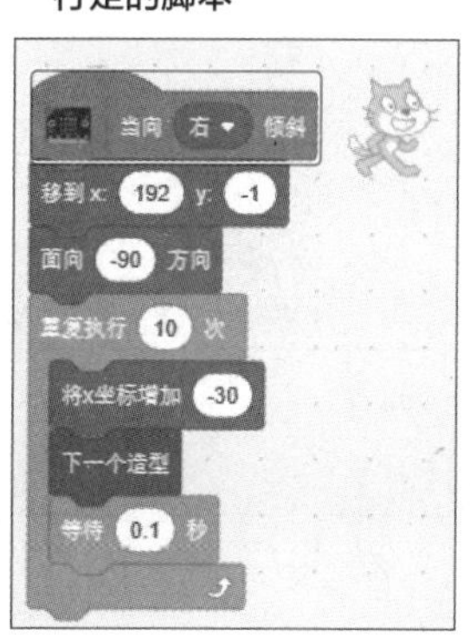

接着，拼接micro:bit向左倾斜的脚本。与图15-37几乎相同，但是角色最初的位置和“方向”不同，如图15-38所示。

▼图15-38 拼接如果把micro:bit向左倾斜，角色就会向右行走的脚本

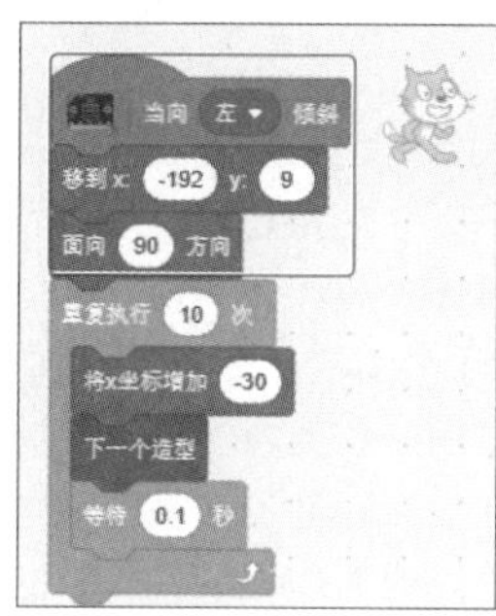

那么，试着将micro:bit向右和向左倾斜，向左倾斜，角色向右行走，如图15-39所示。

▼图15-39 micro:bit向左倾斜，角色向右行走

向右倾斜micro:bit，角色向左行走，如图15-40所示。

▼图15-40 micro:bit向右倾斜，角色向左行走

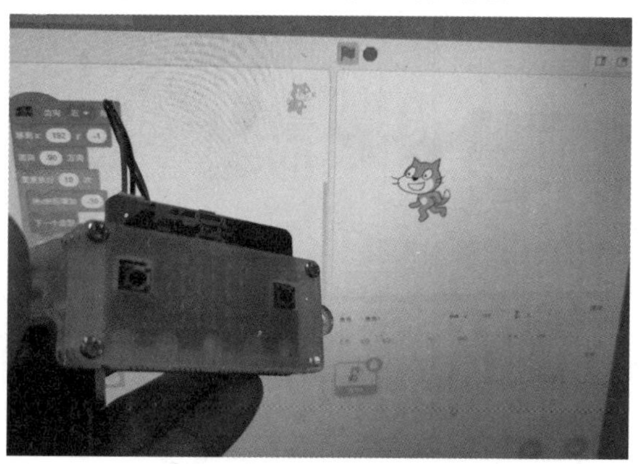

秘技 252

"当向（任意▼）倾斜？"积木块应用示例

扫码看视频

对应 2.0 3.0

难易程度 ●

重点！　当倾斜设备micro:bit的方向被当作条件执行时的处理。

新建一个作品文件，如果设备micro:bit向右倾斜，那么角色会说"现在是向右倾斜"，如果是向左倾斜的话会说"现在是向左倾斜"。

首先，将"事件"分类内的"当🏴被点击"拖放到代码区域内。在下面拼接"控制"分类内的"重复执行"。在"重复执行"中拼接"如果⬬那么……"积木块，在⬬处嵌入条件"当向（任意▼）倾斜？"，单击下拉按钮选择"右"选项，在"如果⬬那么……"积木块中拼接"外观"分类内的"说（你好！）（2）秒"，在"你好！"处输入"现在是向右倾斜"。继续拼接"如果⬬那么……"积木块，在⬬处嵌入条件"当向（任意▼）倾斜？"，单击下拉按钮选择"左"选项，在"如果⬬那么……"积木块中拼接"外观"分类内的"说（你好！）（2）秒"，在"你好！"处输入"现在是向左倾斜"，拼接完成后如图15-41所示。

▼图15-41　拼接倾斜micro:bit设备来表示倾斜方向的脚本

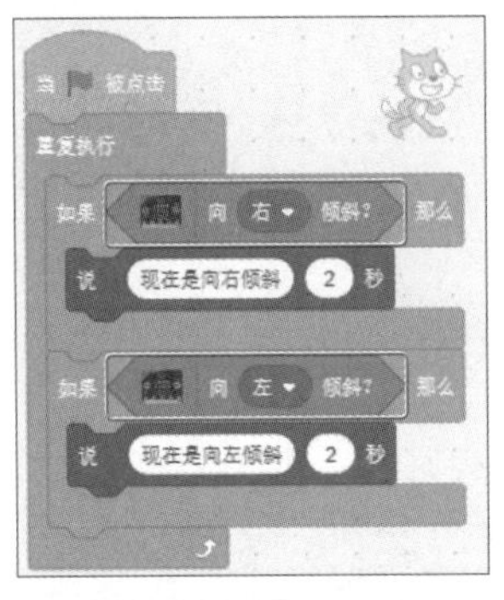

单击"运行"🏴按钮，设备micro:bit往右倾斜的话，角色就会说"现在是向右倾斜"，如图15-42所示。

▼图15-42　将设备micro:bit往右倾斜，角色会说"现在是向右倾斜"

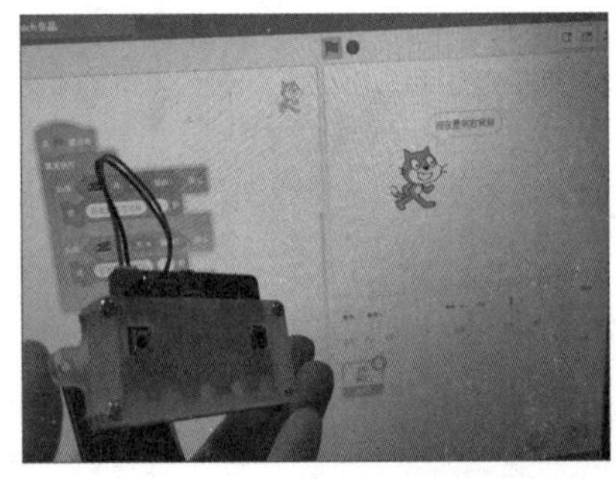

把设备micro:bit往左倾斜的话，角色就会说"现在是向左倾斜"，如图15-43所示。

▼图15-43　将设备micro:bit往左倾斜，角色会说"现在是向左倾斜"

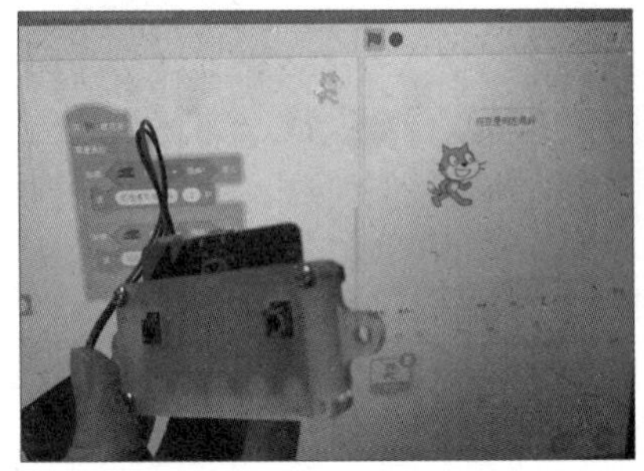

秘技 253

如何应用"向（前▼）倾角"积木块

扫码看视频

对应 2.0 3.0

难易程度 ●

重点！　设备倾斜的角度。

单击micro:bit中的"向（前▼）倾角"下拉按钮，就会显示图15-44所示的倾斜列表。这里拼接了向右侧倾斜50度时让角色在舞台上行走的脚本，我们可以尝试其他倾斜角度的效果。

▼图15-44 单击向（前▼）倾角的下拉按钮时显示的列表目

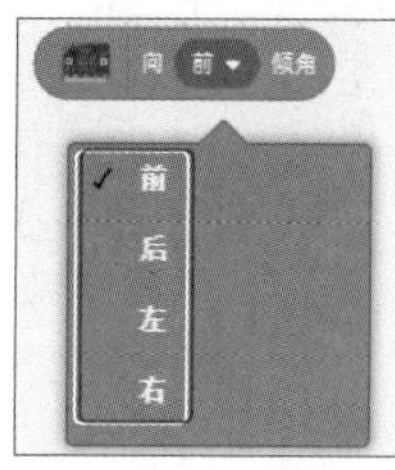

首先，将“事件”分类内的“当▶被点击”拖放到代码区域内。在下面拼接“控制”分类内的“重复执行”。在“重复执行”中拼接“外观”分类内的“说（你好！）”，在“你好！”处嵌入“向（前▼）倾角”，单击下拉按钮选择“右”选项。继续拼接“如果⬢那么……”积木块，在⬢处嵌入“运算”分类内的“（▢=（50））”，在▢处嵌入“向（前▼）倾角”，单击下拉按钮选择“右”选项，在“如果⬢那么……”积木块中拼接角色行走的脚本。角色只有在micro:bit的右侧倾斜为50度时才开始行走，拼接完成后如图15-45所示。

▼图15-45 拼接角色在micro:bit的右侧倾斜为50度时开始行走的脚本

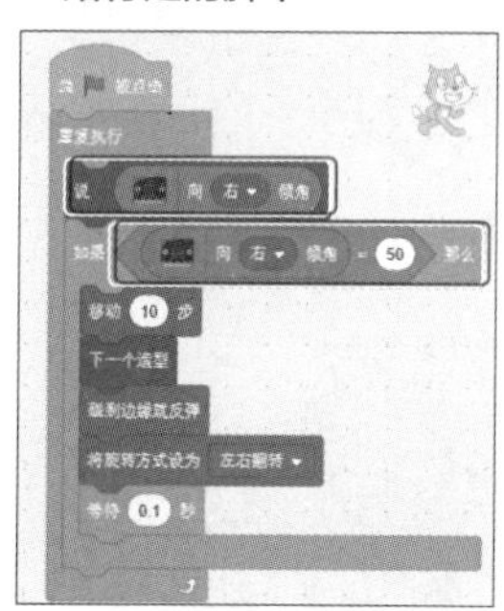

单击“运行”▶按钮，角色在micro:bit向右倾斜50度时开始行走，如图15-46所示。

▼图15-46 在micro:bit向右倾斜50度时角色开始行走

需要注意的是如果在添加micro:bit的扩展功能时不启动Scratch Link，则会显示图15-47所示的提示对话框，因此一定要启动Scratch Link，再添加micro:bit的积木块。

▼图15-47 在不启动Scratch Link而试图添加micro:bit的扩展功能时显示的警告

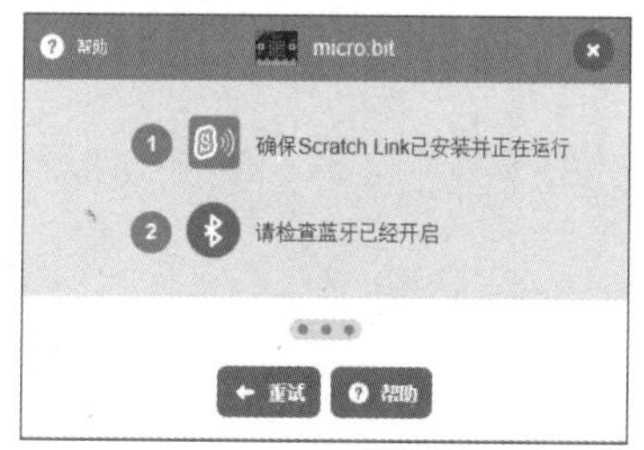

Scratch 3.0其他应用秘技-1

秘技 254

如何把角色照在镜子里

对应 2.0 3.0 难易程度 ●●

重点！ 使用两个完全相同的角色。

在舞台上放置了镜子，通过镜子就能看到角色。

新建一个作品文件，这里不使用“角色1”，请从角色列表中删除。

※在16章和17章中制作样本时需要各自准备各种图像文件和声音文件。在已下载的示例文件中，图像和声音文件已经添加了，执行部分操作是没有问题。但是，自己制作的样本是需要准备图像和声音文件的。

首先，从“选择一个背景”的“室内”类别中选择Witch House，如图16-1所示。

▼图16-1 选择Witch House

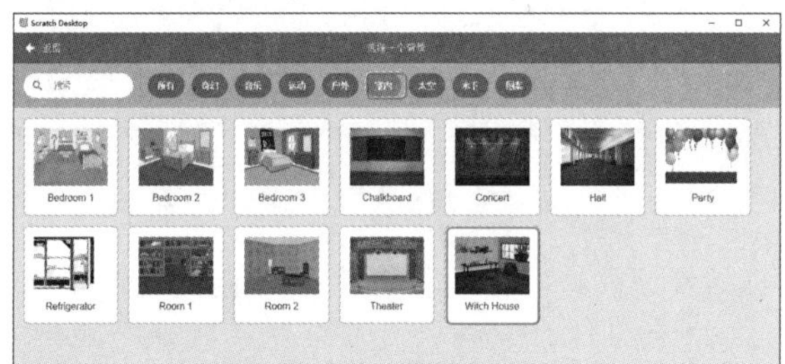

然后从“选择一个角色”的“人物”类别中选择Avery Walking角色，如图16-2所示。

▼图16-2 选择Avery Walking角色

把舞台上Avery Walking的“大小”设定为80，稍微缩小。然后，在角色列表中复制一个Avery Walking2，如图16-3所示。

▼图16-3 在舞台上放置Avery Walking与Avery Walking2

舞台前面的是Avery Walking，对面的是Avery Walking2。选择“绘制”角色选项，如图16-4所示，然后会显示“造型”选项卡的界面，如图16-5所示。

▼图16-4 选择“绘制”选项

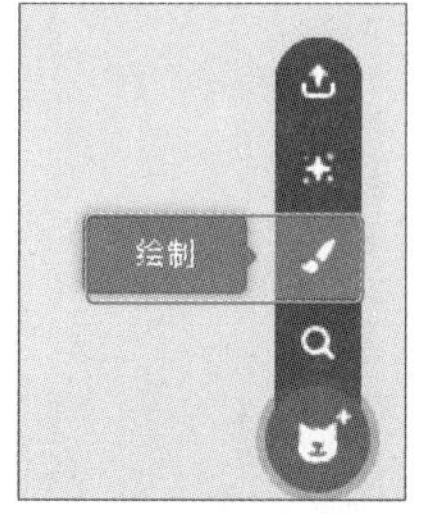

▼图16-5 显示“造型”选项卡的界面

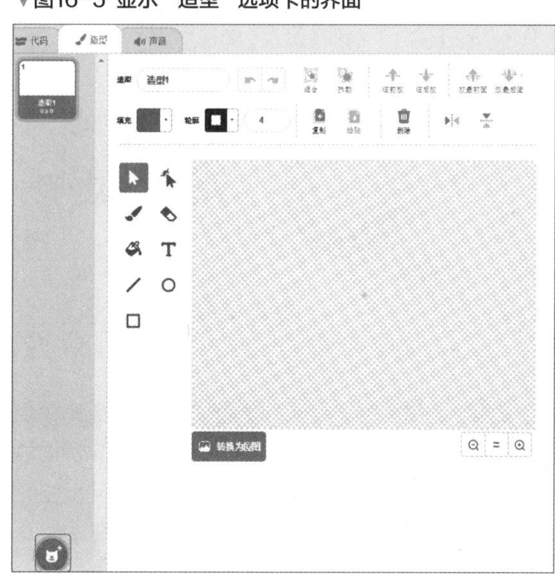

单击图16-5中蓝色框的图标，选择“上传造型”，如图16-6所示。

▼图16-6 选择“上传造型”选项

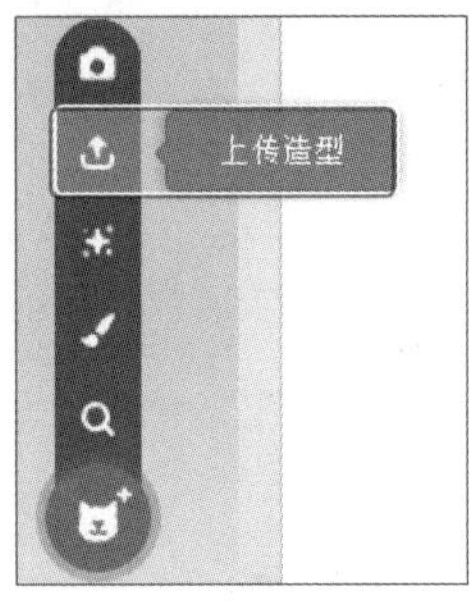

请先准备镜子的图像，或者用图像软件绘制一个椭圆形状，做成透明的PNG文件，然后上传。作者上传了本地文件夹中图16-7的镜子图像，如图16-8所示。

▼图16-7 本地文件中的镜子的透明PNG图像

▼图16-8 上传了镜子后舞台上也会显示镜子

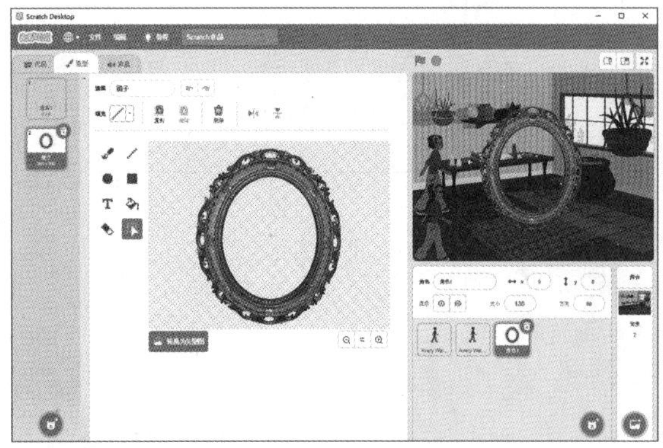

把舞台上镜子的“大小”设定为130，放大尺寸。填充“造型”选项卡内的背景。在“填充”内指定橙色（任何颜色都可以），然后单击“填充”按钮在镜子周围涂抹，中间不要涂抹，填充完成后如图16-9所示。

▼图16-9 在镜子周围填充上橙色

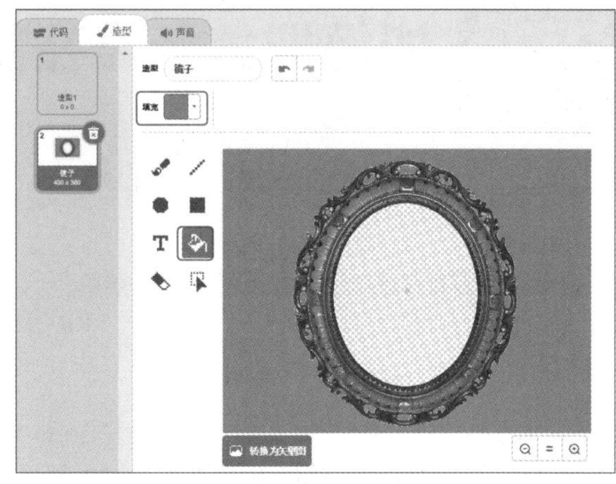

于是，舞台上的室内背景只在镜子中显示，如图16-10所示。

▼图16-10 舞台上的镜子周围也被填充了

切换至“代码”选项卡，显示代码区域。在角色列表中选择Avery Walking。

首先，将“事件”分类内的“当⚑被点击”拖放到代码区域内。

接着拼接“运动”分类内的“移到x:（-201）y:（-108）”，这是Avery Walking在舞台的初始位置。接着拼接“外观”内的“移到最（前面▼）”。

接着，将“事件”内的“当按下（空格键▼）”拖放到代码区域内，单击下拉按钮选择“→”选项。接着拼接“运动”内的“面向（90）度”与“移动（10）步”。接着拼接“将旋转方式设为（左右翻转▼）”，如果没有拼接这个积木块的话，角色碰到舞台的边缘就会翻倒过来。接着拼接“外观”内的“下一个造型”。

接着，将“事件”内的“当按下（空格键▼）”拖放到代码区域内，单击下拉按钮选择“←”选项。接着拼接“运动”内的“面向（90）度”，将90指定为-90。最后拼接“移动（10）步”“将旋转方式设为（左右翻转▼）”和“下一个造型”。拼接完成后图16-11所示。

▼图16-11 拼接Avery Walking的脚本

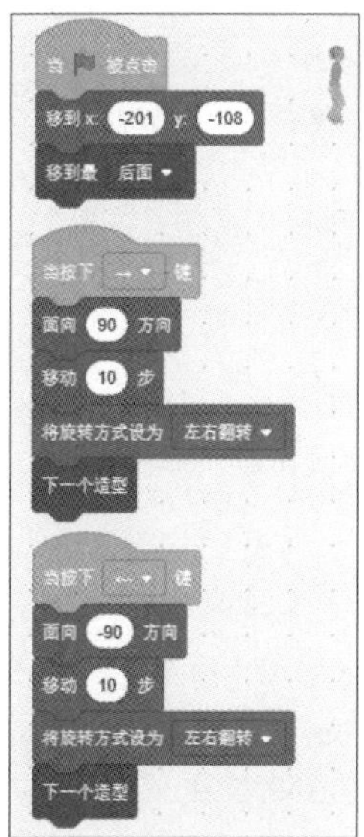

在角色列表中选择Avery Walking2，在代码区域拼接脚本。

首先，将“事件”分类内的“当🏴被点击”拖放到代码区域内。

接着拼接“运动”分类内的“移到x:（-201）y:（-14）”，这是Avery Walking2在舞台的初始位置。接着拼接“外观”内的“移到最（前面▼）”，单击下拉按钮选择“后面”选项。

下面的脚本就与Avery Walking的脚本完全相同了，拼接完成后如图16-12所示。

在角色列表中选择“镜子”角色，在代码区域拼接脚本。

首先，将“事件”分类内的“当🏴被点击”拖放到代码区域内。

接着拼接“运动”分类内的“移到x:（0）y:（0）”，这是“镜子”在舞台的初始位置。接着拼接“外观”内的“移到最（前面▼）”，最后拼接“（前移▼）（1）层”，单击下拉按钮中选择“后移”选项，拼接完成后如图16-13所示。

▼图16-12 拼接Avery Walking2的脚本

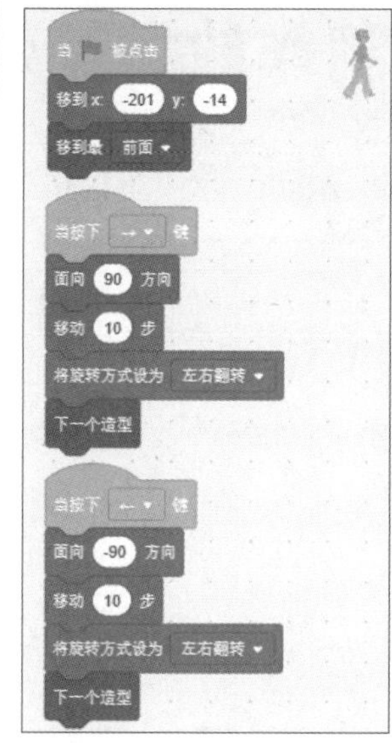

▼图16-13 拼接“镜子”的脚本

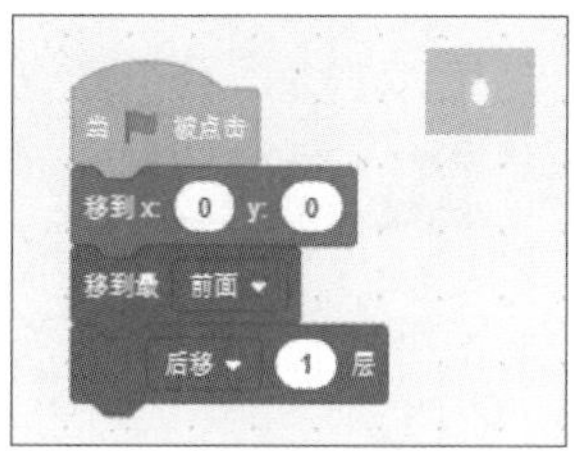

单击“运行”🏴按钮，Avery Walking出现在“镜子”里，如图16-14所示。

▼图16-14 Avery Walking出现在“镜子”里

如何制作放烟花效果

▶对应 2.0 3.0 ▶难易程度 ●●

重点！ 请准备烟花的图像（PNG），可以自己制作，也可以从网上下载免费的素材。

新建一个作品文件，这里不使用“角色1”，从角色列表中将其删除。

首先，从“选择一个背景”的“户外”类别中选择Night City，如图16-15所示。

▼图16-15 选择Night City

▼图16-16 单击“绘制”选项

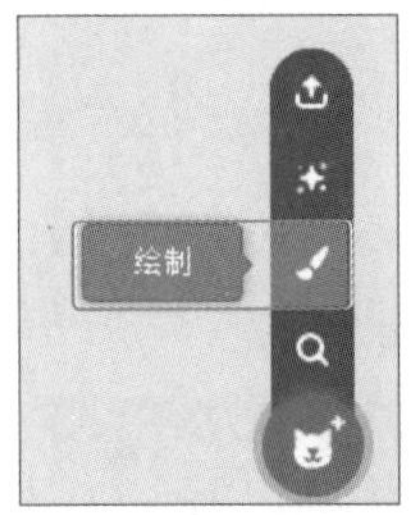

选择“绘制”选项，如图16-16所示。会显示“造型”选项卡的界面，将填充颜色指定为红色，单击“圆”图标制作小的红色圆圈，如图16-17所示。舞台上也会出现红色的圆圈。

▼图16-17 做一个小的红色圆圈

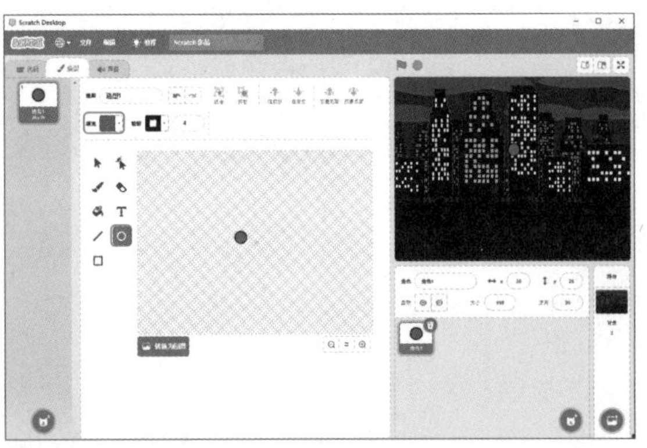

然后选择“上传造型”选项，如图16-18所示。

▼图16-18 选择“上传造型”选项

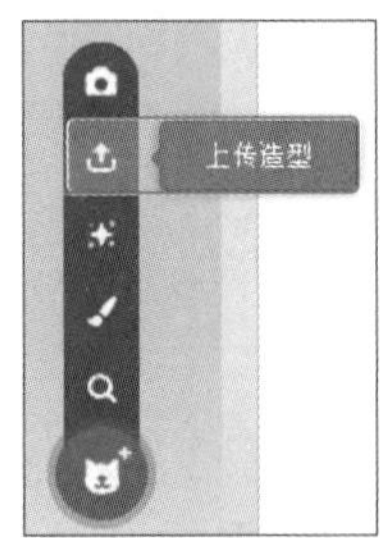

作者的电脑中有烟花的PNG文件，所以将其作为造型使用。我们事先也准备好烟花的PNG文件。

上传本地文件中的烟花PNG图像，如图16-19所示。第一个造型是刚刚制作的红圆圈。造型2~6是烟花，这个顺序很重要，请不要弄混乱。

▼图16-19 上传了本地文件中的烟花PNG图像

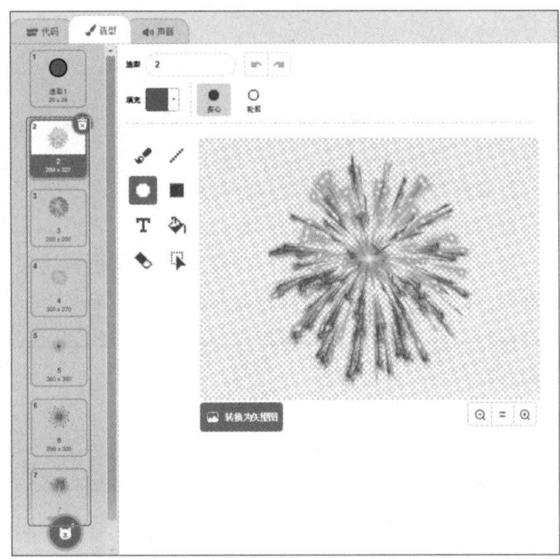

切换至“代码”选项卡，显示代码区域。从角色列表中选择“角色1”。

首先，将“事件”分类内的“当🏴被点击”拖放到代码区域内。

接着拼接“外观”分类内的“隐藏”，执行的时候舞台上除了背景以外什么都不显示。继续拼接“控制”分类内的“重复执行”积木块，在“重复执行”中拼接“克隆（自己▼）”，这样就能克隆出烟花绽放前的小红圈。继续拼接“等待（1）秒”，在1处嵌入“运算”分类内的“在（1）和（10）之间取随机数”，将1指定为0.2，将10指定为2.5，这样，烟花球的发射间隔就是随机的，拼接完成后如图16-20所示。

▼图16-20 拼接将烟花的发射间隔随机化的脚本

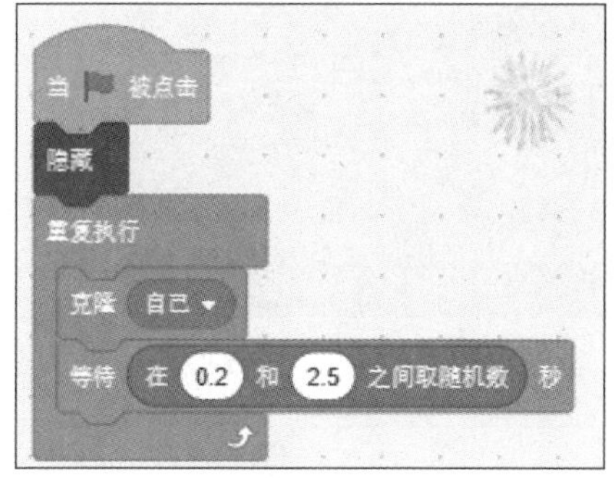

将“控制”中的“当作为克隆体启动时”拖放到代码区域。因为前面拼接了“克隆（自己▼）”，所以这里要拼接的是克隆体的脚本。

继续拼接“外观”内的“换成（造型1▼）造型”。接着拼接“运动”内的“移到x:（36）y:（28）”，在36处嵌入“运算”内的“在（1）和（10）之间取随机数”，将1指定为-240，将10指定为240。小红圈是从坐标的一端发射到另一端的某个地方，将y坐标指定为-200，舞台的y坐标是180到-180，因此指定-200，表示从舞台外发射小红圈。

继续拼接“外观”内的“显示”。接着拼接“运动”内的“在（1）秒内滑行到x:（36）y:（28）”，在36处嵌入“运算”内的“在（1）和（10）之间取随机数”将1指定为-240，将10指定为240。同样在28处也嵌入“运算”内的“在（1）和（10）之间取随机数”将1指定为20，将10指定为180，在指定范围内显示烟花的高度。

接着，单击“添加扩展”图标，如图16-21所示。

▼图16-21 单击“添加扩展”图标

在“选择一个扩展”的界面中选择“音乐”，如图16-22所示。

▼图16-22 选择“音乐”

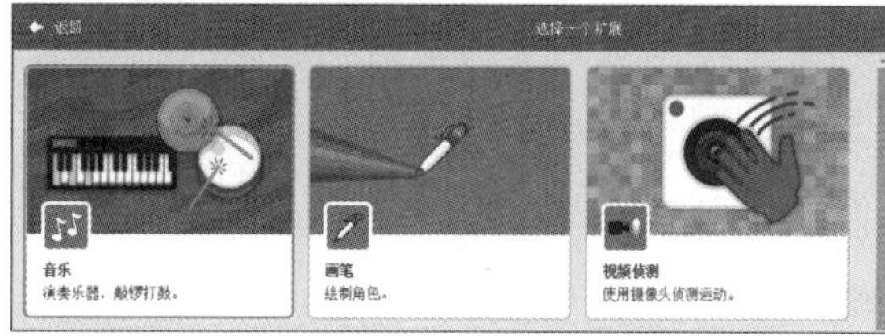

然后就添加了“音乐”分类的积木块，如图16-23所示。

▼图16-23 添加“音乐”分类的积木块

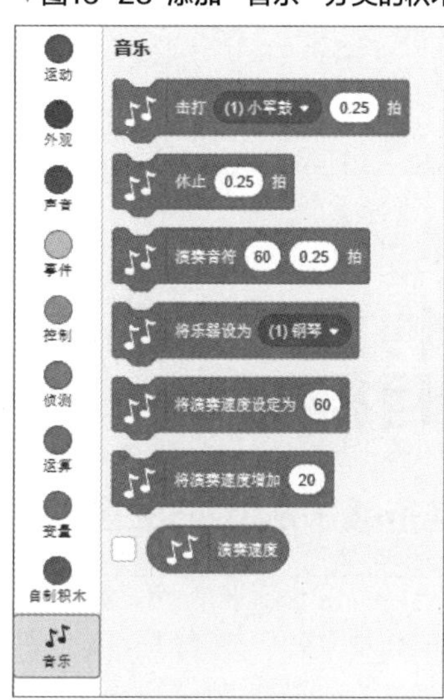

继续在前面的积木块下面拼接“音乐”内的“击打（(1)小军鼓▼）（0.25）拍”，单击下拉按钮选择“(2)低音鼓”选项，将0.25指定为0.2。继续拼接“外观”内的“将大小设为（100）”，将100指定为20，将烟花刚出现时设置小一点。接着拼接“外观”内的“换成（造型1▼）造型”，在“（造型1▼）”处嵌入“运算”内的“在（1）和（10）之间取随机数”，将1指定为2，将10指定为6，因为烟花的造型是从2到6，所以是2到6的随机数。

继续拼接“控制”分类内的“重复执行（10）次”，将10指定为20。

在“重复执行（20）次”中拼接“外观”内的“将大小增加（10）”，将10指定为4，发射的烟花会逐渐变大。继续拼接“控制”内的“等待（1）秒”，将1指定为0.05，这是改变烟花大小的速度。克隆的东西最后需要删除，因此，在“重复执行（20）次”积木块下面拼接“控制”内的“删除此克隆体”，否则，会留下很多复制品。拼接完成后如图16-24所示。

▼图16-24 拼接放烟花的脚本

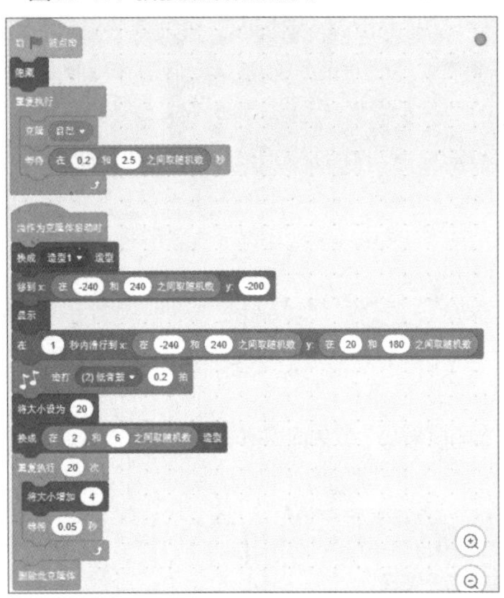

单击“运行”按钮，小红圈从各个位置飞出，在舞台上变大成为烟花，也能听到烟花绽放的声音，如图16-25所示。

▼图16-25 正在放烟花

秘技256 如何将掷出的两个骰子的数目相加

扫码看视频

对应 2.0 3.0

难易程度 ●●

重点！ 请准备骰子从1到6的图像，也可以自己制作。

新建一个作品文件，这里不使用“角色1”，从角色列表中将其删除。首先，从“选择一个就是”的“人物”类别中选择Jamie，如图16-26所示。

▼图16-26 选择Jamie

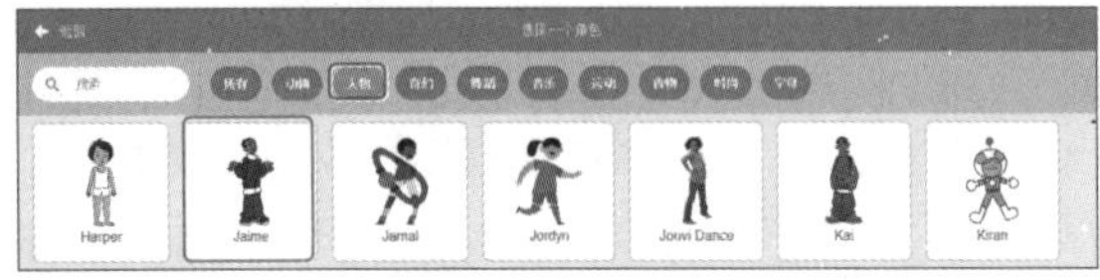

将Jamie放置在舞台上，如图16-27所示。

▼图16-27 将Jamie放置在舞台上

选择“绘制”选项，如图16-28所示。切换至“造型”选项卡，如图16-29所示。

▼图16-28 选择“绘制”选项

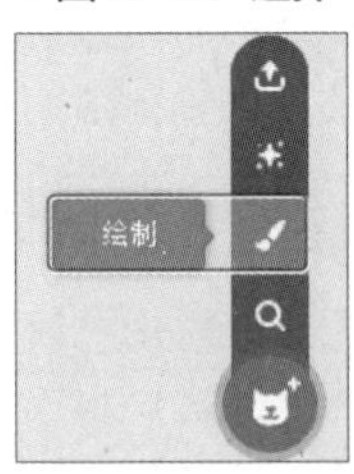

▼图16-29 切换至“造型”选项卡

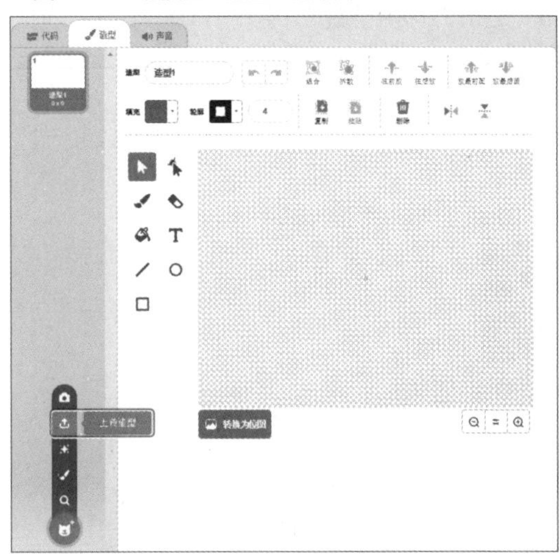

选择“上传造型”选项，上传保存在本地的从1到6骰子图像，如图16-30所示。删除最上面的“造型1”。

▼图16-30 上传骰子1到6的数目图像

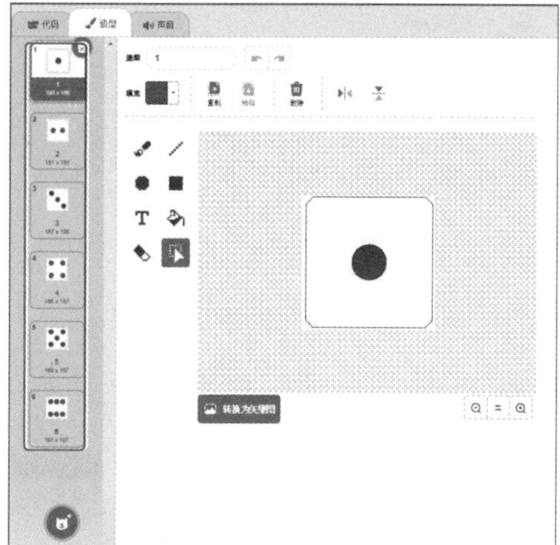

因为在图16-30中选择了第一个骰子，所以舞台上显示的数目是1的骰子。从角色列表中选择“角色1”，然后复制一个骰子。从角色列表中选择“角色2”，在“造型”中选择3，然后舞台上会出现图16-31所示的骰子。

▼图16-31 两个不同的骰子

切换至“代码”选项卡，显示代码区域。

在“变量”分类中创建“随机数1”和“随机数2”两个变量，如图16-32所示。

▼图16-32 创建变量“随机数1”和“随机数2”

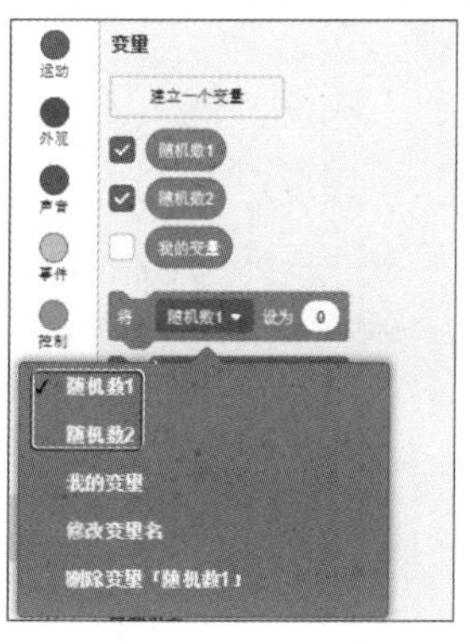

从角色列表中选择Jamie。将“事件”分类内的“当🏴被点击”拖放到代码区域内。

接着拼接“变量”分类内的“将（随机数1▼）设为（0）”，在0处嵌入“运算”内的“在（1）和（10）之间取随机数”，因为骰子的数目只有1到6，所以要将10指定为6。再拼接“将（随机数2▼）设为（0）”积木块，在0处嵌入“运算”内的“在（1）和（10）之间取随机数”，将10指定为6。

继续拼接“事件”分类内的“广播（消息1▼）并等待”。再拼接“外观”分类内的“说（你好!）（2）秒”，在“你好!”处嵌入“运算”分类内的“（ ）+（ ）”，在第一个 处嵌入“变量”分类内的“随机数1”变量，在第二个 处嵌入“随机数2”变量。因为随机数和骰子的数目一定是相同的，所以这个“（随机数1+随机数2）”的值就是两个骰子的数目之和，如图16-33所示。

▼图16-33 拼接Jamie的脚本

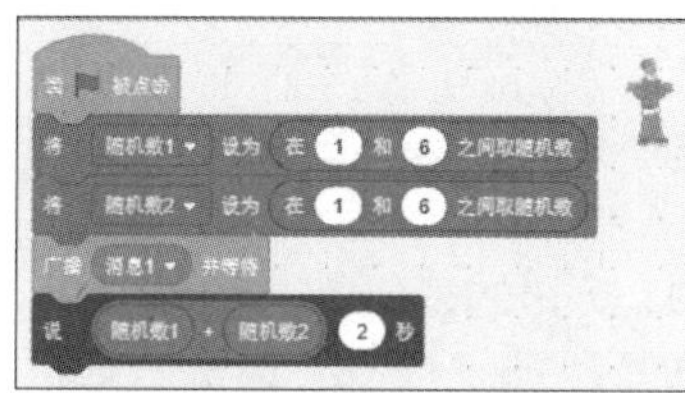

从角色列表中选择“角色1”。将“事件”分类内的“当接收到（消息1▼）”拖放到代码区域内，“消息1”是Jamie发送的。继续拼接“控制”中的“重复执行（10）次”，将10指定为20。接着拼接“外观”内的“换成（1▼）造型”，在“（1▼）”处嵌入“在（1）和（10）之间取随机数”，将10指定为6。接着在“重复执行（20）次”积木块下面拼接“换成（1▼）造型”，在“（1▼）”处嵌入“变量”分类内的“随机数1”变量，拼接完成后如图16-34所示。

▼图16-34 拼接“角色1”的脚本

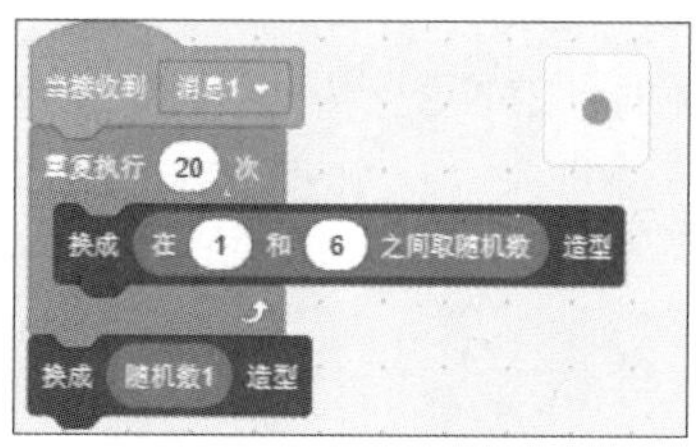

因为“角色1”与“角色2”的脚本相同，所以复制“角色1”的脚本到“角色2”上面，只需要将“换成（随机数1▼）造型”的“（随机数1▼）”替换成“变量”分类内的“随机数2”变量即可。拼接完成后如图16-35所示。

▼图16-35 拼接“角色2”的脚本

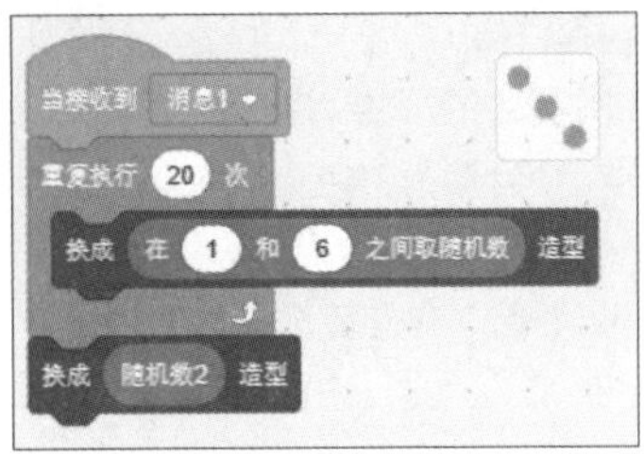

单击“运行”按钮，Jamie会说出掷出骰子的数目的总和，如图16-36所示。

▼图16-36 显示掷出骰子数目的总和

秘技257 如何让角色跟着鼠标指针盖下图章

扫码看视频

对应 2.0 3.0

难易程度 ●

重点！ 角色跟在指针后面移动，并盖下图章。

新建一个作品文件，这里不使用“角色1”，从角色列表中将其删除。

角色跟随鼠标移动，并不停地盖下角色的图章。

从“选择一个角色”的“奇幻”类别中选择Snowman，如图16-37所示。

▼图16-37 选择Snowman

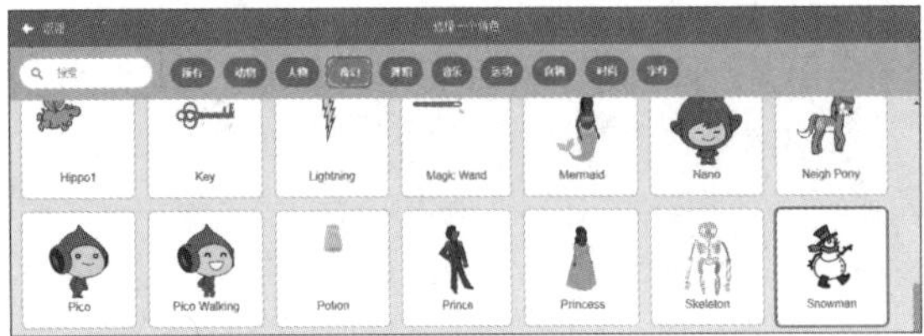

将舞台上的Snowman的“大小”设置为60，并放置在适当的位置，如图16-38所示。

▼图16-38 将Snowman的“大小”设置为60，并放置在合适的位置

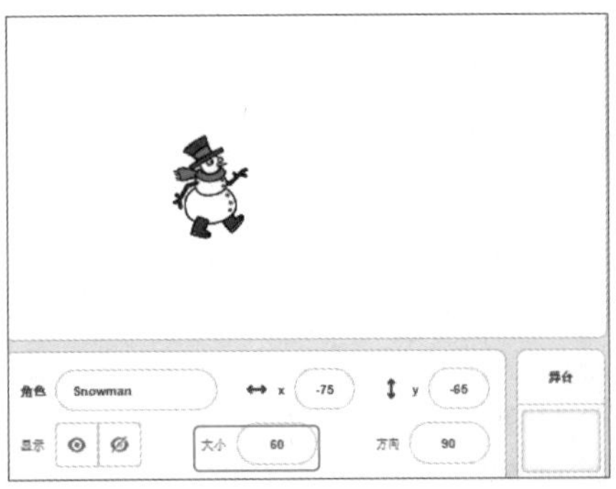

将“事件”分类内的“当被点击”拖放到代码区域内。这里要使用“画笔”的扩展功能，从“添加扩展”中选择“画笔”，如图16-39所示。

▼图16-39 从“添加扩展”中选择“画笔”

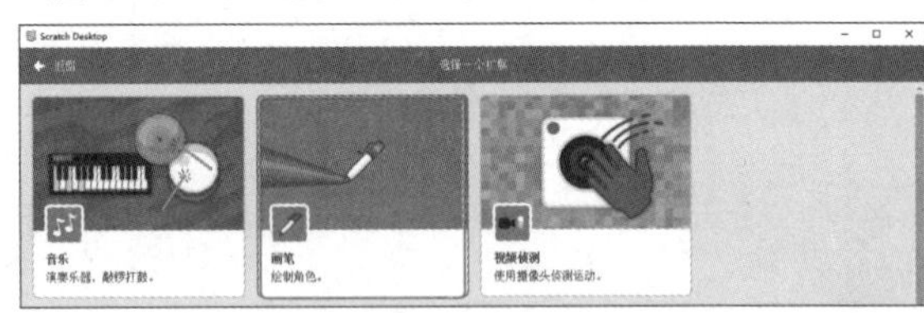

然后就添加了“画笔”分类的积木块，如图16-40所示。

▼图16-40 添加“画笔”分类的积木块

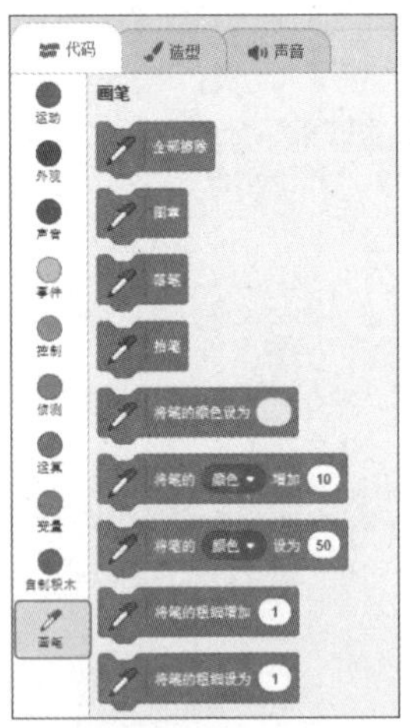

拼接扩展功能“画笔”类别内的“全部擦除”，在这个脚本中，Snowman会随着鼠标指针的移动改变颜色，同时Snowman的图像会在舞台上盖印，因此，在开始执行时，必须保持舞台的空白，所以要拼接这个积木块。

接着拼接“控制”分类内的“重复执行”。在“重复执行”中，拼接“画笔”内的“图章”，这里指的是将Snowman的图像盖印在舞台上的积木块。接下来，拼接“运动”中的“移动（10）步”，将10指定为5，如图16-41所示。

▼图16-41 拼接一边移动Snowman一边盖图章的脚本

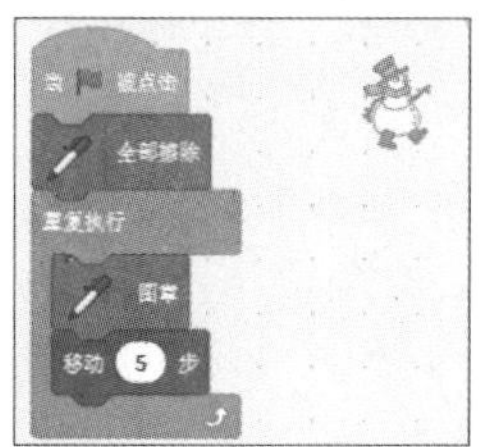

执行图16-41中的脚本，会盖上Snowman的图章，如图16-42所示。

▼图16-42 Snowman一边移动一边盖图章

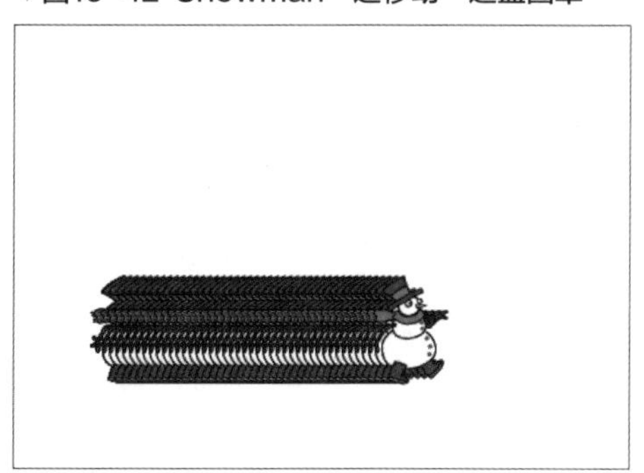

接下来，在“移动（5）步”下面拼接“外观”内的“将（颜色▼）特效在增加（25）”，将25指定为5，这里的值可以自由设定。接着拼接“移动”中的“面向（鼠标指针▼）”，这样Snowman就会跟随鼠标指针而移动。继续拼接“右转（15）度”，在15处嵌入“运算”内的“在（1）和（10）之间取随机数”，将1指定为-50，将0指定为50，这里的值也可以自由设定。最后拼接“运动”中的“碰到边缘就反弹”和“将旋转方法设为（左右翻转▼）”，拼接完成后如图16-43所示。

▼图16-43 Snowman的脚本拼接完成

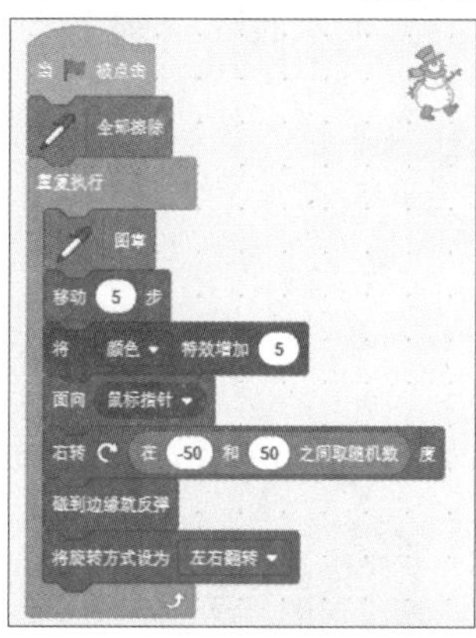

单击“运行”按钮，Snowman图像跟着鼠标指针移动，一边改变颜色一边盖印图章，如图16-44所示。

▼图16-44 Snowman跟着鼠标指针移动，一边改变颜色一边盖印图章

秘技 258 如何用板子把球反弹回来

扫码看视频

对应 2.0 3.0

难易程度 ●●

重点！ 用板子接住跳起来的球并反弹回来。

新建一个作品文件，这里不使用“角色1”，从角色列表中将其删除。

从“选择一个角色”的“所有”类别中选择Ball，如图16-45所示。

▼图16-45 选择Ball

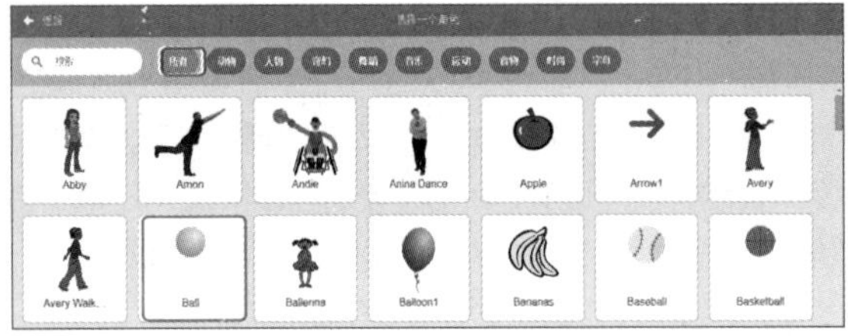

切换至“造型”选项卡，选择粉红色的造型Ball-c。舞台上的Ball会变成粉红色的Ball，如图16-46所示。

▼图16-46 选择粉红色的造型Ball-c

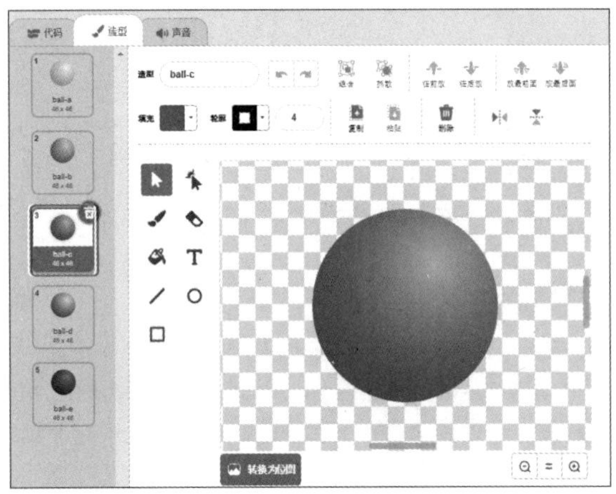

选择“绘制”选项，如图16-47所示。

▼图16-47 选择“绘制”选项

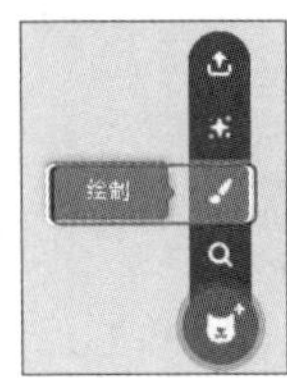

在显示的“造型”选项卡中，将“填充”的颜色指定为“黑色”，任何颜色都可以，如图16-48所示。

▼图16-48 将“填充”的颜色指定为“黑色”

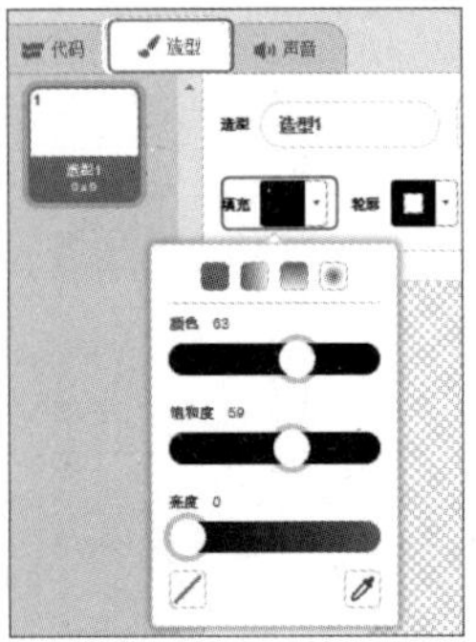

单击“线段”图标，将线条的粗细设定为20，按住键盘上Shift键的同时绘制直线，如图16-49所示。舞台上会出现一条较粗的黑线，这就是接住球的板子。

▼图16-49 绘制黑线

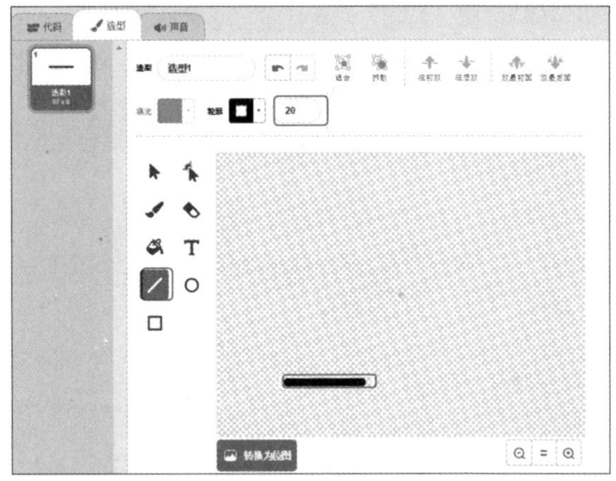

然后，选择“绘制”选项，如图16-50所示。

▼图16-50 选择“绘制”选项

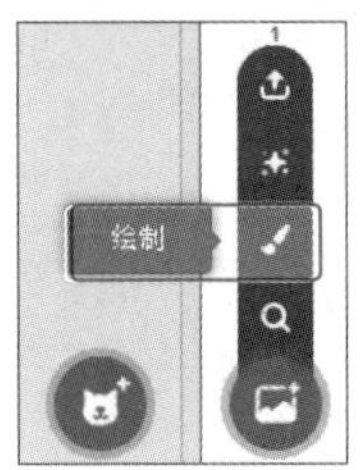

在显示的“背景”界面中，将“轮廓”指定为红色，如图16-51所示。

▼图16-51 将“轮廓”指定为红色

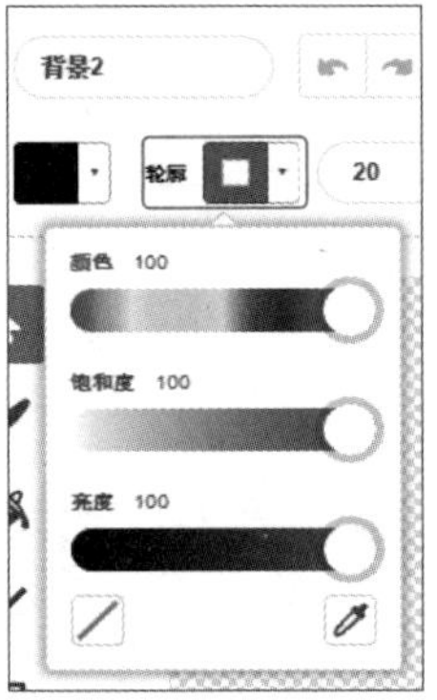

接下来，单击“线段”图标，将线条的粗细设定为20，按住键盘上Shift键的同时绘制红线，如图16-52所示。舞台上会出现一条红线，当球碰到这条红线时，游戏结束。

▼图16-52 绘制一条红线作为背景

切换至“代码”选项卡，显示代码区域，舞台上如图16-53所示。

▼图16-53 放置背景和各个角色

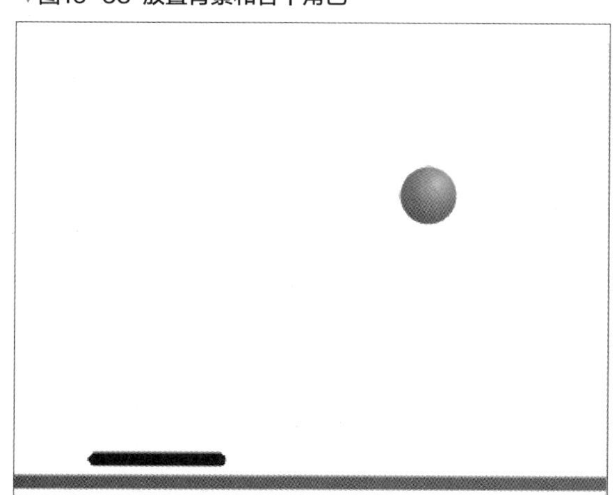

那么，在Ball代码区域拼接脚本吧。

首先，将“事件”分类内的“当⚑被点击”拖放到代码区域内。在下面拼接“运动”分类内的“移到x:(20) y:(10)”，这是Ball在舞台上的初始位置。再拼接“面向(90)方向”，将90指定为45，Bal向45度的方向前进。

接着拼接“控制”分类内的“重复执行”积木块，在“重复执行”积木块中拼接“运动”分类内的“碰到边缘就反弹”和“移动(10)步”，将10指定为15。

继续拼接“控制”分类内的“如果⬬那么……”，在⬬里嵌入“侦测”分类内的“碰到(鼠标指针▼)?”，单击下拉按钮选择“角色1”选项。继续在“如果⬬那么……”积木块中拼接“声音”分类内的“播放声音(Boing▼)”，单击下拉按钮选择“(Pop▼)”，Ball碰到“角色1”会发出Pop的声音。继续拼接“运动”分类内的“右转(15)度”，在15处嵌入“运算”分类内的“在(0)和(10)之间取随机数”，将1指定为80，将10指定为200，接着拼接“移动(10)步”，将10指定为15。

再拼接“控制”分类内的“如果⬬那么……”，在⬬里嵌入“侦测”分类内的“碰到颜色■?”，单击图16-54中蓝色边框围起来的图标，选择“红线”的颜色。

▼图16-54 选择“红线”的颜色

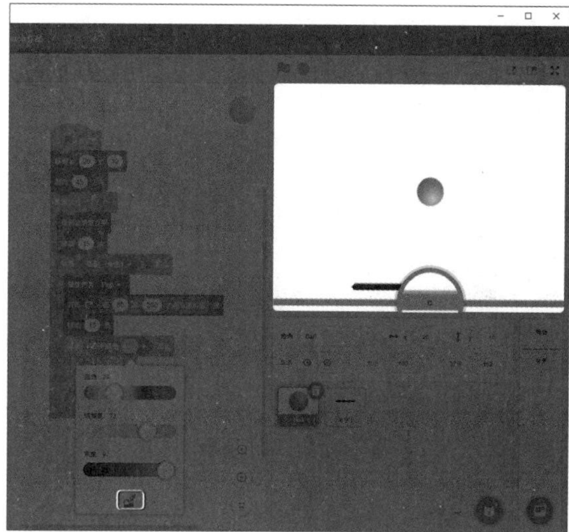

当Ball碰到红线时，拼接“控制”内的“停止(全部脚本▼)”，停止执行脚本。图16-55是Ball碰到红线而停止处理的情况，是Ball陷入红线内的状态时。

▼图16-55 只在Ball变成这个状态时停止执行脚本

Ball脚本拼接完成了，如图16-56所示。

▼图16-56 Ball脚本拼接完成了

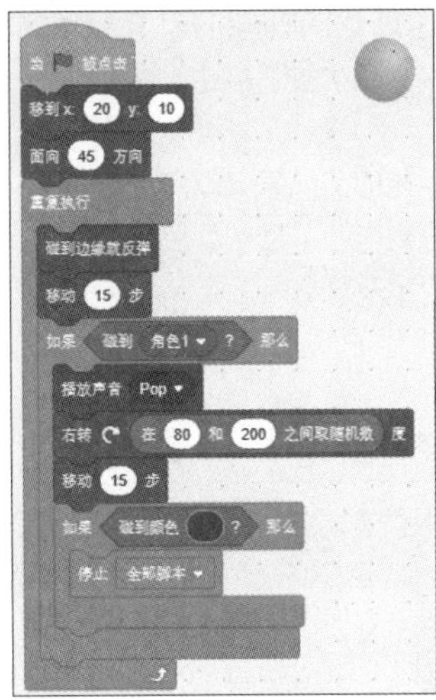

在角色列表选择“角色1”，在“角色1”代码区域拼接脚本。

首先，将“事件”分类内的“当⚑被点击”拖放到代码区域内。

接着拼接“控制”分类内的“重复执行”积木块，在“重复执行”积木块中拼接“运动”分类内的“将x坐标设为（0）”，在0处嵌入“侦测”分类内的“鼠标的x坐标”，如图16-57所示。

执行时Ball会撞到舞台的一端反弹回来，用“角色1”接住Ball反弹回去，“角色1”会随着鼠标光标的移动而横向移动。

▼图16-57 拼接“角色1”的脚本

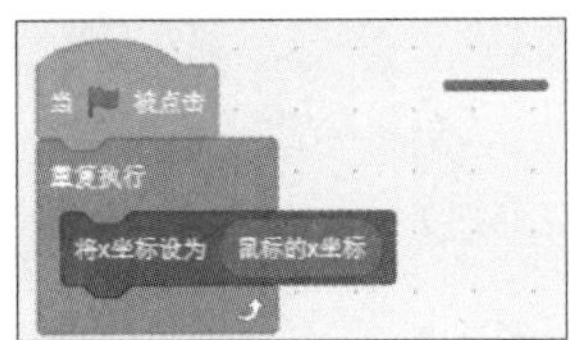

单击“运行”⚑按钮，在舞台上弹跳的Ball用“角色1”接住并反弹，如图16-58所示。

▼图16-58 用“角色1”把Ball弹回来

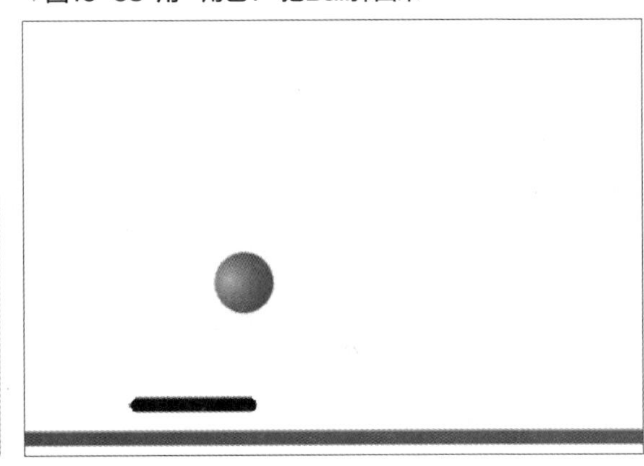

秘技 259

如何改变背景

扫码看视频

对应 2.0 3.0

难易程度 ●

重点！ 通过广播背景和接收背景改变背景让角色移动到很多地方。

新建一个作品文件，这里不使用“角色1”，从角色列表中将删除。

下面实现让角色飞到不同的地方吧。

从“选择一个背景”的“户外”类别中选择Metro，如图16-59所示。用相同步骤再选择背景Urban和Savanna。

▼图16-59 选择背景Metro、Urban和Savanna

选择“舞台”，切换至“背景”选项卡，就会出现“背景”的编辑界面。删除“背景1”，并选择Metro，如图16-60所示。

▼图16-60 删除“背景1”，选择Metro

虽然本秘技选择了3个背景，其实，选择多少个背景都没有问题。

然后，从“选择一个角色”的“所有”类别中选择Cat Flying，如图16-61所示。

▼图16-61 选择Cat Flying

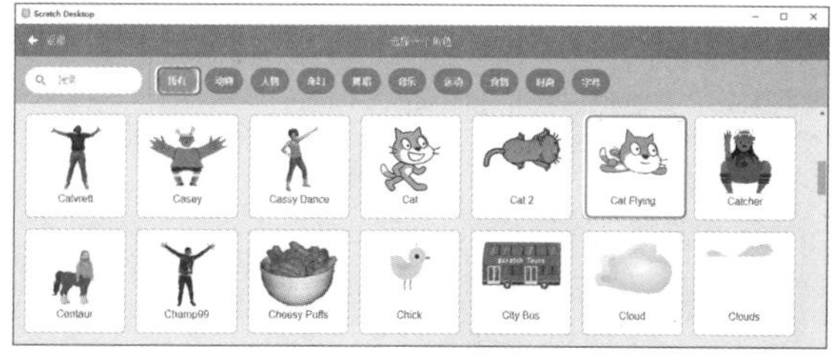

将Cat Flying放置到图16-62所示的位置。

▼图16-62 放置Cat Flying

将Cat Flying的“方向”指定为-90，面向左边，如图16-63所示。

▼图16-63 将Cat Flying面向左边

单击“自制积木”分类内的“制作新的积木”按钮，制作名为“前进”的积木块，如图16-64所示。

▼图16-64 制作名为“前进”的积木块

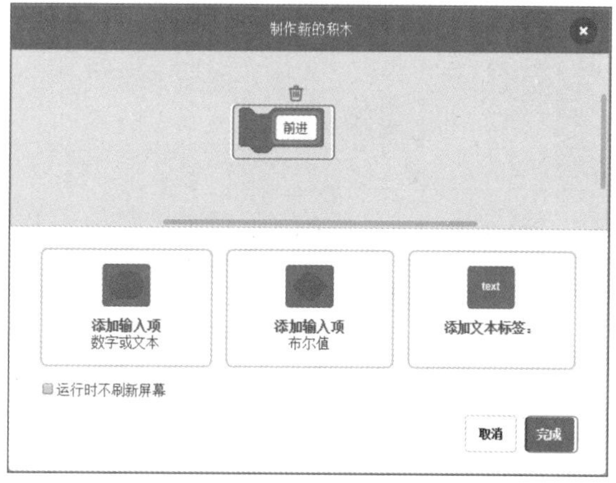

然后，在代码区域中会创建“前进”的积木块和“定义前进”的块，如图16-65所示。“定义前进”还没有使用过，所以要尽量不使用它。

▼图16-65 创建“前进”的积木块和“定义前进”的块

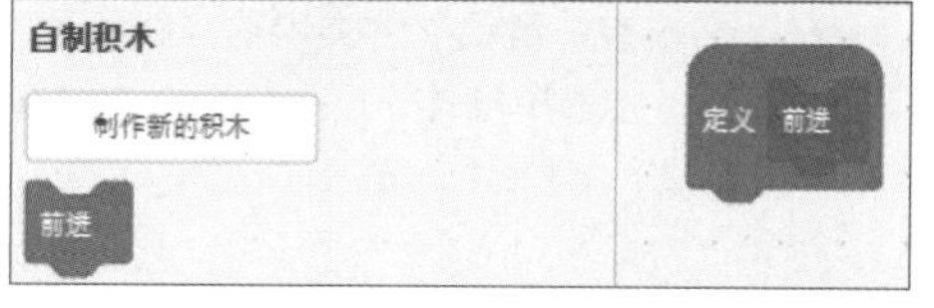

在角色列表中选择Cat Flying，在代码区域拼接脚本。

首先，将“事件”分类内的“当 被点击”拖放到代码区域内。接着拼接“外观”分类内的“换成（Metro▼）背景”积木块。在下面拼接“运动”分类内的“移到x：（183）y:（32）”，这是Cat Flying在舞台上的初始位置。接着拼接新制作的“前进”积木块，此时，还没有定义“前进”的内容。接下来，拼接“事件”中的“广播（消息1▼）”，单击下拉按钮选择“新消息”选项。打开“新消息”对话框，在“新消息的名称”中输入Urban，然后单击 按钮，如图16-66所示。这指定了下一个背景。

▼**图16-66 将“新消息名称”指定为Urban**

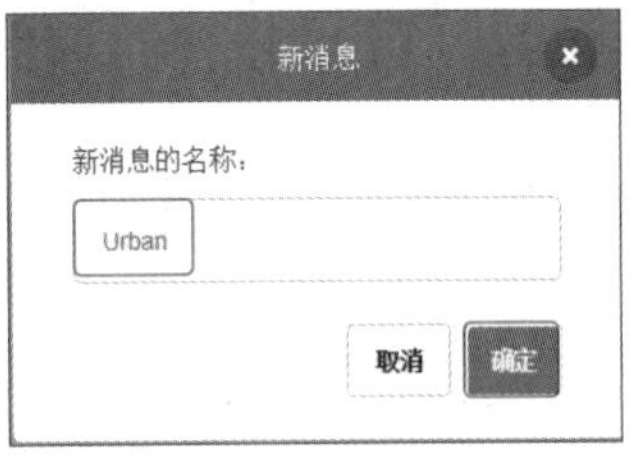

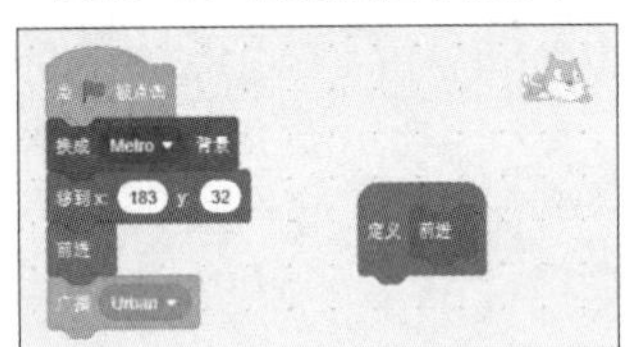

至此，拼接的脚本如图16-67所示。

▼**图16-67 制作过程中的脚本**

然后，将“事件”分类内的“当接收到（消息1▼）”拖放到代码区域内，单击下拉按钮选择Urban。在下面拼接“运动”分类内的“移到x：（183）y:（32）”，接着拼接“外观”分类内的“换成（Metro▼）背景”积木块，单击下拉按钮选择Urban。接着拼接新制作的“前进”积木块，拼接“事件”中的“广播（消息1▼）”，单击下拉按钮选择“新消息”，打开“新消息”对话框，在“新消息的名称”中输入Savanna，然后单击“确定”按钮，这指定了下一个背景。至此，拼接的脚本如图16-68所示。

然后，将“事件”分类内的“当接收到（消息1▼）”拖放到代码区域内，单击下拉按钮选择Savanna。在下面拼接“运动”分类内的“移到x：（183）y:（32）”，接着拼接“外观”分类内的“换成（Metro▼）背景”积木块，单击下拉按钮选择Savanna。

继续拼接“控制”分类内的“重复执行”，在“重复执行”积木块中拼接“运动”分类内的“移动（10）步”与“外观”内的“下一个造型”。然后，拼接“控制”内的“等待（1）秒”，将1指定为0.1。接下来拼接“控制”分类内的“如果 那么……”积木块，在 里嵌入“侦测”内的“碰到（鼠标指针▼）?”，单击下拉按钮选择“舞台边缘”选项，接着在“如果 那么……”积木块中拼接“外观”内的“说（你好！）（2）秒”，在“你好！”处输入“飞行结束了。”。最后拼接“控制”内的“停止（全部脚本▼）”，停止执行脚本。至此，脚本已经制作完成，如图16-69所示。

▼**图16-68 制作过程中的脚本**

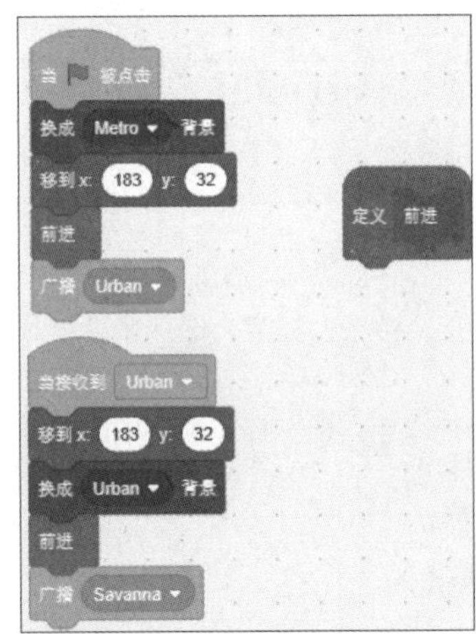

▼**图16-69 制作过程中的脚本**

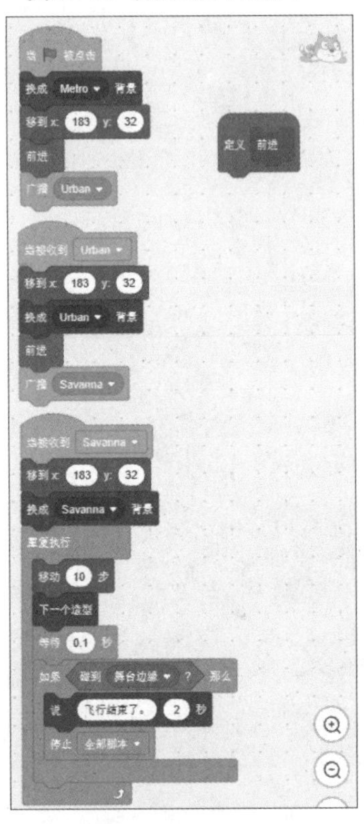

最后，在“定义前进”积木块下面拼接“控制”内“重复执行直到”积木块，在处嵌入“侦测”内的“碰到（鼠标指针▼）?”，单击下拉按钮选择“舞台边缘”选项。在这个“重复执行直到”积木块内拼接“运动”分类内的“移动（10）步”与“外观”内的“下一个造型”。然后，拼接“控制”内的“等待（1）秒”，将1指定为0.1。所有脚本拼接完成后如图16-70所示。执行时，Cat Flying开始飞行，当到达舞台左端时，背景发生变化，Cat Flying出现舞台右端，再次开始飞行。

▼图16-70 Cat Flying飞行的脚本拼接完成

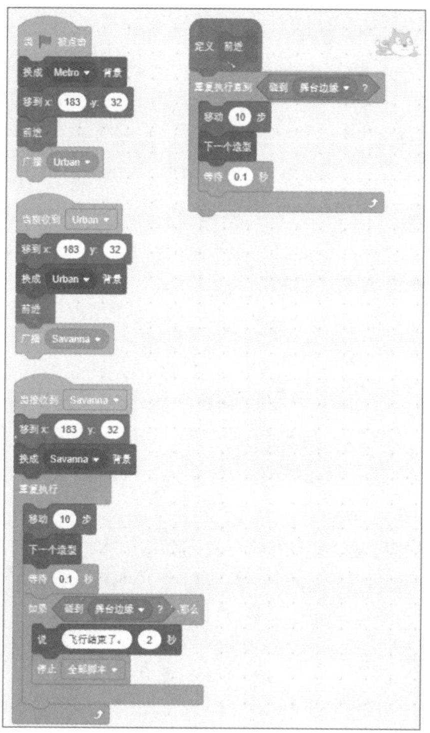

单击“运行”按钮，Cat Flying飞行到舞台左端时，背景发生变化，如图16-71所示。

▼图16-71 Cat Flying飞行，背景发生变化

秘技 260

如何制作樱花花瓣飘落效果

扫码看视频

对应 2.0 3.0

难易程度 ●●

重点！ 试着克隆樱花花瓣，让它飘下来。

新建一个作品文件，这里不使用“角色1”，从角色列表中将其删除。试着飘落下很多樱花花瓣。

从“选择一个背景”的“所有”类别中选择Forest，如图16-72所示。

▼图16-72 选择Forest

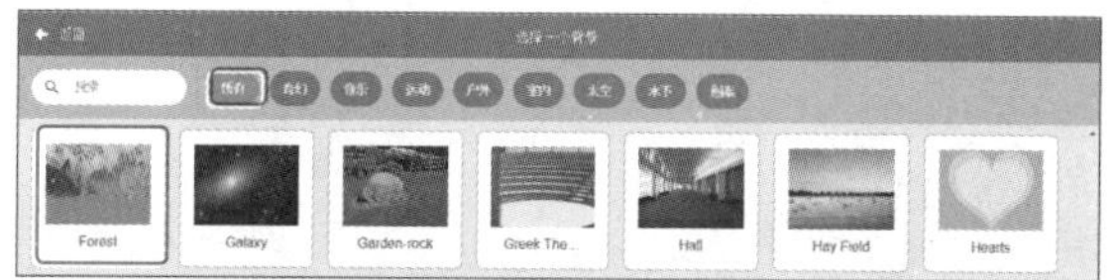

选择图16-73中的“上传角色”选项，上传本地保存的樱花花瓣图。

▼图16-73 上传樱花花瓣图像

将“樱花花瓣”的“大小”指定为15，让它变小，放置在舞台顶部，如图16-74所示。

▼图16-74 将樱花花瓣的尺寸缩小，并放置在舞台顶部

在“樱花花瓣”的代码区域拼接脚本。

首先，将“事件”分类内的“当被点击”拖放到代码区域内。在下面拼接“外观”内的“隐藏”，刚开始执行时不显示樱花花瓣。接着拼接“运动”中的“移到x:（11）y:（179）”，这是第一个樱花花瓣的显示位置。接着拼接“控制”内的“重复执行”积木块。在“重复执行”积木块中拼接“克隆（自己▼）”，让樱花花瓣克隆自己。下面拼接“控制”内的“等待（1）秒”将1指定为0.1。拼接完成克隆樱花花瓣的脚本，如16-75所示。

▼图16-75 拼接克隆“樱花花瓣”的脚本

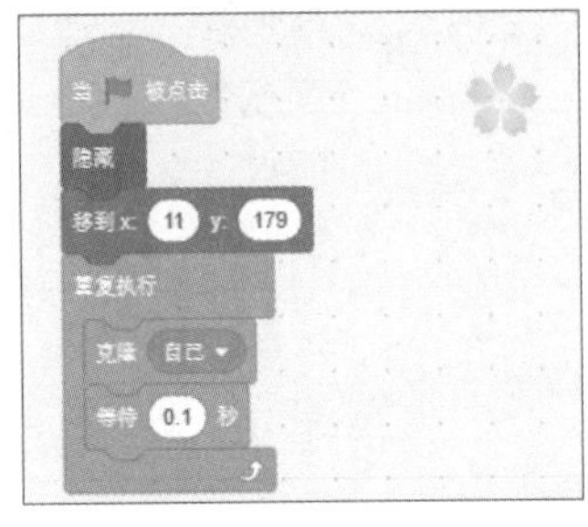

接着，将“控制”中的“当作为克隆体启动时”拖放到代码区域。前面已经对樱花花瓣进行了克隆，接下来定义如何克隆并显示该克隆。

继续拼接“外观”内的“显示”，克隆的时候会显示樱花花瓣。

在下面拼接“运动”分类内的“在（1）秒内滑行到x:（11）y:（179）”，在11处嵌入“运算”分类内的“在（1）和（10）之间取随机数”，将1指定为-240，将10指定为240，继续在179处同样嵌入“运算”分类内的“在（1）和（10）之间取随机数”，将1指定为-180，将10指定为180。这里使用的是舞台的整个界面。

下面拼接“控制”内“重复执行直到”积木块，在处嵌入“侦测”内的“碰到（鼠标指针▼）?”，单击下拉按钮选择“舞台边缘”选项。因为樱花花瓣的克隆体一旦接触到舞台的边缘就会消失，所以将“运动”中的“将y坐标增加（10）”拼接在“重复执行直到”积木块内，将10指定为-5，这样樱花花瓣的克隆体就向下移动5个像素。

接着拼接“运动”中的“右转（15）度”和“左转（15）度”。在15处分别嵌入“运算”内的“在（1）和（10）之间取随机数”，将1指定为45，将10指定为90，这样，樱花花瓣就会随机旋转下来。这里的值不一定是45到90的随机数，我们也可以自定义旋转的范围。

最后，在“重复执行直到”积木块下面拼接“外观”内的“隐藏”。这样，生成的克隆体落在舞台外时就消失，拼接完成后如图16-76所示。

▼图16-76 拼接完成的樱花花瓣飞舞的脚本

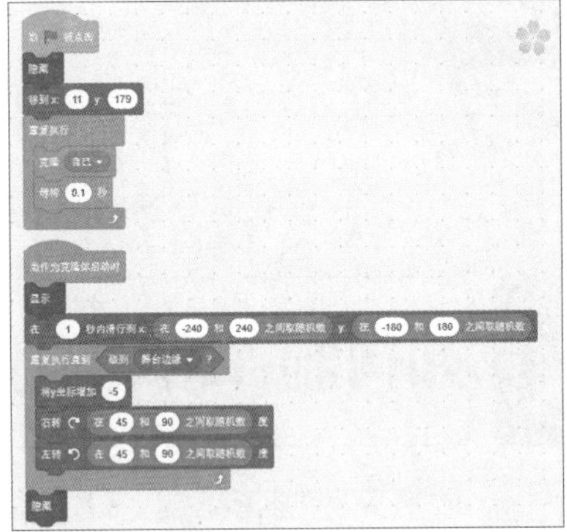

单击“运行”按钮，樱花花瓣被克隆出来，从上到下飘向各个方向，如图16-77所示。

▼图16-77 樱花花瓣被克隆出来，从上到下飘向各个方向

输入密码

重点！ 输入密码来切换电脑的开启和关闭。

新建一个作品文件，这里不使用“角色1”，从角色列表中将其删除。

这里需要在电脑里输入密码，输入正确的密码电脑就会打开，错的话就会关闭。

选择“上传角色”选项，上传保存在本地的笔记本电脑的图像。笔记本电脑（屏幕关闭）的图像作为角色添加到舞台上，如图16-78所示。

▼图16-78 舞台上添加了笔记本电脑

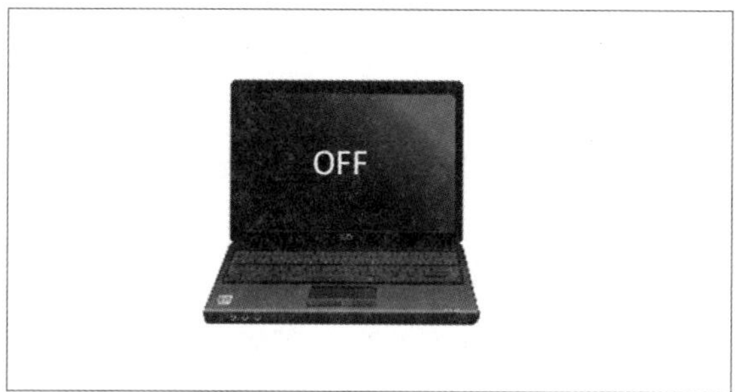

切换至“造型”选项卡，选择“上传造型”选项，如图16-79所示。上传另一张笔记本电脑（屏幕打开）的图像。

▼图16-79 选择“上传造型”

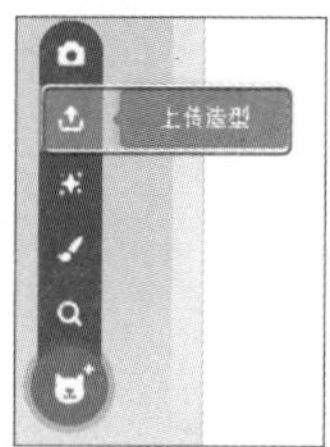

新上传的笔记本电脑图像添加到“造型”里，如图16-80所示。

▼图16-80 笔记本电脑（屏幕打开）被添加到“造型”中

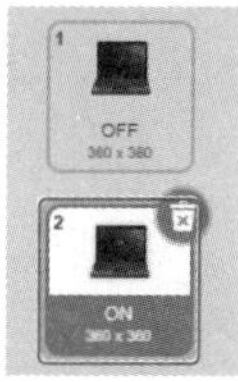

在图16-80中，选择第一个造型，屏幕为OFF的笔记本电脑，舞台上也显示界面OFF的笔记本电脑，放置在图16-81所示的位置。

▼图16-81 在舞台上放置笔记本电脑（屏幕关闭）

切换至“代码”选项卡显示代码区域。

单击“变量”内的“建立一个变量”按钮，建立“密码”变量，按照同样的步骤建立“验证结果”变量。取消勾选“密码”和“验证结果”复选框，这样舞台上就不会显示了，如图16-82所示。

▼图16-82 取消勾选“密码”和“验证结果”复选框

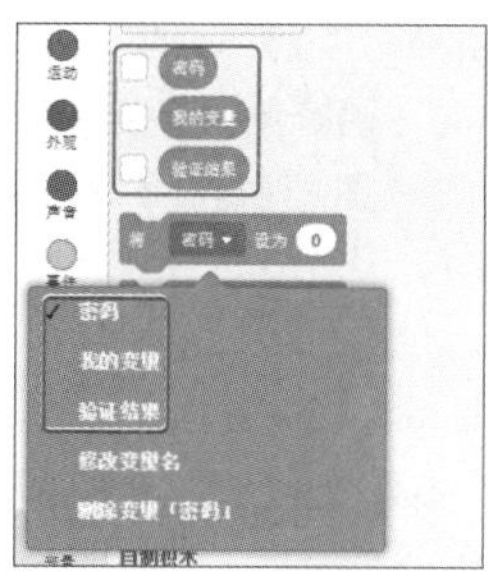

接下来，单击“新建积木”中的“制作新的积木”按钮，创建“获取密码”积木块，如图16-83所示。

▼图16-83 创建“获取密码”的积木块和“定义获取密码”的块

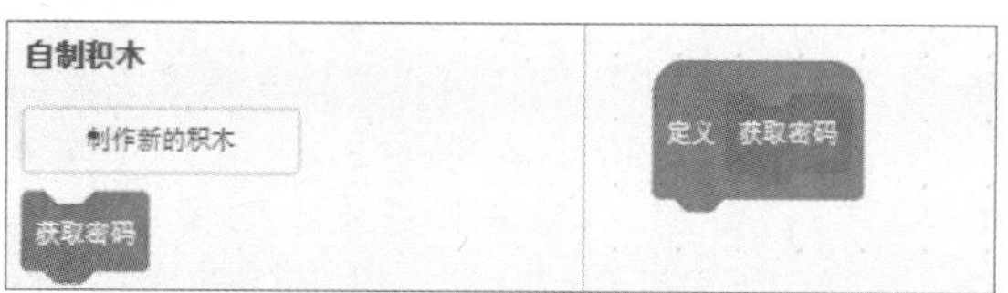

至此，前期准备工作已经就绪，接下来让我们组成脚本吧。

首先，将“事件”分类内的“当被点击”拖放到代码区域内。接着拼接“外观”内的“换成（OFF▼）造型”。再拼接新创建的“获取密码”积木块。

接着拼接“控制”内的“如果那么……否则……”，在处嵌入“（=（50））”，在处嵌入“变量”分类内的“密码”，将50指定为1。如果“密码”的值是1，那么拼接“外观”内的“说（你好!）（2）秒”，在“你好!”处输入“访问成功!”。接着拼接“外观”内的“换成（OFF▼）造型”，单击下拉按钮选择ON，在下面拼接“说（你好!）（2）秒”，在“你好!”处输入“访问失败!”，如图16-84所示。

▼图16-84 到此为止脚本的内容

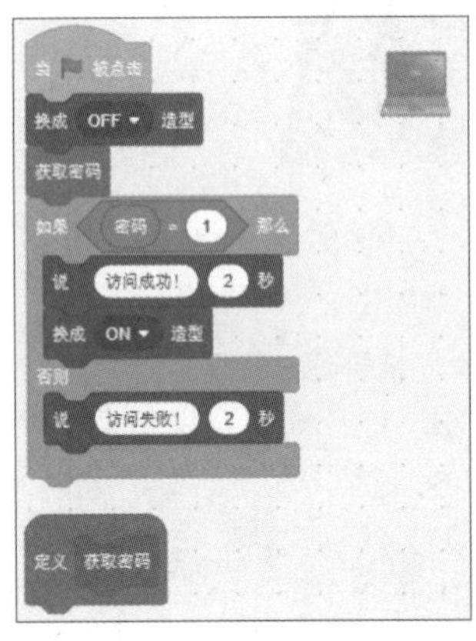

那么，接下来是拼接“定义获取密码”的脚本。

在“定义获取密码”下面拼接“变量”分类内的“将（密码▼）设为（0）”与“将（验证结果▼）设为（0）”。继续拼接“控制”内的“重复执行（10）次”，将10指定为3。在“重复执行（3）次”积木块中拼接“侦测”内的“询问（What’s your name?）并等待”在What’s your name?处输入“密码”。

接着拼接“控制”内的“如果那么……否则……”，在处嵌入“（=（50））”，在处嵌入“侦测”分类内的“回答”，在50处输入qwerty。如果回答是qwerty，那么就拼接“变量”分类内的“将（密码▼）设为（0）”，将0指定为1，然后拼接“停止（全部脚本▼）”，单击下拉按钮选择“这个脚本”选项，这样，图16-84组成的脚本被执行，就会显示“访问成功!”。否则，就会显示“密码错误”，这样就需要拼接“变量”分类内的“将（验证结果▼）增加（1）”和“控制”内的“如果那么……”，在处嵌入“（<（50））”，在处嵌入“变量”分类内的“验证结果”，将50指定为3。如果错误的次数少于3次的话，就会说1秒的“密码错误”，那么就需要拼接“外观”内的“说（你好!）（2）秒”，在“你好!”处输入“密码错误”，将2指定为1。至此，脚本拼接完成，如图16-85所示。

▼图16-85 脚本拼接完成

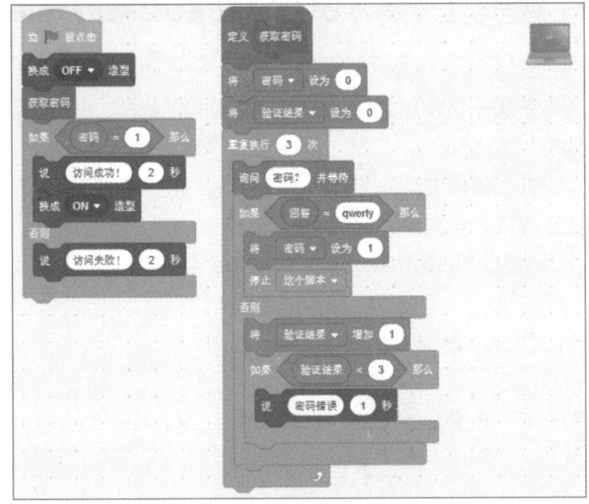

单击“运行”按钮，如果密码正确，则显示“访问成功!”会话框，笔记本电脑的界面变成ON，如图16-86所示。

▼图16-86 访问成功的情况

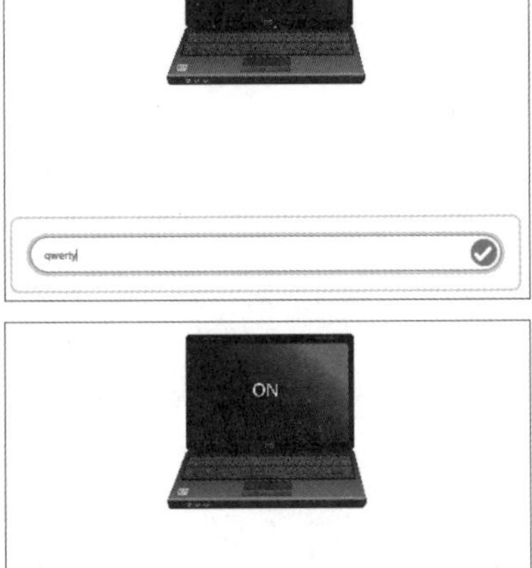

秘技 **262**

如何克隆角色

扫码看视频

对应 2.0 3.0
难易程度 ●

重点！ 克隆角色的数量是有上限的，每个项目最多只能克隆300个。

新建一个作品文件，这里不使用“角色1”，从角色列表中将其删除。

下面试着在舞台上制作克隆指定次数的角色。首先从“选择一个背景”的“户外”类别中选择Colorful City，如图16-87所示。

▼图16-87 选择Colorful City

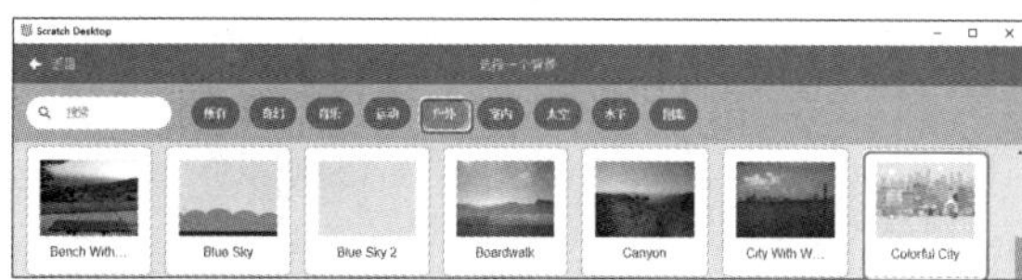

然后，从“选择一个角色”的“人物”类别中选择Frank，如图16-88所示。

▼图16-88 选择Frank

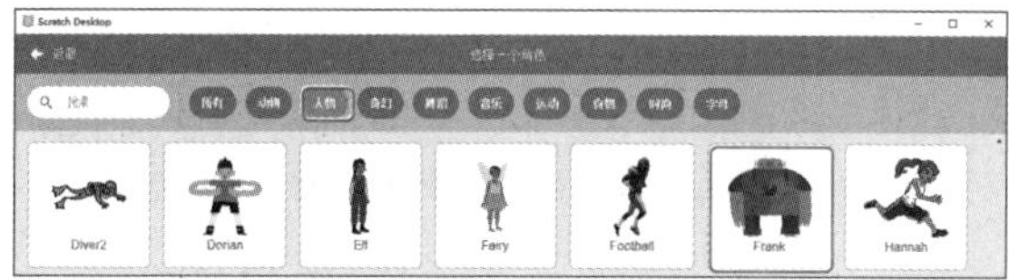

将舞台上Frank的“大小”设定为50左右，放置在如图16-89所示的位置。

▼图16-89 把Frank的“大小”设为50，放在舞台上

接下来，在代码区域拼接脚本吧。

首先，将“事件”分类内的“当⚑被点击”拖放到代码区域内。接着拼接“控制”内的“重复执行（10）次”，在“重复执行（10）次”积木块中拼接“控制”中的“克隆（自己▼）”，这样就能克隆出10个克隆体。

接着将“控制”中的“当作为克隆体启动时”拖动到代码区域。拼接“控制”内的“重复执行（10）次”，将10指定为5，这样，克隆出来的10个克隆体，又会被克隆5次。继续拼接“运动”分类内的“在（1）秒内滑行到x:（-176）y:（-109）”，在-176处嵌入“运算”分类内的“在（1）和（10）之间取随机数”，将1指定为-200，将10指定为200，继续在-109处同样嵌入“运算”分类内的“在（1）和（10）之间取随机数”，将1指定为-150，将10指定为150。舞台的x坐标是-240到240，y坐标是-180到180，Frank有长度和宽度，如果在整个舞台取随机数的话，Frank的身体可能会被截断。继续拼接“外观”内的“下一个造型”，每次显示克隆体的时候，Frank都会做出下一个造型。接着拼接“控制”内的“等待（1）秒”，每1秒就会克隆一个克隆体。最后将“控制”中的“删除此克隆体”拼接到最外面的积木块的下面，删除所有克隆体。所有积木块拼接完成后如图16-90所示。

▼图16-90 克隆Frank的脚本拼接完成

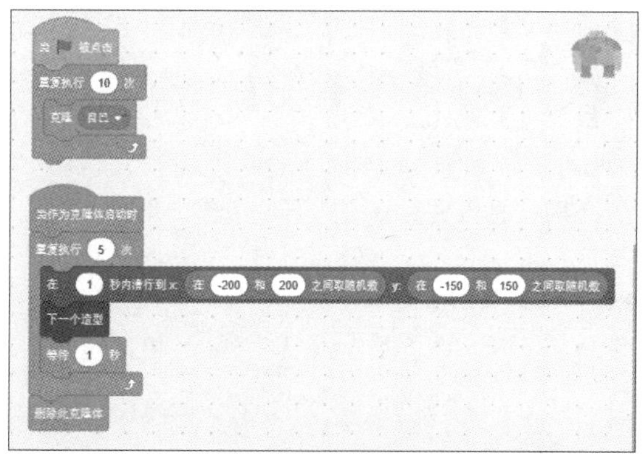

单击“运行”按钮，舞台上会显示Frank的克隆体，如图16-91所示。

▼图16-91 克隆Frank

秘技

263 如何制作猜拳效果

扫码看视频

对应 2.0 3.0

难易程度 ●●

重点！ 角色随机显示“猜拳”中“剪刀”“石头”和“布”的图像。

新建一个作品文件，这里不使用“角色1”，从角色列表中将其删除。

在舞台上的角色会随机显示“猜拳”的种类，并显示“猜拳”种类的图像。

从“选择一个角色”的“奇幻”类别中选择Pico，如图16-92所示。

▼图16-92 选择角色Pico

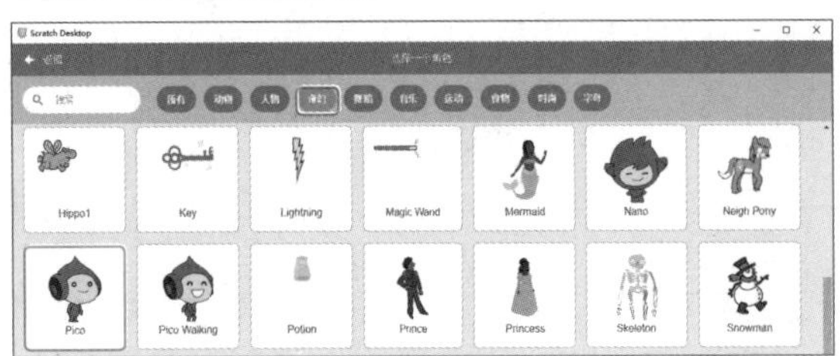

将Pico放置在图16-93所示的位置。

▼图16-93 放置角色Pico

从“上传角色”中上传保存在本地的“石头”“剪刀”和“布”的图像，如图16-94所示。这些图像需要自行准备。

▼图16-94 上传本地的“石头”“剪刀”和“布”的图像

把“石头”“剪刀”和“布”的“大小”缩小到60，全部重叠在相同的位置上，顺序没有要求，如图16-95所示。

▼图16-95 缩小“石头”“剪刀”和“布”的大小，并重叠在相同位置上

接下来，用“变量”内的“建立一个列表”制作“猜拳”列表。然后，在列表中就会创建名为“猜拳”的积木块，如图16-96所示。

▼图16-96 在列表中创建名为“猜拳”的积木块

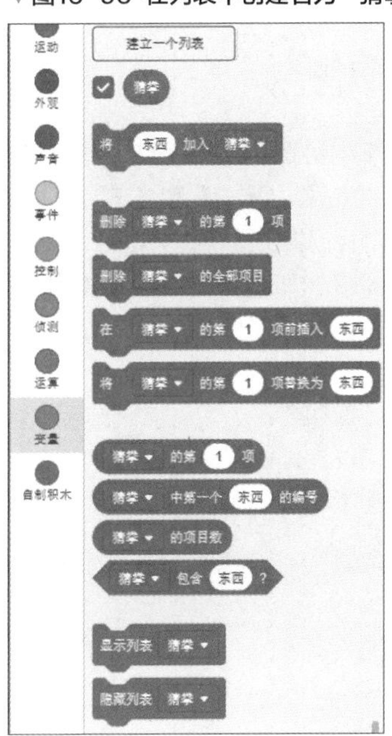

同样，用“变量”中的“建立一个变量”，建立“值”变量，如图16-97所示。

▼图16-97 建立“值”变量

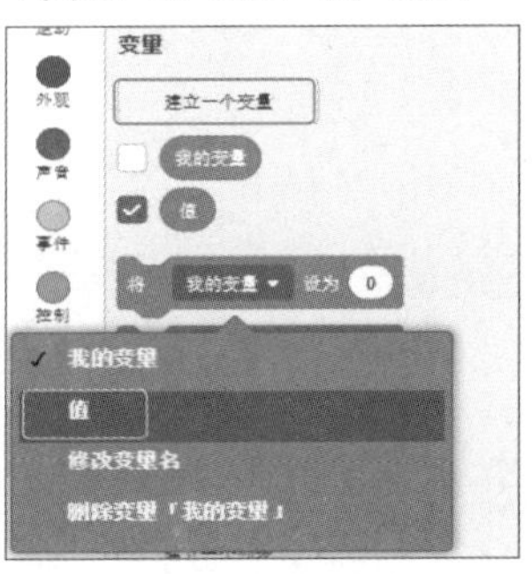

在舞台上会显示“猜拳”的空列表和“值”变量，但是，因为最初的位置会遮挡Pico，所以移动到图16-98的位置。

▼图16-98 在舞台上显示空列表和“值”变量。

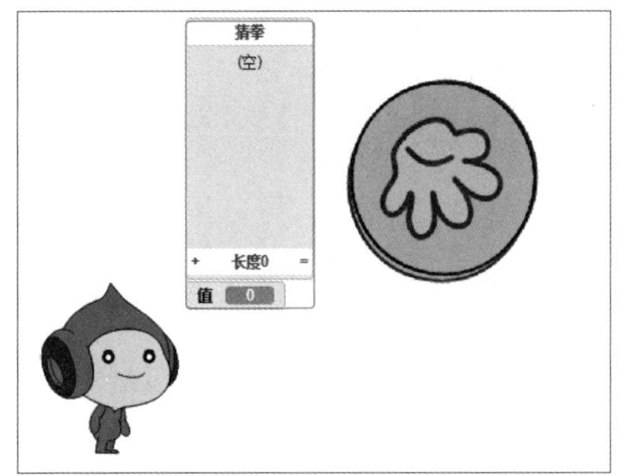

从角色列表中选择Pico，在代码区域拼接脚本。

首先，将“事件”分类内的“当🏴被点击”拖放到代码区域内。在下面拼接“变量”分类内的“删除（猜拳▼）的全部项目”，如果不拼接这个积木块的话，每次单击“运行”🏴按钮，舞台上的列表框里就会重复添加变量“石头”“剪刀”和“布”。

接着拼接3个“将（东西）加入（猜拳▼）”，在3个“东西”处分别输入“石头”“剪刀”和“布”。

继续拼接“将（我的变量▼）设为（0）”，单击下拉按钮选择“值”变量，在0处嵌入列表里的“（猜拳▼）的第（1）项”，在1处嵌入“运算”分类内的“在（1）和（10）之间取随机数”。因为只有“石头”“剪刀”和“布”这3个选项，所以将10指定为3。

最后拼接“外观”分类内的“说（你好！）”，在“你好！”处嵌入“变量”分类内的“值”变量。拼接完成后如图16-99所示。

此处添加的值将在运行时显示在舞台上的列表中。

▼图16-99 拼接Pico随机显示“石头”“剪刀”和“布”的脚本

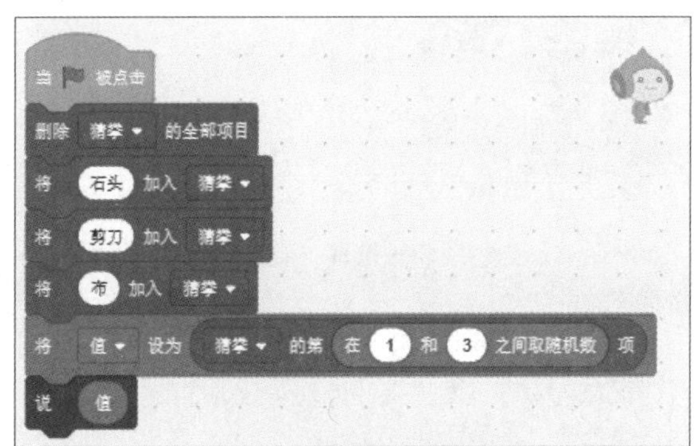

接着拼接“控制”分类内的“重复执行”，在“重复执行”积木块中拼接“控制”内的“如果那么……”，在处嵌入“(( )=(50))”，在处嵌入“变量”分类内的“值”，在50处输入“石头”。接着在“如果那么……”积木块中拼接“事件”分类内的“广播(消息1▼)”，单击下拉按钮选择“新消息”选项，在新消息名称处输入“石头”。

继续在“如果那么……”积木块下面拼接“如果那么……”，在处嵌入“(( )=(50))”，在处嵌入“变量”分类内的“值”，在50处输入“剪刀”。接着在“如果那么……”积木块中拼接“事件”分类内的“广播(消息1▼)”，单击下拉按钮选择“新消息”选项，在新消息名称处输入“剪刀”。

再次拼接“如果那么……”，在处嵌入“(( )=(50))”，在处嵌入“变量”分类内的“值”，在50处输入“布”。接着在“如果那么……”积木块中拼接“事件”分类内的“广播(消息1▼)”，单击下拉按钮选择“新消息”选项，在新消息名称处输入“布”。这样，Pico的脚本就拼接完成了，如图16-100所示。

▼图16-100 Pico的脚本拼接完成

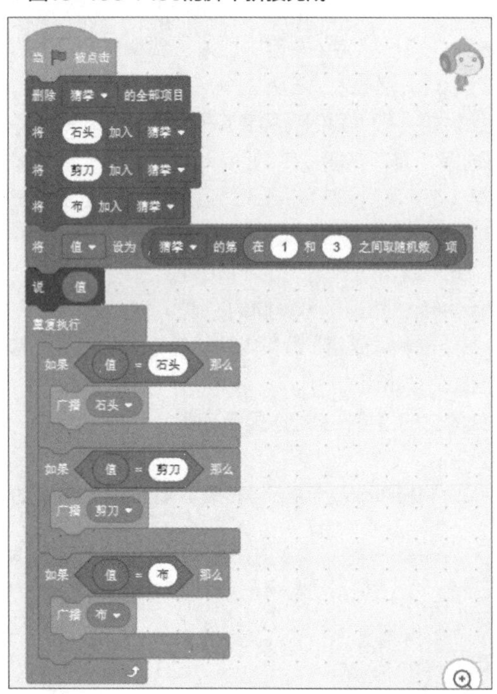

然后，从角色列表中选择“石头”，在代码区域拼接脚本。

首先，将“事件”分类内的“当被点击”拖放到代码区域内。在下面拼接“外观”分类内的“隐藏”，执行时角色“石头”先隐藏起来。

然后，将“事件”分类内的“当接收到(消息1▼)”拖放到代码区域内，单击下拉按钮选择“石头”选项，接着拼接“控制”分类内的“重复执行”，在“重复执行”积木块中拼接“外观”分类内的“移到最(前面▼)”与“显示”，这样，“石头”就会出现在前面。拼接完成后如图16-101所示。

▼图16-101 拼接显示角色“石头”的脚本

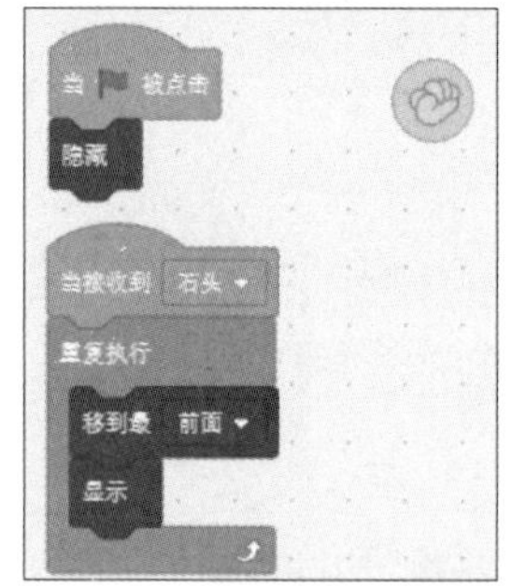

然后，复制“石头”的脚本到“剪刀”和“布”的代码区域。

脚本还需要修改一下，将脚本中的“当接收到(石头▼)”单击下拉按钮分别选择“剪刀”和“布”选项，这样“剪刀”和“布”的代码就拼接完成了。

“剪刀”的脚本如图16-102所示。“布”的脚本如图16-103所示。

▼图16-102 拼接“剪刀”的脚本

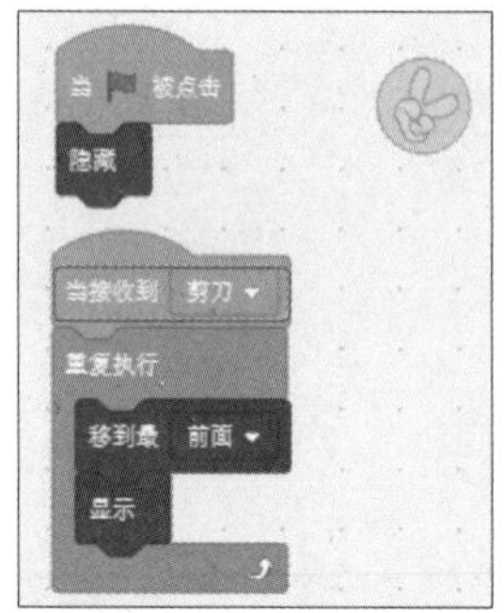

▼图16-103 拼接“布”的脚本

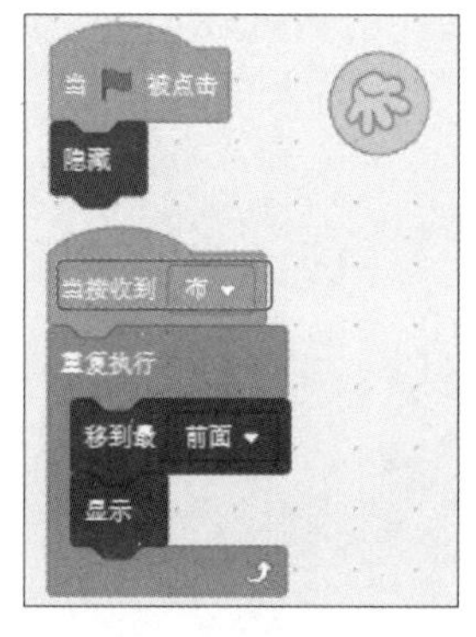

单击“运行”按钮，Pico随机显示“石头”“剪刀”和“布”，对应的角色也会被显示，如图16-104所示。每次都需要单击“运行”按钮。

▼图16-104 Pico随机显示猜拳的图像

秘技 264

如何用声音让角色有反应

扫码看视频

对应 2.0 3.0

难易程度 ●●

重点！ 通过声音使角色变形，这里需要使用麦克风。

新建一个作品文件，这里不使用“角色1”，从角色列表中将其删除。

在舞台上角色会对从麦克风输入的声音做出反应，进行变形。

从“选择一个角色”的“奇幻”类别中选择Giga，如图16-105所示。

▼图16-105 选择Giga

将Giga放置在舞台中央，如图16-106所示。

▼图16-106 将Giga放置在舞台中央

从“选择一个角色”中单击“绘制”按钮。在“造型”选项卡中单击“圆”图标。再将“填充”的颜色设为红色，然后绘制圆形，如图16-107所示。就可以在舞台上添加红圈，如图16-108所示。

▼图16-107 绘制红圈

▼图16-108 舞台上出现红色的圆圈

在角色列表中复制3个“角色1”，这样舞台上总共有4个红圈，如图16-109所示。

▼图16-109 复制3个“角色1”，舞台就有4个红圈

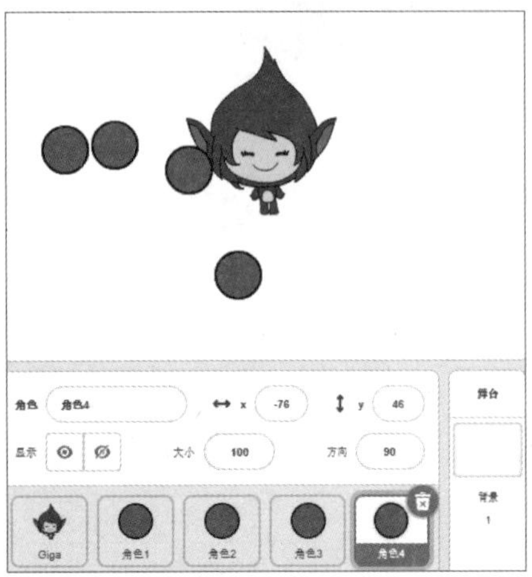

从角色列表中选择“角色2”。切换至“角色2”的“造型”选项卡，将“填充”设为蓝色，单击“填充”图标，将光标移到在红圈上单击，就会变成蓝色的圆圈，如图16-110所示。舞台上的“角色2”从红色变成了蓝色，如图16-111所示。

▼图16-110 把红圈变成蓝圈

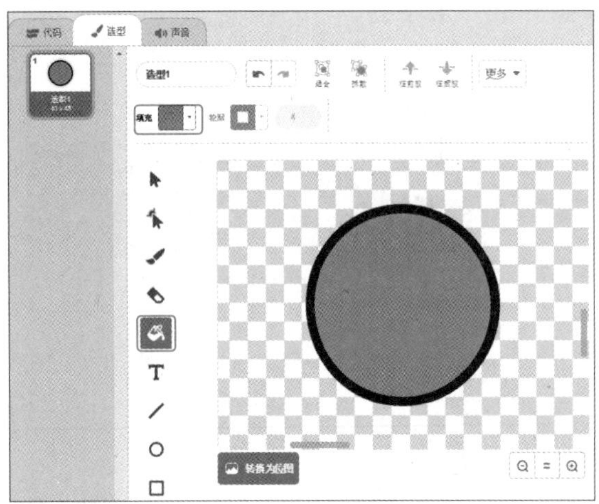

▼图16-111 舞台上的“角色2”也变成蓝圈

用同样的操作将“角色3”和“角色4”也指定颜色，可指定自己喜欢的颜色，如图16-112所示。

▼图16-112 形成各种颜色的圆

然后，切换至“代码”选项卡，显示代码区域。Giga和其他角色全部放置在相同的位置，没有要求的顺序，如图16-113所示。

▼图16-113 Giga和其他角色全部放置在相同的位置

从“选择一个背景”的“所有”类别中选择Neon. Tunnel，如图16-114所示。

▼图16-114 选择Neon. Tunnel

选取背景Neon Tunnel后，单击“舞台”按钮，如图16-115所示。

▼图16-115 单击“舞台”按钮

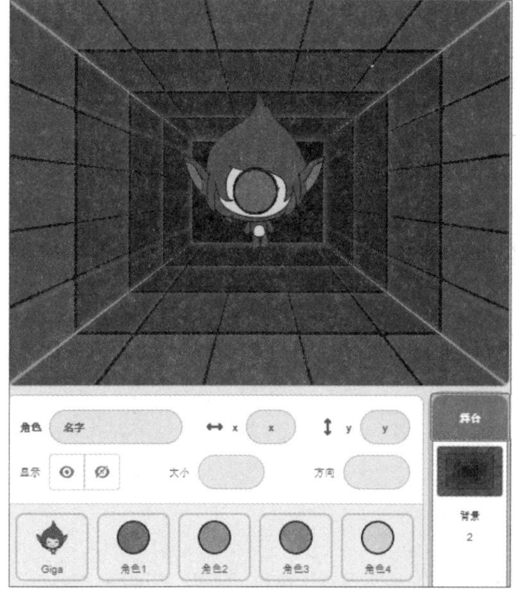

接着，在舞台的代码区域拼接脚本吧。

首先，将“事件”分类内的“当⚑被点击”拖放到代码区域内。接着拼接“控制”分类内的“重复执行”，在“重复执行”积木块中拼接“外观”分类内的“将（颜色▼）特效设为（0）”，单击下拉按钮选择“鱼眼”选项，在0处嵌入“运算”分类内的“（◯*◯）”，在第一个◯处嵌入“侦测”分类内的“响度”，第二个◯处输入30，当麦克风输入的声音提高30倍时鱼眼特效应用于Giga上。拼接完成后如图16-116所示。

▼图16-116 拼接舞台的脚本

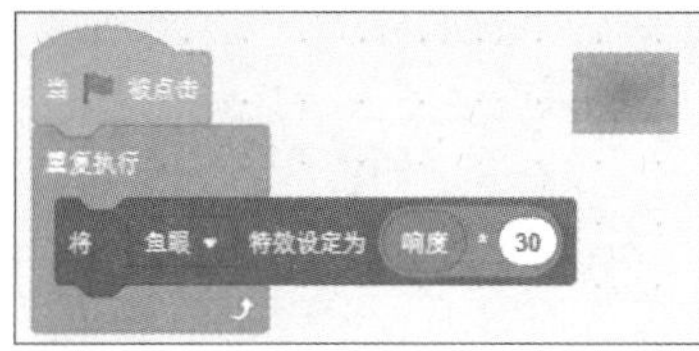

从角色列表中选择Giga。将“事件”分类内的“当⚑被点击”拖放到代码区域内。接着拼接“运动”内的“移到x:（0）y:（0）”，这是Giga在舞台上的初始位置。接着拼接“控制”分类内的“重复执行”，在“重复执行”积木块中拼接“外观”分类内的“移到最（前面▼）”，继续拼接“将（颜色▼）特效设为（0）”，单击下拉按钮选择“鱼眼”选项，在0处嵌入“运算”分类内的“（◯*◯）”，在第一个◯处嵌入“侦测”分类内的“响度”，第二个◯处输入6，当麦克风输入的声音提高6倍时鱼眼特效应用于Giga上。拼接完成后如图16-117所示。

▼图16-117 拼接Giga的脚本

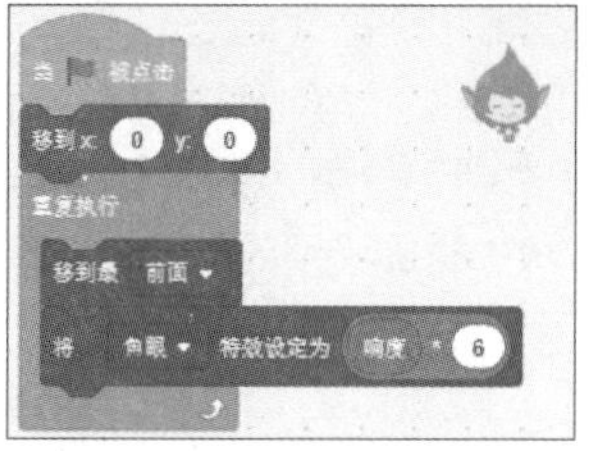

从角色列表中选择“角色1”。将“事件”分类内的“当⚑被点击”拖放到代码区域内。接着拼接“运动”内的“移到x:（0）y:（0）”，这是“角色1”在舞台上的初始位置。接着拼接“控制”分类内的“重复执行”，在“重复执行”积木块中拼接“运动”分类内的“将x坐标设为（0）”，在0处嵌入“运算”分类内的“（◯*◯）”，在第一个◯处嵌入“侦测”分类内的“响度”，第二个◯处输入5。当麦克风输入的声音提高5倍时“角色1”x坐标发生变化，“角色1”向右移动。拼接完成后如图16-118所示。

▼图16-118 拼接“角色1”的脚本

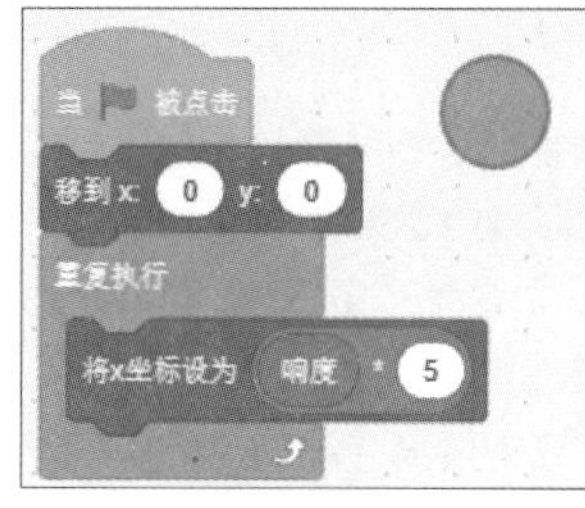

从角色列表中选择“角色2”。将“事件”内的“当⚑被点击”拖放到代码区域内。

接着拼接“运动”内的“移到x:（0）y:（0）”，这是“角色2”在舞台上的初始位置。接着拼接“控制”分类内的“重复执行”，在“重复执行”积木块中拼接“运动”分类内的“将y坐标设为（0）”，在0处嵌入“运算”分类内的“（◯*◯）”，在第一个◯处嵌入“侦测”分类内的“响度”，第二个◯处输入3。当麦克风输入的声音提高3倍时“角色2”y坐标发生变化，“角色2”向上移动。拼接完成后如图16-119所示。

▼图16-119 拼接“角色2”的脚本

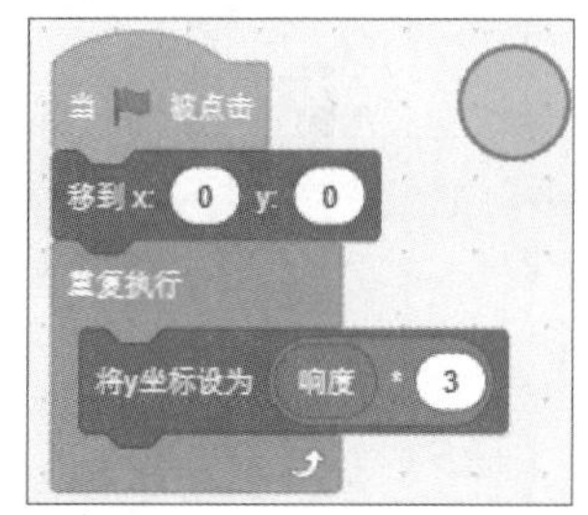

从角色列表中选择“角色3”。将“事件”分类内的“当 被点击”拖放到代码区域内。接着拼接“运动”内的“移到x:（0）y:（0）”，这是“角色3”在舞台上的初始位置。接着拼接“控制”分类内的“重复执行”，在“重复执行”积木块中拼接“运动”分类内的“将x坐标设为（0）”，在0处嵌入“运算”分类内的“（ - ）”，在第一个 处输入0，在第二个 处嵌入“（ * ）”，在“（ * ）”积木块的第一个 处嵌入“侦测”分类内的“响度”，第二个 处输入5。当麦克风输入的声音提高5倍时“角色3”x坐标发生变化，因为用0减去的值为负数，所以“角色3”向左移动。拼接完成后如图16-120所示。

▼图16-120 拼接“角色3”的脚本

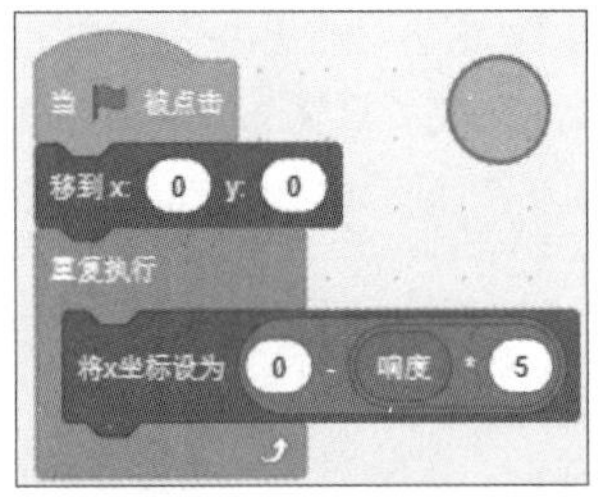

从角色列表中选择“角色4”。将“事件”分类内的“当 被点击”拖放到代码区域内。接着拼接“运动”内的“移到x:（0）y:（0）”，这是“角色4”在舞台上的初始位置。接着拼接“控制”分类内的“重复执行”，在“重复执行”积木块中拼接“运动”分类内的“将x坐标设为（0）”，在0处嵌入“运算”分类内的“（ - ）”，在第一个 处输入0，在第二个 处嵌入“（ * ）”，在“（ * ）”积木块的第一个 处嵌入“侦测”分类内的“响度”，第二个 处输入3。当麦克风输入的声音提高3倍时“角色4”y坐标发生变化，因为用0减去的值为负数，所以“角色4”向下移动。拼接完成后如图16-121所示。

▼图16-121 拼接“角色4”的脚本

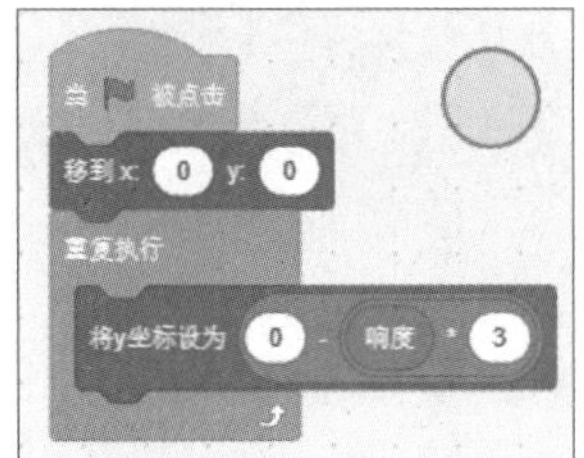

单击“运行” 按钮，从麦克风输入声音后就会发生图16-122所示发生变化。

▼图16-122 从麦克风输入声音，背景和Giga会有鱼眼特效，“角色1”至“角色4”向四面扩展

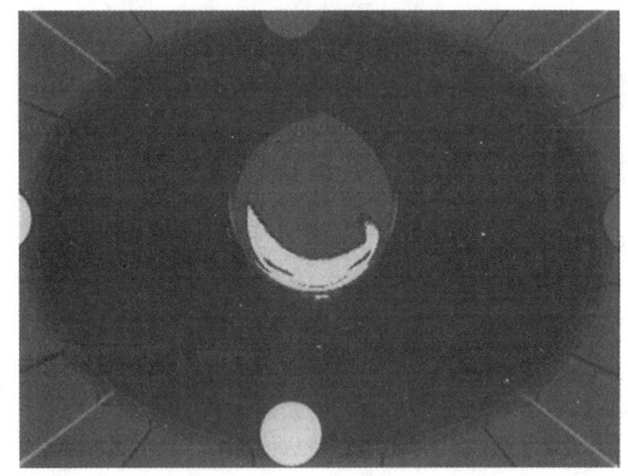

秘技 265 如何把角色移动到单击的位置

扫码看视频

▶对应 2.0 3.0

▶难易程度 ●●

重点！ 将猫移动到单击的位置。

新建一个作品文件，在舞台上单击的位置会显示香蕉，猫会朝香蕉走去。

首先，从“选择一个角色”的“食物”类别中选择Bananas，如图16-123所示。

▼图16-123 选择Bananas

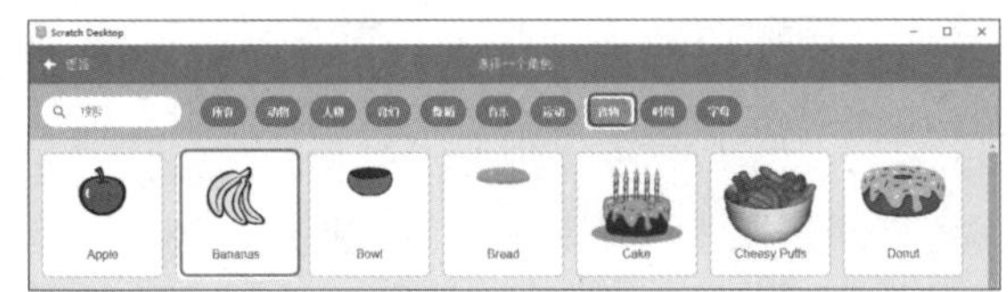

将舞台上“角色1”的“大小”设置为70，Bananas缩小为60，如图16-124所示。

▼图16-124 放置“角色1”和Bananas

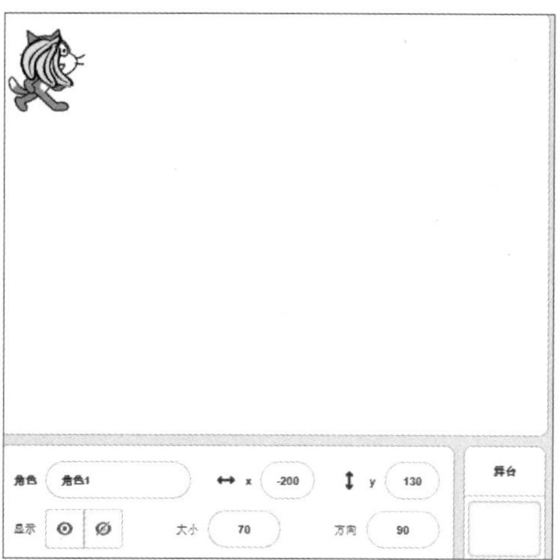

接着，从“选择一个背景”的“所有”类别中选择Blue Sky，如图16-125所示。

▼图16-125 选择背景Blue Sky

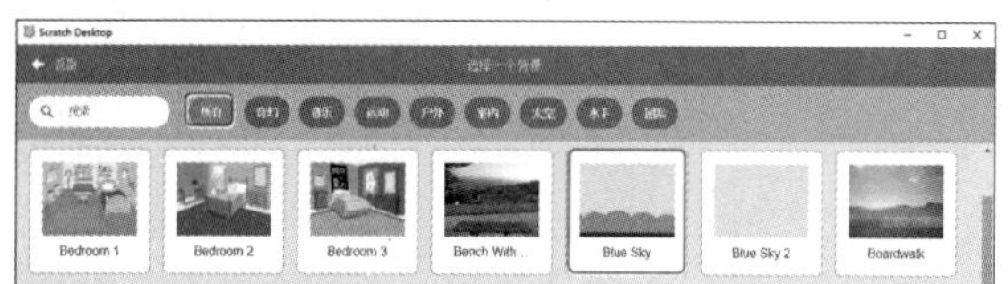

用“变量”中的“建立一个变量”建立Target X和Target Y变量，然后在“变量”中创建Target X和Target Y的积木块，取消勾选建立变量的复选框，舞台上就不会显示变量的值，如图16-126所示。

▼图16-126 建立Target X和Target Y积木块

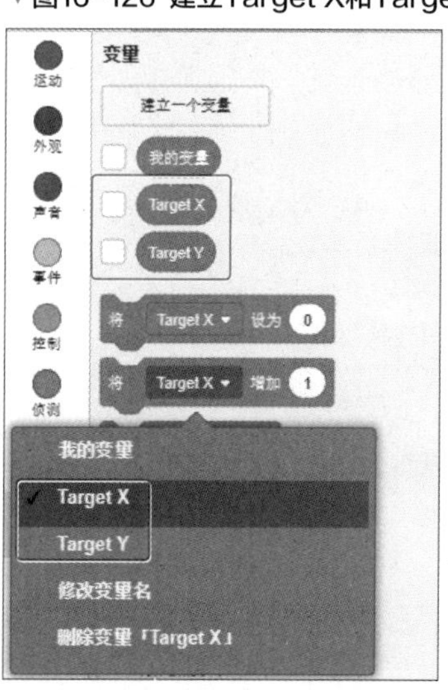

接下来，选择舞台，在代码区域拼接脚本。

首先，将“事件”分类内的“当舞台被点击”拖放到代码区域内。接着拼接“变量”分类内的“将（Target X▼）设为（0）”，单击下拉按钮选择Target，在0处嵌入“侦测”分类内的“鼠标的y坐标”，继续拼接“将（Target X▼）设为（0）”，在0处嵌入“鼠标的x坐标”。最后拼接“事件”分类内的“广播（消息1▼）”，单击下拉按钮选择“新消息”选项，在新消息的名称处输入“移动”，“移动”这个信息是由“角色1”接收的，拼接完成如图16-127所示。

▼图16-127 拼接舞台的脚本

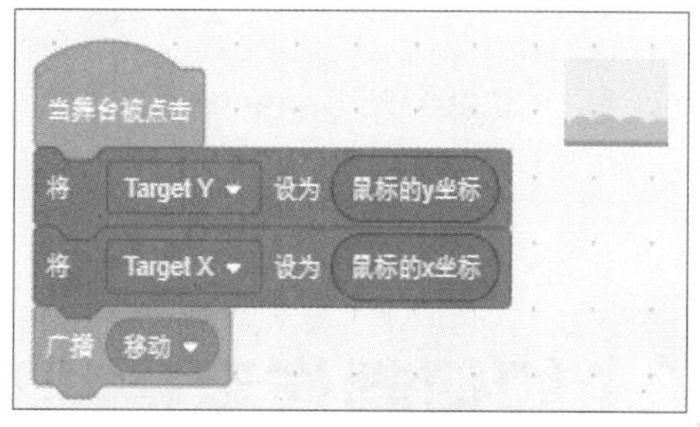

从角色列表中选择“角色1”，在代码区域拼接脚本。

将“事件”中的“当接收到（移动▼）”拖放到代码区域中。接着拼接“控制”内的“等待（1）秒”，继续拼接“运动”内“面向（鼠标指针▼）”，单击下拉按钮选择bananas。接着拼接“控制”内的“重复执行直到 ”积木块，在 处嵌入“运算”分类内的“ <（50）”，在 处嵌入“侦测”分类内的“到（鼠标指针▼）的距离”，单击下拉按钮选择bananas，将50指定为10。在“重复执行直到 ”积木块中拼接“运动”内的“移动（10）步”和“将旋转方式设为（左右翻转▼）”。最后拼接“外观”中的“下一个造型”。拼接完成后如图16-128所示。

▼图16-128 拼接“角色1”的脚本

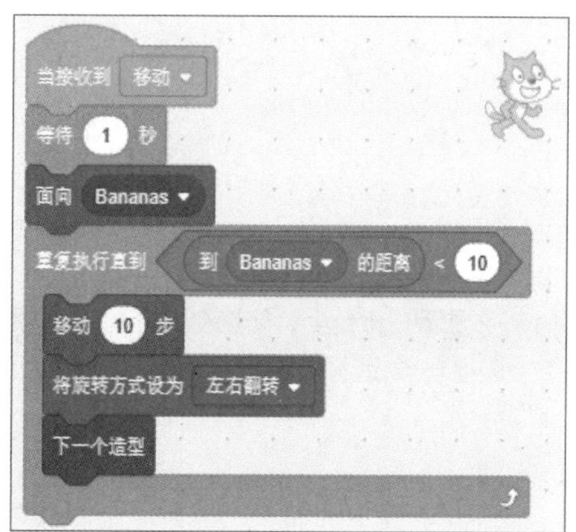

从角色列表中选择bananas，在代码区域拼接脚本。

将“事件”中的“当接收到（移动▼）”拖放到代码区域中。接着拼接“运动”内的“移到x:（-200）y:（138）”，在-200处嵌入“变量”内的Target X积木块，在138处嵌入Target Y积木块。拼接完成后如图16-129所示。

▼图16-129 拼接bananas的脚本

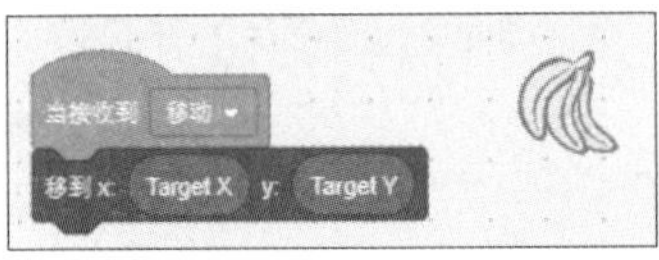

在舞台上单击的位置会显示Bananas，“角色1”以Bananas为目标前进，如图16-130所示。

▼图16-130 在舞台上单击的位置会显示Bananas，“角色1”会走向Bananas

秘技 266 如何制作老虎机效果

扫码看视频

对应 2.0 3.0

难易程度 ●●●

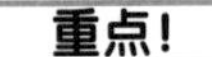

重点! 制作3个数字对齐的老虎机。

新建一个作品文件，这里不使用“角色1”，从角色列表中将其删除。

随机显示3个数字，3个数字对齐后就显示“中大奖”，制作这样的老虎机。

首先，从“选择一个背景”的“图案”类别中选择Light，如图16-131所示。

▼图16-131 选择背景Light

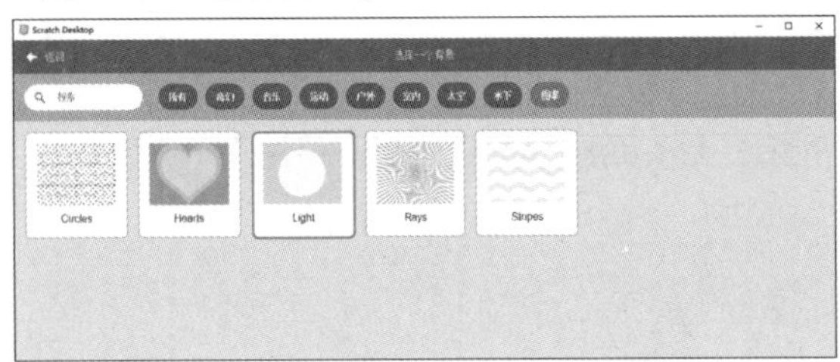

然后，从“选择一个角色”的“所有”类别中Glow-1，如图16-132所示。

角色Glow-1显示在舞台上，切换至“造型”选项卡，再选择“选择一个造型”选项，如图16-133所示。

▼图16-132 选择角色Glow-1

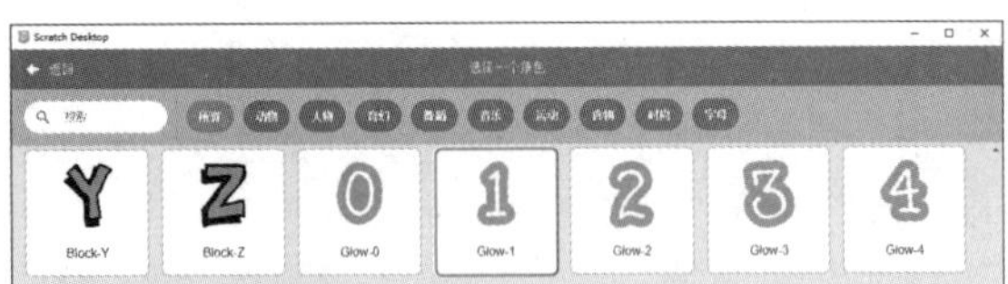

▼图16-133 单击“选择一个造型”

从图16-132的界面中，将剩下的2到7的数字添加到“造型”中，如图16-134所示。

▼图16-134　从1到7的数字被添加到造型上

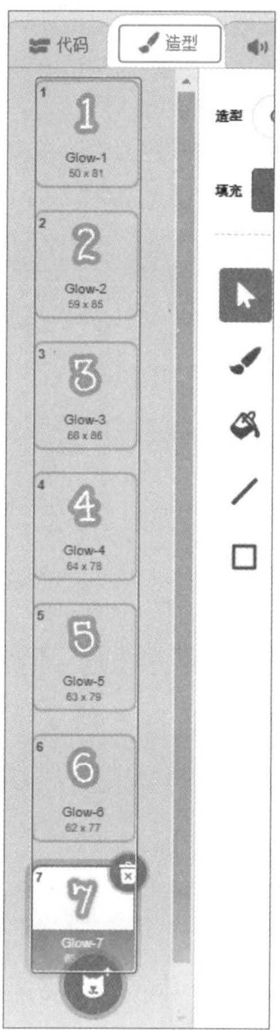

从图16-134中的造型列表中选择第一个1，舞台上将显示数字1。再从角色列表中选择Glow-1，复制两个Glow-1，总共有三个1放置在舞台上，如图16-135所示。在角色列表中有Glow-1、Glow-2和Glow-3。

▼图16-135　放置3个数字1

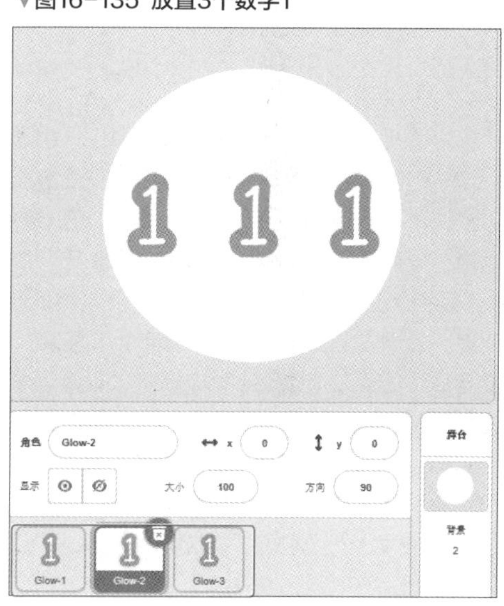

然后，从“选择一个角色”的“人物”类别中选择Avery，如图16-136所示。

▼图16-136　选择角色Avery

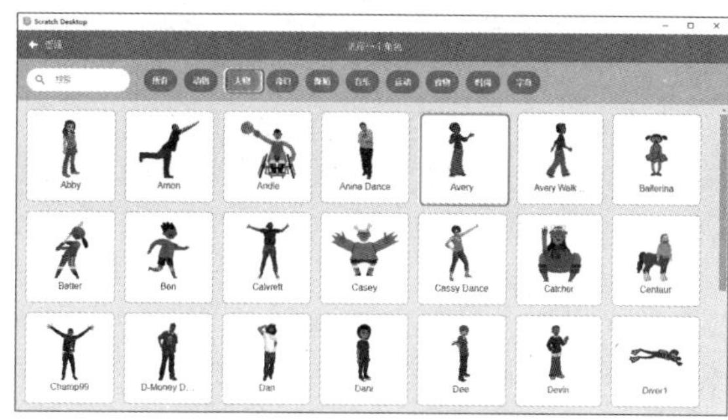

将Avery放置到图16-137的位置。

▼图16-137　放置Avery

用“变量”中的“建立一个变量”建立A、B和C变量，并在“变量”分类内建立了积木块，如图16-138所示。

▼图16-138　创建A、B和C的积木块

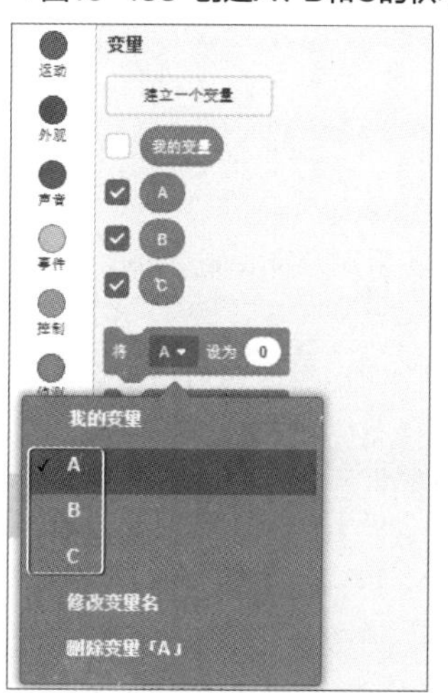

从角色列表中选择Glow-1，在代码区域拼接脚本。

将“事件”分类内的“当⚑被点击”拖放到代码区域内。接着拼接“变量”分类内的“将（A▼）设为（0）”，继续拼接“外观”分类内的“换成（Glow-1▼）造型”。

继续拼接“控制”分类内的“重复执行”积木块，在这个积木块中拼接“外观”分类内的“换成（Glow-1▼）造型”，在“（Glow-1▼）”处嵌入“运算”分类内的“在（1）和（10）之间取随机数”，因为只有7个数字，所以将10指定为7。继续拼接“控制”分类内的“等待（1）秒”，将1指定为0.3，如果这里的值比较小的话，数字变换的速度会非常快，0.3这个间隔刚刚好。

接着拼接“控制”分类内的“如果⬣那么……”积木块，在⬣处嵌入“侦测”分类内的“按下（空格▼）键”。接着在“如果⬣那么……”积木块中拼接“变量”分类内的“将（A▼）设为（0）”，在0处嵌入“外观”内的“造型（编号▼）”。继续拼接“事件”分类内的“广播（消息1▼）”，最后拼接“控制”分类内“停止（全部脚本▼）”，单击下拉按钮选择“这个脚本”选项。拼接完成后如图16-139所示。

▼图16-139 拼接Glow-1的脚本

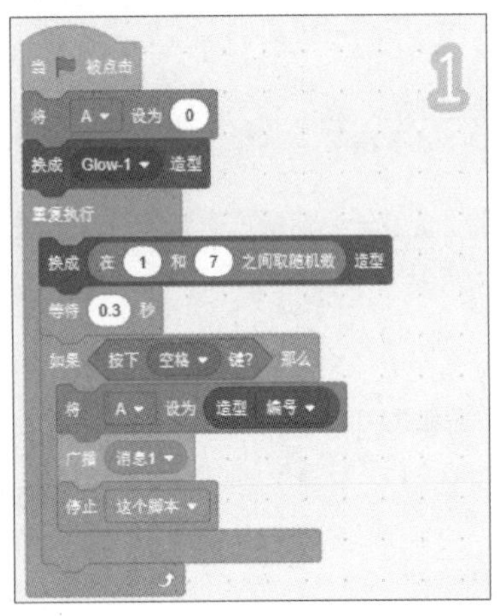

然后，将Glow-1脚本复制到Glow-2和Glow-3上。从角色列表中选择Glow-2，从“将（A▼）设为（0）”的下拉列表中选择B。再单击“按下（空格▼）键”的下拉按钮选择a键，最后将“将（A▼）设为造型（编号▼）”修改为“将（B▼）设为造型（编号▼）”。拼接完成后如图16-140所示。

▼图16-140 拼接Glow-2的脚本

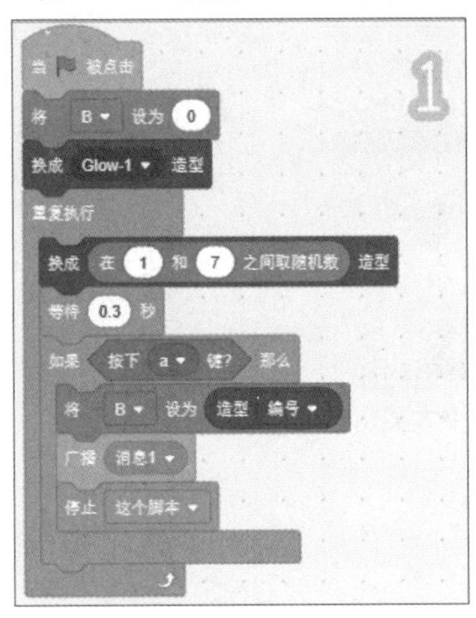

从角色列表中选择Glow-3，将Glow-3的脚本修改成和Glow-2一样，将“（A▼）”修改为“（C▼）”，单击“按下（空格▼）键”的下拉按钮选择s键。拼接完成后，如图16-141所示。

▼图16-141 拼接Glow-3的脚本

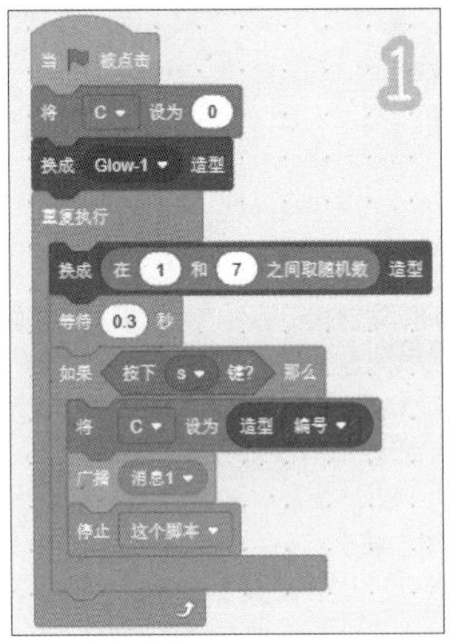

然后，从角色列表中选择Avery。将“事件”中的“当接收到（消息1▼）”拖放到代码区域中。下面拼接“控制”分类内的“如果⬣那么……”积木块，在⬣处嵌入“运算”分类内的“（⬣与⬣）”，在第一个⬣处嵌入“运算”分类内的“（▢=（50））”，在▢处嵌入“变量”分类内的变量A，在50处嵌入“变量”分类内的变量B。在第二个⬣处同样嵌入“运算”分类内的“（▢=（50））”，在▢处嵌入“变量”分类内的变量A，在50处嵌入“变量”分类内的变量C。最后在“如果⬣那么……”积木块中拼接“外观”分类内的“说（你好!）”，在“你好!”处输入“中大奖”。拼接完成后如图16-142所示。

▼图16-142　拼接Avery的脚本

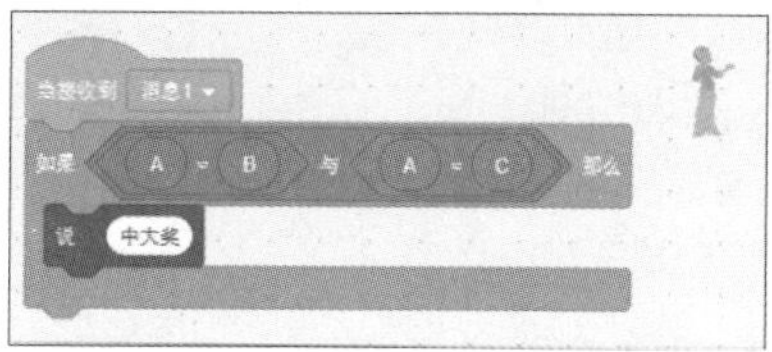

单击“运行”按钮，要停止滚动的数值，按下按键盘上的空格键、a键和s键就会停止，所有数值相同的话，Avery则会说“中大奖”，如图16-143所示。

▼图16-143　所有的数值都相同

秘技

267 搜索观光地

扫码看视频

对应 2.0 3.0

难易程度 ●●●

重点！ 搜索列表中登记的观光地。

新建一个作品文件，这里不使用“角色1”，从角色列表中将其删除。

从列表中登记的观光地，可以搜索观光地编号。

从“选择一个角色”的“人物”类别中选择Ruby，如图16-144所示。

▼图16-144　选择角色Ruby

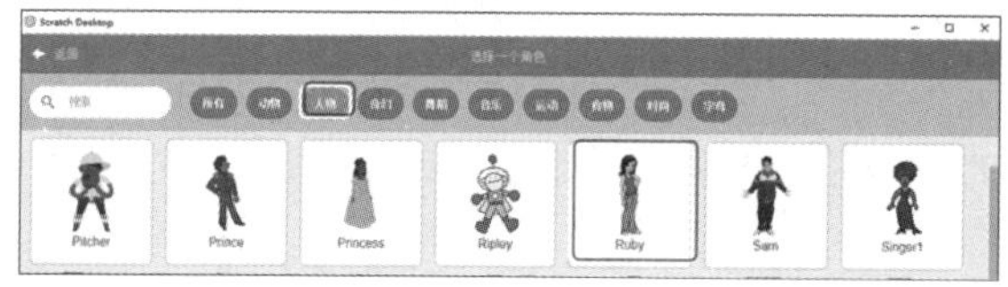

将Ruby的“大小”缩小到80左右，如图16-145所示。

▼图16-145　把Ruby放在舞台上并缩小

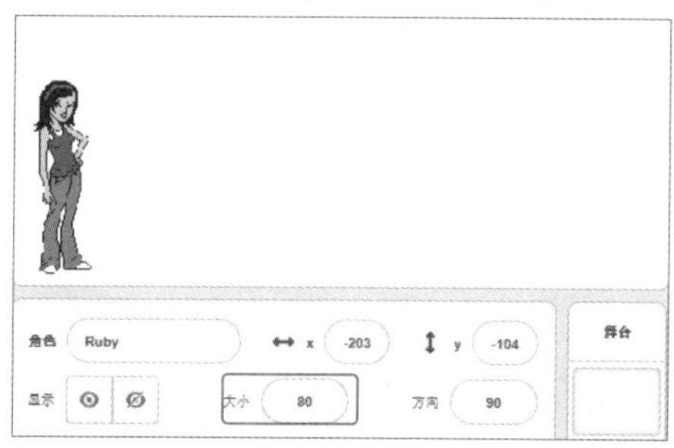

接下来，用“变量”中的“建立一个变量”建立“答案”和“位置”变量，并在“变量”分类内建立了积木块，如图16-146所示。

▼图16-146　创建名为“答案”和“位置”的积木块

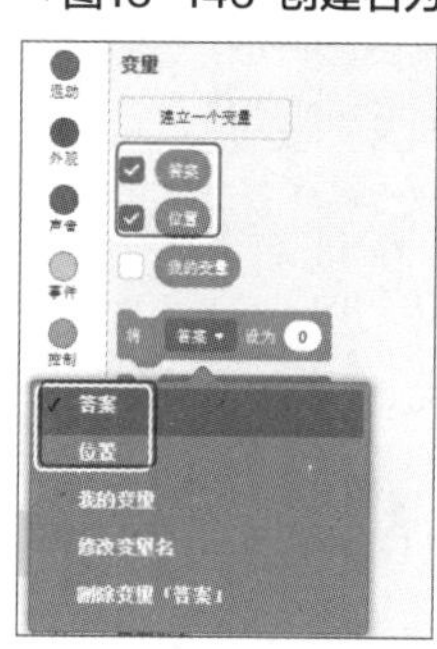

接下来，通过“变量”内的“建立一个列表”建立“观光地”列表，就会生成“观光地”列表，如图16-147所示。

▼图16-147　建立“观光地”列表的积木块

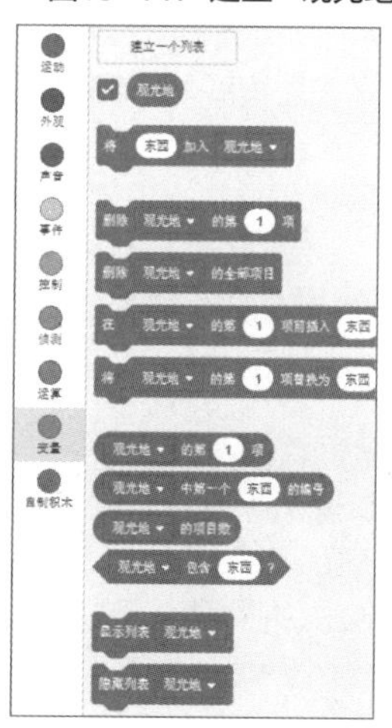

将舞台上显示的空列表放置在舞台的右上角，如图16-148所示。

▼图16-148 把空的列表放在舞台的右上角。

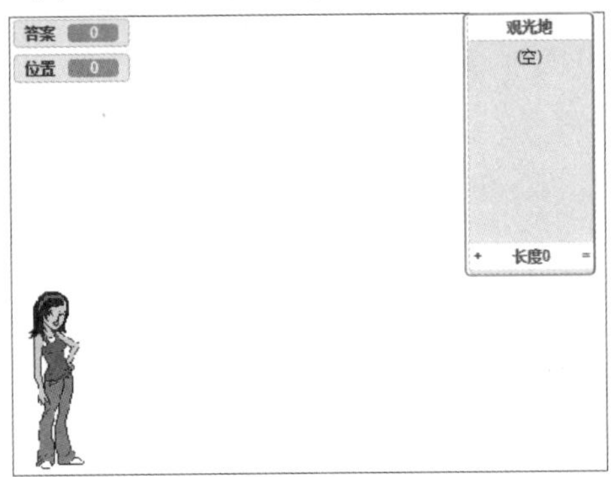

单击“自制积木”中的“制作新的积木”按钮。在积木名称处输入“搜索列表”，选择参数为“数值或文本”，指定参数为“搜索对象”，单击完成按钮，如图16-149所示。

▼图16-149 创建以“搜索对象”为参数的“搜索列表”块

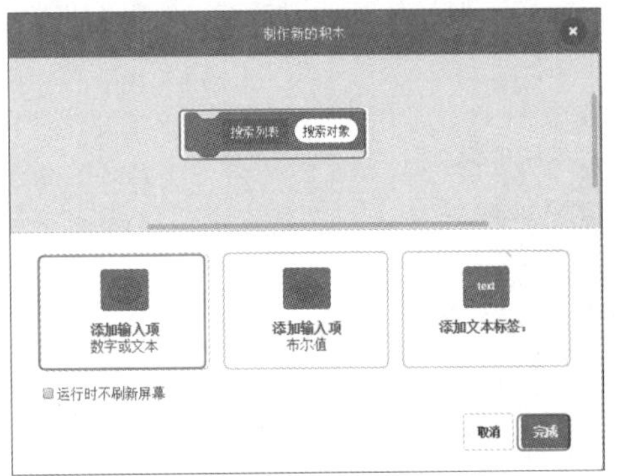

这样的话，“搜索列表◯”积木块和“定义搜索列表（搜索对象）”块就会在代码区域中产生，如图16-150所示。

▼图16-150 创建“搜索列表◯”积木块和“定义搜索列表（搜索对象）”的块

那么，在Ruby的代码区域拼接脚本吧。

将“事件”分类内的“当⚑被点击”拖放到代码区域内。在下面拼接“变量”分类内的“删除（观光地▼）的全部项目”，如果不拼接这个积木块的话，每次单击“运行”⚑按钮，舞台上的列表框里就会重复添加变量。

接着拼接5个“将（东西）加入（观光地▼）”，在5个“东西”处分别输入“清水寺”“金阁寺”“伏见稻荷大社”“高台寺”和“八坂神社”。

再次将“事件”分类内的“当⚑被点击”拖放到代码区域内。接着拼接“侦测”中的“询问（What’s your name?）并等待”，在What’s your name?处输入“想搜索的京都观光地的名称”。然后拼接“变量”中的“将（答案▼）设为（0）”，在0处嵌入“侦测”内的“回答”，这个“回答”，是用户搜索的观光地的名称。继续拼接新创建的“搜索列表◯”积木块，在◯处嵌入“变量”内的变量“答案”。

继续拼接“控制”分类内的“重复执行”积木块，在这个积木块中拼接“控制”分类内的“如果⬣那么……否则……”积木块，在⬣处嵌入“运算”分类内的“◯=（50）”，在◯处嵌入“变量”分类内的“位置”变量，将50指定为-1。如果“位置”的值为-1时，那么角色就会说“没有搜索到！”，否则就会说出搜索观光地的位置。这样就需要在“如果⬣那么……否则……”积木块中拼接“外观”内的“说（你好！）”，在“你好！”处输入“没有搜索到！”。继续在“否则……”下面拼接“说（你好！）”，在“你好！”处嵌入“运算”内的“连接（apple）和（banana）”，在banana处继续嵌入“连接（apple）和（banana）”，在第一个apple处嵌入“变量”内的变量“答案”，在第二个apple处输入“的位置是！”，最后在banana处嵌入“变量”内的变量“位置”。这样如果搜索到观光地的位置后，角色会说处观光地的位置是哪里，如图16-151所示。

▼图16-151 拼接过程中的搜索列表的脚本

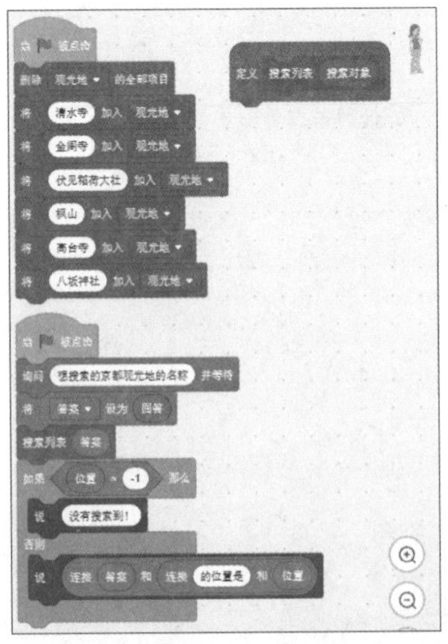

接下来，拼接“定义搜索列表（搜索对象）”的脚本。

首先，拼接“变量”内的“将（位置▼）设为（0）”，将0设为1。继续拼接“控制”内的“重复执行（10）次”，在10处嵌入“变量”中的“（观光地▼）的项目数”。继续在“重复执行（10）次”积木块中拼接“控制”分类内的“如果◆那么……”积木块，在◆处嵌入“运算”分类内的“（）=（50）”，在（）处嵌入“搜索列表”内的“（观光地▼）的第（1）项”，在1处嵌入“变量”内的变量“位置”，在50处将“定义搜索列表（搜索对象）”里的参数“（搜索对象）”托放进去。搜索到观光地后，将“控制”内的“停止（全部脚本▼）”拼接起来，单击下拉按钮选择“这个脚本”选项。

接着在“如果◆那么……”积木块下面拼接“变量”内的“将（位置▼）增加（1）”，在列表内按顺序进行搜索。

最后，在所有脚本块下面拼接“变量”中的“将（位置▼）设为（0）”，将0指定为-1，拼接完成后如图16-152所示。

单击“运行”按钮，搜索“高台寺”就会显示高台寺的位置为5，如图16-153所示。

▼图16-152 搜索观光地的脚本制作完成

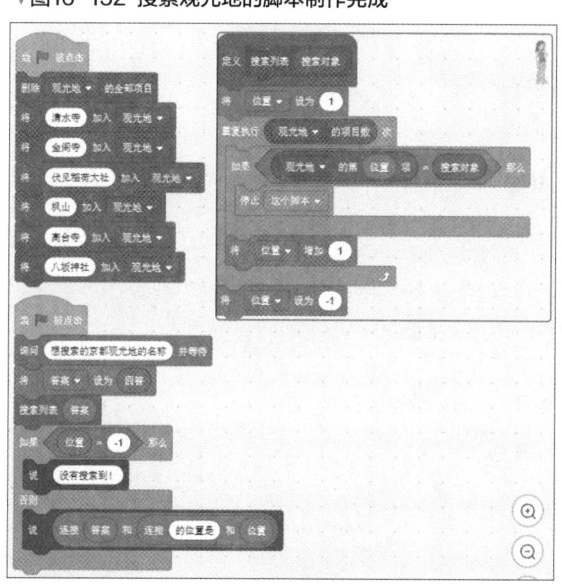

▼图16-153 显示搜索的观光地的编号

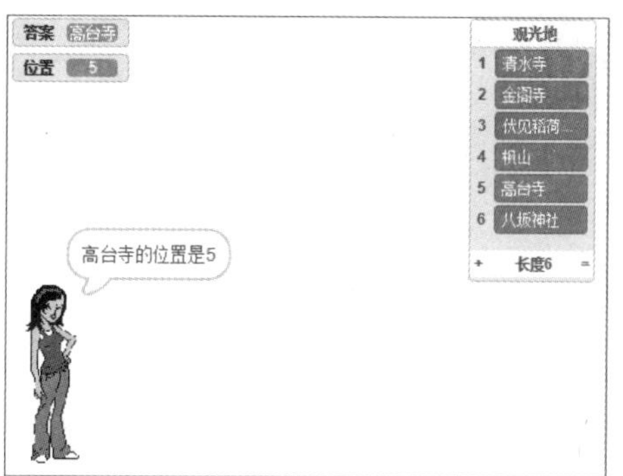

秘技 **268**

如何制作老鼠追猫效果

扫码看视频

对应 2.0 3.0

难易程度 ●

重点！ 多只连在一起的老鼠跟在猫后面。

新建一个作品文件，实现猫被多只连在一起的老鼠追着跑。

从“选择一个背景”的“室内”类别中选择Bedroom 1，如图16-154所示。

▼图16-154 选择背景Bedroom 1

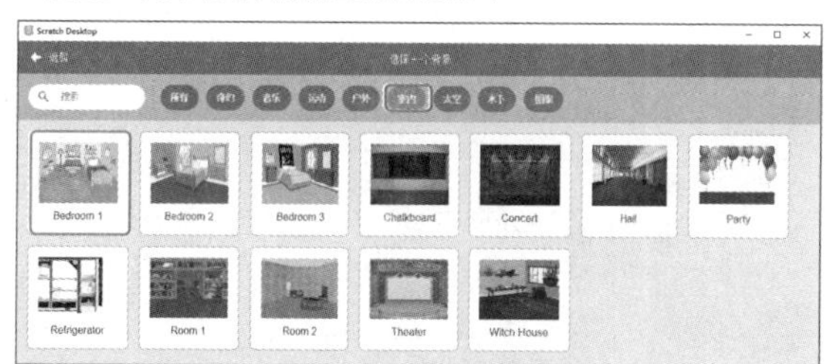

然后，从“选择一个角色”的“动物”类别中选择Mouse 1，如图16-155所示。

▼图16-155 选择角色Mouse 1

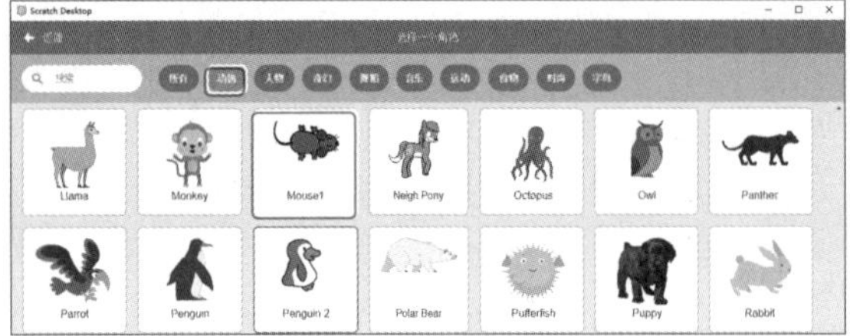

舞台上的“角色1”的“大小”指定为80，Mouse 1的“大小”指定70，稍微缩小一点。另外，将“角色1”的“方向”稍微向上一点，如图16-156所示。

▼图16-156 放置“角色1”和Mouse 1

那么，在角色列表选择“角色1”，在代码区域拼接脚本。

首先，将“事件”分类内的“当🏴被点击”拖放到代码区域内。接着拼接“控制”内的“重复执行”，在“重复执行”积木块中拼接“运动”分类内的“移动（10）步”，在10处嵌入“运算”分类内的“在（1）和（10）之间取随机数”。继续拼接角色行走的脚本，拼接完成后如图16-157所示。

▼图16-157 拼接“角色1”的脚本

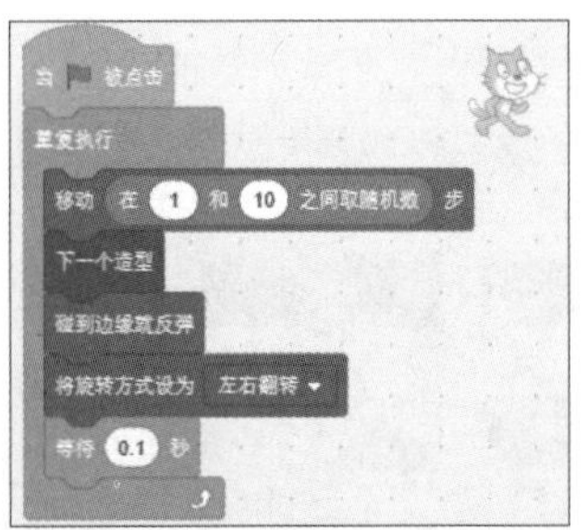

在角色列表选择Mouse 1，在代码区域拼接脚本。

首先，将“事件”分类内的“当🏴被点击”拖放到代码区域内。接着拼接“控制”内的“重复执行”，在“重复执行”积木块中拼接“运动”分类内的“移动（10）步”，在10处嵌入“运算”分类内的“在（1）和（10）之间取随机数”。继续拼接“面向（鼠标指针▼）”，单击下拉按钮选择“角色1”选项。接着拼接“下一个造型”和“等待（1）秒”，将1指定为0.15。拼接完成后如图16-158所示。

▼图16-158 拼接“角色1”的脚本

在角色列表中选择Mouse 1，然后复制4个Mouse 1，舞台上就有5只Mouse了，将5只Mouse放置在适当的位置，如图16-159所示。

▼图16-159 放置5只Mouse

然后，在角色列表中选择Mouse 2，因为是复制Mouse 1的，所以可以从Mouse 2到Mouse 5的代码区域看到与Mouse 1相同的脚本块。

单击Mouse 2脚本内的“面向（角色1▼）”，单击下拉按钮选择“面向（Mouse 1▼）”。然后，把“等待（0.15）秒”改成“等待（0.17）秒”。再在角色列表中选择Mouse 3。单击Mouse 3脚本内的“面向（Mouse 1▼）”，单击下拉按钮选择“面向（Mouse

2▼）”，把“等待（0.17）秒”改成“等待（0.19）秒”。

将Mouse 4脚本修改成“面向（Mouse 3▼）”和“等待（0.21）秒”。

将Mouse 5脚本修改成“面向（Mouse 4▼）”和“等待（0.23）秒”。

那么，Mouse 2的脚本如图16-160所示。Mouse 3的脚本如图16-161所示。Mouse 4的脚本如图16-162所示。Mouse 5的脚本如图16-163所示。

▼图16-160 拼接Mouse 2的脚本

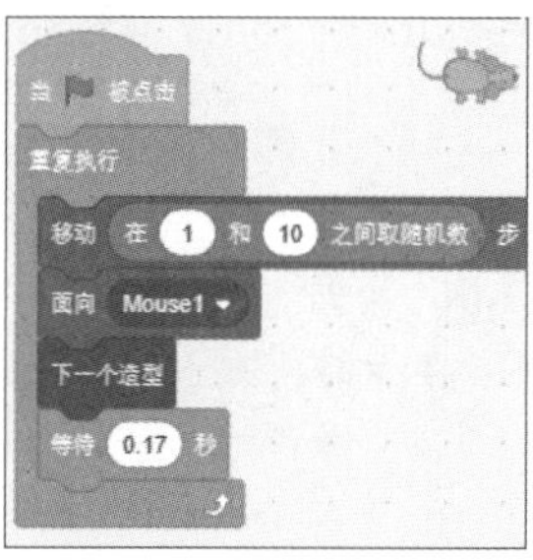

▼图16-161 拼接Mouse 3的脚本

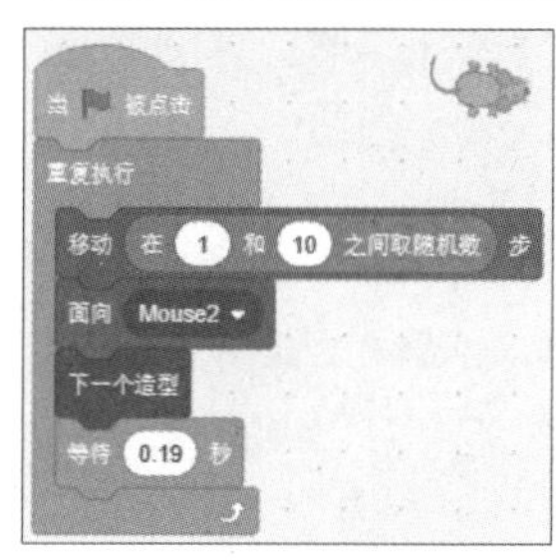

▼图16-162 拼接Mouse 4的脚本

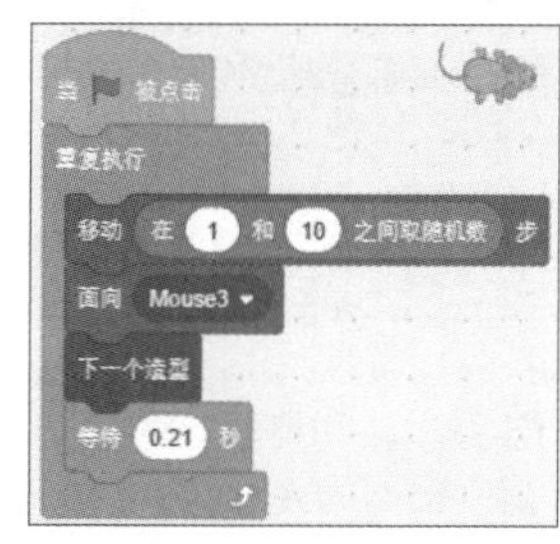

▼图16-163 拼接Mouse 5的脚本

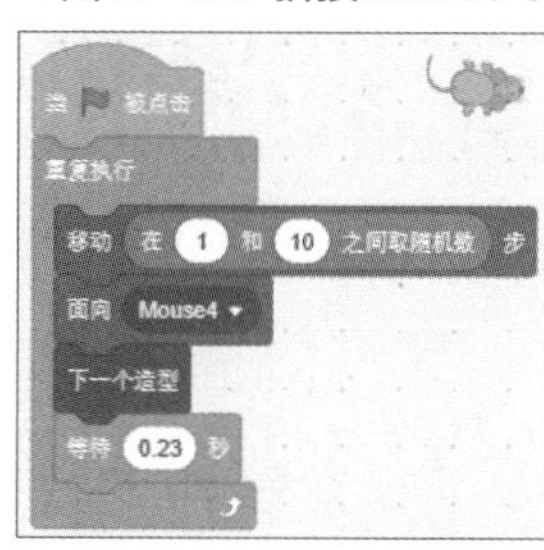

单击“运行”按钮，猫被多只连在一起的老鼠追着跑，如图16-164所示。

▼图16-164 猫被多只连在一起的老鼠追着跑

秘技269 当角色相撞时天空变暗且雷声四起

扫码看视频

对应 2.0 3.0

难易程度 ●●

重点！ 角色之间的碰撞使天空变暗，伴随着电闪雷鸣。

新建一个作品文件，这里不使用“角色1”，从角色列表中将其删除。

角色之间的碰撞使天空变暗，伴随着电闪雷鸣。如果没有碰撞，天空就会变亮。

从“选择一个背景”的“户外”类别中选择Hay Field，如图16-165所示。

▼图16-165 选择背景Hay Field

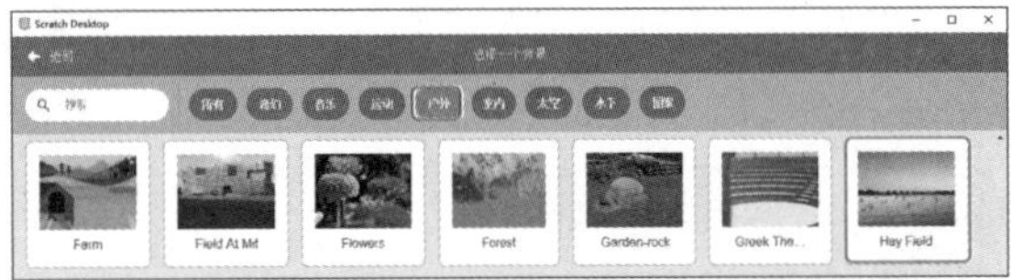

舞台上会显示Hay Field的背景。切换至“背景”选项卡，显示背景编辑界面，删除空白的“背景1”。右击背景Hay Field，选择“复制”命令复制一个背景Hay Field2，如图16-166所示。

▼图16-166 复制一个背景Hay Field2

选择Hay Field2，单击“画笔”图标，将“填充”设置为灰色。将笔的粗细设成50，用画笔将空白部分涂成灰色，如图16-167所示。舞台上也显示了天空被涂成灰色的背景Hay Field2，如图16-168所示。

▼图16-167 把天空涂成灰色

▼图16-168 舞台上也出现灰色的天空背景

选择天空不是灰色的Hay Field背景。

然后，从“选择一个角色”的“奇幻”类别中选择Dragon、Griffin和Lightning。因为不能一起选择，所以要一个一个地选择，如图16-169所示。

▼图16-169 选择角色Dragon、Griffin和Lightning

将Dragon和Griffin的“大小”设为30，Lightning的“大小”设为70，然后将其放置在舞台上，如图16-170所示。

▼图16-170 放置各种角色

从角色列表中选择Dragon，将“方向”稍微向下，而Griffin稍微向上，如图16-171所示。

▼图16-171 将Dragon的“方向”设置稍微向下一点

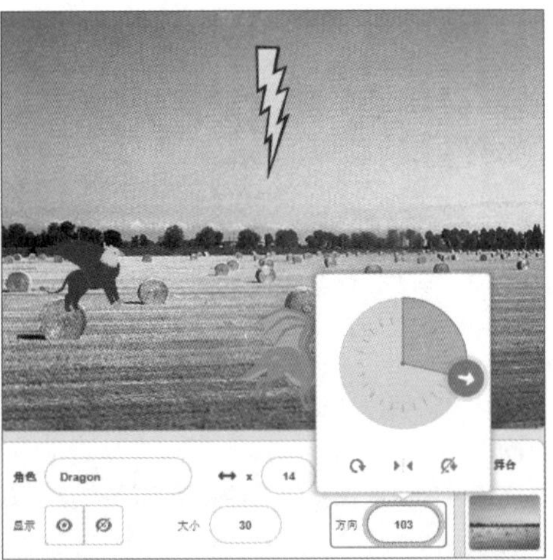

首先，选择Dragon，在代码区域拼接脚本。

将“事件”分类内的“当被点击”拖放到代码区域内。接着拼接“控制”内的“重复执行”，在“重复执行”积木块中拼接行走的脚本。继续在行走的脚本下面拼接“控制”分类内的“如果 那么……”积木块，在 处嵌入“侦测”分类内的“碰到（鼠标指针▼）?”，单击下拉按钮选择Griffin，最后在“如果 那么……”积木块中拼接“事件”分类内的“广播（消息1▼）”，拼接完成后如图16-172所示。

然后，复制Dragon的脚本到Griffin的代码区域，只需要单击“碰到（Griffin▼）?”的下拉按钮选择Dragon即可，拼接完成后如图16-173所示。

▼图16-172 拼接Dragon的脚本

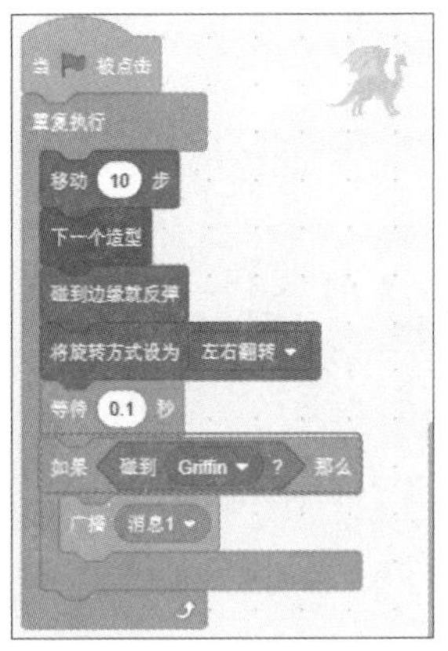

▼图16-173 拼接Griffin的脚本

选择Lightning，在代码区域拼接脚本。

将“事件”分类内的“当被点击”拖放到代码区域内。接着拼接“外观”内的“隐藏”，执行时Lightning不显示。

接着将“事件”分类内的“当接收到（消息1▼）”拖放到代码区域内。继续拼接“控制”内的“重复执行（10）次”，将10指定为3，在这个积木块中拼接“外观”分类内的“换成（Hay Field▼）背景”，单击下拉按钮选择Hay Field2。接着拼接“声音”中的“播放声音（pop▼）”，单击下拉按钮下选择“录制”，就会显示图16-174的界面，然后，单击右上角的“关闭”按钮。

▼图16-174 单击右上角的“关闭”按钮关闭这个界面

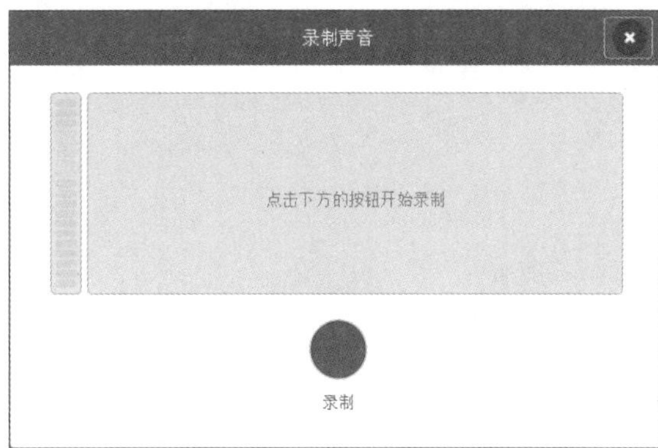

从显示的界面中选择“上传声音”选项，这里上传了名为“雷声.wav”的文件，如图16-175所示。声音文件请自行准备。

▼图16-175 上传名为“雷声.wav”的文件

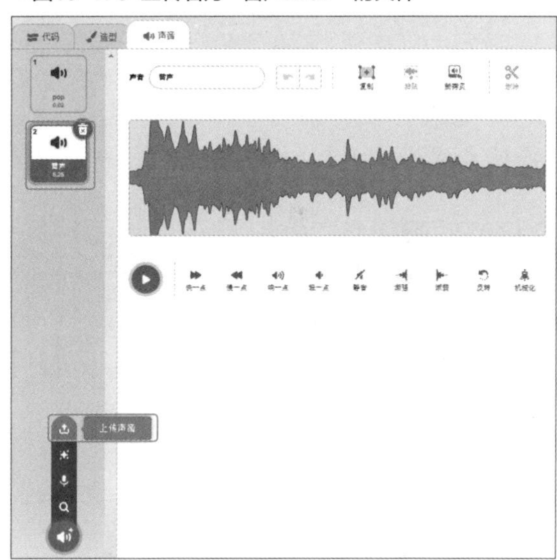

切换至“代码”选项卡，单击“播放声音（pop▼）”积木块，单击下拉按钮选择上传的“（雷声▼）”。接着，拼接“外观”内的“显示”。

拼接“控制”内的“等待（1）秒”，将1指定为0.01秒。继续拼接“外观”内的“隐藏”，这样Lightning就会有闪电的效果。

最后将“外观”分类内的“换成（Hay Field▼）背景”拼接在最下面，拼接完成后如图16-176所示。

▼图16-176 拼接Lightning的脚本

单击“运行”按钮，当Dragon和Griffin相撞时，天空变暗，出现电闪雷鸣的场景，如图16-177所示。

▼图16-177 天空变暗，发出闪电并传出雷鸣声

秘技

270 询问县厅所在地

扫码看视频

对应 2.0 3.0

难易程度 ●●

重点！ 某个角色向某个角色询问县厅所在地，并回答对方。

新建一个作品文件，这里不使用“角色1”，从角色列表中将其删除。

从“选择一个背景”的“户外”类别中选择Urban，如图16-178所示。

▼图16-178 选择背景Urban

然后，从“选择一个角色”的“人物”类别中选择Devin和Kai，如图16-179所示。

▼图16-179 选择角色Devin和Kai

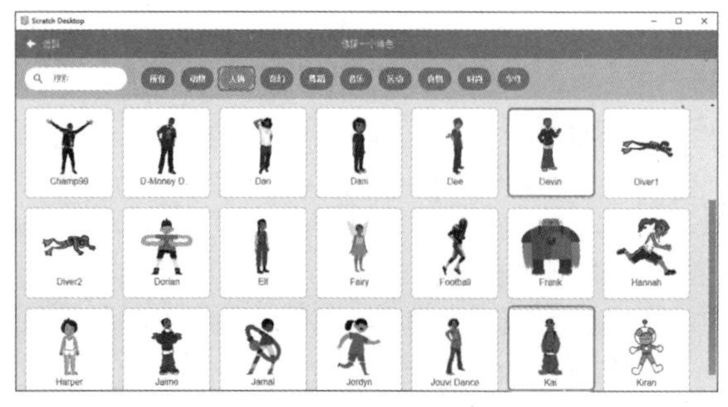

将Devin和Kai放置在舞台上，如图16-180所示。

▼图16-180 在舞台上放置Devin和Kai

首先，通过“变量”内的“建立一个列表”建立“都道府县”和“县厅所在地”这两个列表。不勾选“都道府县”和“县厅所在地”的复选框，这样在舞台上就不会显示这两个列表，如图16-181所示。

▼图16-181 创建“都道府县”和“县厅所在地”两个列表的积木块

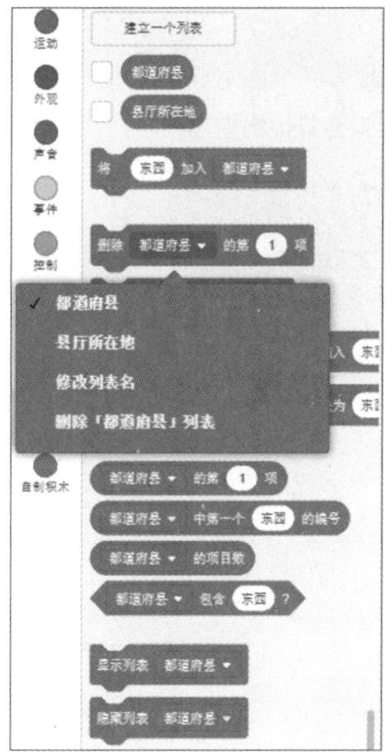

接着，再通过“变量”内的“建立一个变量”建立“编号”变量。这样就生成了“编号”的积木块不勾选“编号”复选框，因为不需要在舞台上显示，如图16-182所示。

▼图16-182 创建变量“编号”的积木块

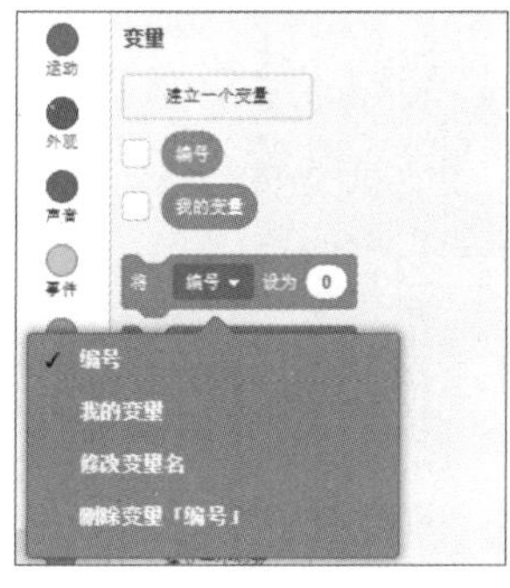

选择Devin，在代码区域拼接脚本。

将“事件”分类内的“当⚑被点击”拖放到代码区域内。在下面拼接“变量”分类内的“删除（都道府县▼）的全部项目”和“删除（县厅所在地▼）的全部项目”，如果不拼接这两个积木块的话，每次单击“运行”⚑按钮，舞台上的列表框里就会重复添加变量。

接着拼接5个“将（东西）加入（都道府县▼）”，在5个“东西”处分别输入“北海道”“神奈川县”“爱知县”“兵库县”和“爱媛县”。

接着再拼接5个“将（东西）加入（县厅所在地▼）”，在5个“东西”处分别输入“札幌”“横滨”“名古屋”“神户”和“松山”。

继续拼接“将（编号▼）设为（0）”，在0处嵌入“运算”分类内的“在（1）和（10）之间取随机数”，因为只有城市和县厅的数量都是5，所以将10指定为5。

接着拼接“外观”分类内的“说（你好！）”，在“你好！”处嵌入“运算”分类内的“连接（apple）和（banana）”，在apple处插入变量列表中的“（都道府县▼）的第（1）项”，在1处嵌入“变量”分类内的“编号”，在banana处输入“的县厅所在地？”。

最后拼接“控制”分类内的“等待（1）秒”和“事件”分类内的“广播（消息1▼）”，Kai会收到这个消息，拼接完成后如图16-183所示。

▼图16-183 拼接Devin的脚本

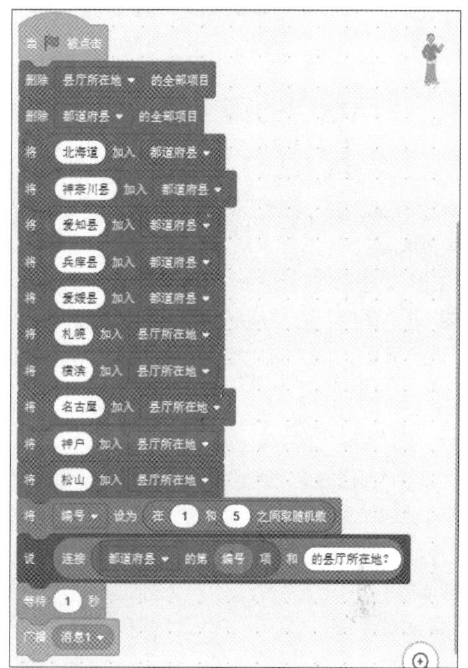

然后，从角色列表中选择Kai在代码区域拼接脚本。

将“事件”分类内的“当接收到（消息1▼）”拖放到代码区域内。

在下面拼接“外观”分类内的“说（你好！）”，在“你好！”处嵌入变量列表中的“（县厅所在地▼）的第（1）项”，在1处嵌入“变量”分类内的“编号”，拼接完成后如图16-184所示

▼图16-184 拼接Kai的脚本

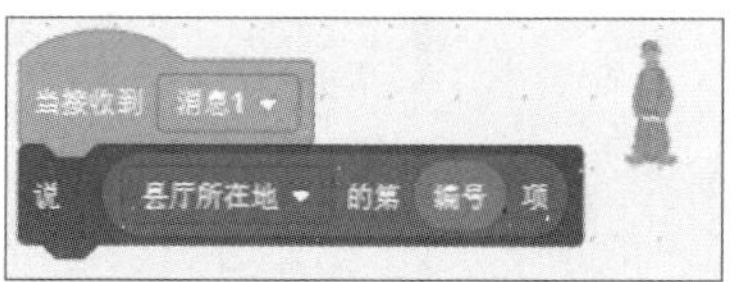

单击“运行”按钮，Devin会随机询问“都道府县”的“县厅所在地？”，Kai会正确回答出县厅所在地，如图16-185所示。

▼图16-185　正确回答县厅所在地的问题

秘技 271

用指定的语言读中文

扫码看视频

对应 2.0 3.0

难易程度 ● ●

重点！ **用指定的语言朗读出中文。**

新建一个作品文件，这里不使用“角色1”，从角色列表中将其删除。

把输入的中文翻译成指定的语言并朗读出来。

从“选择一个角色”的“人物”类别中选择Devin，如图16-186所示。

▼图16-186　选择角色Devin

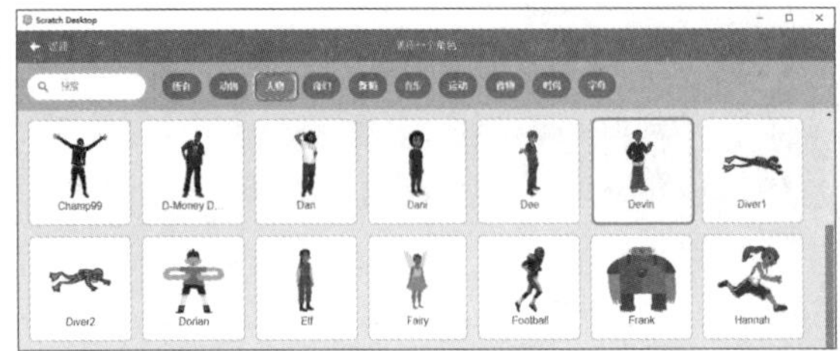

然后，从“选择一个背景”的“户外”类别中选择Metro，如图16-187所示。

▼图16-187　选择背景Metro

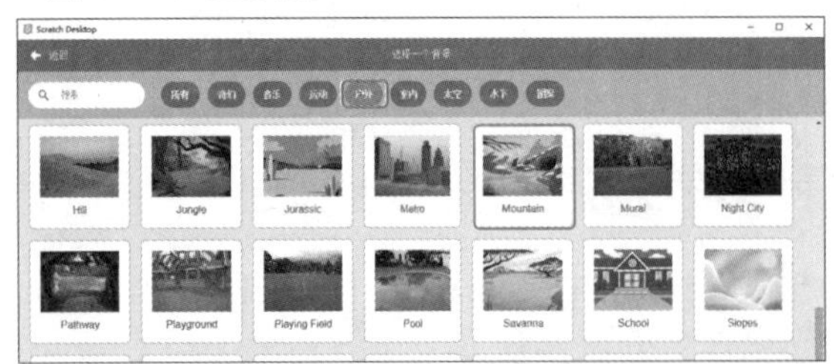

将Devin放在图16-188所示的位置。单击“添加扩展”图标，如图16-189所示。

▼图16-188　在舞台上放置Devin

▼图16-189　单击“添加扩展”图标

从“选择一个扩展”中选择“文字朗读”和“翻译”，如图16-190所示。

▼图16-190　选择扩展功能“文字朗读”和“翻译

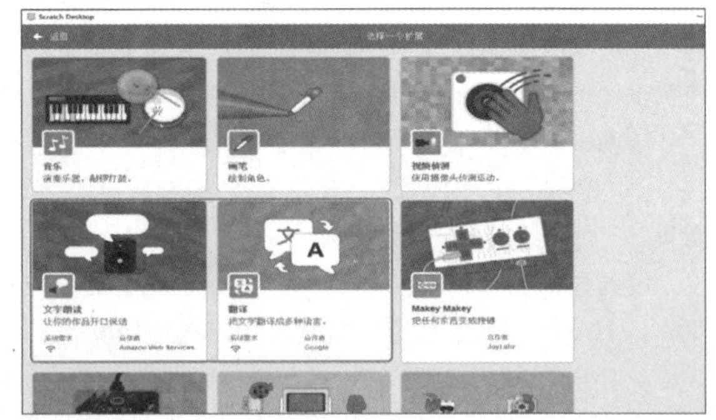

选择“文字朗读”的扩展功能，就添加了“文字朗读”的积木块，如图16-191所示。选择“翻译”的扩展功能，就添加了“翻译”的积木块，如图16-192所示。

▼图16-191 添加“文字朗读”的积木块

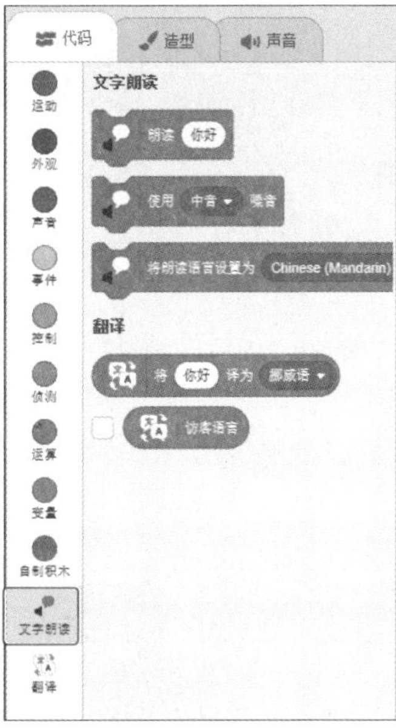

▼图16-192 添加“翻译”的积木块

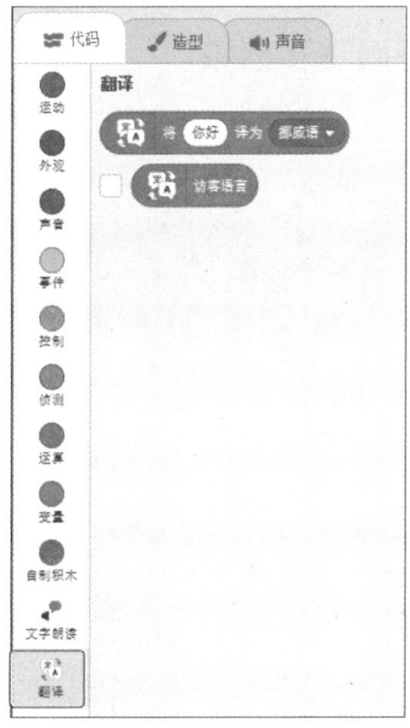

接着，单击“变量”内的“建立一个变量”按钮，建立“文章”变量。这样就生成了“文章”的积木块。不勾选“文章”复选框，不需要在舞台上显示，如图16-193所示。

▼图16-193 创建变量“文章”的积木块

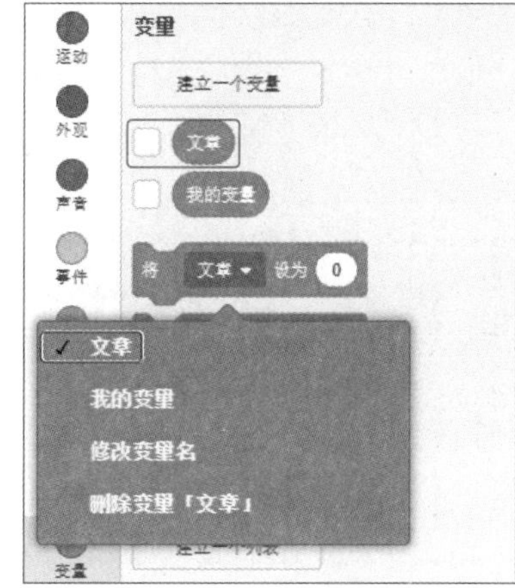

然后，从角色列表中选择Devin在代码区域拼接脚本。

首先，将“事件”分类内的“当🏴被点击”拖放到代码区域内。接着拼接“侦测”分类内的“询问（What's your name?）并等待”，在What's your name?处输入“请输入中文。”。接着拼接“外观”内的“说（你好！）”，在“你好!”处嵌入“翻译”内的“将（你好）译为（阿拉伯语▼）”，并在“你好！”处嵌入“侦测”内的“回答”，单击下拉按钮选择“英语”选项。

接着拼接“变量”内的“将（文章▼）设为（0）”，在0处嵌入“将（回答）译为（英语▼）”，继续拼接“文字朗读”分类内的“将朗读语言设置为（Chinese（Mandarin▼））”，单击下拉按钮选择English。最后拼接“朗读（你好）”，在“你好”处嵌入“变量”分类内的“文章”，拼接完成后如图16-194所示。

▼图16-194 拼接Devin的脚本

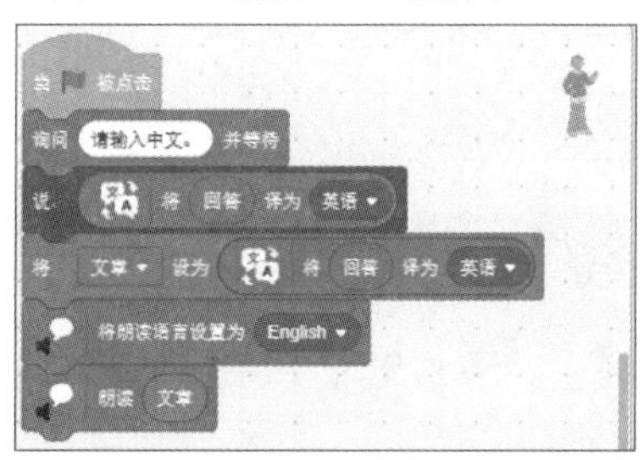

单击“运行”🏴按钮，输入中文“需要我帮忙吗?”，单击✔按钮，Devin就会用英语说出来，如图16-195所示。

▼图16-195 把中文翻译成英语

运行时是用女性的声音说英语，因为默认是女性的声音（中音），但这也不是绝对的。指定男性的声音“男高音”之后，再让其说话，就不会变成默认的女性的声音。为了知道声音是女性还是男性，最好是明确指定嗓音，在后面的作品中还会提到。

如果你想要用男性的声音。在图16-194的“将朗读语言设置为（English）”下面拼接“翻译”内的“使用（中音▼）嗓音”，单击下拉按钮选择“男高音”选项就会变成男声。

秘技

272 飞向外边来

扫码看视频

▶对应 2.0 3.0

▶难易程度 ●

重点！ 空间里开了一扇黑色的窗户，有什么东西从里面飞了出来。

新建一个作品文件，这里不使用“角色1”，从角色列表中将其删除。

在空间中打开了一扇通往异次元的黑色窗户，有什么东西从那里飞到了现实世界。

从“选择一个角色”的“动物”类别中选择Bat和Dinosaur 3，如图16-196所示。

▼图16-196 选择角色Bat和Dinosaur 3

然后，从“选择一个背景”的“户外”类别中选择Jungle，如图16-197所示。

▼图16-197 选择背景Jungle

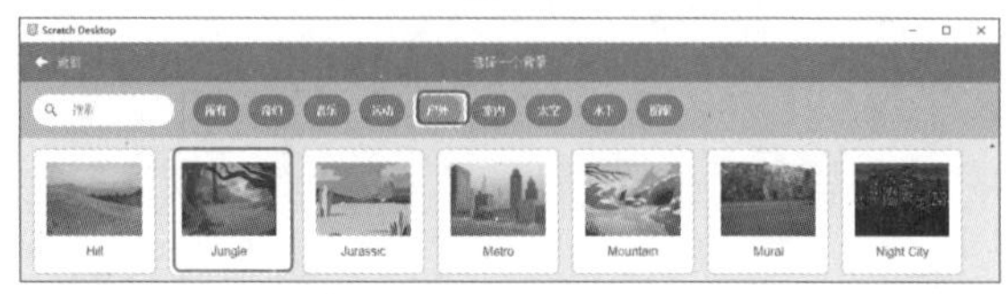

选择“绘制”选项，如图16-198所示。

▼图16-198 选择“绘制”选项

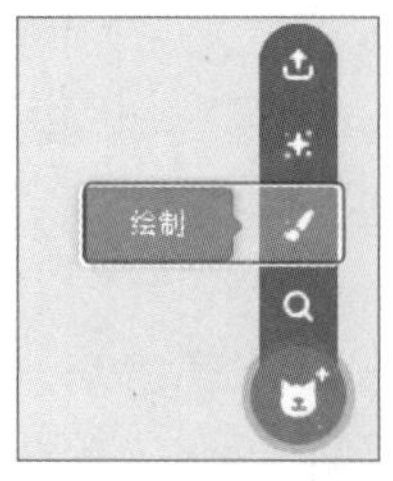

然后，会显示“造型”的编辑界面，将“填充”指定“黑色”，单击“圆”图标，绘制黑色圆圈。将造型名称设置为“黑色窗口”，如图16-199所示。这样在舞台上就显示“黑色窗口”，如图16-200所示。

▼图16-199 画一个黑圆

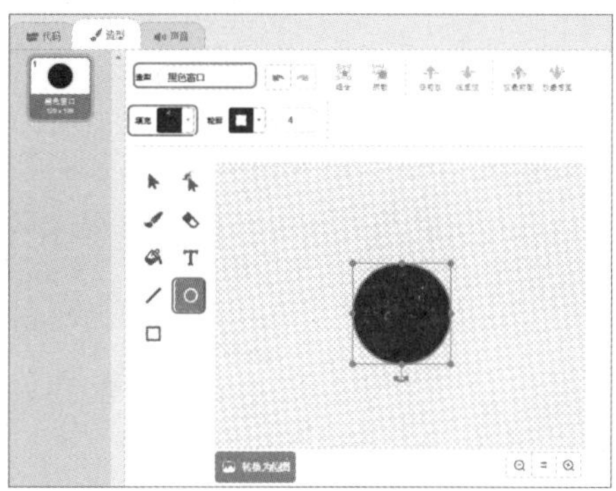

▼图16-200 舞台上也显示黑色的窗口，把“角色1”改名为“黑色窗口”

切换至“代码”选项卡，显示代码区域。将Bat和Dinosaur 3的“大小”设为10，如图16-201所示。

▼图16-201 将Bat和Dinosaur 3的“大小”缩小后放置在舞台上

从角色列表中选择Bat在代码区域拼接脚本。

首先，将“事件”分类内的“当🏴被点击”拖放到代码区域内。接着拼接“外观”内的“隐藏”，执行时Bat不显示。

接着将“事件”分类内的“当接收到（消息1▼）”拖放到代码区域内，“消息1”是从角色“黑色窗口”广播出来的。在下面拼接“外观”分类内的“将大小设为（100）”，将100指定为10，继续拼接“显示”和“运动”分类内的“移到x:（-28）y:（-14）”，这是Bat在舞台的初始位置。

接着拼接“控制”分类内的“重复执行”积木块，在这个块中拼接“运动”分类内的“移到x:（-28）y:（-14）”和“移动（10）步”积木块。继续拼接“外观”分类内的“下一个造型”和“将大小增加（10）”，将10指定为2。继续拼接“控制”分类内的“等待（1）秒”和“如果⬢那么……”积木块，将1指定为0.3，在⬢处嵌入“运算”内的“（▢>（50））”，在▢处嵌入“外观”分类内的“大小”，将50指定为150。

最后在“如果⬢那么……”积木块中拼接“运动”分类内的“移到x:（-28）y:（-14）”和“外观”分类内的“将大小增加（10）”和“将大小设为（100）”，并将10指定为0。Bat的脚本拼接完成后如图16-202所示。

▼图16-202 拼接Bat的脚本

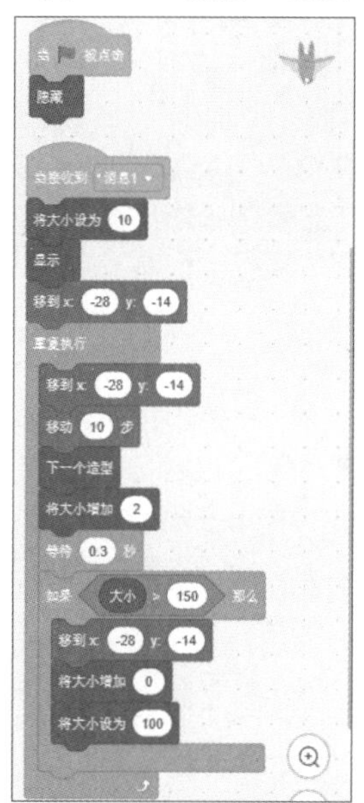

从角色列表中选择Dinosaur 3，它脚本与Bat的脚本几乎相同，只不过它们的坐标不同，可以从蓝色边框围起来的地方看出不同。拼接脚本请参考Bat，如图16-203所示。

▼图16-203 拼接Dinosaur 3的脚本

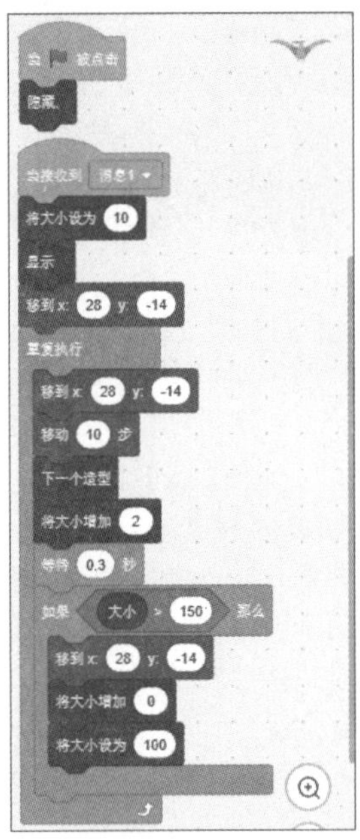

从角色列表中选择“黑色窗口”，在代码区域拼接脚本。

首先，将“事件”分类内的“当⚑被点击”拖放到代码区域内。

接着拼接“运动”分类内的“移到x:(0) y:(0)”和“外观”内的“将大小设为(100)”，将100指定为10。

继续拼接“控制”分类内的“重复执行”积木块，在这个块中拼接“运动”分类内的“移到x:(0) y:(0)”和“控制”分类内的“等待(1)秒”，将1指定为0.3。继续拼接“外观”内的“将大小增加(10)”。再拼接“控制”分类内的“如果⬣那么……”积木块，在⬣处嵌入“运算”内的“(▢=(50))”，在▢处嵌入“外观”分类内的“大小”，将50指定为100。

最后在“如果⬣那么……”积木块中拼接“事件”分类内的“广播(消息1▼)”和“控制”分类内的“停止(全部脚本▼)”，单击下拉按钮选择“这个脚本”选项，“消息1”由Bat和Dinosaur 3接收，拼接完成后如图16-204所示。

▼图16-204 拼接“黑色窗口”的脚本

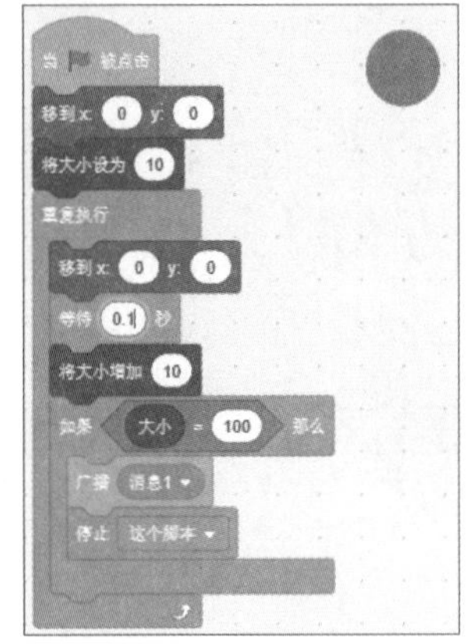

单击“运行”⚑按钮，在丛林中显示了通往异次元的黑色窗口，Bat和Dinosaur 3从这个窗口飞到现实世界，如图16-205所示。

▼图16-205 Bat和Dinosaur 3从“黑色窗口”飞到现实世界

秘技 273

如何用网络摄像头操控角色

扫码看视频

对应 2.0 3.0 难易程度 ●●

重点！

通过网络摄像头拍摄的人物一旦接触到舞台上的角色，角色就会开始跳舞。

新建一个作品文件，这里不使用“角色1”，从角色列表中将其删除。

通过网络摄像头拍摄的人物一旦接触到舞台上的角色，角色就会开始跳舞。

※在13章中介绍视频侦测时出现以下问题，可能仅限于作者的环境，暂且不明确是否因为Desktop版的Scratch 3.0的问题。
从Desktop版的Scratch 3.0“添加扩展”中添加“视频侦测”组装的脚本，运行1次之后就没有反应了，再次新建一个作品文件，重新组装脚本才可以运行。一旦组装了脚本，将其保存，再次运行，在作者的环境中就无法运行，原因不明。虽然大家的环境下可能不会是这样，但是还是要和大家说明一下。
Web版的Scratch 3.0没有任何问题，如果使用了“视频侦测”分类内的积木块，请用Web版的Scratch 3.0打开。

从“选择一个角色”的“舞蹈”类别中选择Ballerina，如图16-206所示。

▼图16-206 选择角色Ballerina

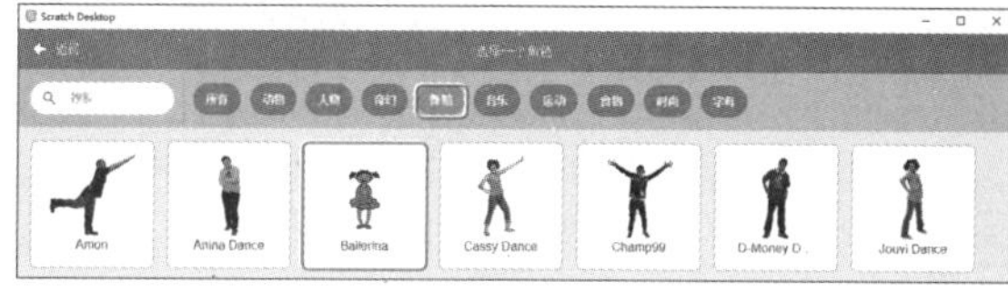

将Ballerina放置在图16-207的位置。

从“选择一个扩展”中选择“视频侦测”，如图16-208所示。

▼图16-207 在舞台上放置角色Ballerina

▼图16-208 选择扩展功能“视频侦测”

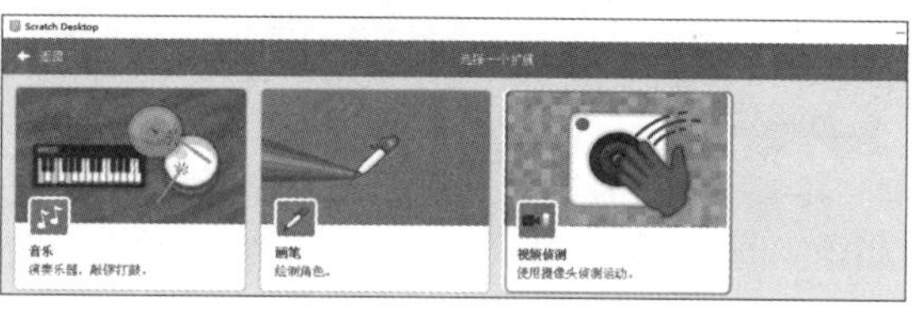

选择了“视频侦测”后，会添加关于“视频侦测”的积木块，如图16-209所示。

▼图16-209 添加“视频侦测”的积木块

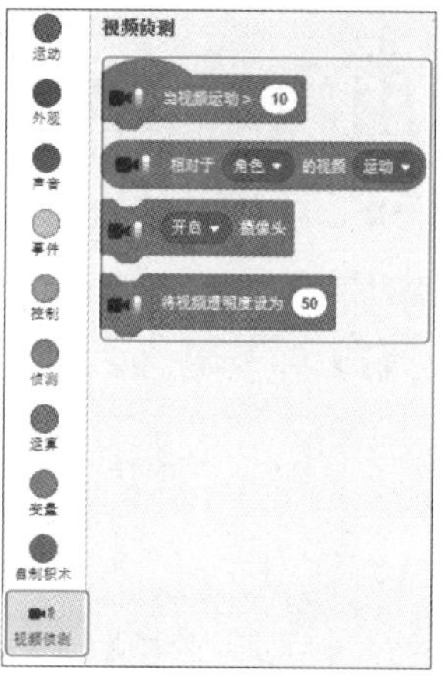

下面在Ballerina代码区域拼接脚本吧。

首先，将“事件”分类内的“当🏴被点击”拖放到代码区域内。接着拼接“外观”分类内的“换成（ballerina-a▼）造型”，Ballerina一共有4个造型，这里选择的是第一个造型，如图16-210所示。

▼图16-210 选择Ballerina的造型

接着拼接“运动”中的“移到x:(180)y:(118)”，即Ballerina在舞台上的初始位置。接着拼接“视频侦测”内的“(开启▼)摄像头”和“将视频透明度设为(50)”。

接着拼接“控制”分类内的“重复执行”积木块，在这个积木块中拼接“控制”内的“如果⬣那么……”，在⬣处嵌入“运算”内的“(▢>(50))”，在▢处嵌入“视频侦测”分类内的“相对于(角色▼)的视频(运动▼)”，将50指定为10。继续在“如果⬣那么……”积木块中，拼接“控制”分类内的“重复执行(10)次”积木块，将10指定为24，因为Ballerina一共有4个“造型”，因此重复24次，就等于跳6次舞。

最后在“重复执行(24)次”积木块中，拼接“外观”中的“下一个造型”和“控制”中的“等待(1)秒”将1指定为0.1秒。拼接完成后如图16-211所示。

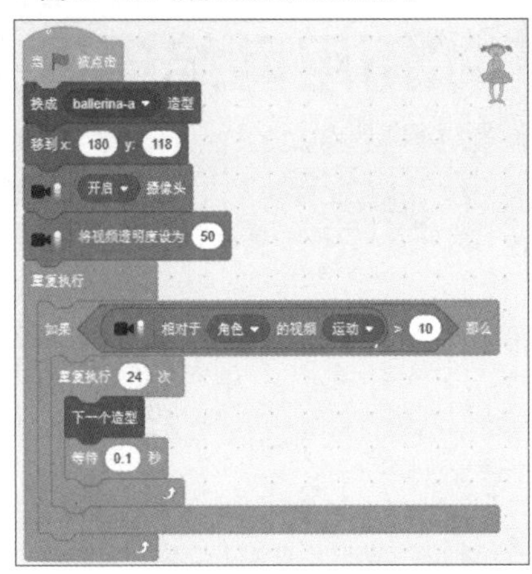

▼图16-211 拼接Ballerina的脚本

单击“运行”⚑按钮，网络摄像头的人一旦碰到Ballerina就开始跳舞，如图16-212所示。

▼图16-212 来自网络摄像头的人一旦碰到Ballerina就开始跳舞

秘技 274 如何用网络摄像头试着让蝴蝶吓一跳

扫码看视频

对应 2.0 3.0

难易程度 ●●●

重点！

通过网络摄像头拍摄的人物，触摸到舞台上的蝴蝶，蝴蝶会吓一跳，在舞台上飞来飞去。

在添加了“扩展功能”的“视频侦测”的状态下新建一个作品文件。

这里不使用“角色1”，从角色列表中将其删除。

来自网络摄像头中的人物，一旦触碰到蝴蝶，蝴蝶会惊慌地飞来飞去。

从“选择一个角色”的“动物”类别中选择Butterfly 1，如图16-213所示。

▼图16-213 选择角色Butterfly 1

将Butterfly 1的“大小”设为50，放置在图16-214所示的位置。

▼图16-214 在舞台上放置Butterfly 1

下面在Butterfly 1代码区域拼接脚本吧。

首先，将“事件”分类内的“当被点击”拖放到代码区域内。

接着拼接“运动”中的“移到x:（-16）y:（154）”，即Butterfly 1在舞台上的初始位置。接着拼接“视频侦测”内的“（开启▼）摄像头”和“将视频透明度设为（50）”。再单击“变量”内的“建立一个变量”按钮，建立“飞行”和“计数”两个变量，如图16-215所示。

▼图16-215 建立“飞行”和“计数”两个变量

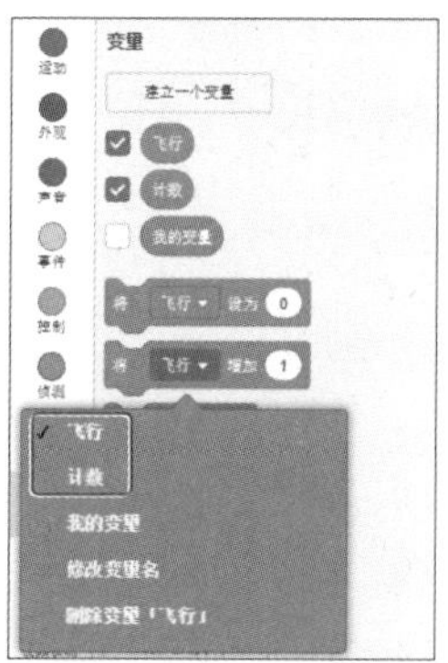

接着拼接“控制”分类内的“重复执行”积木块，在“重复执行”积木块中拼接“变量”分类内的“将（飞行▼）设为（0）”，在0处嵌入“视频侦测”分类内的“相对于（角色▼）的视频（运动▼）”，这样，在变量“飞行”中，就会获取在舞台上放置的网络摄像头中出现的人的运动值。

继续拼接“控制”内的“如果那么……”，在处嵌入“运算”内的“（>（50））”，在处嵌入“变量”内的“飞行”，将50指定为30，如果这个值太小的话，人物稍微有动作，蝴蝶就会有反应，所以值在30左右是最适当的。在“如果那么……”积木块中，拼接“变量”分类内的“将（计数▼）设为（0）”，将0指定为50。

继续拼接“控制”分类内的“重复执行直到”积木块，在处嵌入“运算”内的“（<（50））”，在处嵌入“变量”内的“计数”，将50指定为0，值从50变成0的话蝴蝶会停止飞行。

在“重复执行直到”积木块中拼接“变量”分类内的“将（计数▼）增加（1）”，将指定为-1，因为变量“计数”的初始值为50，所以要减去1直到0。

继续拼接“移动”中的“移动（10）步”，在10处嵌入“运算”中的“（+）”，在第一个处嵌入“变量”分类内的“计数”，在第二个处输入10。用这个计算公式来调整Butterfly 1的飞行速度，是为了让Butterfly 1惊慌失措，如果是相同的速度，相同的方向移动的话，就不会显得慌张。

接着拼接“外观”内的“下一个造型”。继续拼接“运动”中的“右转（15）度”，在15处嵌入“运算”中的“在（1）和（10）之间取随机数”，这样一来，Butterfly 1就变成了不规则的运动。最后拼接“运动”中的“碰到边缘就反弹”和“将旋转方法设为（左右旋转▼）”。脚本拼接完成后如图16-216所示。

▼图16-216 Butterfly 1的脚本拼接完成

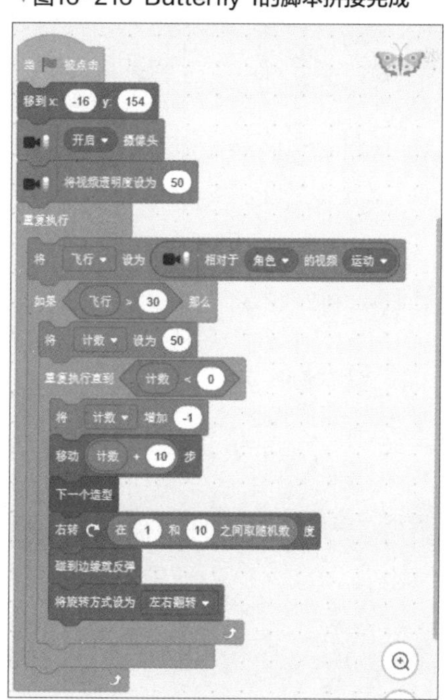

单击“运行”按钮，网络摄像头的人物一旦碰到Butterfly 1，它就会慌慌张张地飞来飞去，如图16-217所示。

▼图16-217 Butterfly 1慌慌张张地飞来飞去

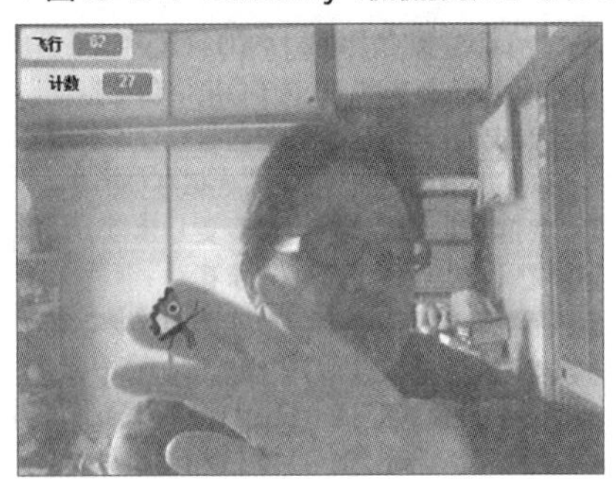

秘技275 如何通过网络摄像头操作使乐器发出声音

扫码看视频

▶对应 2.0 3.0

▶难易程度 ●●

重点! 网络摄像头里的人物，触摸舞台上的乐器，乐器就会发出声音。

在添加了“扩展功能”的“视频侦测”的状态下新建一个作品文件。

这里不使用“角色1”，从角色列表中将其删除。

在网络摄像头中出现的人物，敲击舞台上的乐器，乐器就能发出声音。

从“选择一个角色”的“音乐”类别中选择Drum-snare和Guitar-electric 1，如图16-218所示。

▼图16-218 选择角色Drum-snare和Guitar-electric 1

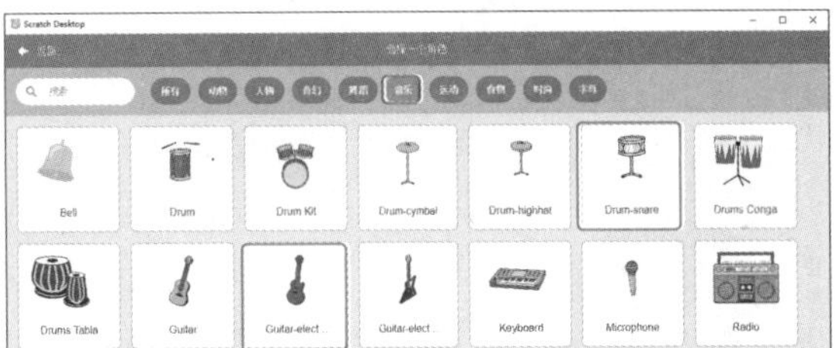

将Drum-snare放在右上角，Guitar-electric 1放在左下角，如图16-219所示。

▼图16-219 在舞台上放置Drum-snare和Guitar-electric 1

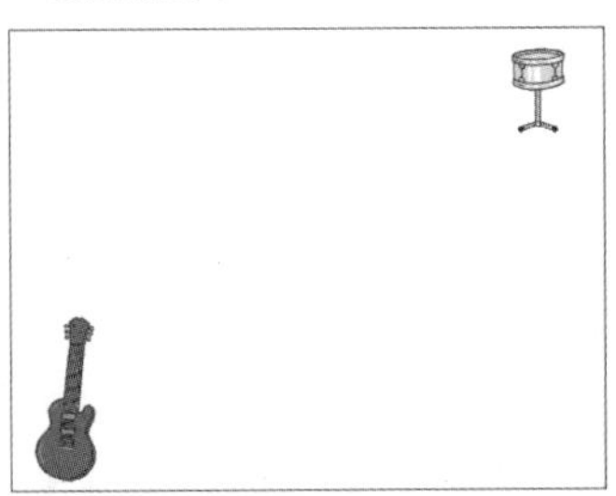

选择Drum-snare，在代码区域拼接脚本。

如果，在“视频侦测”中开启了摄像头，舞台上没有显示网络摄像头中人物的情况下，将“事件”分类内的“当被点击”拖放到代码区域内，在下面拼接“(开启▼)摄像头”。如果从一开始就在舞台上显示了网络摄像头的影像，则不需要进行该操作。因为作者刚开始是把视频关掉的，所以追加了这个积木块。

接着，将“视频侦测”中的“当视频运动>(10)”拖放到代码区域中。这意味着视频中人物的动作大于10时的处理。接着拼接“声音”分类内的“播放声音(tap snare▼)”，单击下拉按钮，会显示flame snare▼和sidestick snare，如图16-220所示。这里选择tap snare，我们可以选择喜欢的声音，单击这个积木块就可以听到声音。

▼图16-220 显示snare的种类

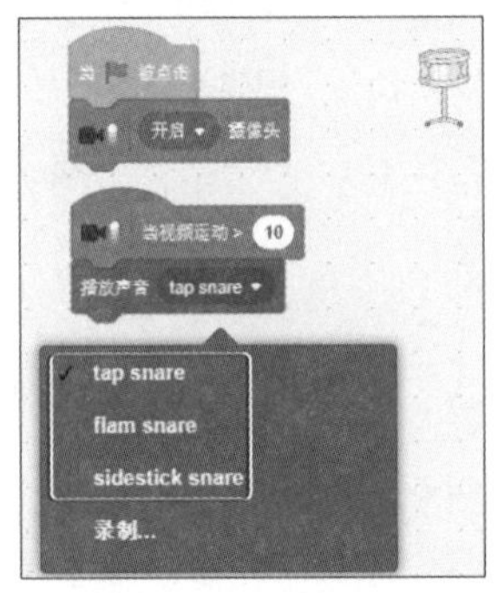

接着，拼接“声音”分类中的“将音量设为(100)%”，拼接完成后如图16-221所示。

▼图16-221 拼接Drum-snare的脚本

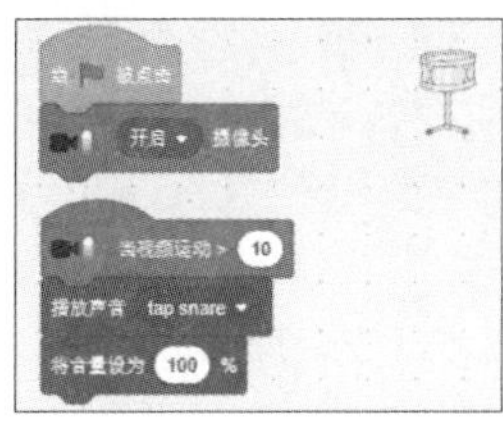

然后，从角色列表中选择Guitar-electric 1，在代码区域拼接脚本。

接着，将“视频侦测”中的“当视频运动>（10）”拖放到代码区域中。这意味着视频中人物的动作大于10时的处理。接着拼接“声音”分类内的“播放声音（C Elec Guitar▼）”，单击下拉按钮，会显示Elec Guitar的种类，如图16-222所示。我们可以选择喜欢的声音，这里选择了C Elec Guitar。

▼图16-222 显示Elec Guitar的种类

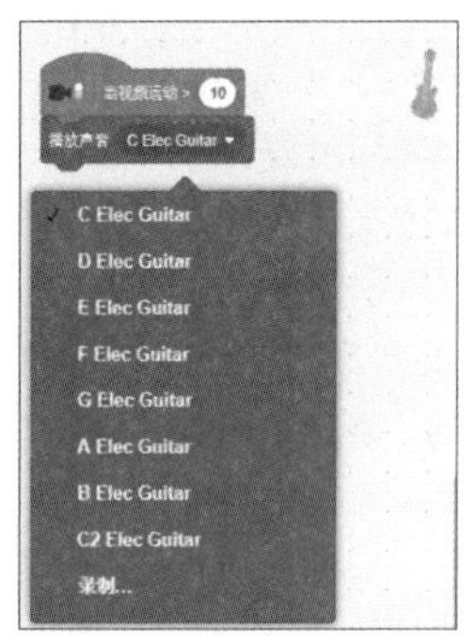

最后，拼接“声音”分类中的“将音量设为（100）%”，拼接完成后如图16-223所示。

▼图16-223 拼接Guitar-electric 1的脚本

单击“运行”按钮，网络摄像头的人敲击任意的乐器，乐器就会发出声音，如图16-224所示。

▼图16-224 敲击乐器并发出声音

秘技276 如何用网络摄像头拍摄的人物点爆气球

扫码看视频　对应 2.0 3.0　难易程度 ●●●

重点！ 通过网络摄像头拍摄到的人物，触摸到正在飞行的气球，将其点爆。

在添加了“扩展功能”的“视频侦测”的状态下新建一个作品文件。

这里不使用“角色1”，从角色列表中将其删除。

在网络摄像头中出现的人物，只要碰到在舞台上飞行的气球，气球就会发出声音并消失。从“选择一个角色”的“所有”类别中选择Balloon 1，如图16-225所示。

▼图16-225 选择角色Balloon 1

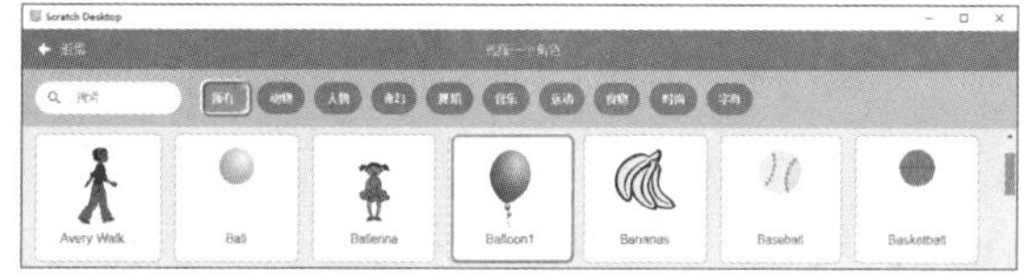

设置舞台上的Balloon的“大小”为60，从角色列表中选择Balloon 1，右击选择“复制”命令，如图16-226所示。一共复制5个Balloon 1，如图16-227所示。我们根据需要复制多少个都可以。

▼图16-226 选择“复制”命令

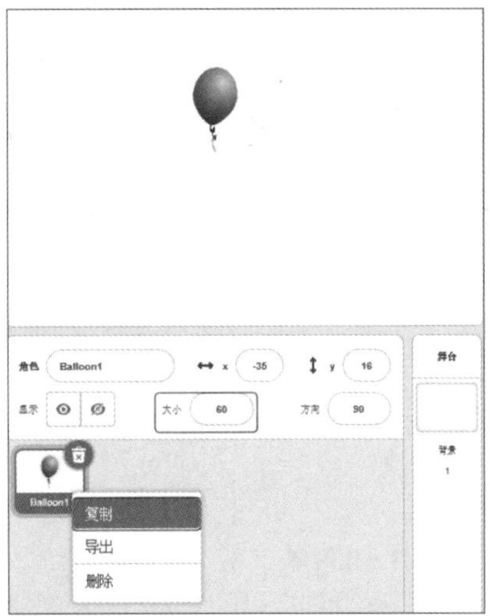

▼图16-227 在舞台上放置了5个Balloon 1

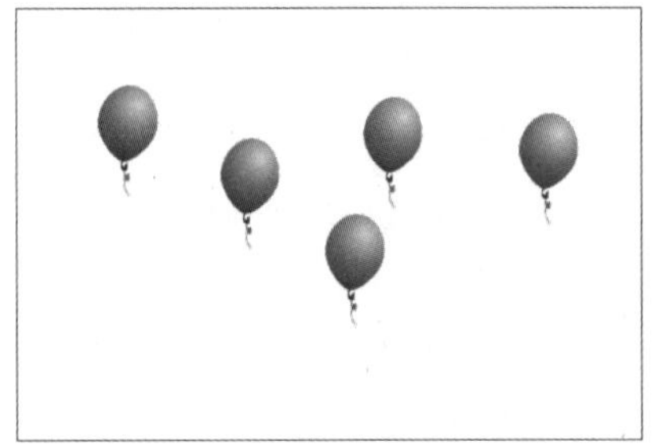

首先，在Balloon 1的代码区域新建积木块“位置”和“运动”，这样就会创建“位置”积木块与“定义位置”的块，“运动”积木块与“定义运动”的块，如图16-228所示。稍后会使用到这几个块，先将其放在合适的位置。

▼图16-228 创建积木块和定义的块

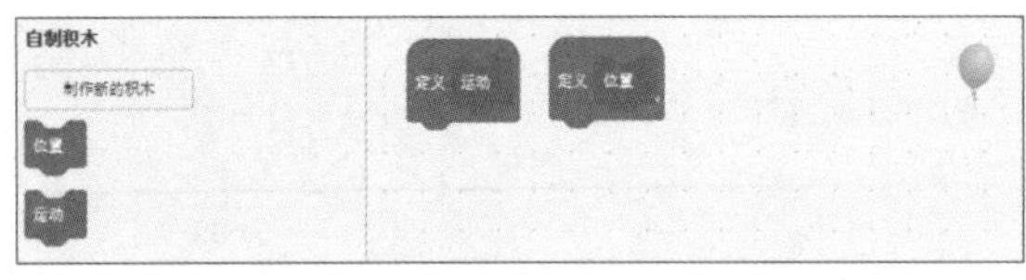

下面在Balloon 1的代码区域拼接脚本吧。

首先，将“事件”分类内的“当被点击”拖放到代码区域内。接着拼接“视频侦测”内的“(开启▼)摄像头”和“将视频透明度设为(50)”。继续拼接新建的“位置”积木块。在下面拼接“控制”分类内的“重复执行”积木块，在这个块中拼接新建的“运动”积木块。

再次将“事件”分类内的“当被点击”拖放到代码区域内。接着拼接“控制”分类内的“重复执行”积木块，在这个块中拼接“控制”内的“如果那么……”，在处嵌入“运算”内的“(>(50))”，在处嵌入“视频侦测”分类内的“相对于(角色▼)的视频(运动▼)”，这样，就会获取在舞台上放置的网络摄像头中出现人物的运动值，将50指定为10。

在“如果那么……”积木块中，拼接“声音”分类内的“播放声音(Pop▼)”和“外观”内的“隐藏”，这样当人物点爆气球时就会发出Pop的声音。接着拼接“控制”内的“等待(1)秒”积木块，将1指定为2。在下面继续拼接新建的“位置”积木块，后面会通过“定义位置”的块，让气球出现在随机位置。继续拼接“外观”内的“显示”和“等待(1)秒”积木块，这样气球消失的时间是2秒，气球随机出现的时间是1秒。

接下来，定义“定义位置”块。

为了将气球显示在随机的位置，将“运动”内的“移到x:(0)y:(0)”拼接起来，在0处分别嵌入“运算”内的“在(1)和(10)之间取随机数”，舞台的宽度是240×180，将x坐标指定在-200到200之间，y坐标指定在-100到100之间，在这个范围内显示气球。

接下来，定义“定义运动”块。

将“运动”中的“右转(15)度”拼接起来，在15处嵌入“运算”中的“在(1)和(10)之间取随机数”，将10指定为50。接着拼接“运动”中的“左转(15)度”在15处嵌入“运算”中的“在(1)和(10)之间取随机数”，将10指定为50。继续将“移动”中的“移动10步”拼接起来，将10指定为1，这样气球的移动速度很慢。最后拼接“运动”中的“碰到边缘就反弹”和“将旋转方法设为(左右翻转)”。Balloon 1的脚本拼接完成后如图16-229所示。

▼图16-229 Balloon 1的脚本拼接完成

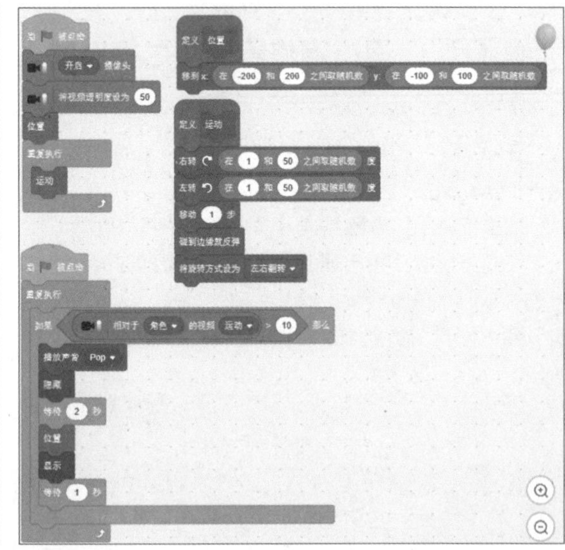

把Balloon 1的脚本复制到Balloon 2至Balloon 5的代码区域，复制过去时脚本会重叠在一起，将这些脚本像图16-229那样重新排列。那么，单击“运行”按钮，当人物碰到气球时，它会发出声音，然后消失，如图16-230所示。

角色的反应是通过网络摄像头显示的，不仅仅是人物的手可以操作，人物身体的任何部分碰到角色也会有反应。因此，点爆Balloon也可以不用手，用身体操作也可以。

▼图16-230 如果碰到气球，它会发出声音，然后消失

秘技 277

如何通过网络摄像头中人物吹口哨操纵角色

扫码看视频

对应 2.0 3.0

难易程度 ●

重点！ 通过网络摄像头拍摄的人物，吹着口哨操纵角色。

这里虽然和网络摄像头有关联，但是这个作品即使没有网络摄像头也可以操作。只是把背景和来自网络摄像头的图像合成，处理本身与网络摄像头没有关系。

在添加了“扩展功能”的“视频侦测”的状态下新建一个作品文件。

这里不使用“角色1”，从角色列表中将其删除。

网络摄像头中出现的人物，用口哨操控角色在舞台上跳舞。从“选择一个角色”的“舞蹈”类别中选择Champ99，如图16-231所示。

▼图16-231 选择角色Champ99

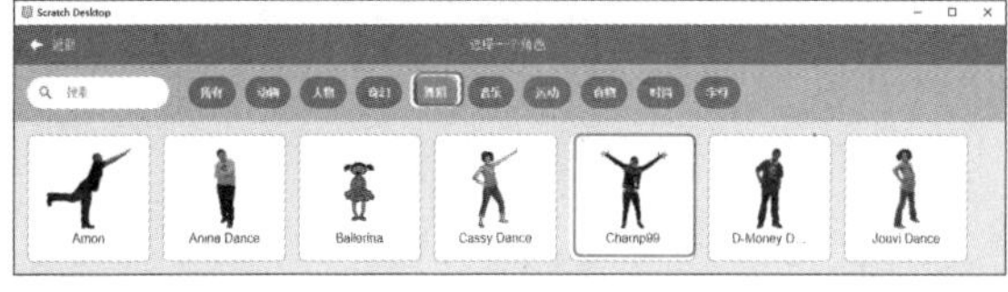

将角色Champ99的“大小”设置为60，放置在舞台的中央，如图16-232所示。

▼图16-232 在舞台上放置Champ99

从“选择一个背景”的“舞蹈”类别中选择Concert，如图16-233所示。

▼图16-233 选择背景Concert

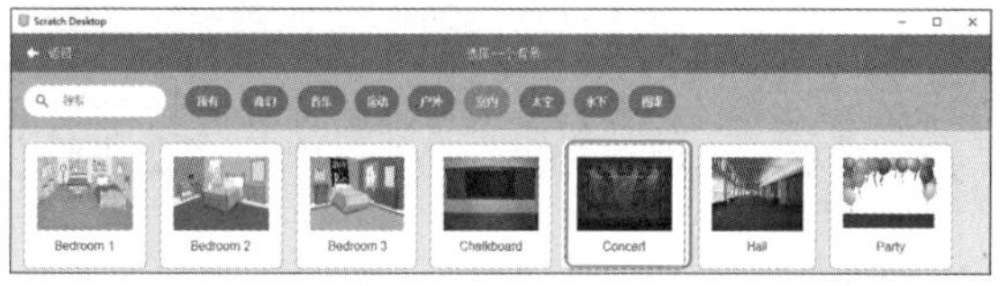

下面在角色Champ99的代码区域拼接脚本吧。

首先，将“事件”分类内的“当被点击”拖放到代码区域内。

下面拼接“运动”中的“移到x:(0) y:(0)”，执行的时候，Champ99显示在舞台的中央。接着拼接“视频侦测”内的“(开启▼)摄像头”和“将视频透明度设为(50)”。

单击“变量”中的“建立一个变量”按钮，建立“声音大小”变量，如图16-234所示。

▼图16-234 建立“声音大小”的积木块

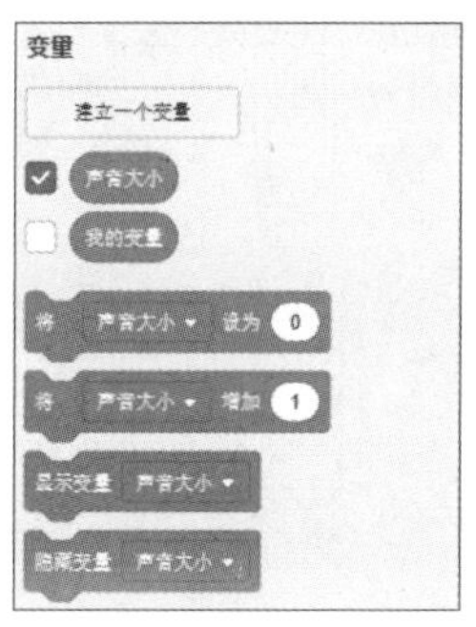

继续拼接“控制”分类内的“重复执行”积木块，在“重复执行”积木块中拼接“变量”分类内的“将(声音大小▼)设为(0)”，在0处嵌入“运算”分类内的“(/)”，在第一个 处嵌入“侦测”分类内的“响度”，第二个 处输入10。再勾选“响度”复选框，这样就可以在舞台上显示“响度”的值，如果不除以10，即使什么都不说，“响度”的值也会是1到2的值，轻轻说句话“响度”的值就会达到20以上，除以10这个值刚刚好。

▼图16-235 拼接Champ99的脚本

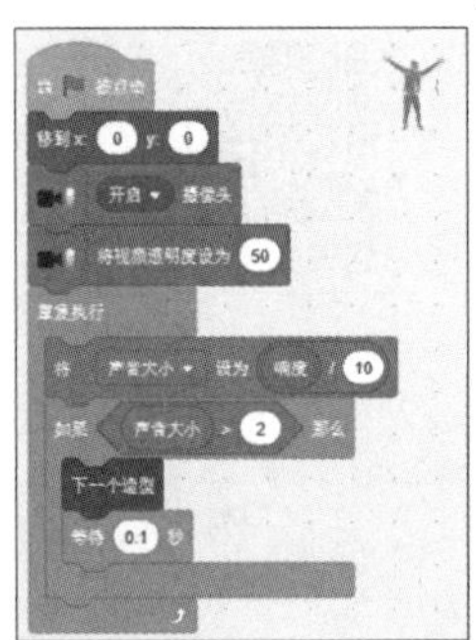

继续拼接“控制”内的“如果 那么……”，在 处嵌入“运算”内的“( )>(50))”，在 处嵌入“变量”内的“声音大小”，将50指定为2。在“如果 那么……”积木块中拼接“下一个造型”和“等待(0.1)秒”，拼接完成后如图16-235所示。

单击“运行” 按钮，对着麦克风吹口哨，角色就会跳舞，如图16-236所示。

▼图16-236 吹着口哨，Champ99正在跳舞

秘技278 如何通过网络摄像头中的人物触摸草莓让它克隆出很多草莓

对应 2.0 3.0 难易程度 ●●●

重点！ 网络摄像头里的人物触摸草莓，会使它克隆出很多草莓。

在添加了“扩展功能”的“视频侦测”的状态下新建一个作品文件。

这里不使用“角色1”，从角色列表中将其删除。

网络摄像头中的人物触摸草莓后会让它克隆出很多草莓。

从“选择一个角色”的“食物”类别中选择Strawberry，如图16-237所示。

▼图16-237 选择角色Strawberry

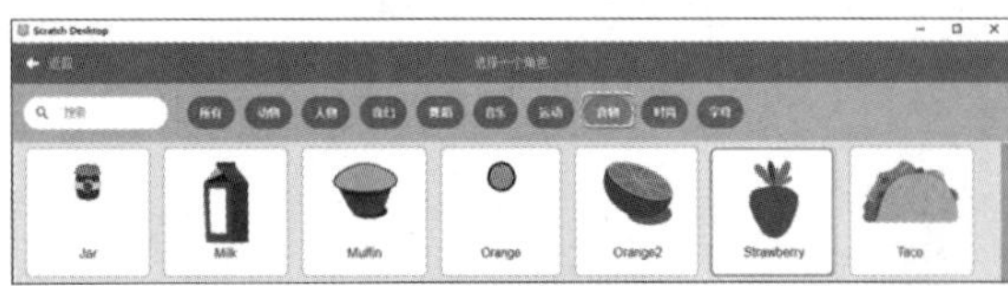

将角色Strawberry放置在图16-238所示的位置。

▼图16-238 在舞台上放置角色Strawberry

首先，将“事件”分类内的“当 被点击”拖放到代码区域内。接着拼接“视频侦测”内的“(开启▼)摄像头”和“将视频透明度设为(50)”。继续拼接“控制”分类内的“重复执行”积木块，在这个积木块中拼接“控制”内的“如果 那么……”，在 处嵌入“运算”内的“( )>(50))”，在 处嵌入

“视频侦测”分类内的“相对于（角色▼）的视频（运动▼）”，将50指定为40，以前也介绍过，值太小的话，触摸Strawberry时就会变得很敏感，值太大的话会变得迟钝，在值是40左右的话反应是正常的。继续在“如果◆那么……”积木块中，拼接“克隆（自己▼）”积木块。

将“事件”分类内的“当作为克隆体启动时”拖放到代码区域内。在下面拼接“外观”分类内的“将大小设为（100）”，将100指定为60，将被克隆的Strawberry的“大小”稍微缩小一点，接着拼接“运动”分类内的“面向（90）度”，将90指定为180。再次拼接“面向（90）度”，在90处嵌入“运算”分类内的“在（1）和（10）之间取随机数”将1指定为-20，10指定为-140，这里指定负值是因为被克隆的Strawberry需要向左移动，如果是正值，就会向右移动。

继续在下面拼接“控制”分类内的“重复执行直到◆”，在◆处嵌入“侦测”分类内的“碰到（鼠标指针▼）”，单击下拉按钮选择“舞台边缘”选项。继续在“重复执行直到◆”积木块中拼接“移动（10）步”“将旋转方法设为（左右翻转）”“下一个造型”“等待（0.01）秒”和“右转（15）度”，在处15处嵌入“运算”分类内的“在（1）和（10）之间取随机数”将1指定为-10，这里的值可以尝试着一下。

最后在“重复执行直到◆”积木块下面拼接“控制”分类内的“删除此克隆体”，如果未拼接这个积木块，没有碰到舞台边缘的克隆体仍然留在舞台上。脚本制作完成后如图16-239所示。

单击“运行”⚑按钮，当来自网络摄像头的人触摸大的Strawberry时，会出现很多小的Strawberry，如图16-240所示。

▼图16-239 Strawberry的脚本拼接完成了

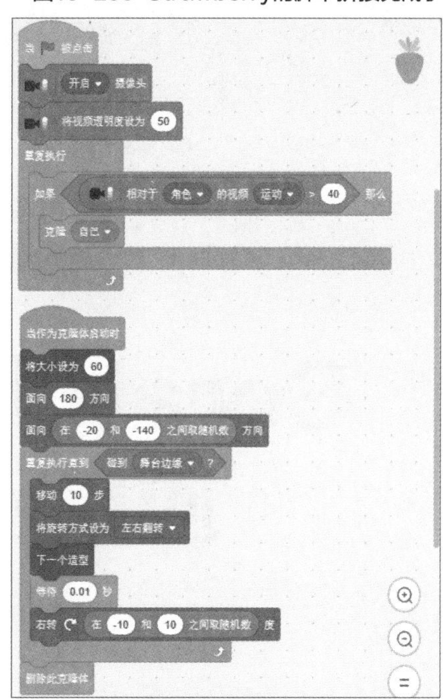

▼图16-240 出现很多Strawberry

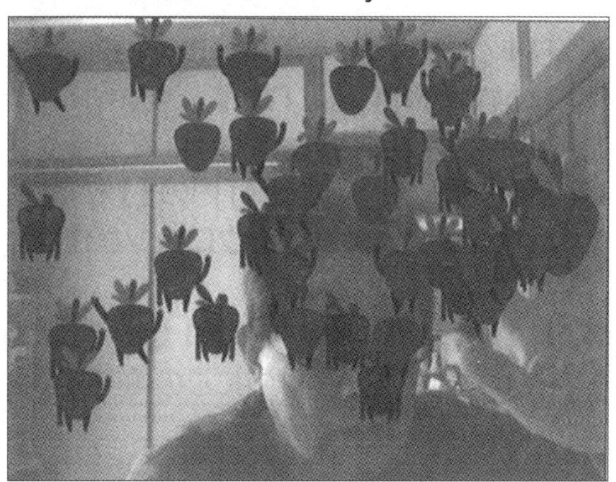

Scratch 3.0其他应用秘技-2

秘技 279

如何配合节奏绘制图形

扫码看视频

对应 2.0 3.0

难易程度 ●●

重点！ 试着按照角色移动的节奏来绘制图形。

如果已经添加了“扩展功能”，请先关闭Scratch 3.0，然后重新打开。

新建一个作品文件，这里不使用“角色1”，从角色列表中将其删除。

试着根据角色的移动节奏绘制出四边形和八边形的图形。

首先，从“选择一个角色”的“动物”类别中选择Parrot，如图17-1所示。

▼图17-1 选择Parrot

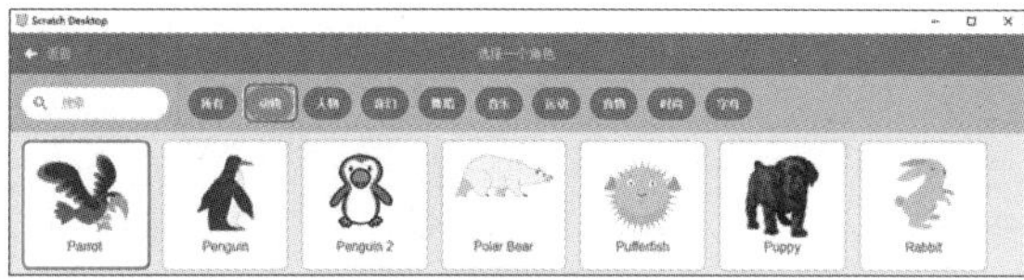

将舞台上Parrot的“大小”设为50，放置在舞台中央，如图17-2所示。

▼图17-2 放置Parrot

单击“添加扩展”图标，会出现“选择一个扩展”的界面，请选择“音乐”和“画笔”，如图17-3所示。

▼图17-3 从“添加扩展”中选择“音乐”和“画笔”

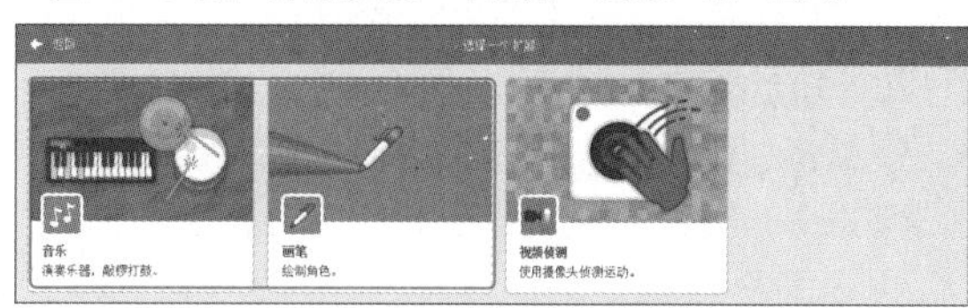

然后，就添加了“音乐”分类的积木块，如图17-4所示。

▼图17-4 添加“音乐”分类的积木块

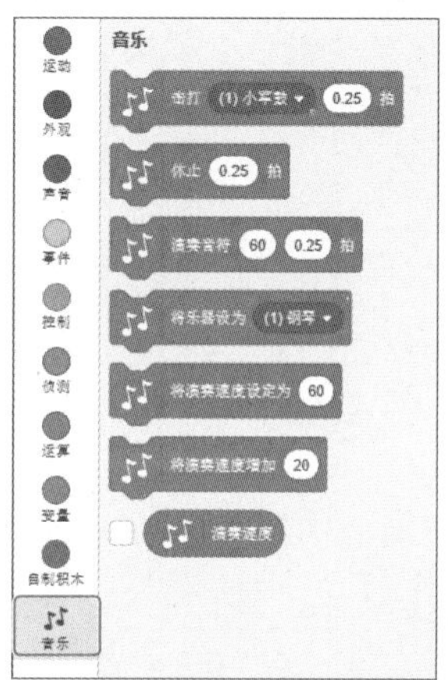

另外，也添加了“画笔”分类的积木块，如图17-5所示。

▼图17-5 添加“画笔”分类的积木块

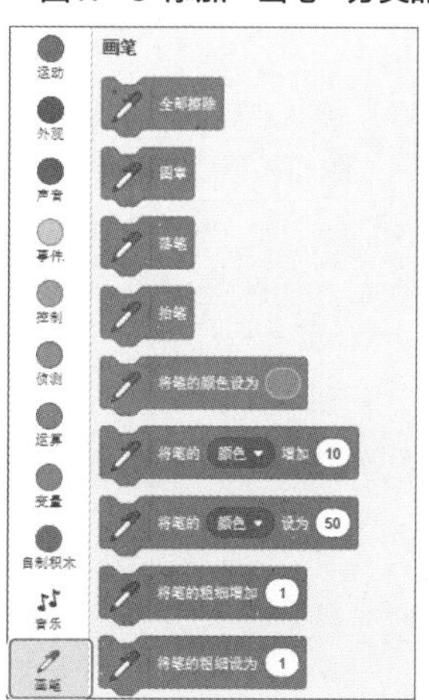

下面在Parrot的代码区域拼接脚本吧。

首先，将“事件”分类内的“当🏁被点击”拖放到代码区域内。

在下面拼接“音乐”分类内的“将演奏速度设定为（60）”，接着拼接“重复执行（10）次”，将10指定为4，根据画的图形不同，次数也不同。接着将“音乐”分类内的“击打（(1)小军鼓▼）（0.25）拍”拼接在“重复执行（4）次”积木块中。

继续拼接“将演奏速度设定为（60）”，将60指定为120。接着拼接“重复执行（10）次”，将10指定为8。接着将“音乐”分类内的“击打（(1)小军鼓▼）（0.25）拍”拼接在“重复执行（8）次”积木块中。

再次，将“事件”分类内的“当🏁被点击”拖放到代码区域内。

接着拼接“运动”内的“移到x:（-50）y:（120）”，这是Parrot的第一个显示位置。继续拼接“运动”内的“面向（90）度”。接着拼接“画笔”内的“落笔”和“将笔的颜色设为●”，单击●在显示的面板中指定颜色，可以指定喜欢的颜色，如图17-6所示。

▼图17-6 指定颜色

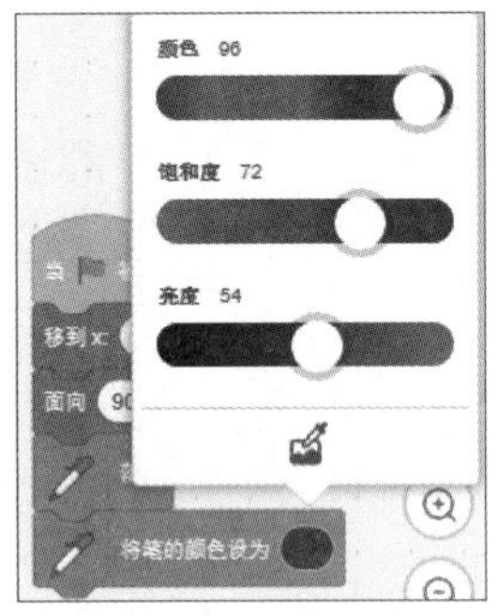

继续拼接“将笔的粗细设为（1）”，将1指定为4。继续拼接“全部擦除”，每次执行脚本时都会将舞台全部清除。

接着拼接“重复执行（10）次”，将10指定为4，这样就可以绘制出四边形。在“重复执行（4）次”积木块中拼接“移动（10）步”，将10指定为100。继续拼接“右转（15）度”，将15指定为90，设置旋转成直角可以绘制出四边形。再拼接“控制”内的“等待（1）秒”，将1指定为0.5，加快速度。

在“重复执行（4）次”积木块下面拼接“画笔”分类内的“将笔的（颜色▼）增加（10）”，将10指定为50。

接着拼接“重复执行（10）次”，将10指定为8，这样就可以绘制出八边形。在“重复执行（8）次”积木块中拼接“移动（10）步”，将10指定为100。继续拼接“右转（15）度”，将15指定为45，旋转45度角可以绘制八边形。最后拼接“控制”内的“等待（1）秒”，将1指定为0.25，加快速度。拼接完成后如图17-7所示。

▼图17-7 Parrot的脚本拼接完成

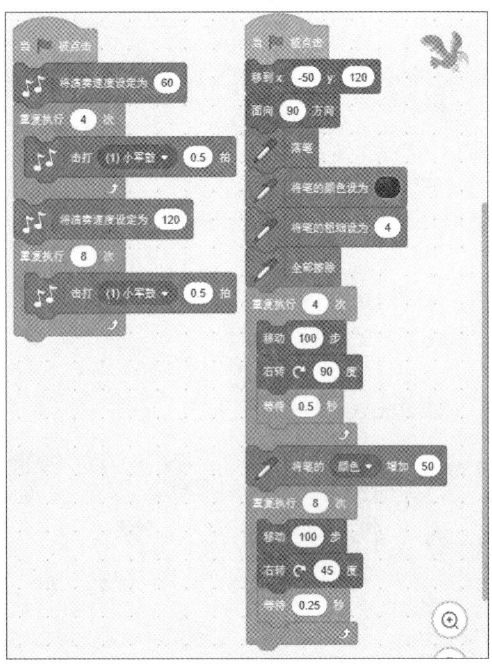

单击“运行”🏁按钮，Parrot随着节奏移动，绘制出四边形和八边形。从扬声器里也能听到鼓的声音，如图17-8所示。

▼图17-8 Parrot跟着节奏绘制四边形和八边形

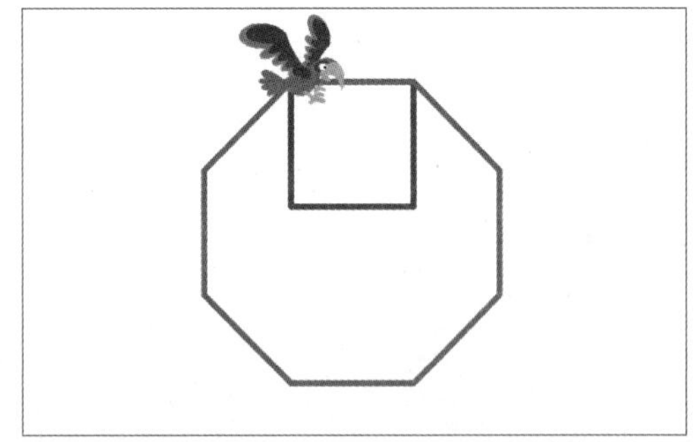

秘技280 如何让角色沿着指定的线移动

▶对应 2.0 3.0
▶难易程度 ●●●

重点！ 角色沿着线移动。

因为在秘技279中添加了“扩展功能”，所以新建一个作品文件时，添加的扩展功能也会存在，不过没有特别大的影响。

这里不使用“角色1”，从角色列表中将其删除。虽然是让角色沿着画的线移动，但是线的画法不同，角色可能不会移动，我们在制作时要注意。

首先，从“选择一个背景”的“户外”类别中选择Beach Malibu，如图17-9所示。

▼图17-9 选择背景Beach Malibu

舞台上出现了背景，切换至“背景”选项卡，编辑背景。将“填充”指定为绿色，笔的粗细为80。单击“画笔”图标，绘制线条，最好不要绘制太复杂的线，如图17-10所示。

▼图17-10 在背景上绘制绿色的线

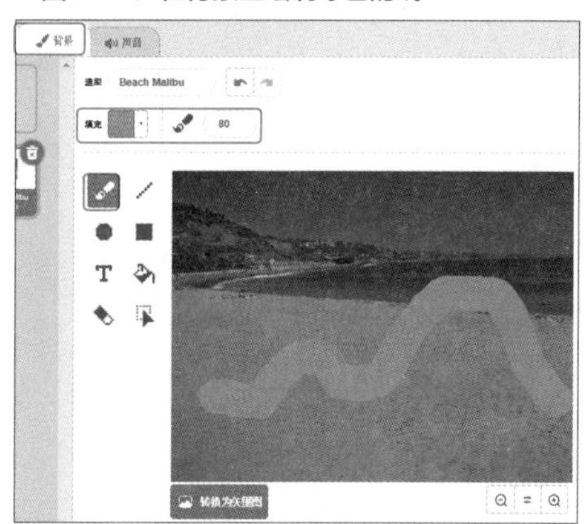

舞台画面的背景也描绘了这条绿色的线。

然后，从“选择一个角色”的“动物”类别中选择Cat 2，如图17-11所示。

▼图17-11 选择角色Cat 2

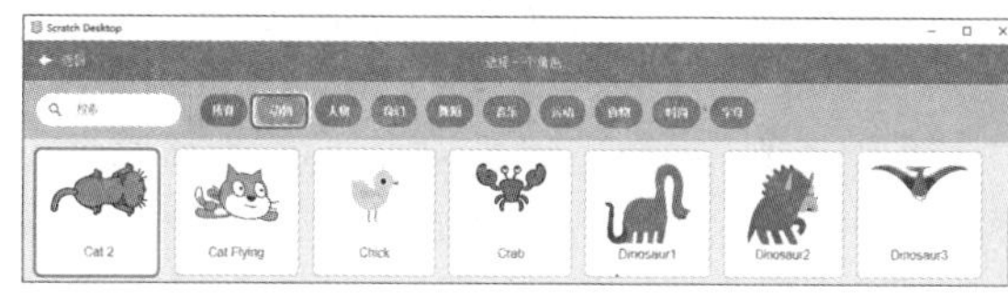

切换至“造型”选项卡，显示“造型”的编辑画面。将“填充”指定红色，“轮廓”也指定与“填充”相同的红色，单击“圆”图标，“在Cat 2的鼻尖上画一个红色的小圆圈作为传感器，如图17-12所示。

▼图17-12 在Cat 2的鼻尖处画一个小红圈

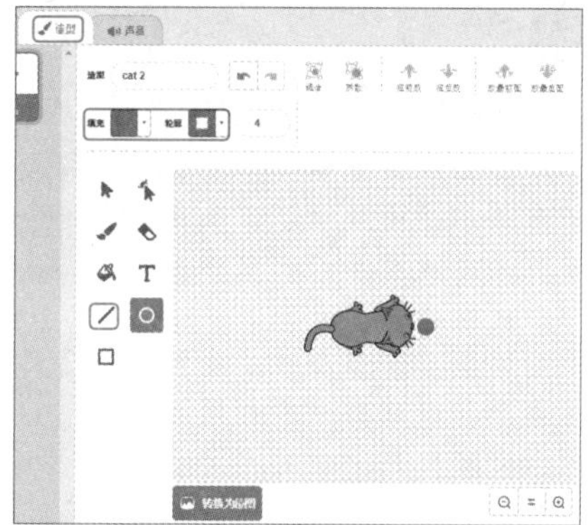

切换至“代码”选项卡，显示代码区域，在舞台界面上指定Cat 2的“大小”为50，将其减小，如图17-13所示。

▼图17-13 将Cat 2的传感器放置在可触摸绿线的位置

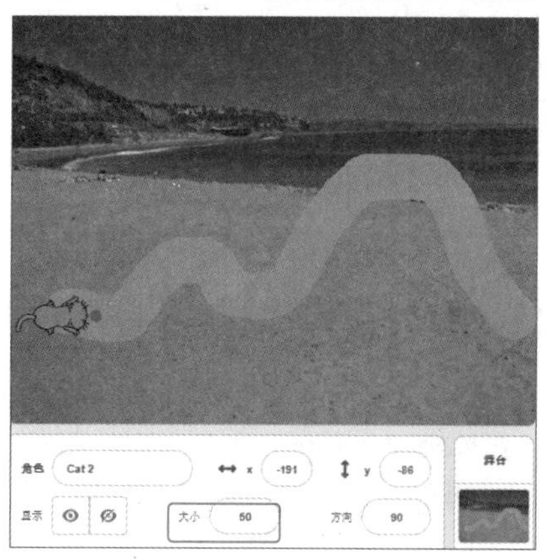

下面在Cat 2的代码区域拼接脚本吧。首先，将“事件”分类内的“当⚑被点击”拖放到代码区域内。接着拼接“运动”内的“移到x:(-191) y:(86)”，这是Cat 2的初始位置。继续拼接“运动”内的“面向(90)度”。接着拼接“控制”分类内的“重复执行”，在“重复执行”积木块中拼接“运动”内的“移动(10)步”和“控制”分类内的“等待(1)秒”，将1指定为0.1。接着拼接“控制”分类内的“如果⬣那么……否则……”，在⬣里嵌入“颜色●碰到颜色○?”，单击第一个颜色出现选取颜色的面板，单击蓝色边框围起来的图标，选取Cat 2红圈的颜色，如图17-14所示。

▼图17-14 第一个颜色指定Cat 2红圈的颜色

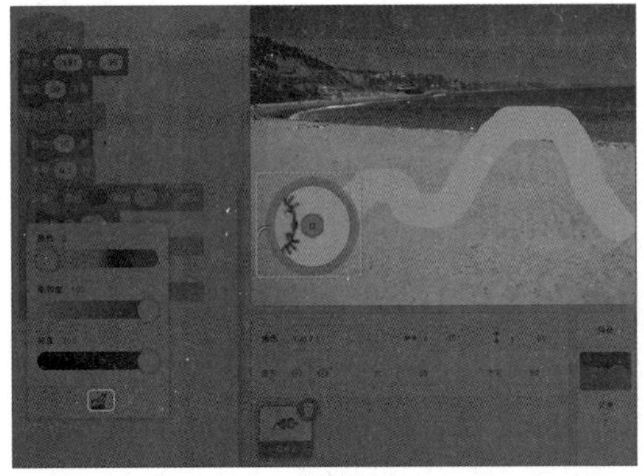

接着，将第二个颜色指定为绿色线的颜色。如果红色●碰到绿色●那么右转20度，否则左转20度，这样就需要在“如果⬣那么……否则……”积木块中拼接“运动”分类内的“右转(15)度”和“左转(15)度”，分别将15指定为20。这里的角度的设定，决定了Cat 2能否顺利地在绿线上移动，可根据绿色线的形状和Cat 2中红色圆圈的位置调整角度，也可以调整Cat 2最初的位置，拼接完成后如图17-15所示。

▼图17-15 拼接Cat 2的脚本

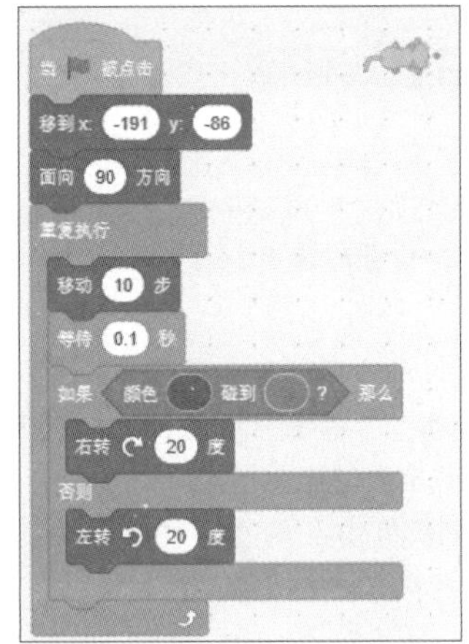

单击“运行”⚑按钮，如果Cat2在绿线上来回行走，则代码拼接成功，如图17-16所示。

▼图17-16 Cat 2走在绿线上

秘技 **281**

如何让角色逃走

扫码看视频

▶对应 2.0 3.0

▶难易程度 ●●

重点！ **某个角色被另一个角色追赶，四处逃窜，抓住就结束了。**

因为秘技279中添加了“扩展功能”，所以新建一个作品文件时，添加的扩展功能也会存在，不过没特别大的影响。这里不使用“角色1”，从角色列表中将其删除。

Dragon追赶Pico Walking，如果被Dragon抓住，游戏就结束。首先，从“选择一个背景”的“室内”类别中选择Hall，如图17-17所示。

▼图17-17 选择背景Hall

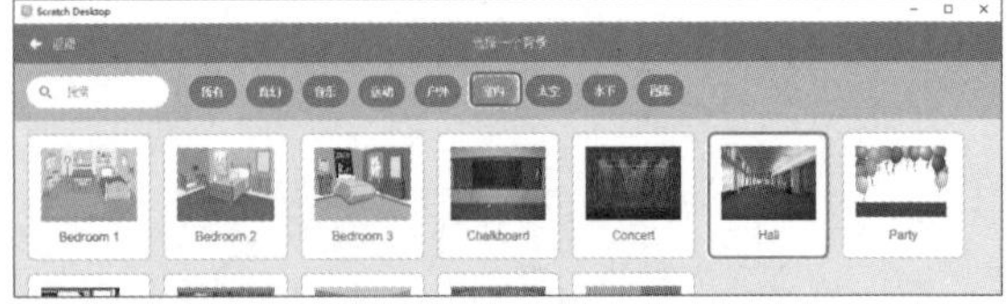

然后，从“选择一个角色”的“奇幻”类别中Pico Walking，如图17-18所示。

▼图17-18 选择角色Pico Walking

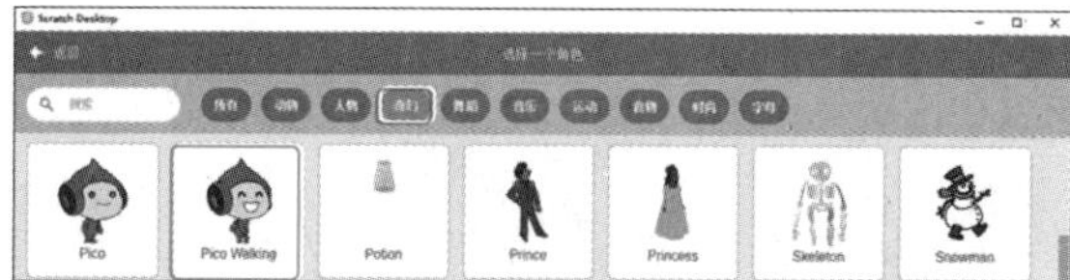

接着从“所有”类别中选择Dragon，如图17-19所示。

▼图17-19 选择角色Dragon

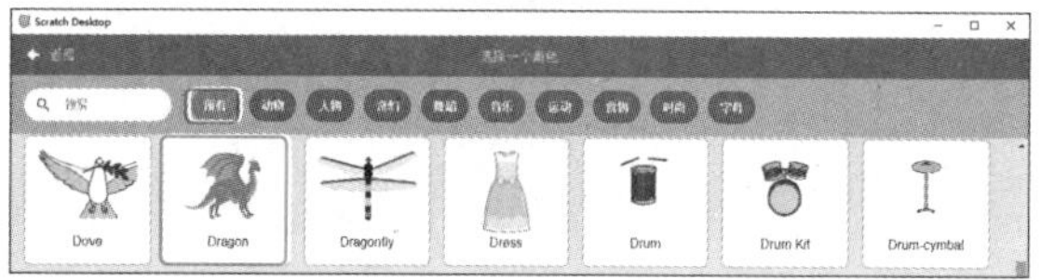

将舞台上Pico Walking的“大小”指定为50，Dragon的“大小”指定为30，如图17-20所示。

▼图17-20 将Pico Walking和Dragon缩小了

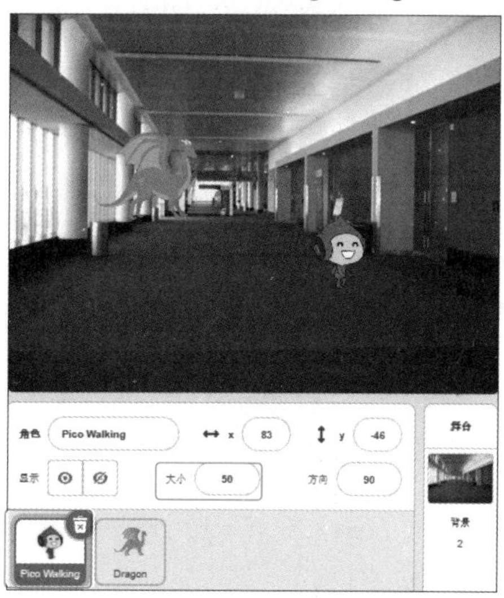

从角色列表中选择Dragon，在代码区域拼接脚本。

首先，将“事件”分类内的“当🏴被点击”拖放到代码区域内。接着拼接“运动”内的“移到x:（-99）y:（24）”，这是Dragon的初始位置。继续拼接“运动”内的“面向（90）度”。接着拼接“控制”分类内的“重复执行直到⬬”，在⬬出嵌入“运算”分类内的“（▢<（50））”，在▢处嵌入“侦测”分类内的“到（鼠标指针▼）的距离”，单击下拉按钮选择Pico Walking，接着在“重复执行直到⬬”积木块中拼接角色行走的脚本，只不过需要将“移动（10）步”修改为“移动（2）步”，也不需要拼接“等待（1）秒”积木块。

接着拼接“控制”分类内的“重复执行”积木块，在这个积木块中拼接“运动”内的“面向（鼠标指针▼）”，单击下拉按钮选择Pico Walking，继续拼接“移动（2）步”和“下一个造型”。接着将“控制”分类内的“如果⬬那么……”积木块拼接起来，在⬬处嵌入“侦测”分类内的“碰到（鼠标指针▼）？”单击下拉按钮选择Pico Walking，最后在“如果⬬那么……”积木块中拼接“控制”内的“停止（全部脚本▼）”。Dragon的脚本拼接完成后如图17-21所示。

▼图17-21 拼接Dragon的脚本

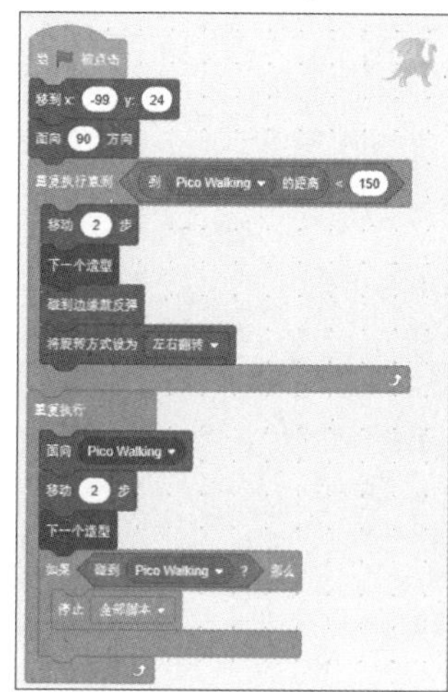

从角色列表中选择Pico Walking，在代码区域拼接脚本吧。

首先，将“事件”分类内的“当🏴被点击”拖放到代码区域内。接着拼接“运动”内的“移到x:（83）y:（-46）”，这是Pico Walking的初始位置。

接着，拼接“控制”内的“重复执行”。在“重复执行”的积木块内拼接4个“控制”内的“如果⬬那么……”积木块，分别在⬬处嵌入“侦测”分类内的“按下（↑▼）键”“按下（↓▼）键”“按下（→▼）键”和“按下（←▼）键”。接着在第一个“如果⬬那么……”积木块拼接“运动”内的“将y坐标增加（10）”，将10指定为5，继续拼接“碰到边缘就反弹”“将旋转方式设为（左右翻转▼）”和“下一个造型”。

在第二个“如果⬬那么……”积木块中拼接相同的脚本，因为是往下走，所以在“将y坐标增加（10）”中，将10指定为-5。在第三个“如果⬬那么……”积木块中拼接相同的脚本，因为是往右走，所以需要将“将y坐标增加（10）”修改为“将x坐标增加（10）”中，将10指定为5。在第四个“如果⬬那么……”积木块中拼接相同的脚本，因为是往左走，所以在“将x坐标增加（10）”中，将10指定为-5。这样Pico Walking的脚本就拼接完成了，如图17-22所示。

▼图17-22 拼接Pico Walking的脚本

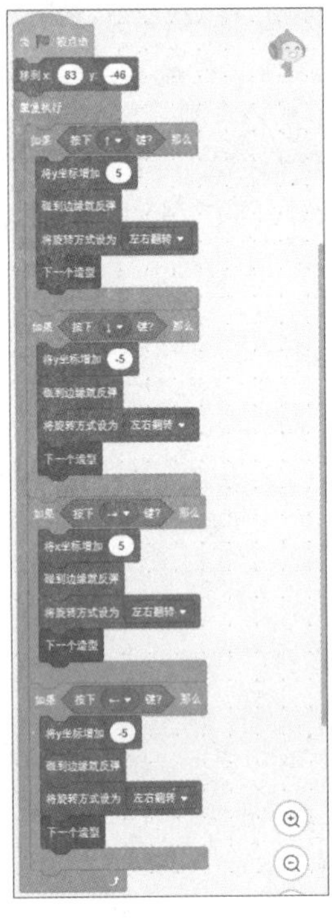

单击“运行”按钮，用键盘的上下左右按键控制Pico walking逃跑方向，如果Pico walking被Dragon抓住，游戏就结束了，如图17-23所示。

▼图17-23 Pico walking被Dragon抓住，游戏结束

最初在放置Dragon和Pico walking的时候，如果将两者过于靠近的话，执行还没开始就结束了，所以这两个角色要保持一定的距离。

秘技 282

如何让两个角色相撞后变成另一个角色

扫码看视频

对应 2.0 3.0

难易程度 ●●

重点！ 当走在舞台上的两个角色相撞时，就会变成另一个角色。

新建一个作品文件，这里不使用“角色1”，从角色列表中将其删除。

两个角色相撞后会变成另一个角色。

首先，从“选择一个背景”的“室内”类别中选择Witch House，如图17-24所示。

▼图17-24 选择背景Witch House

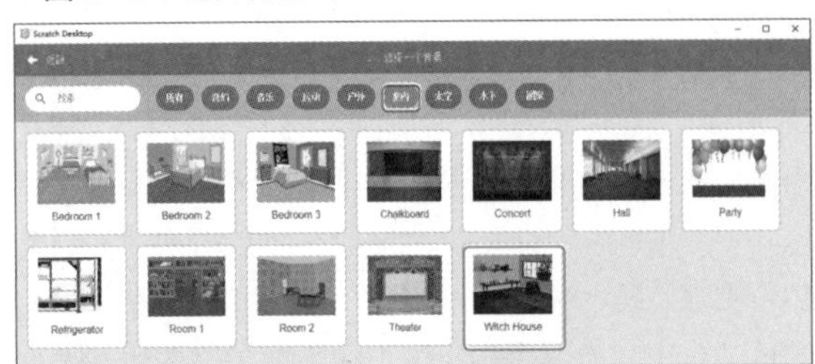

从“选择一个角色”的“人物”类别中选择Avery Walking和Jamie，如图17-25所示。

▼图17-25 选择角色Avery Walking和Jamie

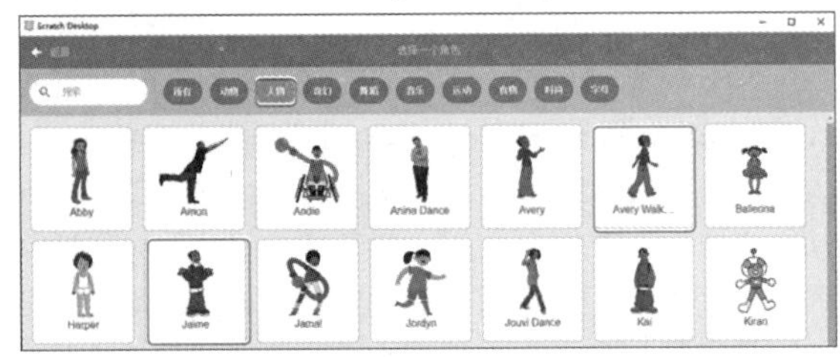

同样，从“选择一个角色”的“动物”类别中选择Bat，如图17-26所示。

▼图17-26 选择角色Bat

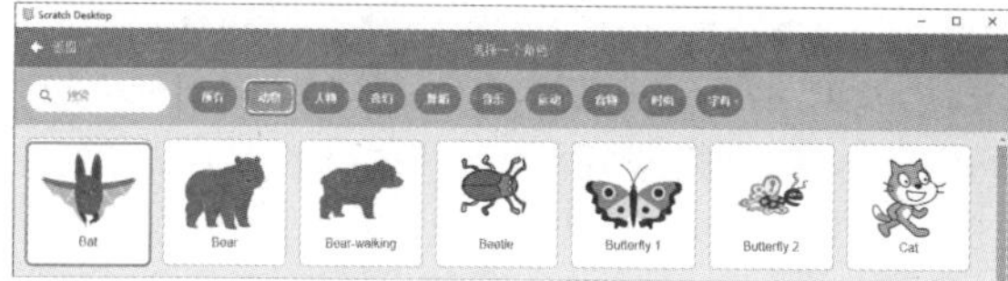

将Avery Walking和Jamie的“大小”设为70，Bat的“大小”设为60，放置在图17-27的位置。

▼图17-27 放置各种角色

从角色列表中选择Avery Walking，在代码区域拼接脚本吧。

首先，将“事件”分类内的“当🏴被点击”拖放到代码区域内。接着拼接“运动”内的“移到x:(-195) y:(-105)”，这是Avery Walking的初始位置。继续拼接“运动”内的“面向(90)度”，将90指定为45。接着拼接“控制”内的“重复执行”。在“重复执行”的积木块内拼接角色行走的脚本，继续拼接“控制”内的“如果⬣那么……”积木块，在⬣处嵌入“侦测”分类内的“碰到颜色■?”，将颜色指定为Jamie裤子的颜色■，继续在这个积木块中拼接“外观”分类内的“将(颜色▼)特效增加(25)”，单击下拉按钮选择“虚像”选项。接着拼接“事件”分类内的“广播(消息1▼)”，单击下拉按钮选择“新消息”选项，创建一个名为Bat的新消息。这里的处理是，Avery Walking与Jamie接触后，为了使Avery Walking变成Bat，拼接了“广播(Bat▼)”的积木块，这个积木块被Bat接收后，显示自己。

接着，将“事件”分类内的“当接收到(消息1▼)”，单击下拉按钮选择“新消息”选项，创建一个名为Avery的新消息，继续拼接“外观”分类内的“消除图像特效”。这样角色Avery Walking的脚本就拼接完成了，如图17-28所示。

▼图17-28 Avery Walking的脚本拼接完成了

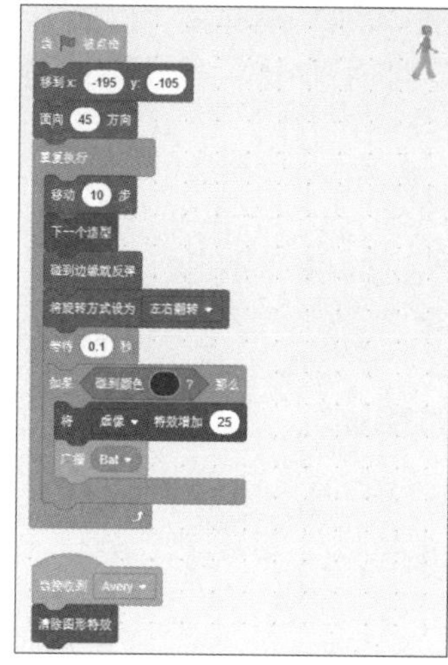

然后，从角色列表中选择Jamie，在代码区域拼接脚本。

首先，将“事件”分类内的“当🏴被点击”拖放到代码区域内。接着拼接“运动”内的“移到x:(2) y:(-16)”，这是Jamie的初始位置。继续拼接“运动”内的“面向(90)度”，将90指定为45。接着拼接“控制”内的“重复执行”。在“重复执行”的积木块内拼接角色行走的脚本，这样角色Jamie的脚本就拼接完成了，如图17-29所示。

▼图17-29 Jamie的脚本拼接完成了

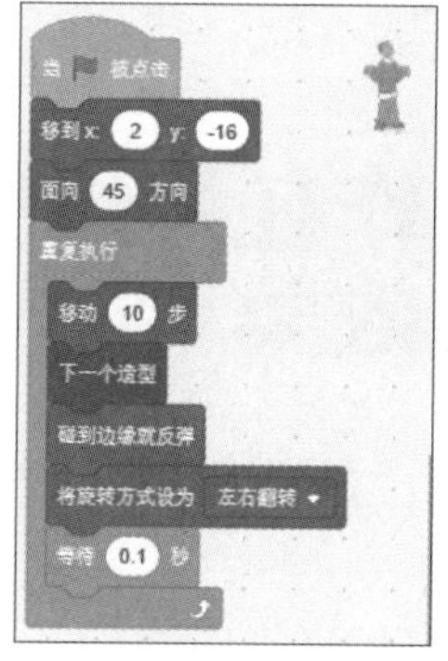

最后，从角色列表中选择Bat，在代码区域拼接脚本。

首先，将“事件”分类内的“当🏴被点击”拖放到代码区域内。然后拼接“外观”内的“隐藏”，接着拼接“运动”内的“移到x:(-136) y:(129)”，这是Bat的初始位置。继续拼接“运动”内的“面向(90)度”，将90指定为45。接着拼接“控制”内的“重复执行”，在“重复执行”的积木块内拼接角色行走的脚本。继续拼接“控制”内的“如果⬣那么……”积木块，在⬣处嵌入“侦测”分类内的“颜色■碰到颜色□?”，将第一个颜色指定为Bat身上的颜色■，第二个颜色指定为Jamie裤子的颜色■。接着在“如果⬬那么……”积木块中拼接“事件”分类内的“广播（消息1▼）”，单击下拉按钮选择Avery，然后拼接“外观”内的“隐藏”。

接着，将“事件”分类内的“当接收到（消息1▼）”，单击下拉按钮选择Bat，继续拼接“外观”分类内的“显示”。这样角色Bat的脚本就拼接完成了，如图17-30所示。

▼图17-30　Bat的脚本拼接完成了

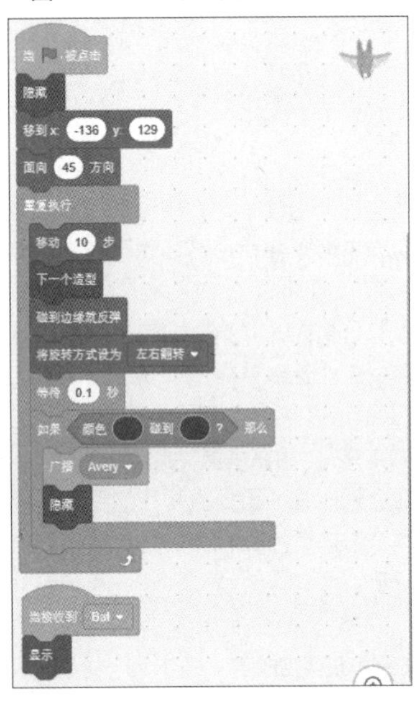

单击“运行”⚑按钮，如果Avery Walking碰到Jamie，就会显示Bat，同时Avery Walking就会消失。当Jamie和Bat碰撞时，Bat消失，同时显示Avery Walking，如图17-31所示。

▼图17-31　Avery Walking和Jamie碰撞时Bat出现了

秘技283　如何制作在月球上旋转跳跃的效果

扫码看视频

▶对应　2.0　3.0

▶难易程度　●●

重点！　角色在月球上跳跃旋转，然后落地。

新建一个作品文件，这里不使用“角色1”，从角色列表中将其删除。

让角色在月球上跳跃旋转，然后着陆。

首先，从“选择一个背景”的“太空”类别中选择Moon，如图17-32所示。

▼图17-32　选择背景Moon

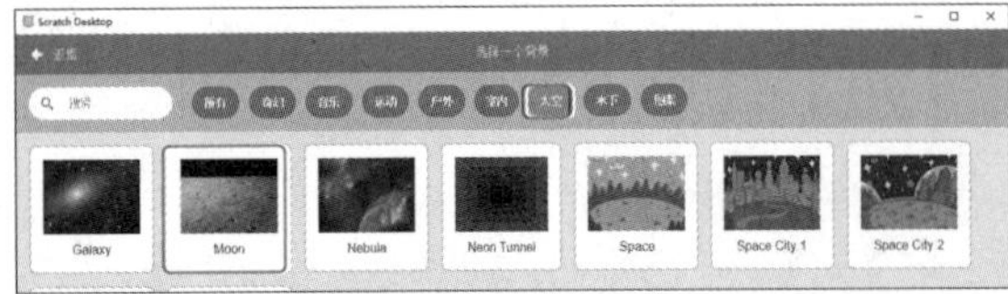

从“选择一个角色”的“人物”类别中选择Kiran，如图17-33所示。

▼图17-33　选择角色Kiran

将舞台上Kiran的“大小”设置为70，如图17-34所示。

▼图17-34 放置Kiran的大小

首先，将“事件”分类内的“当🏴被点击”拖放到代码区域内。

接着拼接“运动”内的“移到x:(0)y:(-110)”，这是Kiran的初始位置。接着，拼接“控制”内的“重复执行”。在“重复执行”的积木块内拼接“控制”内的“如果⬣那么……”积木块，在⬣处嵌入“侦测”分类内的“按下(空格▼)键”，单击下拉按钮选择↑。

接着在“如果⬣那么……”积木块中拼接“运动”分类内的“将y坐标增加(10)”，将10指定为100，这样Kiran就能跳跃了。继续拼接“控制”分类内的“等待(1)秒”，将1指定为0.2。继续在下面拼接“控制”分类内的“重复执行(10)次”，将10指定为5，在这个积木块中拼接“运动”分类内的“左转(15)度”，将15指定为30，这样Kiran就能旋转150度。

在“重复执行(5)次”积木块下面再拼接“重复执行(7)次”积木块，在这个积木块中同样拼接“左转(30)度”积木块，这样Kiran就能旋转210度，加上前面的150度就是360度，正好一圈。接着把“控制”中的“等待(1)秒”拼接到“重复执行(7)次”的积木块下面，将1指定为0.5。

接着，在“等待(0.5)秒”下面拼接“等待⬣”，在⬣处嵌入“运算”内的“⬣不成立”，在⬣处嵌入“侦测”内的“按下(空格▼)键”，单击下拉按钮选择↑，就是等待按下↑键不成立的意思。

最后在“如果按下↑键”下面拼接“运动”内的“移到x:(0)y:(-110)”，这是跳跃着地的位置，也是Kiran的初始位置，如图17-35所示。

▼图17-35 拼接Kiran的脚本

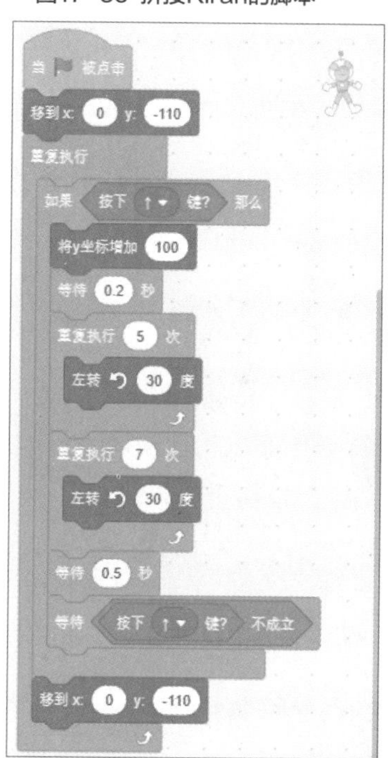

单击“运行”🏴按钮，按下键盘上的↑键，Kiran在空中旋转并着陆，如图17-36所示。

▼图17-36 Kiran在空中旋转

秘技 284

如何制作外星人吃生命的效果

扫码看视频

对应 2.0 3.0
难易程度 ●●

重点! 如果角色碰到外星人，生命就会减少，变成0的话游戏结束。

新建一个作品文件，这里不使用“角色1”，从角色列表中将其删除。

在舞台上移动角色，一旦接触到外星人，生命就会减少，当生命变成0时游戏就结束了。

首先，从“选择一个背景”的“户外”类别中选择Woods，如图17-37所示。

▼图17-37 选择背景Woods

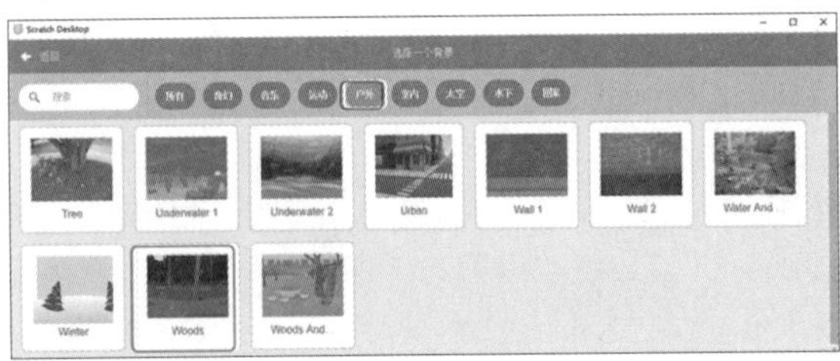

从“选择一个角色”的“人物”类别中选择Avery Walking，如图17-38所示。

▼图17-38 选择角色Avery Walking

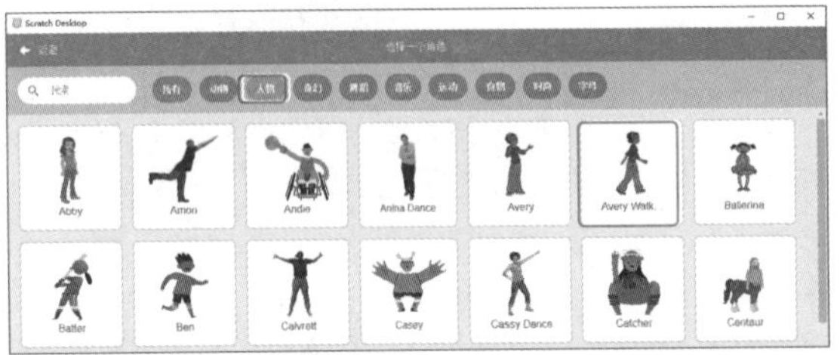

从“选择一个角色”的“动物”类别中选择Jellyfish，如图17-39所示。

▼图17-39 选择角色Jellyfish

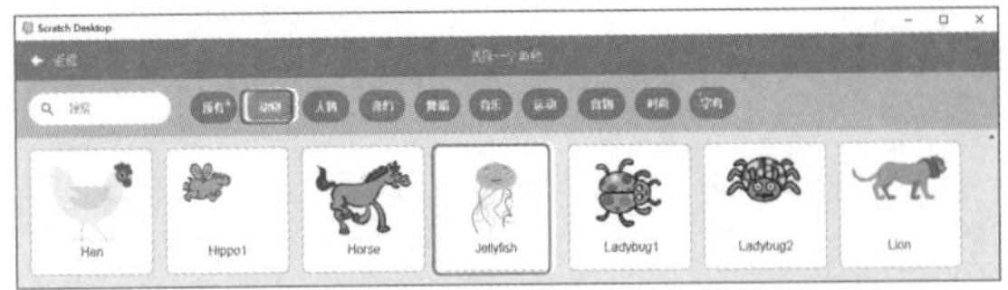

Jellyfish是水母，在这里我们将其视为外星人。将Avery Walking的“大小”设为70，Jellyfish的“大小”设为60，如图17-40所示放置在舞台上。

▼图17-40 放置两个角色

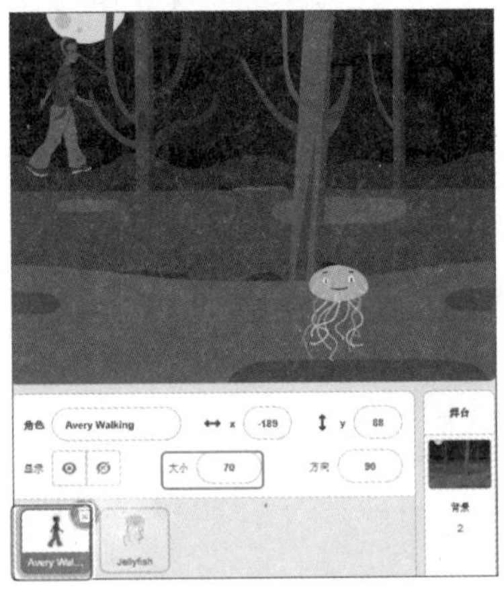

单击“变量”中的“建立一个变量”按钮，创建“生命”变量，如图17-41所示。

▼图17-41 建立“生命”变量

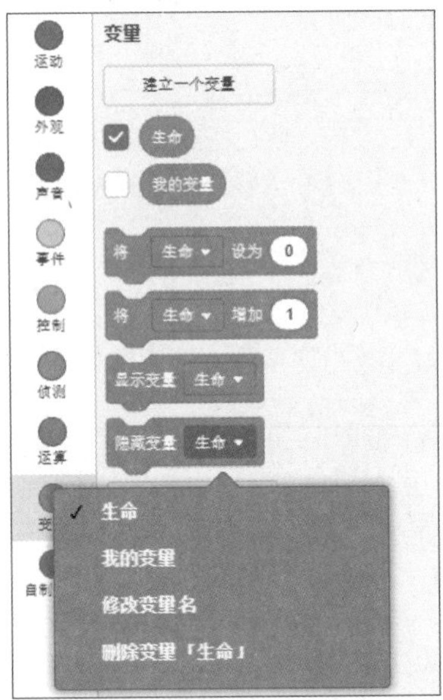

那么，从角色列表中选择Avery Waking，在代码区域拼接脚本吧。

首先，将“事件”分类内的“当🏴被点击”拖放到代码区域内。

接着拼接“变量”分类内的“将（生命▼）设为（0）”，将0指定为10，Avery Walking拥有的生命数是10。接着拼接“运动”内的“移到x:（-189）y:（88）”，这是Avery Walking的初始位置，接着拼接“面向（90）度”，将90指定为45，这样Avery Walking就会向45度的方向移动。

接着拼接“控制”内的“重复执行”。在“重复执行”的积木块内拼接角色行走的脚本。角色行走的脚本的“下一个造型”积木块下面拼接“移到x:（-189）y:（88）”，在-189与88处分别处嵌入“运算”分类内的“在（1）和（10）之间取随机数”，指定x坐标在-200到200之间，y坐标在-100到100之间的随机数。

接着在“等待（1）秒”的积木块下面拼接“控制”分类内的“如果　那么……”积木块，在　处嵌入“运算”内的“（　或　）”，制作图17-42所示的公式积木块。

▼图17-42 以“（　或　）”制作的公式积木块

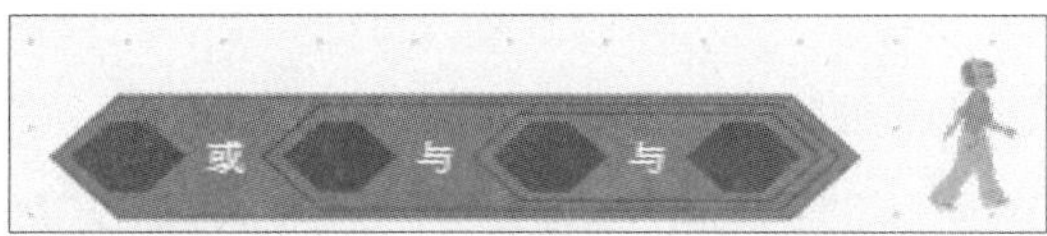

在图17-42的中的　处分别嵌入“侦测”分类内的“碰到颜色　？”。

在“造型”的编辑界中，可见Jellyfish有4种造型，如图17-43所示。

▼图17-43 Jellyfish拥有的“造型”

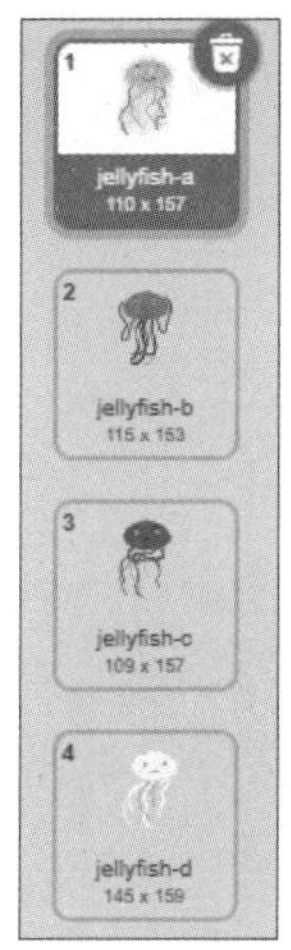

依次选择该造型，将“碰到颜色　？”中的颜色分别指定为这4个造型头部的颜色，会有点麻烦，但是需要一个一个指定颜色。

接下来，在“如果　那么……”积木块中拼接“声音”内的“播放声音（pop▼）”，当Avery和Jellyfish接触的时候会发出Pop的声音。接下来，拼接“变量”中的“将（生命）增加（1）”，将1指定为-1，这里是生命减少的处理。

接着，再次拼接“控制”内的“如果　那么……”积木块，在　嵌入“运算”中的“（　=（50））”。在　处嵌入“变量”中的“生命”变量，将50指定为0，这里是生命变成0时的处理。生命为0时，就要在“如果　那么……”积木块中拼接“外观”内的“说（你好！）（2）秒”，在“你好！”的位置输入Game Over！。最后拼接“控制”中的“停止（全部脚本）”。脚本制作完成后如图17-44所示。

▼图17-44 拼接Avery Waking的脚本

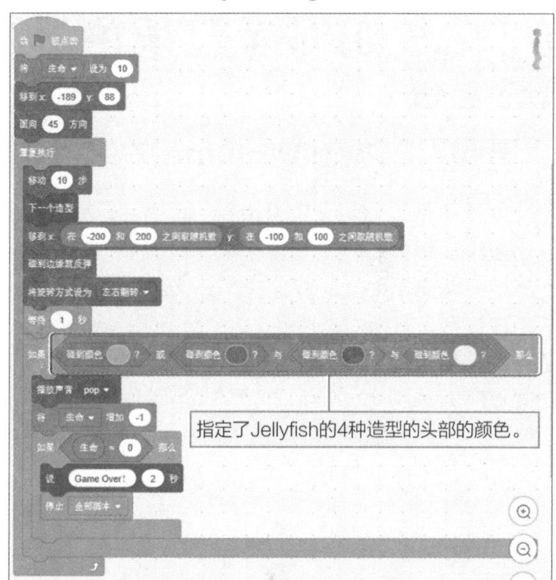

然后，从角色列表中选择Jellyfish，在代码区域拼接脚本。

首先，将“事件”分类内的“当　被点击”拖放到代码区域内。接着拼接“控制”内的“重复执行”。在“重复执行”的积木块内拼接“外观”分类内的“下一个造型”。最后拼接“控制”分类内的“等待（1）秒”，将1指定为0.5，Jellyfish的肤色会发生各种变化。脚本拼接完成后如图17-45所示。

▼图17-45 拼接Jellyfish的脚本

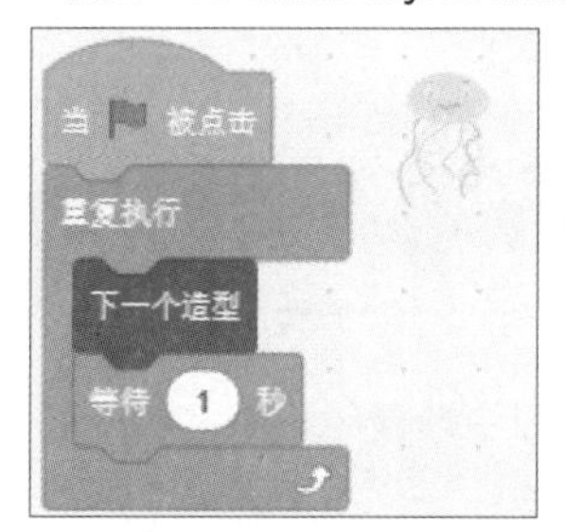

单击“运行”按钮，Avery Walking接触Jellyfish时，生命会减少，如图17-46所示。

▼图17-46 Avery Walking碰到Jellyfish生命会减少

秘技 285

如何操控角色逃离球的追逐

扫码看视频

对应 2.0 3.0

难易程度

重点！ Pico Walking夹在2个球中间，一旦碰到球，游戏就结束了。

新建一个作品文件，这里不使用“角色1”，从角色列表中将其删除。

在舞台上有两个球追着Pico Walking，Pico Walking碰到球的话游戏就结束了。用键盘的上下左右键操作Pico Walking的动作。

首先，从“选择一个背景”的“户外”类别中选择Forest，如图17-47所示。

▼图17-47 选择背景Forest

然后，从“选择一个角色”的“奇幻”类别中选择Pico Walking，如图17-48所示。

▼图17-48 选择角色Pico Walking

同样，从“运动”类别中选择Basketball和Soccer Ball，如图17-49所示。

▼图17-49 选择角色Basketball和Soccer Ball

将舞台上的Pico Walking的“大小”设为70，“方向”设为45，如图17-50所示。

▼图17-50 设置角色

那么，从角色列表中选择Pico Walking，在代码区域拼接脚本吧。

首先，将“事件”分类内的“当🏳被点击”拖放到代码区域内。接着拼接“运动”内的“移到x:(0)y:(0)”，这是Pico Walking的初始位置。

接着，拼接“控制”内的“重复执行”。在“重复执行”的积木块内拼接4个“控制”内的“如果⬣那么……”积木块，分别在⬣处嵌入“侦测”分类内的“按下(↓▼)键”“按下(↑▼)键”“按下(→▼)键”和“按下(←▼)键”。接着在第一个“如果⬣那么……”积木块拼接“运动”内的“将y坐标增加(10)”，将10指定为-7，继续拼接“下一个造型”和“碰到边缘就反弹”。

在第二个“如果⬣那么……”积木块中拼接相同的脚本，因为是往上走，所以在“将y坐标增加(10)”中，将10指定为7。在第三个“如果⬣那么……”积木块中拼接相同的脚本，因为是往右走，所以需要将“将y坐标增加(10)”修改为“将x坐标增加(10)”中，并将10指定为7。在第四个“如果⬣那么……”积木块中拼接相同的脚本，因为是往左走，所以在“将x坐标增加(10)”中，将10指定为-7。Pico Walking的脚本就拼接完成了，如图17-51所示。

▼图17-51 拼接Pico Walking的脚本

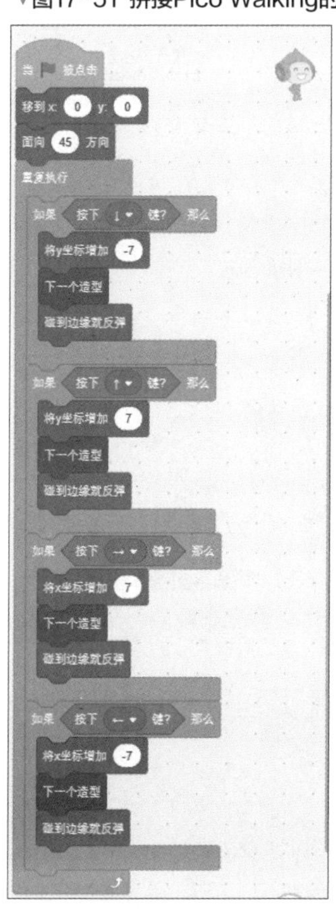

然后，从角色列表中选择Soccer Ball，在代码区域拼接脚本。

从“变量”中创建名为“速度”的变量，不要勾选“速度”复选框，这样“速度”的值就不会显示在舞台上，如图17-52所示。

▼图17-52 创建名为“速度”的变量

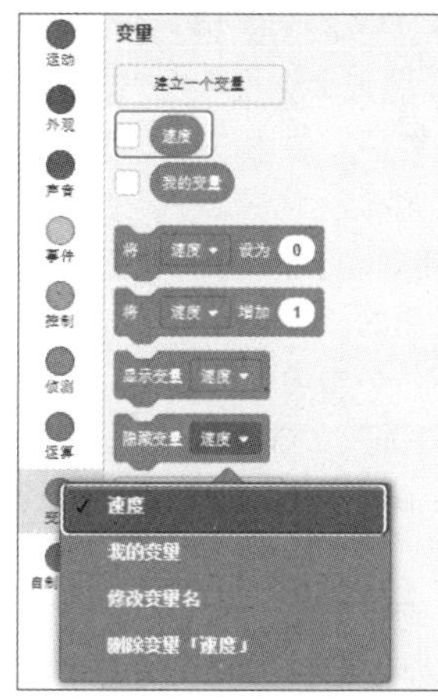

首先，将“事件”分类内的“当🏳被点击”拖放到代码区域内。接着拼接“运动”内的“移到x:(206)y:(-141)”，这是Pico Walking的初始位置。

接着拼接“控制”内的“重复执行”。在“重复执行”的积木块内拼接“运动”分类内的“面向(鼠标指针▼)”，单击下拉按钮选择Pico Walking，继续拼接“移动(10)步”，在10处嵌入“运算”内的“在(1)和(10)之间取随机数”，指定在0.5到3.0之间的随机步数，继续拼接“碰到边缘就反弹”。接着拼接“控制”内的“如果⬣那么……”积木块，在⬣处嵌入“侦测”分类内的“碰到(鼠标指针▼)?”，单击下拉按钮选择Pico Walking，最后在这个积木块中拼接“停止(全部脚本▼)”，单击下拉按钮下选择“这个脚本”选项，拼接完成后如图17-53所示。

▼图17-53 拼接Soccer Ball的脚本

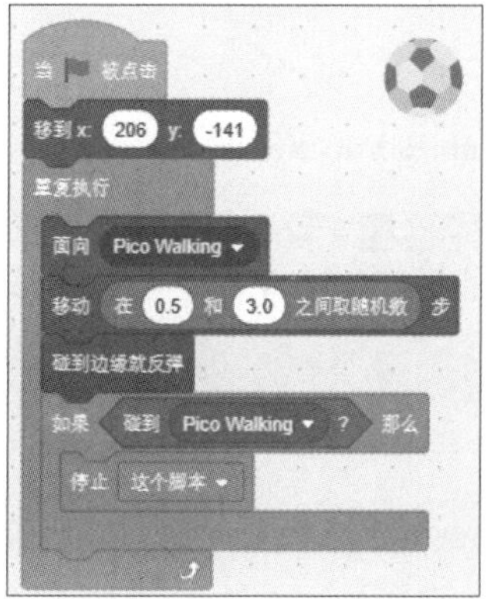

接着，从角色列表中选择Basketball，在代码区域拼接脚本。

首先，将“事件”分类内的“当🏴被点击”拖放到代码区域内。接着拼接“运动”内的“移到x:(-204) y:(143)”，这是Basketball的初始位置。继续拼接“变量”内的“将(速度▼)设为(0)”，在0处嵌入“运算”内的“在(1)和(10)之间取随机数”，将速度指定在4到8之间的随机数。接着拼接“控制”内的“重复执行”。在“重复执行”的积木块内拼接“运动”分类内的“面向(鼠标指针▼)”，单击下拉按钮选择Pico Walking。继续拼接“移动(10)步”，在10处嵌入“变量”内的“速度”变量，继续拼接“碰到边缘就反弹”。接着拼接“控制”内的“如果⬬那么……”积木块，在⬬处嵌入“侦测”分类内的“碰到(鼠标指针▼)?”，单击下拉按钮选择Pico Walking，最后在这个积木块中拼接“停止(全部脚本▼)”。拼接完成后如图17-54所示。

单击“运行”🏴按钮，用键盘的上下左右键操作Pico Walking，避免碰到Ball，一旦碰到Ball，游戏就结束了，如图17-55所示。

▼图17-54 拼接Basketball的脚本

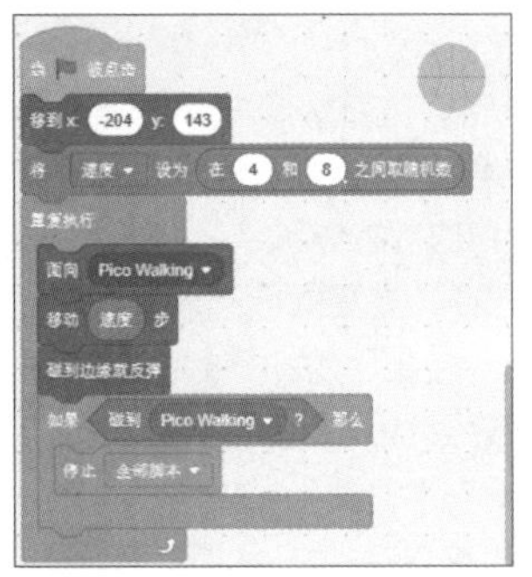

▼图17-55 Pico Walking碰到Ball游戏就结束

秘技

286 如何制作通往异次元的墙

扫码看视频

对应 2.0 3.0

难易程度 ●●●

重点! 当角色穿过墙壁时，就会移动到其他地方。

新建一个作品文件，这里不使用“角色1”，从角色列表中将其删除。

当角色靠近墙壁时，墙壁会卷起漩涡，将角色吞噬，并出现在不同的地方。

首先，从“选择一个背景”的“户外”类别中选择Beach Rio和Canyon，如图17-56所示。选择Beach Rio作为最初显示的背景。

▼图17-56 选择背景Beach Rio和Canyon

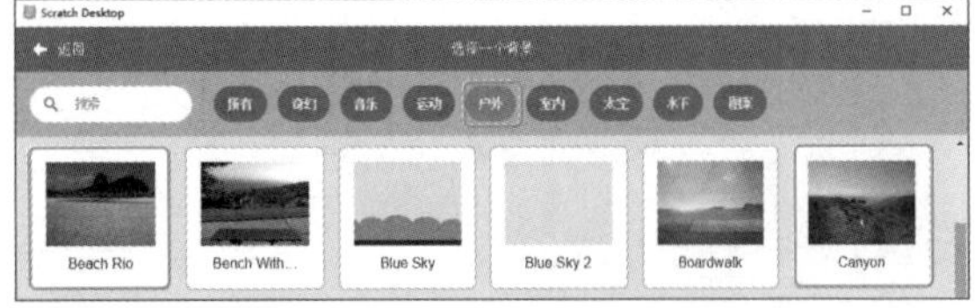

然后，从“选择一个角色”的“动物”类别中选择Bear-walking，如图17-57所示。

▼图17-57 选择角色Bear-walking

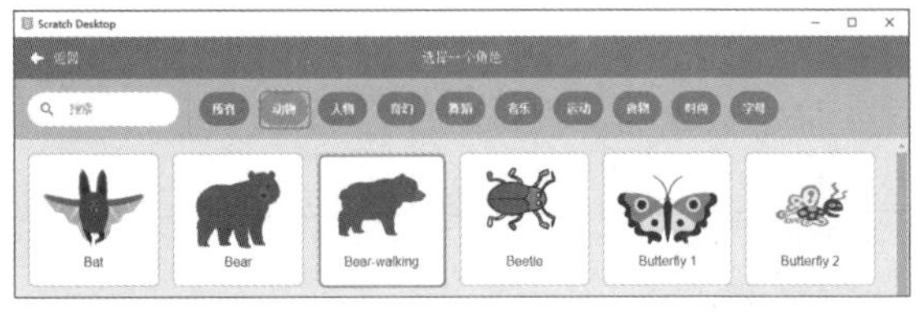

单击“上传角色”图标，上传本地墙壁的图片，如图17-58所示。我们提前准备好墙壁的图像。需要注意，在Scratch 3.0中，“绘制”的角色不能应用旋涡特效。

▼图17-58 单击“上传角色”图标

上传“墙壁”的图像，如图17-59所示。将墙壁的“大小”设为75，Bear-walking的“大小”设为60，按图17-59所示放置。

▼图17-59 上传“墙壁”的图像

切换至“代码”选项卡，显示代码区域。接着，用“变量”中的“建立一个变量”创建变量X，如图17-60所示。

▼图17-60 建立变量X

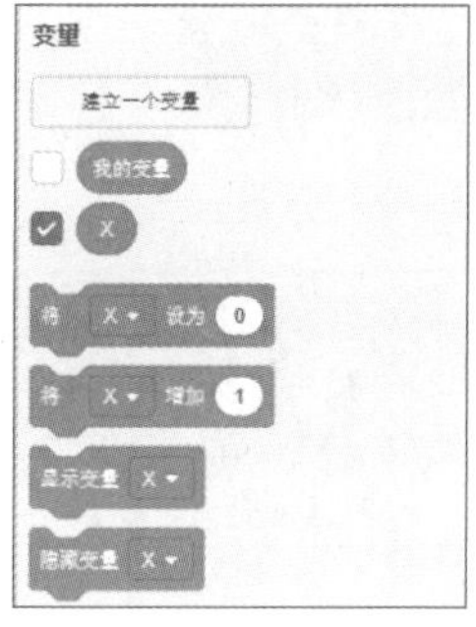

从角色列表中选择Bear-walking，在代码区域拼接脚本。

首先，将“事件”分类内的“当⚑被点击”拖放到代码区域内。

接着拼接“外观”内的“换成（Beach Rio▼）背景”和“移到最（前面▼）”。继续拼接“运动”内的“将x坐标设为（0）”、“变量”分类内的“将（X▼）设为（0）”和“移到x:（-154）y:（-105）”。

接着拼接“控制”内的“重复执行”，在“重复执行”的积木块内拼接Bear-walking每0.1秒走一次的脚本。继续拼接“如果⬣那么……”积木块，在⬣处嵌入“运算”内的“（◯>（50））”，在◯处嵌入“运动”分类内的“x坐标”，将50指定-26，这是Bear-walking头部的x坐标。

继续在这个积木块中拼接“外观”分类内的“（前移▼）（1）层”，单击下拉按钮选择“后移”选项，继续拼接“广播（消息1▼）”，“消息1”的处理会在“墙壁”的代码中详细介绍。

在“如果⬣那么……”积木块下面再次拼接“如果⬣那么……”积木块，在⬣处嵌入“运算”内的“（◯>（50））”，在◯处嵌入“运动”分类内的“x坐标”，50指定184，这是Bear-walking尾巴的x坐标。

在这个积木块中拼接“外观”分类内的“移到最（前面▼）”、“运动”内的“移到x:（-154）y:（-105）”、“外观”内的“换成（Beach Rio▼）背景”和“控制”内的“停止（全部脚本▼）”。

最后在“如果⬣那么……”积木块下面拼接“变量”分类内的“将（X▼）设为（0）”，在0处嵌入“运动”分类内的“x坐标”，这个变量X的值在“墙壁”中会使用。Bear-walking的脚本拼接完成后如图17-61所示。

▼图17-61 拼接Bear-walking的脚本

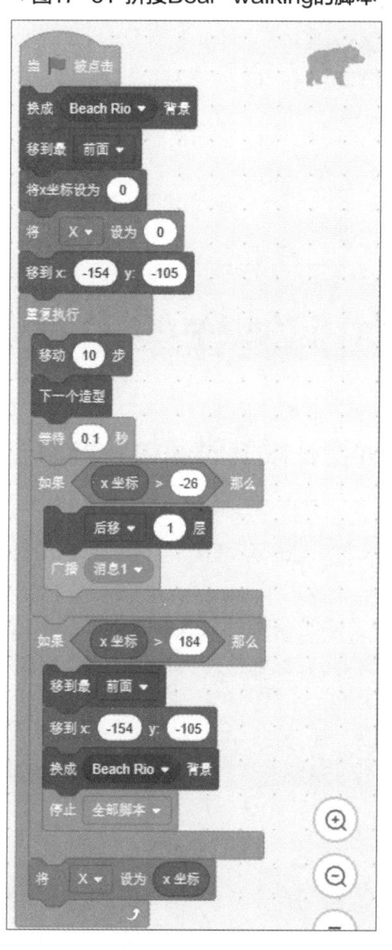

从角色列表中选择“墙壁”，在代码区域拼接脚本。

首先，将“事件”分类内的“当接收到（消息1▼）”拖放到代码区域内。

接着拼接“控制”内的“重复执行”，在“重复执行”积木块内拼接“重复执行直到⬬”，在⬬处嵌入“运算”内的“（ ）>（50））”，在 处嵌入“变量”分类内的X变量，将50指定100。在“重复执行直到⬬”的积木块内拼接“外观”内的“将（颜色▼）特效增加（25）”，单击下拉按钮选择“漩涡”选项。继续在“重复执行直到⬬”的积木块下面拼接“外观”内的“将（颜色▼）特效设为（0）”，单击下拉按钮选择“漩涡”选项，继续拼接“换成（Canyon▼）背景”和“变量”内的“将（X▼）设为（0）”。“墙壁”的脚本拼接完成后如图17-62所示。

▼图17-62 拼接“墙壁”的脚本

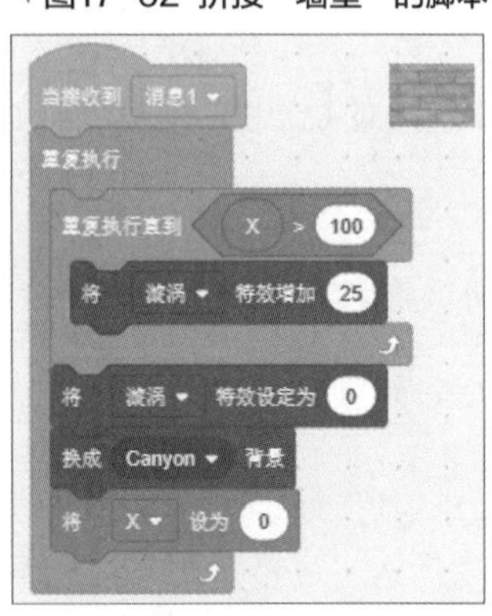

单击“运行”⚑按钮，Bear-walking靠近墙壁时，墙壁会卷起漩涡，Bear-walking会卷入其中，出现在别的地方，之后马上回到原来的位置，如图17-63所示。

▼图17-63 Bear-walking被墙壁的漩涡吞没，出现在其他地方

秘技 287 如何制作单击球并得分

扫码看视频

▶对应 2.0 3.0

▶难易程度 ●●

重点！ 试着在限制时间内，能单击多少个Ball。

新建一个作品文件，这里不使用“角色1”，从角色列表中将其删除。

在限制时间内，单击在舞台上随机位置上显示的球，试试能点击多少个。反射神经和运动视力不好的话，玩这个游戏会感觉到吃力。

首先，从“选择一个背景”的“户外”类别中选择Blue Sky2，如图17-64所示.

▼图17-64 选择背景Blue Sky2

然后，从“运动”类别中选择Baseball，如图17-65所示。

▼**图17-65 选择角色Baseball**

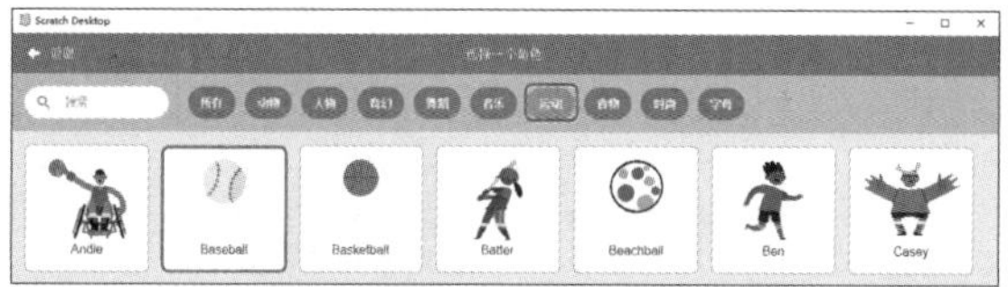

单击“变量”分类中的“建立一个变量”按钮，创建“秒数”和“单击次数”两个变量。同时，创建了与这些变量相关的积木块，如图17-66所示。

▼**图17-66 生成“秒数”和“单击次数”的积木块**

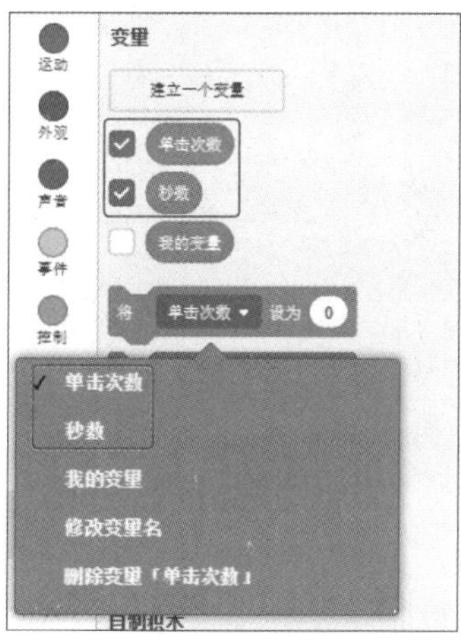

舞台上只放置了一个Baseball角色，放在哪里都没有问题。

从角色列表中选择Baseball，在代码区域拼接脚本。

首先，将“事件”分类内的“当被点击”拖放到代码区域内。

接着拼接“外观”内的“隐藏”，“变量”内的“将（秒数▼）设为（0）”，将0指定为60，表示游戏的时间为60秒。继续拼接“变量”内的“将（单击次数▼）设为（0）”。

接着拼接“控制”内的“重复执行”，在这个积木块中拼接“外观”内的“显示”。继续拼接“运动”分类内的“移到x:（10）y:（-20）”，在10与-20处分别处嵌入“运算”分类内的“在（1）和（10）之间取随机数”，指定x坐标在-200到200之间，y坐标在-100到100之间的随机数。接着拼接“变量”内的“将（秒数▼）增加（1）”，将1指定为-1，继续拼接“移动（10）步”和“等待（1）秒”，将1指定为0.75。

接着拼接“控制”内的“如果那么……”积木块，在处嵌入“运算”内的“（=（50））”，在处嵌入“变量”分类内的“秒数”变量，将50指定为0，当“秒数”的值为0时，游戏结束。在“如果那么……”积木块中拼接“隐藏”和“停止（全部脚本▼）”。

最后，将“事件”分类内的“当角色被点击”拖放到代码区域内。在下面拼接“变量”内的“将（单击次数▼）增加（1）”和“播放声音（Pop▼）”，每次单击Baseball时就会发出声音。Baseball的脚本拼接完成后如图17-67所示。

▼**图17-67 Baseball的脚本拼接完成**

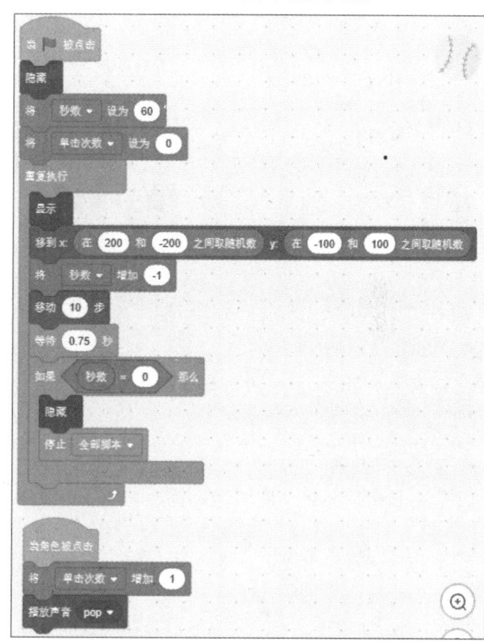

单击“运行”按钮，如果单击Baseball，就会听到pop的声音，单击次数也会增加，60秒后游戏结束，如图17-68所示。

▼**图17-68 单击Baseball**

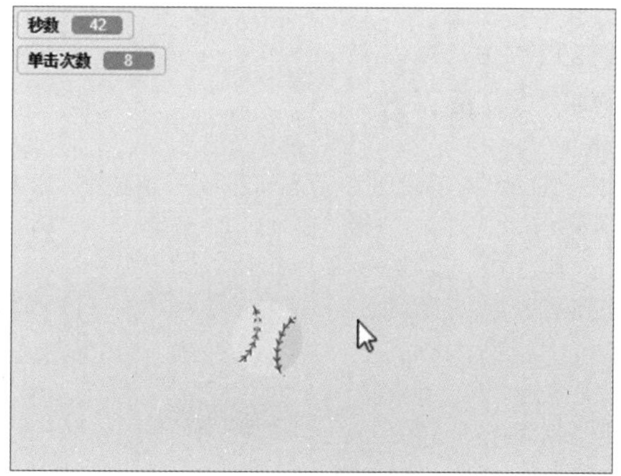

秘技
288 如何制作让角色掉进洞里

扫码看视频

▶对应 2.0 3.0
▶难易程度 ●●

重点！ 角色掉进舞台上的洞里。

新建一个作品文件，这里不使用“角色1”，从角色列表中将其删除。

角色在舞台上行走时会掉进洞里。

首先，从“选择一个背景”的“户外”类别中选择Blue Sky2，如图17-69所示.

▼图17-69 选择背景Jurassic

从“选择一个角色”的“人物”类别中选择Avery Walking，如图17-70所示。

▼图17-70 选择角色Avery Walking

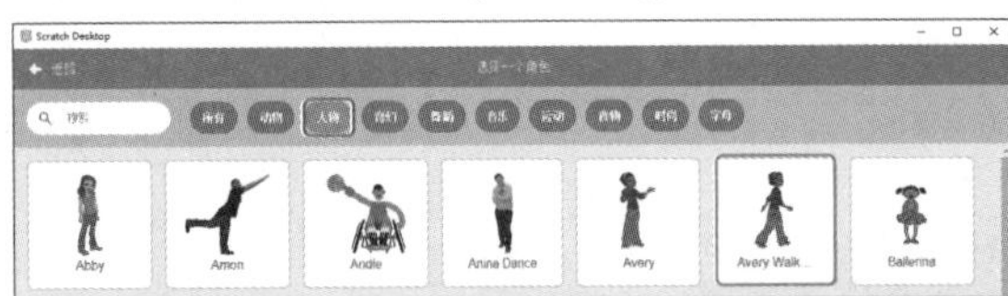

接着，单击“绘制”图标，在舞台上绘制“洞穴”

将“填充”和“轮廓”都指定为“黑色”，单击“圆”图标，绘制出一个椭圆，如图17-71所示，在舞台上也出现了“洞穴”。

▼图17-71 绘制“洞穴”

切换至“代码”选项卡，显示代码区域。

将Avery Walking的“大小”设为70，如图17-72所示。黑色的洞是“角色1”。

▼图17-72 放置各种角色

从角色列表中选择Avery Walking，在代码区域拼接脚本。

首先，将“事件”分类内的“当🏴被点击”拖放到代码区域内。接着，拼接“外观”内的“移到最（前面▼）”和“显示”，这里的处理是，当Avery Walking掉到“洞穴”里的时候，Avery Walking会消失，所以再次执行的时候，Avery Walking会再次显示。

接着拼接“运动”分类内的“移到x:（-176）y:（-111）”，这是Avery Walking的初始位置。

接着拼接“控制”分类内的“重复执行”，在这个积木块中拼接“移动（10）步”“下一个造型”和“等待（0.1）秒”，这是角色行走的基本脚本。继续拼接“控制”内的“如果⬢那么……”积木块，在⬢处嵌入“运算”内的“（ ）>（50））”，在 处嵌入“运动”分类内的“x坐标”，将50指定为5。

继续在“如果⬢那么……”积木块中拼接“运动”内的“将y坐标增加（10）”，因为是掉进“洞穴”里，要往下走，所以要将10指定为-20。继续拼接“等待（0.1）秒”，这样角色就会在0.1秒掉下去。继续拼接“外观”分类内的“（后移▼）（1）层”和“隐藏”。最后拼接“控制”中的“停止（全部脚本▼）”，拼接完成后如图17-73所示。

▼图17-73 Avery Walking脚本拼接完成

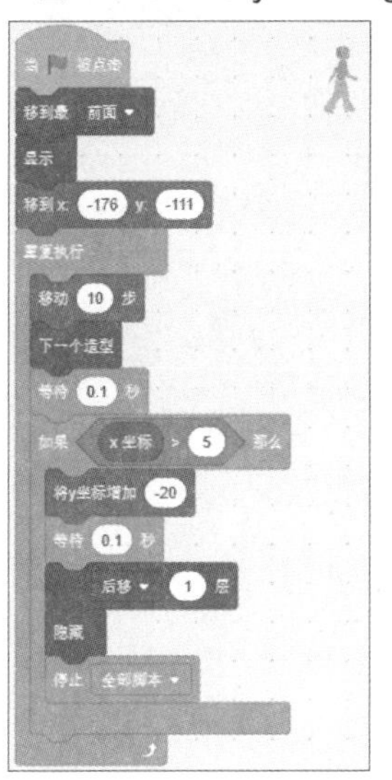

单击“运行”按钮，Avery Walking走到“洞穴”上就会掉下去，如图17-74所示。

▼图17-74 Avery Walking掉进“洞穴”里

秘技289 如何击打飞过来的棒球

扫码看视频　对应 3.0　难易程度 ●●

重点！ 击打飞过来的棒球。

新建一个作品文件，这里不使用“角色1”，从角色列表中将其删除。

角色击打飞过来的棒球。

首先，从“选择一个背景”的“户外”类别中选择Playing Field，如图17-75所示。

▼图17-75 选择背景Playing Field

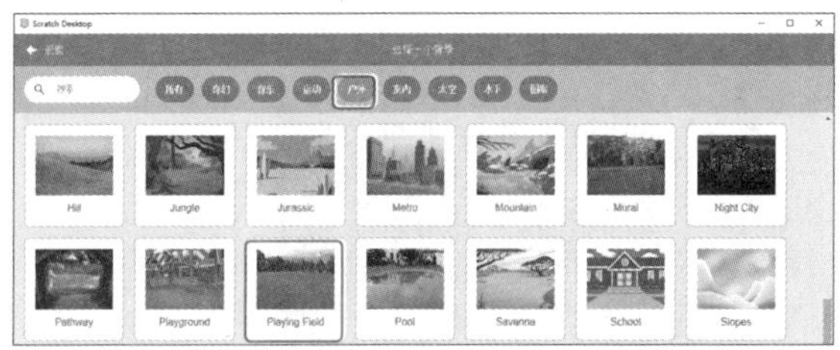

然后，从“选择一个角色”的“运动”类别中选择Baseball和Batter，如图17-76所示。

▼图17-76 选择角色Baseball和Batter

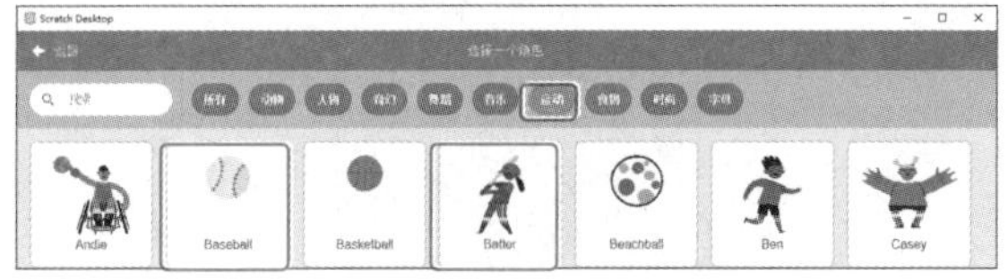

从角色列表中选择Baseball，将“大小”设为50，放置在图17-77所示的位置。

▼图17-77 放置Baseball和Batter

从角色列表中选择Baseball，在代码区域拼接脚本。

首先，将“事件”分类内的“当被点击”拖放到代码区域内。接着拼接“运动”分类内的“移到x:(-219)y:(-1)”，这是Baseball的初始位置，继续拼接“面向(90)度”和“显示”。

接着拼接“控制”内的“重复执行直到”，在处嵌入“侦测”内的“碰到颜色？”，将颜色指定为Batter球棒的颜色。接着，在这个积木块中拼接“运动”内的“将x坐标增加（10）”，将10指定为20，继续拼接“左转（15）度”，将15指定为60。

如果执行脚本，Baseball就会一边旋转一边飞向Batter。继续将“控制”内的“等待（1）秒”拼接起来，将1指定为0.05，这样Baseball就会以最快的速度飞向Batter。

接着，在“重复执行直到”积木块下面拼接“控制”内的“如果那么……”积木块，在处嵌入“侦测”内的“碰到颜色？”，将颜色指定为Batter球棒的颜色，这里是Baseball碰到球棒，Batter击打Baseball的处理。

在“如果那么……”积木块中拼接“事件”内的“广播（消息1▼）”。继续拼接“重复执行”，在这个积木块中拼接“运动”内的“将y坐标增加（10）”“将x坐标增加（-10）”和“左转（60）度”。

这样，Batter挥动球棒，Baseball边旋转边飞出去，脚本如图17-78所示。

▼图17-78 拼接Baseball的脚本

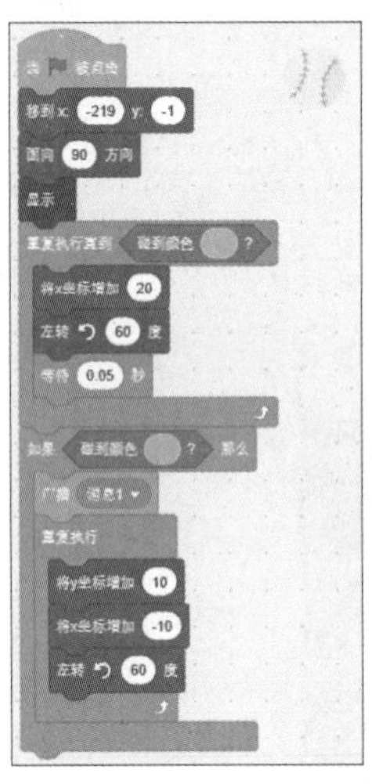

从角色列表中选择Batter，在代码区域拼接脚本。

首先，将“事件”分类内的“当被点击”拖放到代码区域内。接着，拼接“外观”分类内的“换成（batter-a▼）造型”。接着，将“事件”分类内的“当接收到（消息1▼）”拖放到代码区域内。在下面拼接“重复执行（10）次”，将10指定4，这是因为Batter只有4个造型，如图17-79所示。

接着，在“重复执行（4）次”积木块中拼接“下一个造型”和“等待（1）秒”，将1指定为0.05，最后在“重复执行（4）次”积木块下面拼接“停止（全部脚本▼）”，单击下拉按钮选择“这个脚本”选项，拼接完成后如图17-80所示。

▼图17-79 Batter的造型

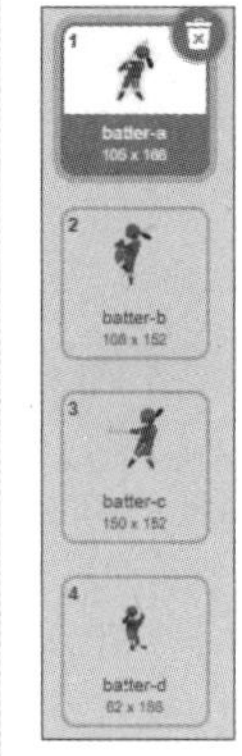

▼图17-80 拼接Batter的脚本

单击“运行”按钮，Baseball会飞向Batter，当Baseball碰到球棒时，Batter会挥动球棒将Baseball击打出去，如图17-81所示。

▼图17-81 Batter挥动球棒将Baseball击打出去

秘技 290

如何制作音乐1

重点！ 水里的角色会随着节奏加快而迅速移动。

新建一个作品文件，这里不使用“角色1”，从角色列表中将其删除。

水中的青蛙会随着声音的节奏加快而加速移动。

首先，从“选择一个背景”的“水下”类别中选择选择了Underwater 2，如图17-82所示。

▼图17-82 选择背景Underwater 2

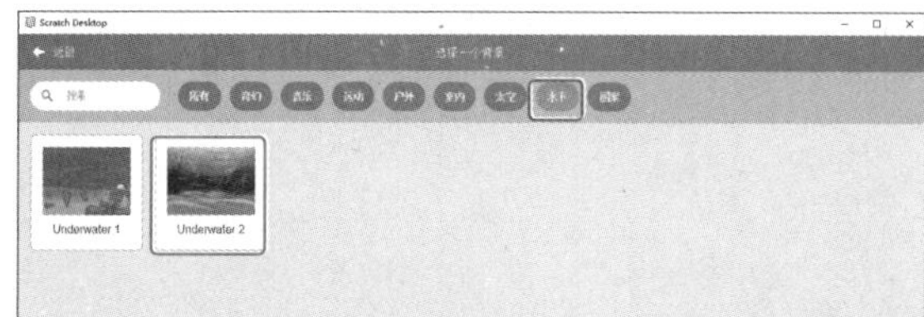

然后，从“选择一个角色”的“动物”类别中选择Wizard-toad，如图17-82所示。

▼图17-83 选择角色Wizard-toad

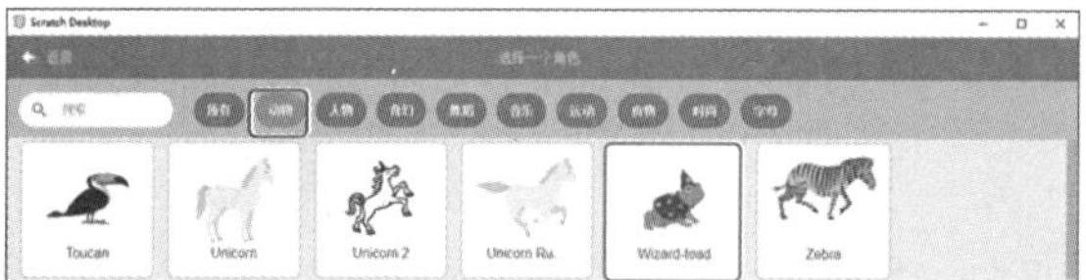

接着，从“选择一个扩展”中选择“音乐”，如图17-84所示。

▼图17-84 选择扩展功能“音乐”

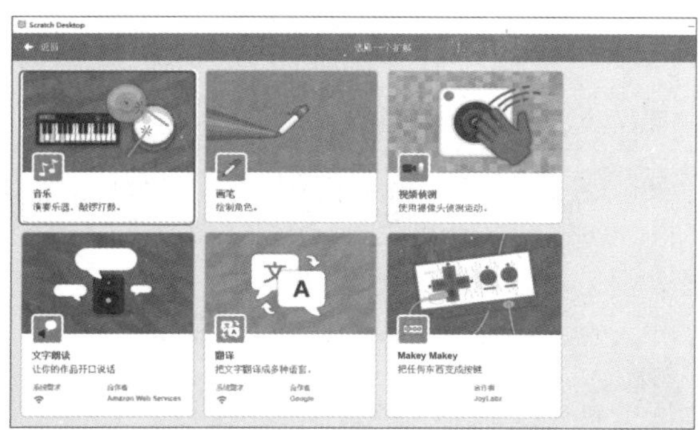

选择了“音乐”的扩展功能，就添加了“音乐”的积木块，如图17-85所示。

▼图17-85 添加关于“音乐”的积木块

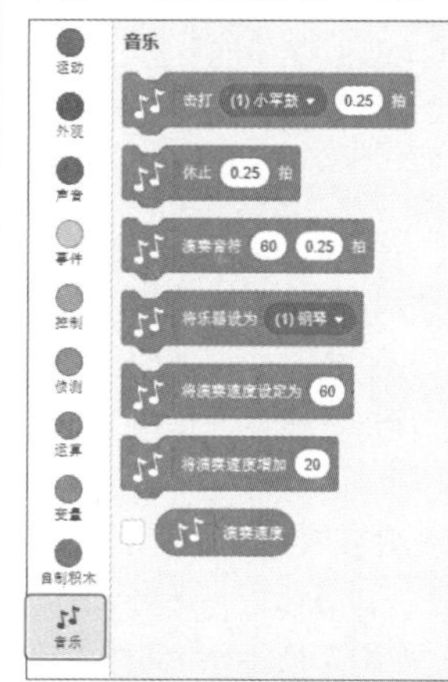

将舞台上放置Wizard-toad并设置“大小”为50，如图17-86所示。

▼图17-86 放置Wizard-toad

在Wizard-toad的代码区域拼接脚本。

首先，将“事件”分类内的“当⚑被点击”拖放到代码区域内。接着，拼接“运动”分类内的“移到x:（-198）y:（-120）”，这是Wizard-toad的初始位置，继续制作“音乐”分类内的“将演奏速度设为（60）”，将60指定为0，最初将节奏设为0。

接着，拼接“控制”内的“重复执行”。在“重复执行”积木块内，拼接“音乐”内的“演奏音符（60）（0.25）拍”，将0.25拍设为0.1拍。单击这个积木块的60处，就会出现图17-87所示的钢琴琴键。这里默认为60，我们也可以选择喜欢的声音。

▼图17-87 显示了钢琴的琴键

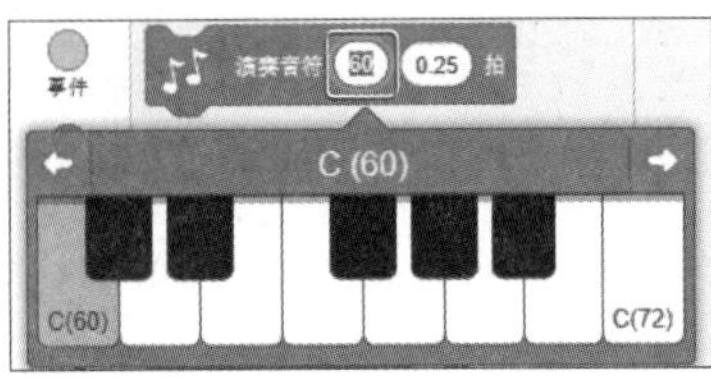

接下来，将“音乐”中的“将演奏速度增加（20）”拼接起来，将20指定为1。接着拼接“运动”分类内的“移动（10）步”，在10的地方嵌入“音乐”分类内的“演奏速度”。接下来，拼接角色行走的固定脚本，这里就不多解说了。

这样一来，音乐的节奏就会慢慢变快，Wizard-toad的动作也会随着节奏而变快，如图17-88所示。

单击“运行”按钮，根据指定的钢琴音阶的节奏，Wizard-toad的动作也逐渐变快，如图17-89所示。

▼图17-88 拼接Wizard-toad的脚本

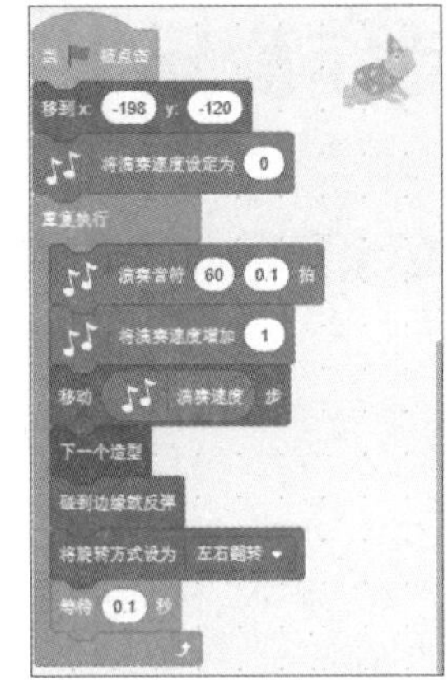

▼图17-89 Wizard-toad的动作变快了

秘技 291 如何制作音乐2

扫码看视频

对应 2.0 3.0

难易程度 ●●

重点！ 将光标放在鼓和铜钹上就会发出声音。

新建一个作品文件，这里不使用“角色1”，从角色列表中将其删除。

把鼠标指针放在舞台上的鼓和铜钹上，就会发出声音。

首先，从“选择一个背景”的“音乐”类别中选择Concert，如图17-90所示。

▼图17-90 选择背景Concert

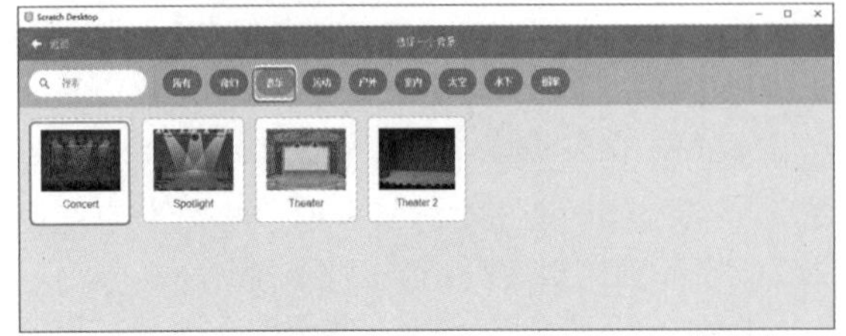

然后，从“选择一个角色”的“音乐”类别中选择Drum-cymbal和Drum-snare，如图17-91所示。

▼图17-91 选择角色Drum-cymbal和Drum-snare

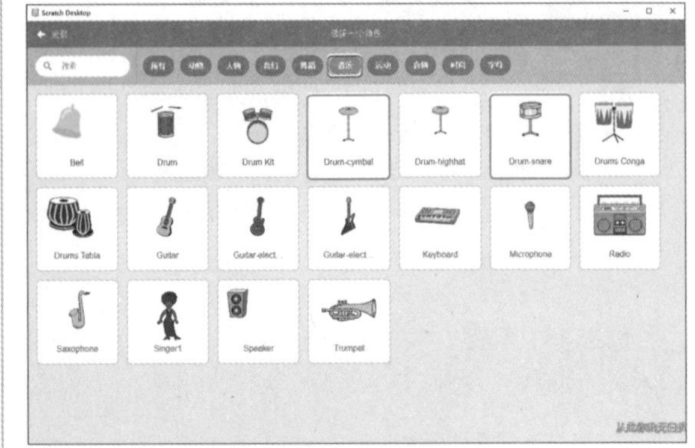

请如图17-92那样在舞台上放置角色。

▼图17-92 放置各种角色

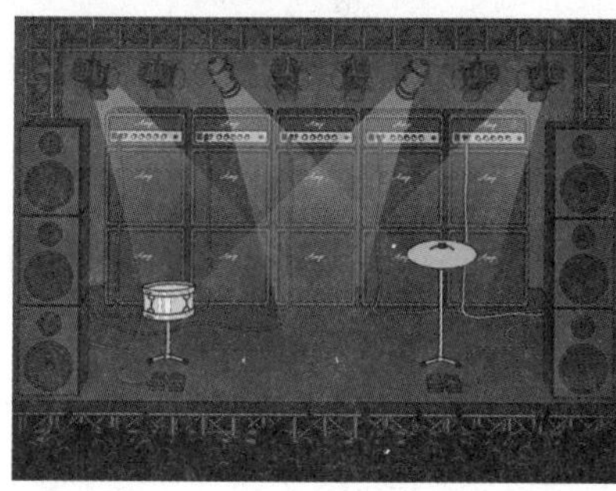

从角色列表中选择Drum-snare，在代码区域拼接脚本。

首先，将“事件”分类内的“当⚑被点击”拖放到代码区域内。接着拼接“控制”内的“重复执行”。在“重复执行”积木块中拼接“控制”内的“如果⬣那么……”积木块，在⬣处嵌入“侦测”内的“碰到（鼠标指针▼）”，继续在这个积木块中拼接“外观”内的“下一个造型”。Drum-snare的造型如图17-93所示。

▼图17-93 Drum-snare的造型

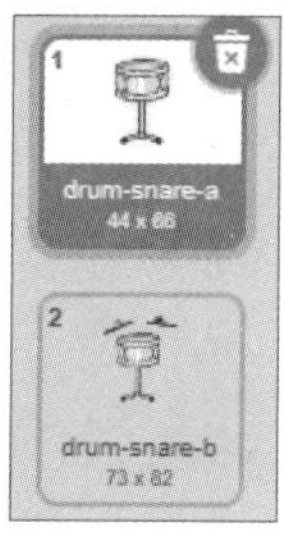

最后，拼接“声音”内的“播放声音（tap snare▼）”。这样，将鼠标指针放在鼓上就会发出鼓的声音，Drum-snare的脚本拼接完成后如图17-94所示。

▼图17-94 拼接Drum-snare的脚本

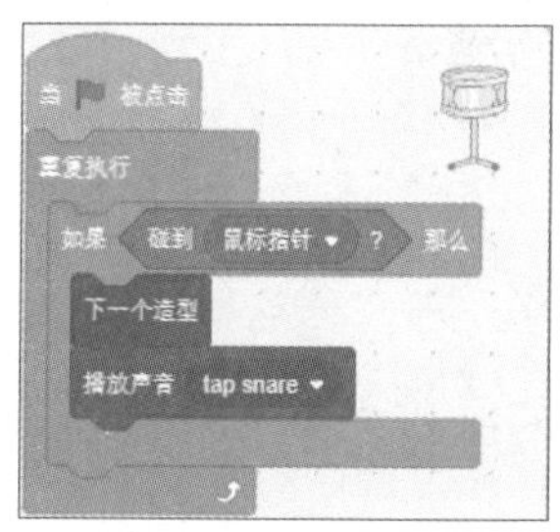

从角色列表中选择Drum-cymbal，在代码区域拼接脚本。首先，将“事件”分类内的“当⚑被点击”拖放到代码区域内。接着拼接“控制”内的“重复执行”。在“重复执行”积木块中拼接“控制”内的“如果⬣那么……”积木块，在⬣处嵌入“侦测”内的“碰到（鼠标指针▼）”。继续在这个积木块中拼接“外观”内的“下一个造型”，Drum-cymbal的造型如图17-95所示。通过切换造型，就会有上下挥动铜钹的感觉，但是，Drum-cymbal的“造型”并没有很大的不同之处，所以很难察觉。

▼图17-95 Drum-cymbal的造型

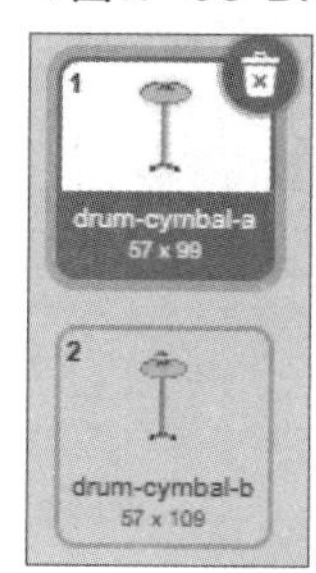

最后，拼接“声音”中的“播放声音（roll cymbal▼）”，Drum-cymbal的脚本拼接完成后如图17-96所示。单击该积木块的下拉按钮可以选择各种cymbal的声音，如图17-97所示。这里选择的是roll cymbal，我们也可以选择自己喜欢的声音。

▼图17-96 Drum-cymbal的脚本

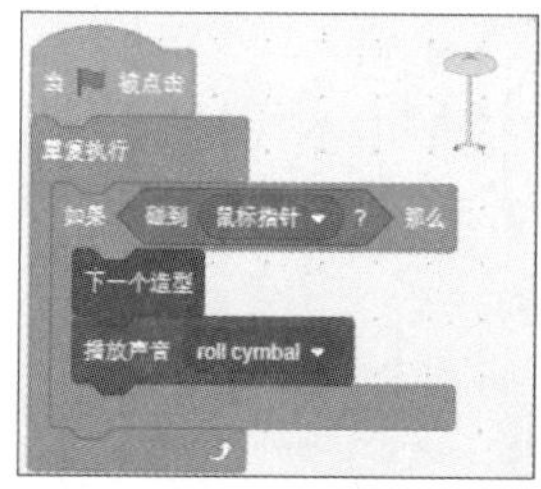

▼图17-97 可以选择各种cymbal的声音

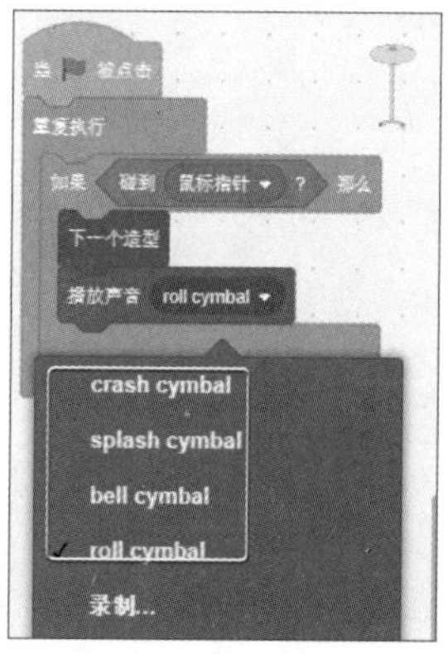

单击“运行”⚑按钮，把鼠标指针放到Drum-snare和Drum-cymbal上，就会听到乐器的声音，如图17-98所示。

▼ 图17-98 鼠标指针触碰到乐器就会发出响声

秘技 292

画笔的应用1

扫码看视频

对应 2.0 3.0

难易程度 ●●

重点！ 小小的Parrot在舞台上飞来飞去，画出各种颜色的花纹图形。

新建一个作品文件，这里不使用“角色1”，从角色列表中将其删除。

Parrot在舞台上飞来飞去，绘制出各种颜色的花纹图形。

首先，从“选择一个背景”的“图案”类别中选择Rays，如图17-99所示。

▼ 图17-99 选择背景Rays

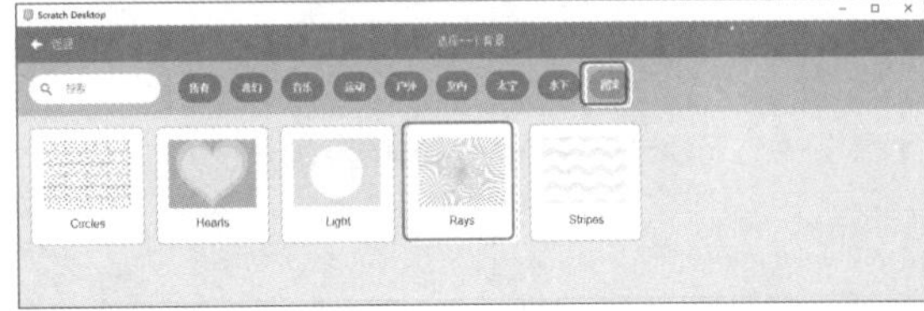

然后，从“选择一个角色”的“所有”类别中选择parrot，如图17-100所示。

▼ 图17-100 选择角色parrot

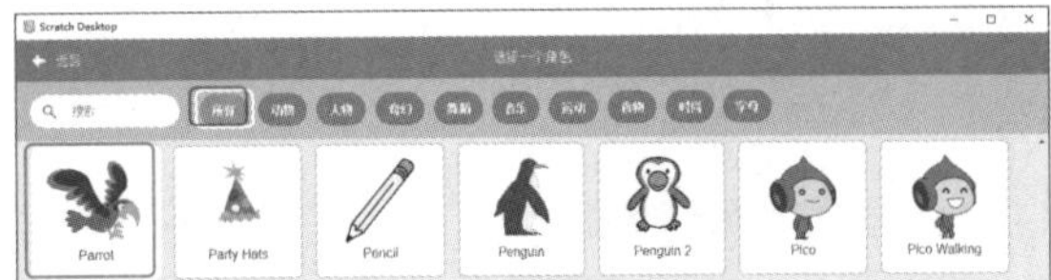

接着，从“选择一个扩展”中选择“画笔”，如图17-101所示。

▼ 图17-101 选择扩展功能“画笔”

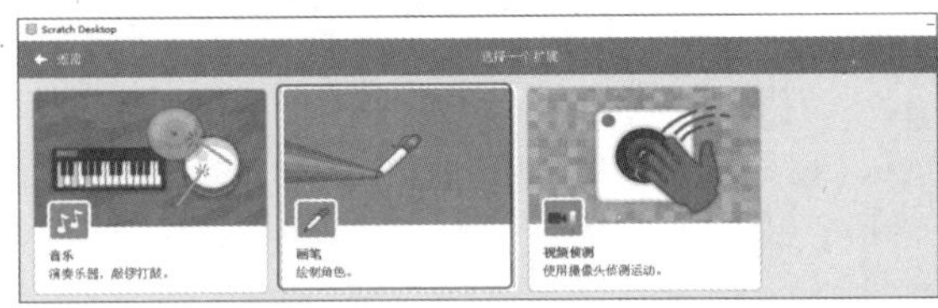

选择了“画笔”的扩展功能，就添加“画笔”的积木块，如图17-102所示。

▼ 图17-102 添加关于“画笔”的积木块

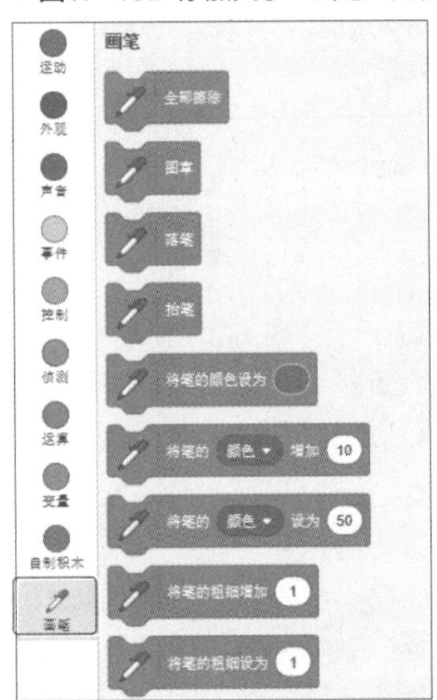

将Parrot的“大小”设为10，并将其放在舞台中央，如图17-103所示。

▼图17-103 把Parrot放在舞台中央

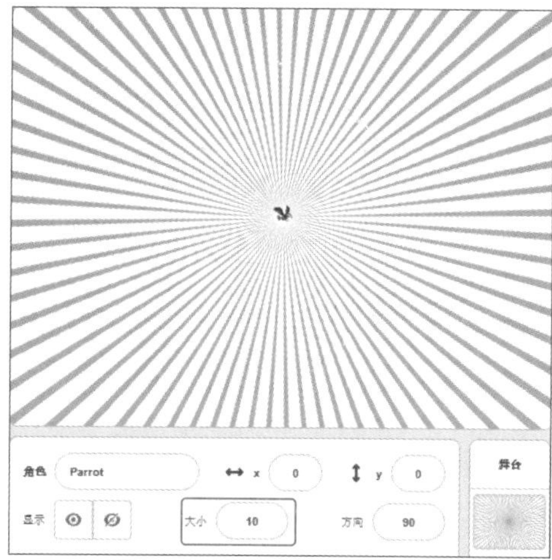

在Parrot的代码区域拼接脚本。

首先，将“事件”分类内的“当🏴被点击”拖放到代码区域内。接着拼接“画笔”内的“全部擦除”。继续拼接“控制”内的“重复执行”，在这个积木块中拼接“运动”中的“面向（90）度”。继续拼接“画笔”分类内的“将笔的（颜色▼）增加（10）”和“落笔”，进入绘图状态。

接着拼接“控制”中的“重复执行（10）次”，将10指定为8。在“重复执行（8）次”积木块中拼接“运动”中的“移动（10）步”，将10指定为20。继续拼接“右转（15）度”，将15指定为135，这样就能画出花纹的图形。可以试着改变各种数值，会画出不同的图形，很有趣。

在“重复执行（8）次”积木块下面拼接“画笔”分类内的“抬笔”，最后拼接“运动”分类内的“移到x:（0）y:（0）”，在两个0处分别处嵌入“运算”分类内的“在（1）和（10）之间取随机数”，指定x坐标在-240到240之间，y坐标在-180到180之间的随机数。脚本拼接完成后如图17-104所示。Parrot绘制了一个图案，然后停止绘制，接着在另一个随机的位置上又绘制了一个图案。

▼图17-104 拼接Parrot的脚本

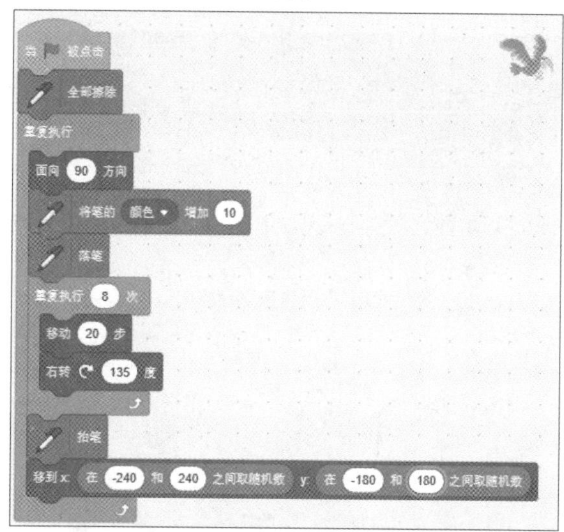

单击“运行”🏴按钮，Parrot在整个舞台的随机位置上显示并画出各种颜色的花纹，如图17-105所示。

▼图17-105 Parrot画着各种颜色的花纹图案

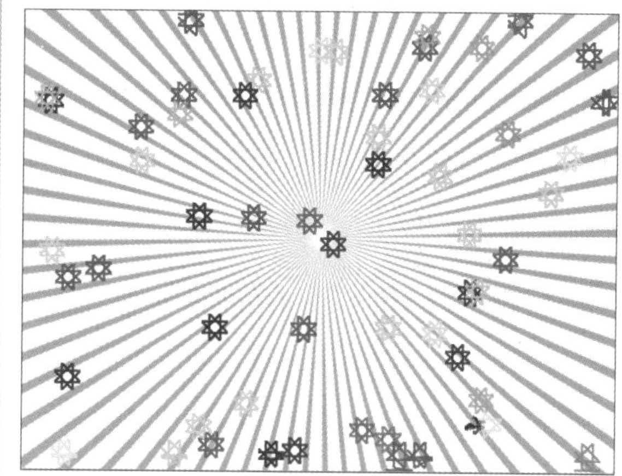

秘技 293

画笔的应用2

扫码看视频

对应 2.0 3.0

难易程度 ●●

重点！ 单击舞台上随机显示的角色，角色会一边盖印章，一边改变颜色行走。

在秘技292中添加了“画笔”的扩展功能，在添加了扩展功能的状态下，新建一个作品文件。

这里会使用“角色1”（猫），不要删除。

单击舞台上随机显示的角色，角色会一边盖印章，一边改变颜色行走，就像角色留下的残影一样。

首先，从“选择一个背景”的“户外”类别中选择了Mountain，如图17-106所示。

▼图17-106 选择背景Mountain

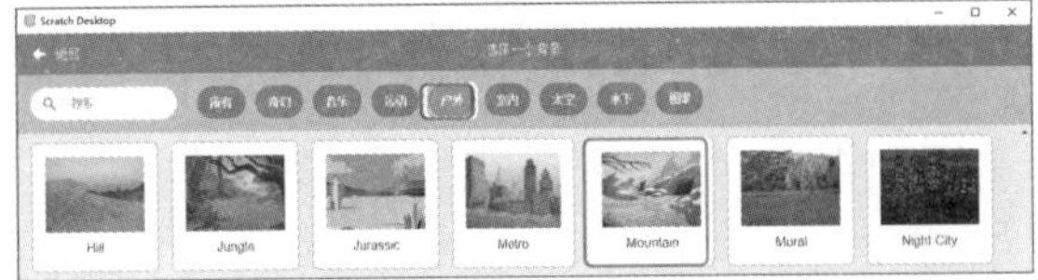

将“角色1”放置在舞台中央，如图17-107所示。

▼图17-107 将“角色1”放置在舞台中央

接下来拼接脚本吧。首先，选择舞台，如图17-108所示。

▼图17-108 选择舞台

将“事件”中的“当舞台被点击时”拖放到代码区域，在下面拼接“事件”中的“广播（消息1▼）”，这个“消息1”被“角色1”接收，如图17-109所示。

▼图17-109 拼接舞台的脚本

再从角色列表中选择“角色1”，拼接脚本。

首先，将“事件”分类内的“当接收到（消息1▼）”拖放到代码区域内。接着拼接“画笔”内的“全部擦除”。继续拼接“运动”分类内的“移到x:（0）y:（0）”，在两个0处分别处嵌入“运算”分类内的“在（1）和（10）之间取随机数”，指定x坐标在-200到200之间，y坐标在-150到150之间的随机数。舞台的大小是240×180，在这里制作一个合适的范围就可以了。

接着拼接“控制”内的“重复执行”，在这个积木块中拼接“画笔”内的“图章”，继续拼接“外观”内的“将（颜色▼）特效增加（25）”。最后拼接角色行走的固定脚本，拼接完成后如图17-110所示。

▼图17-110 拼接“角色1”的脚本

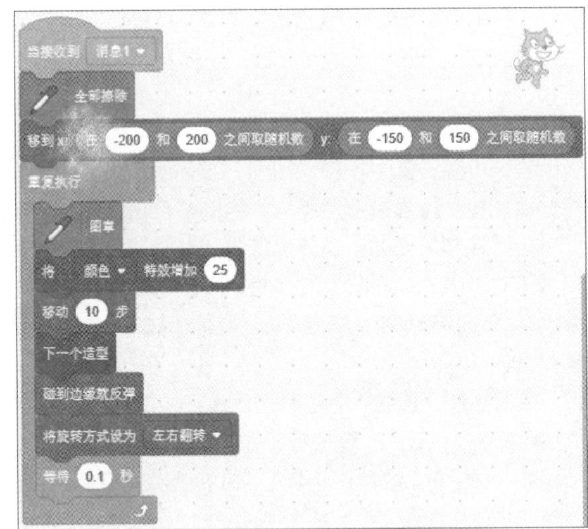

单击“运行”按钮，每次单击舞台界面，“角色1”就会在随机的位置显示，一边盖印章，一边改变颜色行走，如图17-111所示。

▼图17-111 单击舞台界面，“角色1”会一边盖印章，一边改变颜色行走

秘技 294

文字朗读的应用1

对应 2.0 3.0 难易程度 ●●

重点！ 试着让彼此用语音对话。

新建一个作品文件，在秘技293中添加“画笔”的扩展功能，这里使用的是“文字朗读”的扩展功能，“画笔”的扩展功能也不会妨碍本秘技操作。

新建一个作品文件，这里不使用“角色1”，从角色列表中将其删除。

两个角色对话。虽然是用语音进行的对话，但还是会显示会话框。

首先，从“选择一个角色”的“人物”类别中选择Avery和Abby，如图17-112所示。

▼图17-112 选择角色Avery和Abby

接下来，用“变量”内的“建立一个变量”功能建立“台词”和“编号”两个变量。创建了名为“台词”和“编号”的积木块，如图17-113所示。不要勾选“台词”和“编号”复选框，不需要在舞台上显示。

▼图17-113 创建名为“台词”和“编号”的积木块

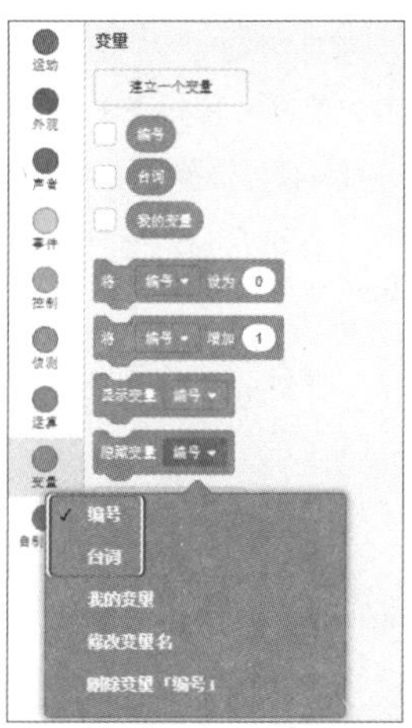

接下来，用“变量”中的“建立一个列表”功能建立“台词”和“答复”两个列表，如图17-114所示。不要勾选“台词”和“答复”复选框，不需要在舞台上显示。

▼图17-114 创建名为“台词”和“答复”的列表

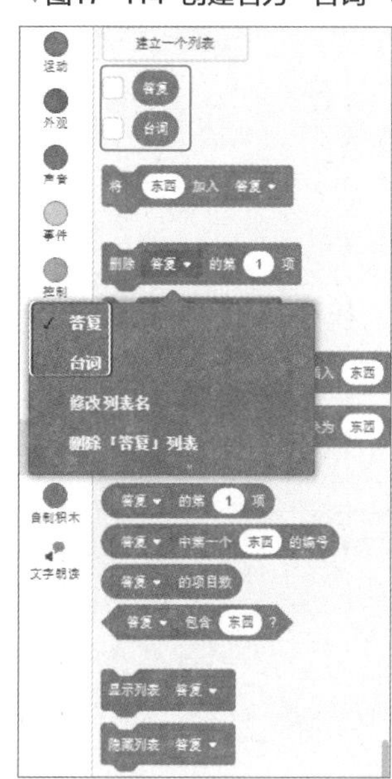

请将Avery和Abby放置在舞台上，如图17-115所示。因为Abby是朝向右边的，所以为了面向Avery，将“方向”指定为-90，面向左边。

▼图17-115 安排Avery和Abby相对的位置

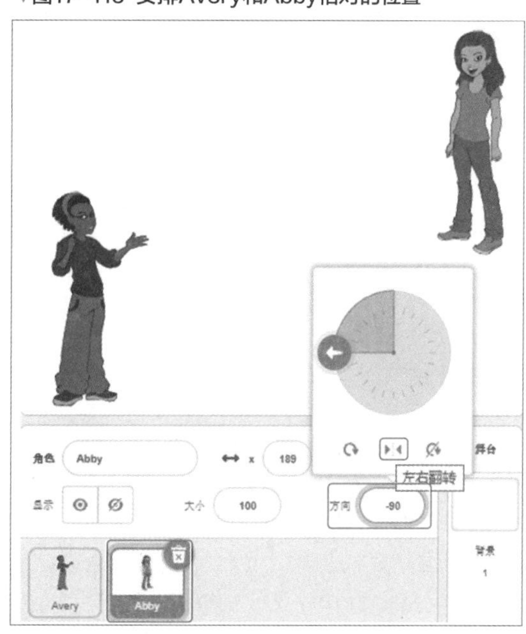

接着，从“选择一个扩展”中选择“文字朗读”，如图17-116所示。

▼图17-116 选择扩展功能“文字朗读”

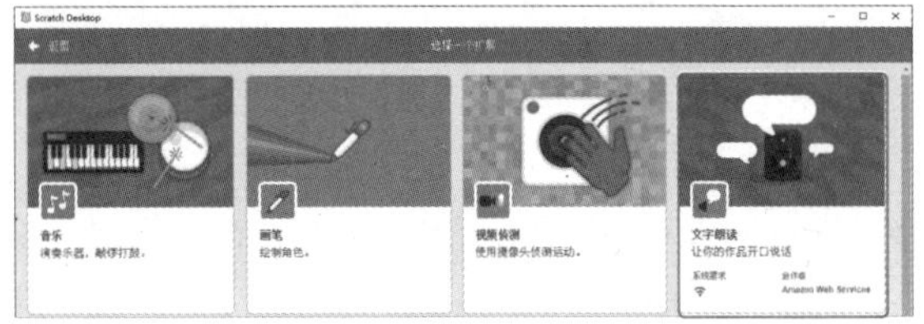

选择 “文字朗读”的扩展功能，就添加了“文字朗读”的积木块，如图17-117所示。

▼图17-117 添加关于“文字朗读”的积木块

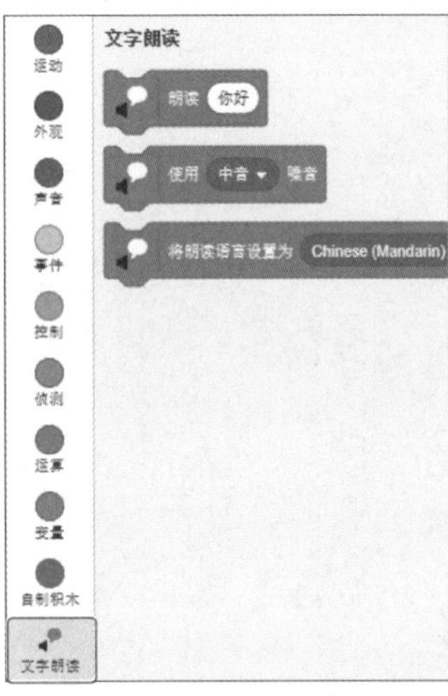

首先，从角色列表中选择Avery，在代码区域拼接脚本。

将“事件”分类内的“当⚑被点击”拖放到代码区域内。在下面拼接“变量”分类内的“删除（台词▼）的全部项目”和“删除（答复▼）的全部项目”，如果不拼接这两个积木块的话，每次单击“运行”⚑按钮，舞台上的列表框里就会重复添加变量。

接着拼接4个“将（东西）加入（台词▼）”，在4个“东西”处分别输入问话的内容。再拼接4个“将（东西）加入（答复▼）”，在4个“东西”处分别输入答复的内容。

这里增加了4句台词和4个答复，几个都可以，但是，“台词”和“答复”的个数要相同，顺序也要相对应。继续拼接“将（编号▼）设为（0）”，在0处嵌入“运算”分类内的“在（1）和（10）之间取随机数”，因为只有4种对话，所以将10指定为4。

接着拼接“文字朗读”内的“将朗读语言设置为（Chinese（Mandarin）▼）”，继续拼接“朗读（你好）”，在“你好”处嵌入列表内的“（台词▼）的第（1）项”，在1处嵌入“编号”变量。接着拼接“外观”分类内的“说（你好！）”，在“你好！”处嵌入刚刚拼接的“（台词▼）的第（编号）项”。最后拼接“控制”分类内的“等待（1）秒”和“事件”分类内的“广播（消息1▼）”，这个“消息1”是由Abby接收的，拼接完成后如图17-118所示。

▼图17-118 Avery的脚本拼接完成了

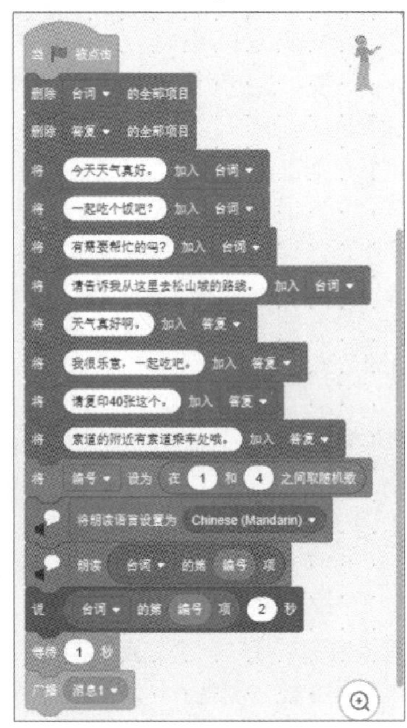

接下来，从角色列表中选择Abby，在代码区域拼接脚本。

首先，将“事件”分类内的“当接收到（消息1▼）”拖放到代码区域内。接着拼接“朗读（你好）”，在“你好”处嵌入列表内的“（答复▼）的第（1）项”，在1处嵌入“编号”变量。接着拼接“外观”分类内的“说（你好！）”，在“你好！”处嵌入刚刚拼接的“（答复▼）的第（编号）项”。拼接完成后如图17-119所示。

▼图17-119 Abby的脚本拼接完成了

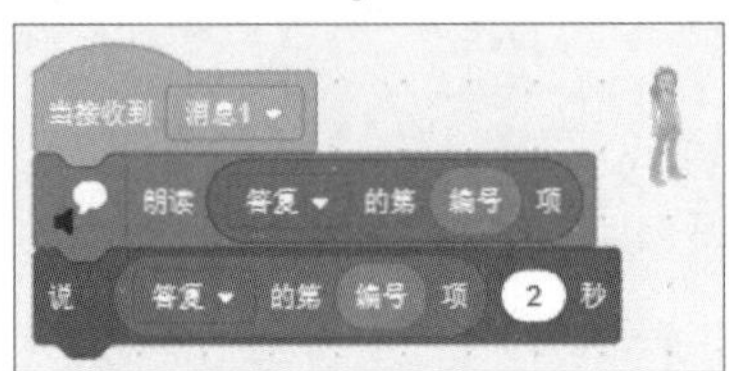

单击“运行”⚑按钮，Abby用语音回答Avery的问题。因为不能表达出声音，所以用会话框显示说的内容，如图17-120所示。

▼图17-120 Avery和Abby正在对话

秘技 295

文字朗读的应用2

▶对应 2.0 3.0

▶难易程度 ●●

重点！ 问九九乘法表，对方用语音说出答案。

在秘技294中已经添加了“文字朗读”的扩展功能，在这种状态下新建一个作品文件，这里不使用“角色1”，从角色列表中将其删除。

男生向女生询问九九乘法表内的答案，女生会正确说出答案。虽然是用语音进行的对话，但还是会用会话框显示内容。

从“选择一个角色”的“人物”类别中选择Prince和Princess，如图17-121所示。

▼图17-121 选择角色Prince和Princess

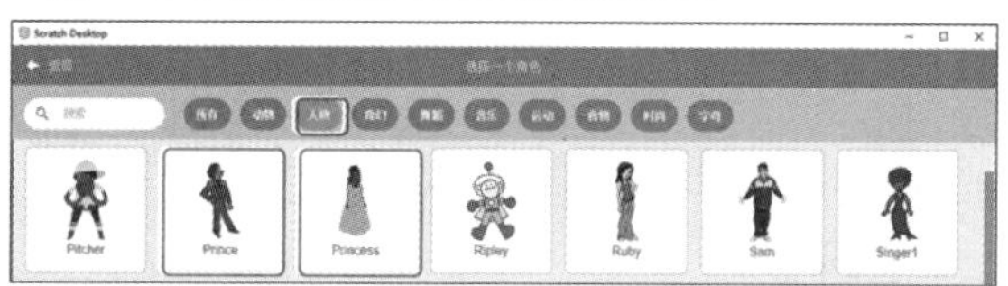

接下来，用“变量”内的“建立一个变量”功能建立“数值1”“数值2”和“答案”三个变量。创建了名为“数值1”“数值2”和“答案”的积木块，如图17-122所示。

在舞台上放置Prince和Princess，如图17-123所示。因为Princess是面朝右边的，为了面向Prince，在“方向”中指定-90即可。

▼图17-122 创建名为“数值1”“数值2”和“答案”的积木块

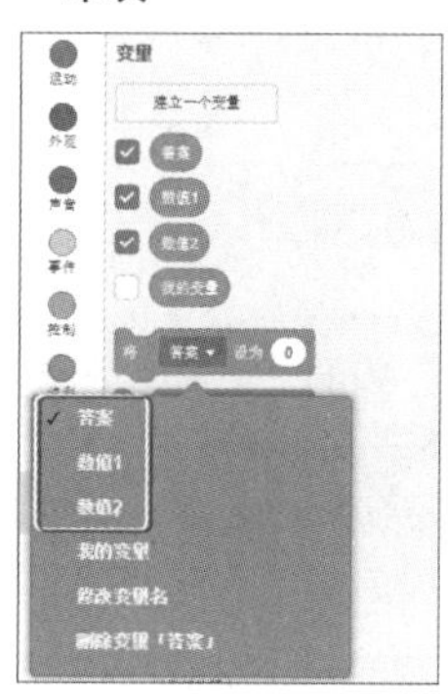

▼图17-123 将Prince和Princess面对面

首先，从角色列表中选择Prince，在代码区域拼接脚本。

将“事件”分类内的“当被点击”拖放到代码区域内。在下面拼接“变量”分类内的“将（数值1▼）设为（0）”“将（数值2▼）设为（0）”与“将（答案▼）设为（0）”，可以单击下拉按钮选择以上项目，这里，将各变量的初始值都指定为0。

接着再次拼接“将（数值1▼）设为（0）”“将（数值2▼）设为（0）”，在0处分别嵌入“运算”分类内的“在（1）和（10）之间取随机数”，因为是九九乘法表，所以将10指定为9。继续拼接“将（答案▼）设为（0）”，在0处嵌入“运算”分类内的“（　*　）”积木块，在第一个　处嵌入“变量”分类内的“数值1”，第二个　处嵌入“变量”分类内的“数值2”。这样，变量“答案”就可以存储“数值1”和“数值2”相乘的结果。

接着拼接“文字朗读”内的“将朗读语言设置为（Chinese（Mandarin）▼）”和“使用（中音▼）嗓音”，单击下拉按钮选择“男高音”选项。继续拼接“朗读（你好）”，在“你好”处拼接“运算”中的“连接（apple）和（banana）”，拼接成图17-124所示的公式，并嵌入其中。

▼图17-124 将多个“连接（apple）和（banana）”拼接起来的公式

在第一个apple处嵌入“变量”内的“数值1”，第二个apple处输入“乘以”，第三个apple嵌入“变量”分类内的“数值2”，在banana处输入“等于多少？”。

接着拼接“外观”分类内的“说（你好！）（2）秒”，在“你好！”处嵌入刚刚拼接的公式，最后拼接“控制”分类内的“等待（1）秒”和“事件”分类内的“广播（消息1▼）”，这个“消息1”是由Princess接收的，拼接完成后如图17-125所示。

接下来，从角色列表中选择Princess，在代码区域拼接脚本。

首先，将“事件”分类内的“当接收到（消息1▼）”拖放到代码区域内。

接着拼接“文字朗读”内的“将朗读语言设置为（Chinese（Mandarin）▼）”和“使用（中音▼）嗓音”。继续拼接“朗读（你好）”，在“你好”处嵌入“运算”中的“连接（apple）和（banana）”，在apple处输入“答案是”，在banana嵌入“变量”内的“答案”，拼接完成后如图17-126所示。

▼图17-125 拼接prince的脚本

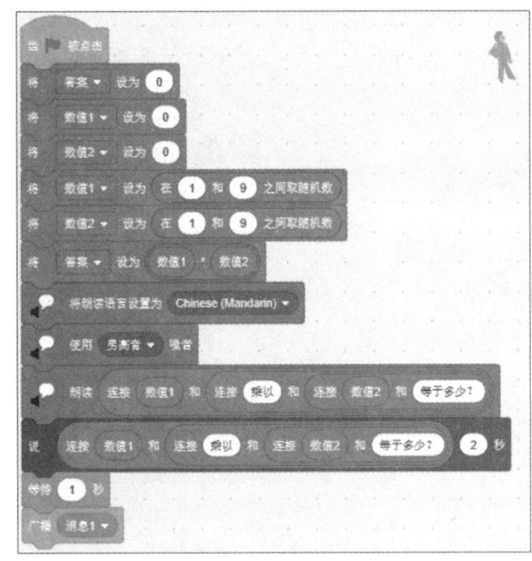

▼图17-126 拼接Princess的脚本

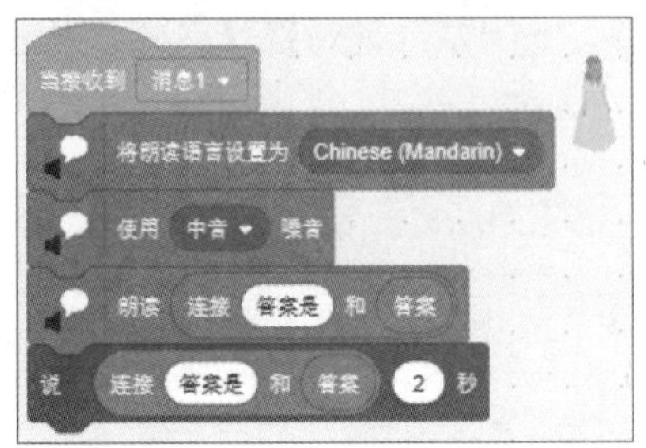

单击“运行”按钮，Prince说九九乘法表的内容，Princess用语音回答，也会用会话框显示出来，如图17-127所示。

▼图17-127 Prince和Princess进行着九九乘法表的问答

秘技 296

翻译的应用1

扫码看视频

对应 2.0 3.0

难易程度 ●●

重点！ 用英语完成秘技294中的对话。

这里使用的是秘技294的对话，所以先读取294的样本，然后保存为296的样本。

将两个角色的对话转换成英语说出来，虽然是用语音进行对话，但还是会显示出来。

秘技294用的角色是Avery和Abby，这里把Abby换成了Jaime。选择角色Jaimie，把Abby脚本复制到Jaime的代码区域，然后删除Abby。刚开始Jaime是面向右边的，设置其方向为-90。将Abby变更为Jaime的舞台如图17-128所示。

▼图17-128 用Jaime代替Abby

在Avery的脚本的基础上添加翻译功能，秘技294中Avery的脚本如图17-129所示。

▼图17-129 秘技294中Avery的脚本

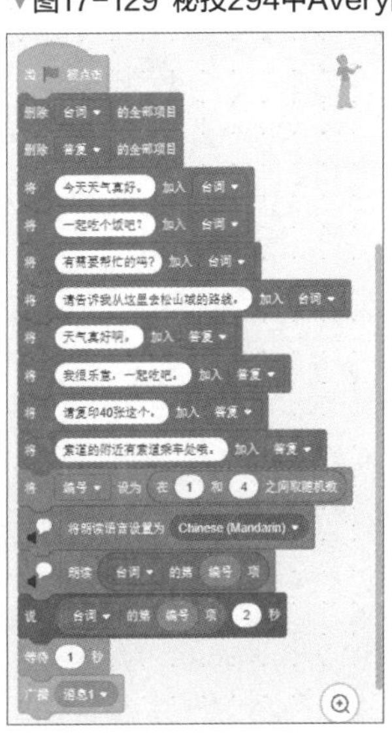

接着，从“选择一个扩展”中选择“翻译”，如图17-130所示。

▼图17-130 选择扩展功能“翻译”

选择“翻译”的扩展功能，就添加了“翻译”的积木块，如图17-131所示。

▼图17-131 添加“翻译”的积木块

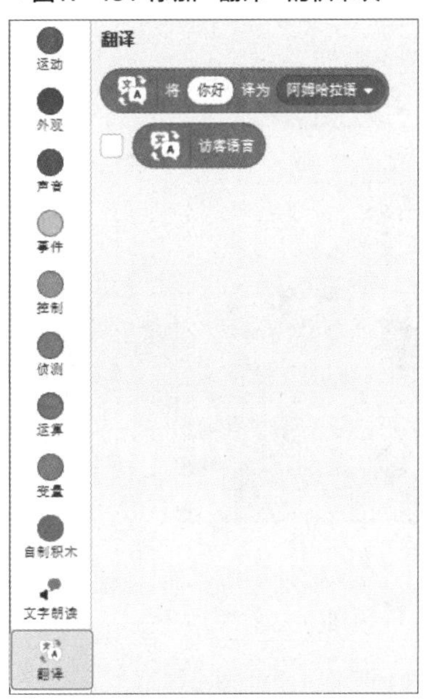

下面在图17-129的Avery的脚本中添加翻译功能。

首先，拼接“将朗读语言设置为（Chinese（Mandarin）▼）”，单击下拉按钮选择“English”，在下面拼接“使用（中音▼）嗓音”。继续拼接“朗读（你好）”，在“你好”处嵌入“翻译”内的“将（你好）译为（英语▼）”，在“你好”处嵌入列表内的“（台词▼）的第（1）项”，在1的地方嵌入“编号”变量。

接着，删除“说（台词▼）的第（编号）项（2）秒”并拼接“外观”内的“说（你好!）”，在“你好”处嵌入“将（台词▼）的第（编号）项译为（英语▼）”，并取消2秒的限制。这样的话，说的英语就会显示出来，Avery修改了的脚本如图17-132所示。

▼图17-132 Avery修改了的脚本

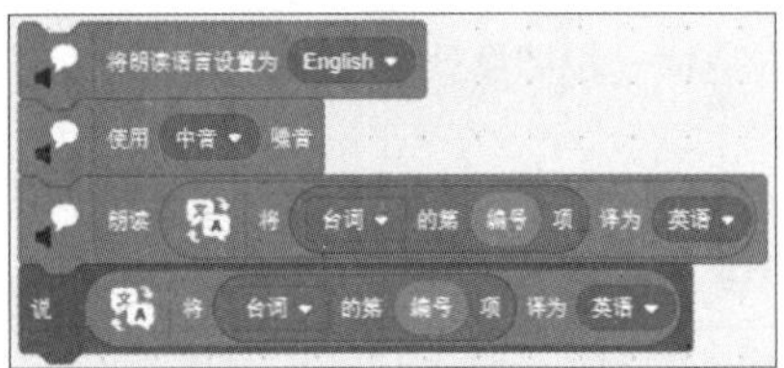

完成的Avery脚本是图17-133，修改的地方用蓝色边框圈起来了。

▼图17-133 Avery修改后的脚本

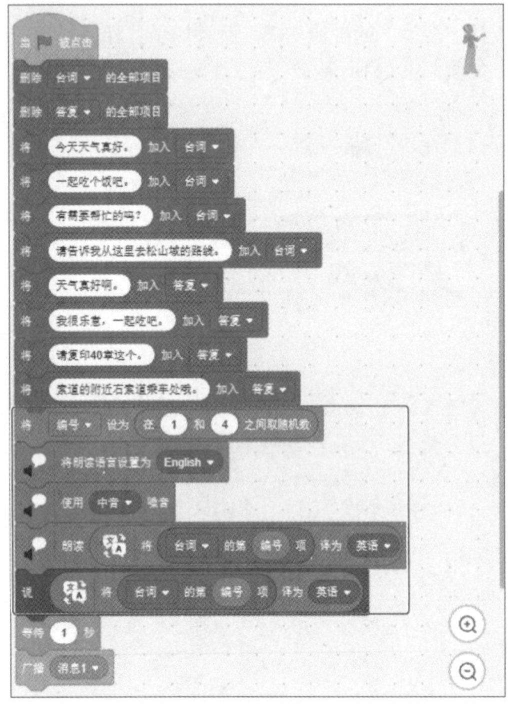

然后，修改Jaime脚本，Jaime（原秘技294中的Abby）脚本如图17-134所示。

▼图17-134 Jaime（原294中的Abby）脚本

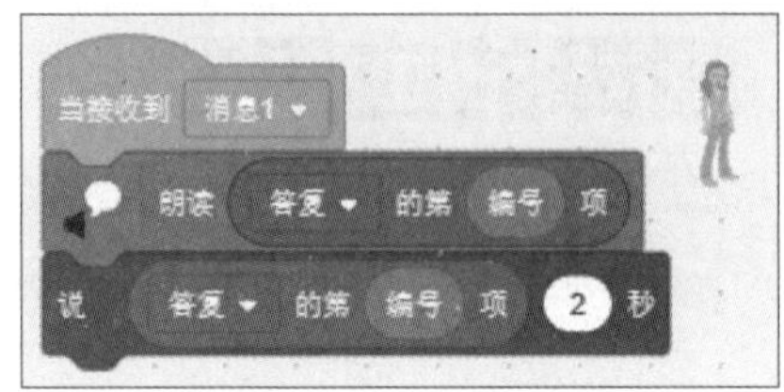

这里也需要添加翻译的功能，修改的地方几乎和Abby一样，但是Jaime是男人，需要拼接“使用（男高音▼）嗓音”积木块，修改后的脚本代码如图17-135所示。只是把Jaime的“答复”翻译成英语而已。

▼图17-135 修改后的Jaime脚本

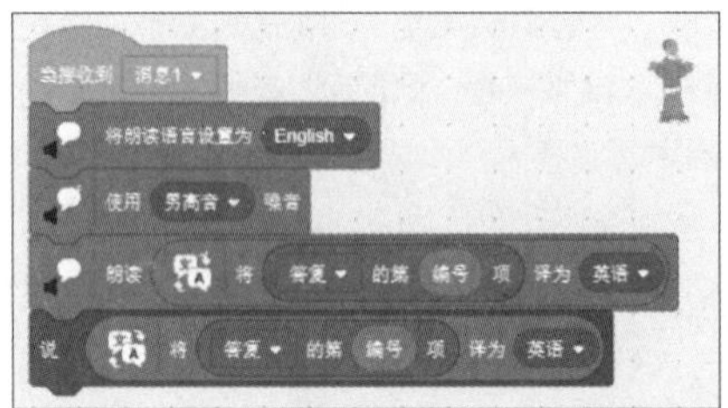

单击“运行”⚑按钮，Jaimie用英语回答Avery的英语问话，同时也会显示在会话框中，如图17-136所示。

▼图17-136 Avery和Jaime用英语对话，还可以显示在会话框中

翻译的应用2

扫码看视频

对应 2.0 3.0

难易程度

重点！ 用英语说出秘技295的文字朗读的应用2用英语说。

这里使用的是秘技295的对话，所以先读取295的样本，然后保存为296的样本。

在秘技295中，Prince和Princess用中文回答了九九乘法表的问题，接下来让他们用英语对话。

将Prince和Princess放置在舞台上，如图17-137所示。

▼图17-137　在舞台上放置Prince和Princess

秘技295中的Prince脚本如图17-138所示。

▼图17-138　秘技295中的Prince脚本

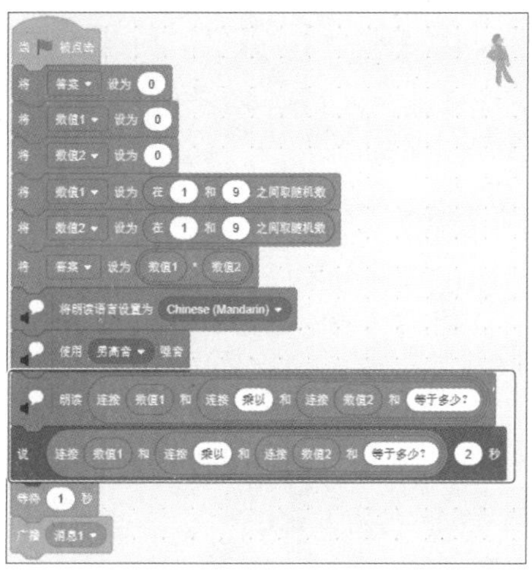

下面把这个脚本修改成能用英语对话的脚本。请从“添加扩展”中选择“翻译”，添加“翻译”积木块，关于添加方法，请参考图17-130和图17-131。

首先，修改图17-138中蓝色边框围起来的部分，修改成图17-139所示的脚本。

▼图17-139　修改图17-138中的蓝色边框部分脚本

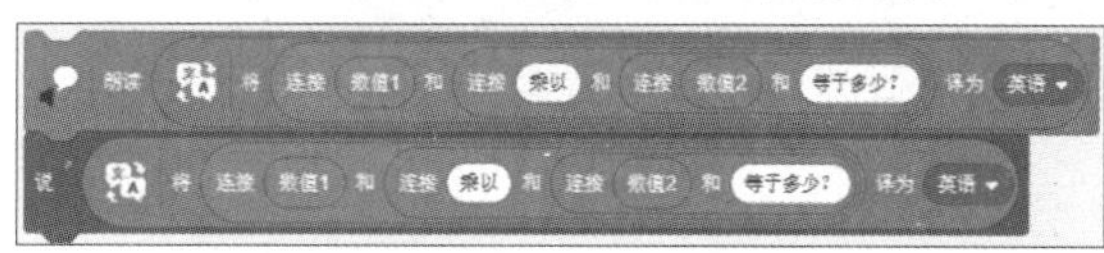

拼接“文字朗读”内的“朗读（你好）”，在“你好”处嵌入“翻译”内的“将（你好）译为（英语▼）”，在“你好”处嵌入图17-124拼接的公式，在第一个apple处嵌入“变量”内的“数值1”，第二个apple处输入“乘以”，第三个apple嵌入“变量”分类内的“数值2”，在banana处输入“等于多少？”。

接着拼接“外观”分类内的“说（你好！）”，在“你好！”处嵌入刚刚拼接的公式。这样一来，Prince就可以用英语来问九九乘法表了，如图17-140所示。修改的地方用蓝色边框圈起来了。

▼图17-140　修改后的Prince脚本

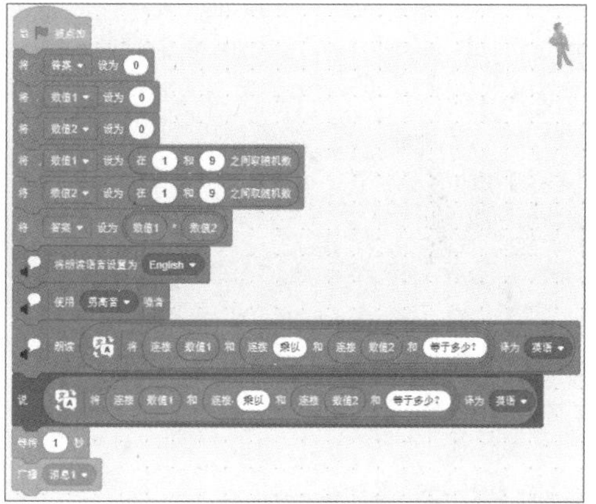

接下来修改Princess脚本，秘技295中的Princess脚本如图17-141所示。

▼图17-141　秘技295中的Princess脚本

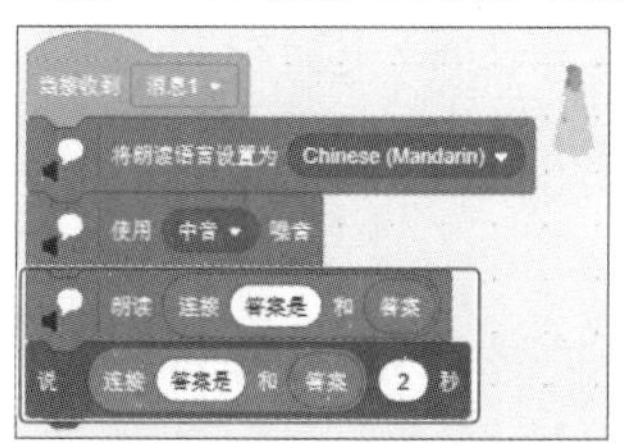

需要修改的地方是图17-141中用蓝色边框圈起来的部分，如图17-142所示。

▼图17-142 修改成用英语说话的Princess脚本

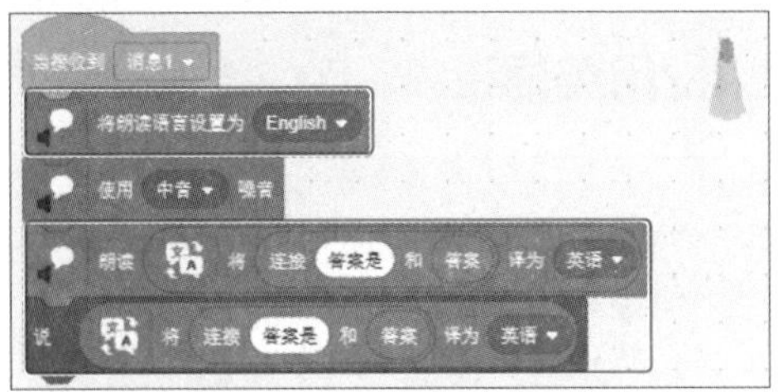

拼接“文字朗读”内的“朗读（你好）”，在“你好”处嵌入“翻译”内的“将（你好）译为（英语▼）”，在“你好”处嵌入“运算”内的“连接（apple）和（banana）”，在apple处输入“答案是”，在banana嵌入“变量”分类内的“答案”。

接着拼接“外观”分类内的“说（你好！）”，在“你好！”处嵌入刚刚拼接的公式。这样一来，Prince用英语来问九九乘法表，然后Princess用英语口答，如图17-143所示。

▼图17-143 Prince和Princess用英语进行九九乘法表的问答，也会显示在会话框中

秘技
298 micro:bit的应用1

扫码看视频

▶对应 2.0 3.0
▶难易程度 ●●

重点！ 按下micro:bit的A键，角色就会显示出会话框。

关于Scratch 3.0的micro:bit使用前的准备，请参照第15章中秘技244 micro:bit使用前的准备。重新启动Scratch 3.0，之前添加的“扩展功能”就会消失。

按下micro:bit的A按钮，角色会随机选择列表中的内容并显示出来。

打开micro:bit电源电池的开关（这是作者的micro:bit的情况），一定要启动Scratch Link。这里不使用“角色1”，从角色列表中将其删除。首先，从“选择一个扩展”中选择micro:bit，如图17-144所示。

▼图17-144 选择扩展功能micro:bit

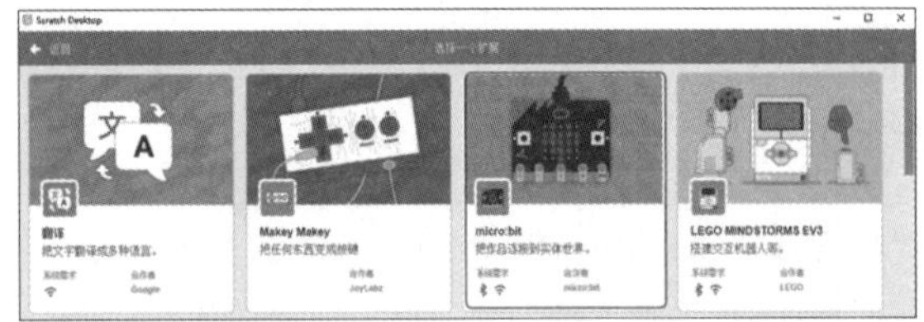

然后，出现连接界面，单击“连接”按钮，如图17-145所示。

▼图17-145 显示micro:bit的连接界面

会显示“已连接”，单击“返回编辑器”按钮，如图17-146所示。

▼图17-146 显示“已连接”，单击“进入编辑器”按钮

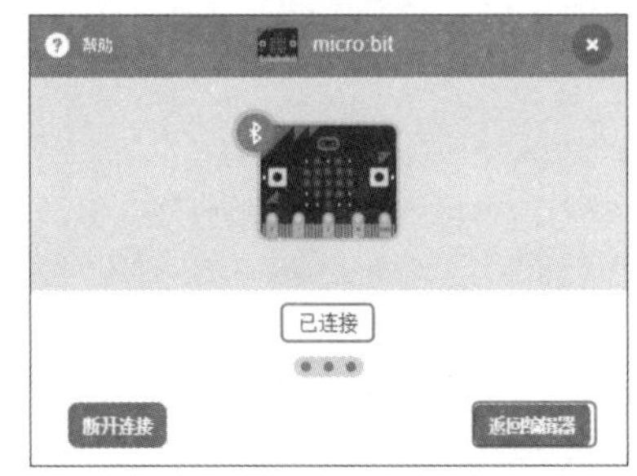

选择micro:bit的扩展功能，就添加了micro:bit的积木块，如图17-147所示。

▼图17-147 添加了micro:bit的积木块

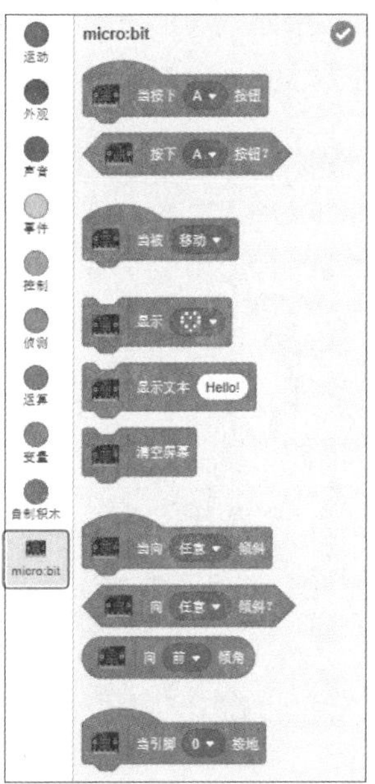

首先，从“选择一个背景”的“户外”类别中选择Tree，如图17-148所示。

▼图17-148 选择背景Tree

然后，从“选择一个角色”的“人物”类别中选择Avery，如图17-149所示。

▼图17-149 选择角色Avery

将Avery放置在舞台上，如图17-150所示。

接着，用“变量”内的“建立一个变量”功能建立“编号”变量，如图17-151所示。

▼图17-150 在舞台上放置Avery

▼图17-151 创建关于“编号”的积木块

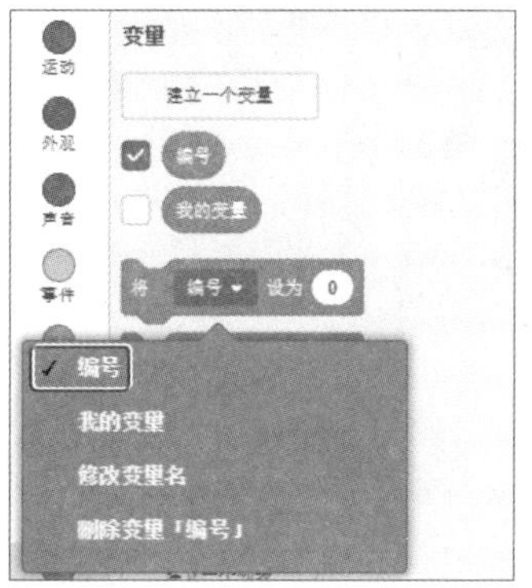

接着，用“变量”中的“建立一个列表”功能建立“台词”列表，如图17-152所示。

▼图17-152 创建名为“台词”的列表

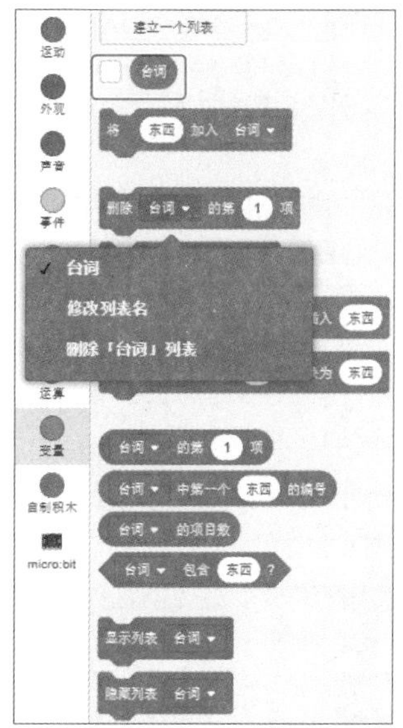

不要勾选“台词”复选框，不需要在舞台上显示。

接下来组成脚本吧，将micro:bit内的“当按下（A▼）按钮”拖放到代码区域内。

在下面拼接“变量”分类内的“删除（台词▼）的

全部项目”，如果不拼接这个积木块的话，每次单击“运行”⚑按钮，舞台上的列表框里就会重复添加变量。

接着拼接4个“将（东西）加入（台词▼）”，在4个“东西”处分别输入台词的内容。继续拼接“将（编号▼）设为（0）”，在0处嵌入“运算”分类内的“在（1）和（10）之间取随机数”，因为只有4种对话，所以将10指定为4。接着拼接“外观”分类内的“说（你好！）”，在“你好”处嵌入列表内的“（台词▼）的第（1）项”，在1处嵌入“编号”变量，如图17-153所示。这样一来，每次按下micro:bit的A按钮，Avery就会随机选择列表内的台词，并弹出会话框。

按下micro:bit的A按钮后Avery会显示列表中的台词，如图17-154所示。

▼图17-153 Avery的脚本拼接完成了

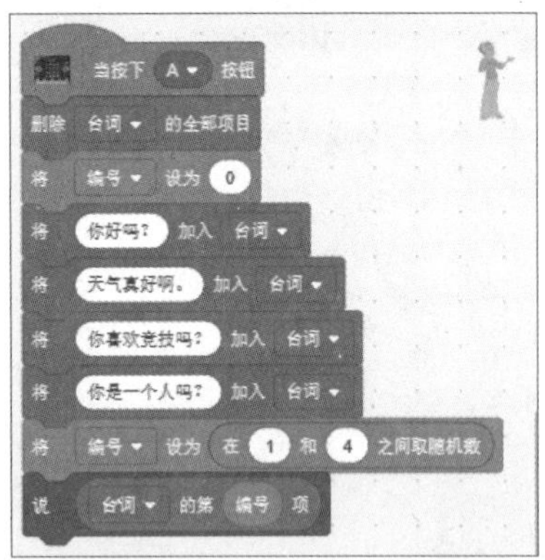

▼图17-154 Avery显示出列表内的台词

秘技 299

micro:bit的应用2

扫码看视频

对应 2.0 3.0

难易程度 ●●

重点！ 按下micro:bit的A键，角色就会显示出会话框。

把设备micro:bit向右倾斜的话舞台上的角色就会开始行走。

因为在秘技298中添加了micro:bit的扩展功能，在添加了这个功能的状态下，新建一个作品文件。

倾斜设备micro:bit的主体的话，舞台上的角色，就开始左右行走。当倾斜度恢复到原来的状态时，动作就会停止。首先，从“选择一个背景”的“太空”类别中选择Space City 2，如图17-155所示。

▼图17-155 选择背景Space City 2

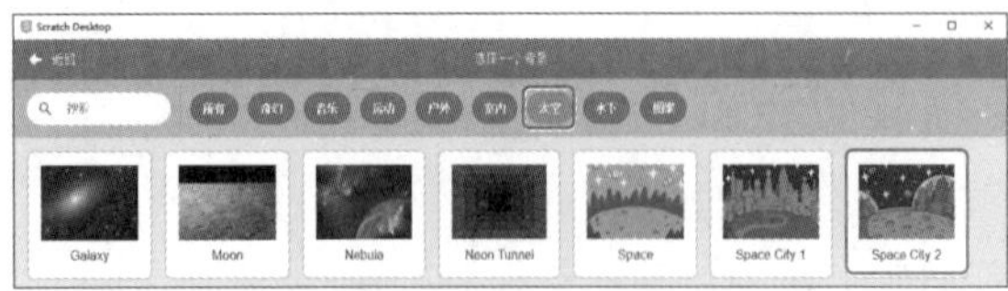

然后，从“选择一个角色”的“奇幻”类别中选择Gobo，如图17-156所示。

▼图17-156 选择角色Gobo

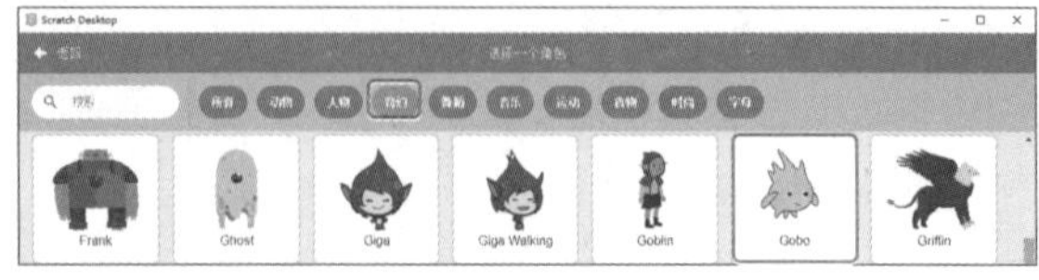

在舞台上放置Gobo，如图17-157所示。

▼图17-157 在舞台上放置Gobo

接下来在代码区域拼接脚本吧。

首先，将“事件”分类内的“当🏴被点击”拖放到代码区域内。继续拼接“外观”内的“将大小设为（100）”，在下面拼接“控制”分类内的“重复执行”。在“重复执行”中拼接“如果⬣那么……否则……”积木块，在⬣处嵌入条件“当向（任意▼）倾斜？”，单击下拉按钮选择“右”选项，除了向右倾斜，还可以选择各种倾斜，如图17-158所示。

▼图17-158 可以选择各种倾斜

如果向右倾斜，那么就拼接角色行走的固定脚本，否则停止移动，这就需要拼接“运动”中的“移动（10）步”，将10设为0。如果micro:bit的倾斜度消失，角色就会停止行走，如图17-159所示。

单击“运行”🏴按钮，将micro:bit向右倾斜，Gobo开始在舞台上行走，当micor：bit停止倾斜时，Gobo停止行走，如图17-160所示。

▼图17-159 拼接Gobo的脚本

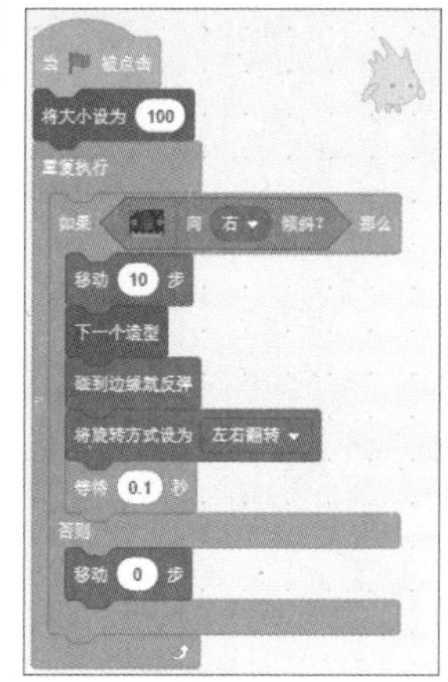

▼图17-160 将micro:bit向右倾斜，Gobo开始在舞台上行走

秘技300 micro:bit的应用3

扫码看视频

对应 3.0

难易程度 ●●

重点！ 按下micro:bit的A按钮的时候，用语音说出列表中的内容。

因为在秘技298中添加了micro:bit的扩展功能，所以在添加了这个功能的状态下，新建一个作品文件。这里需要使用“文字朗读”的扩展功能，先添加“文字朗读”的扩展功能。

按下micro:bit的A按钮的时候，说出列表中的台词，也会显示在会话框中。

这里使用的是秘技298的样本，所以先读取298的样本，然后保存为300的样本。

秘技298 micro:bit的应用1中Avery的脚本如图17-161所示。

▼图17-161 秘技298 micro:bit的应用1中Avery的脚本

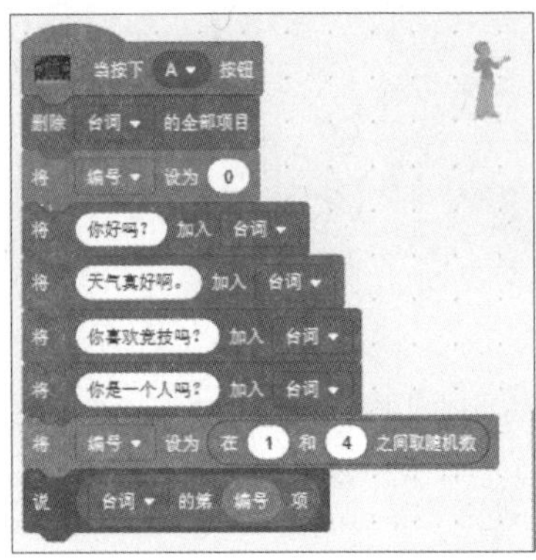

在这个脚本中，再添加一些台词，修改后如图17-162所示。

▼图17-162 在“台词”列表中添加台词

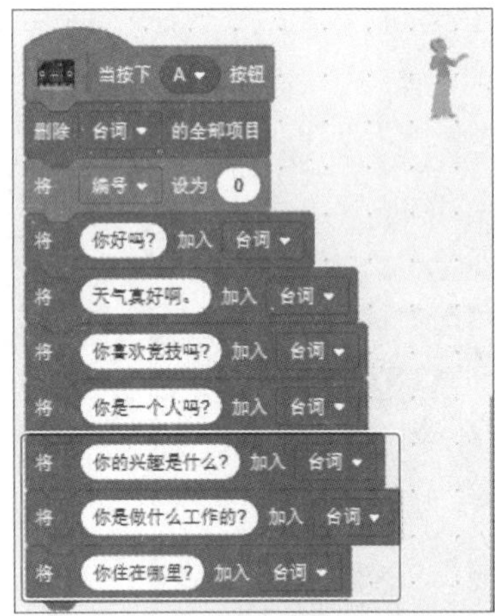

用蓝色边框围起来的部分就是添加的内容。

继续拼接“将（编号▼）设为（0）”，在0处嵌入“运算”分类内的“在（1）和（10）之间取随机数”，因为只有4种对话，所以将10指定为4。接着拼接“外观”分类内的“说（你好！）”，在“你好”处嵌入列表内的“（台词▼）的第（1）项”，在1处嵌入“编号”变量。

接着拼接“将朗读语言设置为（Chinese（Mandarin）▼）”，在下面拼接“使用（中音▼）嗓音”。继续拼接“朗读（你好）”，在“你好”处嵌入列表内的“（台词▼）的第（1）项”，在1处嵌入“编号”变量。脚本拼接完成后如图17-163所示。

▼图17-163 Avery的脚本被修改成用语音说出列表内的台词

用声音说话的部分是图17-163中用蓝色边框圈起来的部分。只用这三个积木块，就可以用声音说出列表的台词，Scratch 3.0是很厉害的！

那么，按下micro:bit的A按钮，不仅可以从扬声器里听到声音，还能以会话框的形式显示出来，如图17-164所示。

▼图17-164 Avery显示出列表内的台词并用声音说出来